教育部高等学校电子信息类专业教学指导委员会规划教材

高等学校电子信息类专业系列教材

Electronic Measurement Technology

电子测量技术

贾丹平　姚丽　桂珺　赵亚威　姚世选　编著

Jia Danping　Yao Li　Gui Jun　Zhao Yawei　Yao Shixuan

清华大学出版社

北京

内 容 简 介

本书为教育部高等学校电子信息类专业教学指导委员会规划教材,也是辽宁省精品资源共享课的配套教材,是按照高等院校相关专业的教学要求编写的。

本书从实际应用出发,系统地阐述了电子测量的方法,以及现代电子测量仪器的原理。全书分为10章,内容包括电子测量的基本概念、测量误差和测量结果处理、频率和时间的测量、电压的测量、信号发生器、波形测试、阻抗测量、相位测量、频域测量和数据域的测量。重点讲述了电压、频率、时间、阻抗等主要物理量的基本测量原理和方法,以及示波器、信号源、频率计等常规仪器的工作原理和使用方法。

本书体系完备、结构清晰、阐述透彻、内容翔实、深入浅出、图文并茂、通俗易懂。既可作为高等院校电子信息类和仪器仪表类等相关专业的教材或参考书,也可供广大从事电子技术和测试测量工作的工程技术人员参考。为方便学习,各章末配有小结和难度适中的思考题,还配有二维码方便读者获得电子教案及扩展阅读资料。

图书在版编目(CIP)数据

电子测量技术/贾丹平等编著. —北京:清华大学出版社,2017(2025.7重印)
(高等学校电子信息类专业系列教材)
ISBN 978-7-302-48870-5

Ⅰ.①电… Ⅱ.①贾… Ⅲ.①电子测量技术-高等学校-教材 Ⅳ.①TM93

中国版本图书馆 CIP 数据核字(2017)第 278265 号

责任编辑:曾   册
封面设计:李召霞
责任校对:梁   毅
责任印制:丛怀宇

出版发行:清华大学出版社
      网　　　址:https://www.tup.com.cn, https://www.wqxuetang.com
      地　　　址:北京清华大学学研大厦 A 座　　　　　　邮　　编:100084
      社 总 机:010-83470000　　　　　　　　　　　　邮　　购:010-62786544
      投稿与读者服务:010-62776969, c-service@tup.tsinghua.edu.cn
      质量反馈:010-62772015, zhiliang@tup.tsinghua.edu.cn
      课件下载:https://www.tup.com.cn, 010-83470236
印 装 者:三河市君旺印务有限公司
经　　销:全国新华书店
开　　本:185mm×260mm　　印　张:19.25　　　　字　　数:467 千字
版　　次:2018 年 4 月第 1 版　　　　　　　　　　印　　次:2025 年 7 月第12次印刷
定　　价:59.00元

产品编号:076396-02

高等学校电子信息类专业系列教材

序

FOREWORD

我国电子信息产业销售收入总规模在 2013 年已经突破 12 万亿元,行业收入占工业总体比重已经超过 9%。电子信息产业在工业经济中的支撑作用凸显,更加促进了信息化和工业化的高层次深度融合。随着移动互联网、云计算、物联网、大数据和石墨烯等新兴产业的爆发式增长,电子信息产业的发展呈现了新的特点,电子信息产业的人才培养面临着新的挑战。

(1) 随着控制、通信、人机交互和网络互联等新兴电子信息技术的不断发展,传统工业设备融合了大量最新的电子信息技术,它们一起构成了庞大而复杂的系统,派生出大量新兴的电子信息技术应用需求。这些"系统级"的应用需求,迫切要求具有系统级设计能力的电子信息技术人才。

(2) 电子信息系统设备的功能越来越复杂,系统的集成度越来越高。因此,要求未来的设计者应该具备更扎实的理论基础知识和更宽广的专业视野。未来电子信息系统的设计越来越要求软件和硬件的协同规划、协同设计和协同调试。

(3) 新兴电子信息技术的发展依赖于半导体产业的不断推动,半导体厂商为设计者提供了越来越丰富的生态资源,系统集成厂商的全方位配合又加速了这种生态资源的进一步完善。半导体厂商和系统集成厂商所建立的这种生态系统,为未来的设计者提供了更加便捷却又必须依赖的设计资源。

教育部 2012 年颁布了新版《高等学校本科专业目录》,将电子信息类专业进行了整合,为各高校建立系统化的人才培养体系,培养具有扎实理论基础和宽广专业技能的、兼顾"基础"和"系统"的高层次电子信息人才给出了指引。

传统的电子信息学科专业课程体系呈现"自底向上"的特点,这种课程体系偏重对底层元器件的分析与设计,较少涉及系统级的集成与设计。近年来,国内很多高校对电子信息类专业课程体系进行了大力度的改革,这些改革顺应时代潮流,从系统集成的角度,更加科学合理地构建了课程体系。

为了进一步提高普通高校电子信息类专业教育与教学质量,贯彻落实《国家中长期教育改革和发展规划纲要(2010—2020 年)》和《教育部关于全面提高高等教育质量若干意见》(教高【2012】4 号)的精神,教育部高等学校电子信息类专业教学指导委员会开展了"高等学校电子信息类专业课程体系"的立项研究工作,并于 2014 年 5 月启动了《高等学校电子信息类专业系列教材》(教育部高等学校电子信息类专业教学指导委员会规划教材)的建设工作。其目的是为推进高等教育内涵式发展,提高教学水平,满足高等学校对电子信息类专业人才培养、教学改革与课程改革的需要。

本系列教材定位于高等学校电子信息类专业的专业课程,适用于电子信息类的电子信息工程、电子科学与技术、通信工程、微电子科学与工程、光电信息科学与工程、信息工程及其相近专业。经过编审委员会与众多高校多次沟通,初步拟定分批次(2014—2017 年)建设约 100 门课程教材。本系列教材将力求在保证基础的前提下,突出技术的先进性和科学的前沿性,体现创新教学和工程实践教学;将重视系统集成思想在教学中的体现,鼓励推陈出新,采用"自顶向下"的方法编写教材;将注重反映优秀的教学改革成果,推广优秀的教学经验与理念。

为了保证本系列教材的科学性、系统性及编写质量,本系列教材设立顾问委员会及编审委员会。顾问委员会由教指委高级顾问、特约高级顾问和国家级教学名师担任,编审委员会由教育部高等学校电子信息类专业教学指导委员会委员和一线教学名师组成。同时,清华大学出版社为本系列教材配置优秀的编辑团队,力求高水准出版。本系列教材的建设,不仅有众多高校教师参与,也有大量知名的电子信息类企业支持。在此,谨向参与本系列教材策划、组织、编写与出版的广大教师、企业代表及出版人员致以诚挚的感谢,并殷切希望本系列教材在我国高等学校电子信息类专业人才培养与课程体系建设中发挥切实的作用。

吕志伟 教授

前言
PREFACE

　　本书为教育部高等学校电子信息类专业教学指导委员会规划教材,也是辽宁省精品资源共享课的配套教材,是按照高等院校相关专业的教学要求,由沈阳工业大学、沈阳理工大学和大连交通大学多年从事电子测量课程教学的教师团队共同编写的,是集体智慧的结晶。

　　本书是从实际应用出发,力求体现系统性、基础性和前沿性的特点,按照测量原理、测量方法、仪表使用及误差分析的主线进行编写的。全书共分 10 章,第 1 章是绪论,介绍电子测量的内容、特点、方法,电子测量仪器的分类、性能指标及发展概况;第 2 章是测量误差与数据处理,重点介绍误差的基本概念、来源、性质、估算方法、减小措施,要求学生掌握误差的表示及在电子测量范围内测量误差的估计、误差的合成与分配、测量数据的处理等;第 3 章是频率与时间测量技术,介绍频率和时间测量的基本原理、电子计数器的组成与工作原理,要求学生掌握电子计数法测量频率、周期、时间间隔的方法及提高测量精度的措施;第 4 章是电压测量技术,介绍直流电压、交流电压、脉冲电压的测量技术,要求学生重点掌握交流电压表的定度及波形误差,掌握常用 A/D 转换器工作原理;第 5 章是信号发生器,介绍信号发生器的功能、分类、基本组成及性能指标,重点对函数发生器与合成信号发生器的组成和工作原理进行分析与讨论;第 6 章是波形测试技术,介绍示波器的功能、基本组成、波形显示原理和数字存储示波器的组成、工作原理及特点,要求学生掌握通用电子示波器垂直系统、水平系统组成原理,会熟练使用示波器;第 7 章是阻抗测量技术,介绍阻抗元件的特性、阻抗的数字化测量方法,重点对电桥法、谐振法测量阻抗进行分析;第 8 章是相位差测量技术,介绍相位差的基本概念、相位差计的性能及分类,重点介绍示波法测量相位差及相位差的数字化测量技术;第 9 章是频域测量技术,介绍频谱分析的概念、重点介绍频谱分析仪的原理及应用;第 10 章是数据域测量技术,介绍数据域测量方法、逻辑分析仪的分类及特点,重点介绍数据域测量故障类型、逻辑分析仪的工作原理及应用,最后还简要介绍新型电子测量仪表——智能仪器、虚拟仪器和自动测试系统的组成及工作原理。

　　本书体系完备、结构清晰、阐述透彻、内容翔实、深入浅出、图文并茂、通俗易懂。既可作为高等院校电子信息类和仪器仪表类等相关专业的教材或参考书,也可供广大从事电子技术和测试测量工作的工程技术人员参考。由于本课程综合性强、实践性突出,因此通过本课程的学习,不仅使学生掌握电子测量技术及仪器的基础知识,而且培养了学生的综合应用能力,为进一步的专业学习及从事相关研发工作奠定基础。

　　本课程是辽宁省精品资源共享课①,配有丰富的网上资源,包括课程视频、学习指南、知识结构、知识内容、练习、案例、试题等。同时本书在相应章节处配有二维码,可以方便读者

---

①　网址为 https://moocl-1.chaoxing.com/course/200053508.html。

获取讲解视频、电子教案、习题解答及测量仪器的最新产品介绍等扩展阅读资料。网上资源与本教材的结合,形成了一套完整的立体化教学资源。

本书第1、2章由沈阳工业大学的桂珺编写,第3、4章由沈阳工业大学的贾丹平编写,第5章由大连交通大学的姚世选编写,第6章由沈阳理工大学的赵亚威和沈阳工业大学的贾丹平共同编写,第7、8章由沈阳工业大学的姚丽编写,第9、10章由沈阳理工大学的赵亚威编写。全书由贾丹平负责规划、内容安排及审阅校订。研究生王琳慧、翟盼盼、马赫驰、姜小舟、曹璨和王岩等协助完成了部分文字及图表的编辑工作,在此深表感谢!

在本书的编著过程中,广泛参考了国内外相关文献资料,借鉴了诸位作者的编写理念及优秀成果,在此对本参考文献所列专家表示衷心的感谢!同时感谢沈阳实拓科技有限公司,为本书提供了最新的测量仪表的产品资料!感谢清华大学出版社的各位编辑的精心组织、细心审阅和修改,保证了本书高质量如期出版!

本书的编著工作得到了沈阳工业大学出版基金和辽宁省教育改革项目(2016058)的资助。

由于作者水平有限,本书难免存在不妥与错漏之处,恳请广大读者批评指正,并请将阅读中发现的问题发送到:dianziceliang@163.com。同时欢迎选用本书作为教材的教师,加强联系,共同探讨,教师用的详细习题解答请与清华大学出版社联系索取。

贾丹平

2018 年 1 月

学习建议

本书对应课程的授课对象是电子信息类和仪器仪表类等相关专业的本科生,建议授课学时为 64 学时,包括理论教学 56 学时和实验教学 8 学时,不同专业根据不同的教学要求和计划教学时数可酌情对教学内容进行适当取舍。

序号	知识单元(章节)	教学内容	教学难点、重点	推荐学时
1	绪论	• 电子测量的内容及特点; • 电子测量方法及仪器分类; • 电子测量仪器的主要性能指标; • 电子测量仪器的发展概况	重点: • 测量仪器的基本功能; • 常用电子测量方法分类; • 电子测量仪器的主要性能指标。 难点: • 电子测量仪器的主要性能指标	4
2	测量误差与数据处理	• 测量误差的基础知识; • 随机误差的分析; • 粗大误差的分析; • 系统误差的分析; • 误差的合成与分配; • 测量数据的处理	重点: • 测量误差的分类、特点; • 削弱系统误差的典型技术; • 误差的合成与分配; • 测量数据的处理过程与方法。 难点: • 等准确度与等作用分配的方法; • 削弱系统误差的典型措施; • 随机误差的分布与测量结果的置信问题	8
3	频率与时间测量技术	• 时频基准及频率时间测量特点; • 电子计数法测量频率; • 电子计数法测量周期; • 电子计数法测量时间间隔; • 通用计数器; • 频率测量的其他方法	重点: • 电子计数法测频原理及误差分析; • 电子计数法测周原理及误差分析; • 中界频率; • 时间间隔测量。 难点: • 触发误差的分析; • 多周期测量法	6
4	电压测量技术	• 电压测量的基本要求及仪器分类; • 直流电压的模拟式测量; • 交流电压的模拟式测量; • 电压的数字式测量; • 数字万用表	重点: • 数字电压表的组成原理; • 双积分 A/D 转换器工作原理及特点; • 逐次逼近比较式 A/D 转换器的工作原理及特点; • 数字多用表原理及电路。 难点: • 交流电压表的定度及波形误差分析; • 脉宽调制法 A/D 转换器的原理; • 数字电压表的误差与干扰	12

续表

序号	知识单元(章节)	教学内容	教学难点、重点	推荐学时
5	信号发生器	• 信号发生器的分类及性能指标； • 低频信号发生器； • 高频信号发生器； • 脉冲信号发生器； • 合成信号发生器； • 任意函数/波形发生器	重点： • 低频信号发生器的组成及技术指标； • 高频信号发生器的组成及技术指标； • 锁相频率合成的原理； • 函数发生器的工作原理。 难点： • 锁相环的应用； • 基于DDS技术的函数发生器原理	6
6	波形测试技术	• 示波器的分类及主要性能指标； • 示波管及波形显示原理； • 通用示波器； • 取样示波器； • 数字存储示波器	重点： • 示波器的波形显示原理； • 模拟示波器垂直通道的组成与工作原理； • 模拟示波器水平通道的组成与工作原理。 难点： • 示波器扫描发生器环的工作原理； • 取样示波器的基本原理； • 数字存储示波器的组成与工作原理	12
7	阻抗测量技术	• 阻抗元件的特性分析； • 电桥法测量阻抗； • 谐振法测量阻抗； • 阻抗的数字化测量方法	重点： • 电桥法测量阻抗的原理； • 谐振法测量阻抗的原理。 难点： • 阻抗的数字化测量方法原理	4
8	相位差测量技术	• 相位差的基本概念； • 用示波器测量相位差； • 相位差的数字化测量； • 相位差测量系统的性能指标； • 相位计的分类	重点： • 直接比较法的测量原理； • 椭圆法的测量原理； • 相位-时间变换法的工作原理。 难点： • 相位-电压转换式原理	4
9	频域测量技术	• 线性系统幅频特性的测量； • 频谱分析仪概述； • 扫频式频谱分析仪； • 频谱仪的主要性能指标； • 频谱仪的应用	重点： • 静态频率特性和动态频率特性测量原理和特点； • 扫频式频谱分析仪工作原理及性能指标； • 频谱仪应用。 难点： • 扫频法测量原理	4
10	数据域测量技术	• 数据域测量的特点及故障类型； • 数据域测量方法； • 逻辑分析仪的分类及特点； • 逻辑分析仪的工作原理及应用； • 测量新技术简介	重点： • 数据域测试的目的及故障模型； • 逻辑分析仪组成、触发方式、数据捕获和存储及显示。 难点： • 逻辑分析仪的数据捕获和存储； • 逻辑分析仪的触发方式	4

目 录
CONTENTS

绪　　论

学习要点

- 了解电子测量的内容及特点；
- 掌握电子测量的一般方法；
- 熟悉电子测量仪器的功能及主要性能指标；
- 了解电子测量仪器的发展概况。

1.1　电子测量概述

1.1.1　测量与电子测量

电子测量概述.mp4

杰出的科学家门捷列夫说过："没有测量就没有科学。"那什么是测量呢？测量是人类对客观事物取得数量概念的认识过程,在这种认识过程中,人们借助于专门的设备,依据一定的理论,通过实验的方法,求出以所用的测量单位来表示的被测量的量值。测量结果的量值由两部分组成：数值和单位。没有单位的量值是没有任何意义的。

在日常生活中,人们经常和各种简单的测量打交道,例如测量体重、体温,用万用表测量电阻、电压,这些都是简单的测量。再如奥运短跑计时,现在奥运会短跑计时的程序非常先进,也十分复杂,如图 1-1 所示。一旦选手双脚蹬在起跑器上,做好启动准备,计时官员扣动发令枪扳机,通过铜线发出电流到起跑器和单独的计时台。电流会启动计时台上的石英晶体振荡器,与此同时,发令枪的声音经由每个选手起跑器的扬声器放大,这样一来,所有参赛选手即可同时听到发令枪响,实现了真正意义上的公平比赛。而在赛道的另外一端,激光信号则从终点线一端传向另一端,而另一端的光传感器(亦称"光电管"或"电子眼")会收到激光发出的光束信号。当选手穿过终点线,光束受到阻塞,电子眼立即向计时台发送信号,记录下选手的比赛用时。同时,与终点线平行安装的一台高速数码摄像机会以每秒 2000 次的惊人速度,将图像扫描到一个狭窄剖面上。当每名选手跑过终点线时,摄像机会将最先触及终点线的身体部位的电子信号发送给计时台,从而记下他们的比赛时间。计时台则将比赛时间发送给裁判席和电子记分板。图像则会被发送给计算机,电脑使图像与时钟实现同步,令其处于水平时标的并行位置,构成一幅完整的图像。电脑还会用一个垂直指针记录下每名选手身体最先触及终点线的具体部位。随后,技术人员可以在比赛结束后,在 30 秒内将这张合成图像播放在视频显示器上,帮助裁判进行确定。这个计时过程就包含着电子测量的内容。

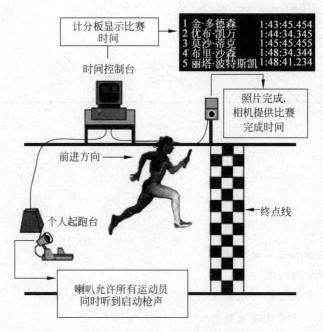

图 1-1 奥运会短跑计时示意图

电子测量是测量领域的主要组成部分,它泛指以电子技术为基本手段的一种测量技术,是电子学与测量学相结合的产物。电子测量主要是运用电子科学的原理、方法和设备对各种电量、电信号及电路元器件的特性和参数进行测量,同时还可以通过各种传感器把非电量转化成电量来进行测量。因此,电子测量不仅用于电子领域,而且广泛用于物理学、化学、光学、机械学、材料学、生物学和医学等科学领域,以及生产、国防、交通、商贸、农业、环保乃至日常生活的各个方面。

1.1.2 电子测量的内容

随着电子技术的不断发展,电子测量的内容越来越丰富。本书中电子测量的内容是指对电子学领域内电参量的测量,主要有:

(1) 电能量的测量:指各种信号和波形的电压、电流、电功率等的测量。

(2) 电信号特性的测量:指信号的波形、频率、相位、噪声及逻辑状态等的测量。

(3) 电路参数的测量:指阻抗、品质因数、电子器件的参数等的测量。

(4) 导出量的测量:指增益、衰减、失真度、调制度等的测量。

(5) 特性曲线的显示:指幅频特性、相频特性及器件特性等的测量。

在上述各种参数中,电压、频率、时间、阻抗等是基本电参数,对它们的测量是其他许多派生参数测量的基础,压力、温度、速度、流量等非电量可以通过传感器的变换作用,转换为电量进行测量。

电子测量除了对电量进行稳态测量以外,还可以对自动控制系统的过渡过程及频率特性等进行动态测量。例如,通过对一个轧钢的电器传动系统的模拟,计算机可以自动扫描出动态过程曲线;对于化工系统的生产过程进行自动检测与分析等。

1.1.3 电子测量的特点

电子测量是测量学与电子学相结合的产物。由于采用了电子技术,与其他测量相比,电子测量具有以下几个明显的特点。

(1) 测量频率范围宽。电子测量能够测量的信号频率范围极宽,除直流外,还可以测量频率范围低至微赫兹(10^{-6} Hz)以下,高至太赫兹(1THz=10^{12} Hz)以上。当然,不能要求同一台仪器在这样宽的频率范围内工作。通常,要根据不同的工作频段,采用不同的测量原理,并使用不同的测量仪器。例如,在频率和时间测量仪器中就有通用计数器和微波计数器之分。近年来,由于采用一些新技术、新的宽频段元器件、新电路以及新工艺等,使得能够跨越多个频段、在更宽频率范围工作的仪器不断被研制出来。

(2) 测量量程广。量程是仪器测量范围上限值与下限值之差,或上限值与下限值之比。由于被测量的大小相差很大,因而要求测量仪器具有足够的量程。对于一台电子仪器,通常要求最高量程与最低量程要相差几个甚至十几个数量级。例如,现代的数字万用表可以测量从 nV 到数 kV 电压信号,量程可达 12 个数量级;电阻测量仪器能测出从 10^{-5} Ω 至 10^9 Ω 的电阻;频率测量仪器能测出从 10^{-5} Hz 至 10^{12} Hz 的频率等。

(3) 测量精度高。电子仪器的测量精确度可达到较高的水平。例如,对频率和时间的测量,由于采用了原子频标作为基准,使测量精确度达到 $10^{-13} \sim 10^{-14}$ 量级,这是目前人类在测量精确度方面达到的最高水平。相比之下,长度测量的最高精确度达 10^{-8} 量级;力学测量的最高精确度达 10^{-9} 量级。由于在电子仪器中采用性能越来越高的微处理器、DSP(数字信号处理)芯片,对测量结果进行各种数据处理,使测量误差减小,测量精度进一步得到提高。

(4) 测量速度快。由于电子测量是基于电子运动和电磁波传播的,加之现代测试系统中高速电子计算机的应用,使得电子测量无论在测量速度方面,还是在测量结果的处理和传输方面,都能以极高的速度进行。这对某些要求快速测量和实时测控的系统来说是很重要的。例如,在工业自动控制系统中,对各种机械运转的状态及设备的参数要及时进行测试,并对测量结果进行运算,最后向机械或设备发出控制信号。又如在洲际导弹的发射过程中,要快速测出它的运动参数,通过计算机运算,向它发出控制信号,修改其运动轨迹,使之达到预定的目标。

(5) 易于实现遥测。对于遥远距离或环境恶劣、人体不便接触或无法到达的区域,如深海、地下、高温炉、核反应堆等,可以将传感器埋入其内部,或者通过电磁波、光、辐射等方式进行测量。用计算机进行数据处理和转换,最后以有线或无线的方式传输信号,从而实现遥测或遥控。

(6) 易于实现测量过程自动化和测量仪器智能化。由于微电子技术的发展和微处理器的应用,使电子测量呈现了崭新的局面。电子测量同计算机相结合,使测量仪器智能化,可以实现测量的自动化。例如:在测量中能实现程控、自动校准、自动转换量程、自动诊断故障和自动修复,对测量结果可以自动记录、自动进行数据处理等。

由于电子测量具有以上特点,所以广泛应用于自然科学的一切领域。电子测量技术的水平往往是科学技术最新成果的反映,因此,一个国家电子测量技术的水平,往往标志着这个国家科学技术的水平。这就使得电子测量技术在现代科学技术中的地位十分重要,也是电子测量技术日新月异发展的原因。

1.2　电子测量的方法

一个物理量的测量,可以通过不同的方法实现。测量方法正确与否,直接关系到测量结果的可信度,因此必须根据不同的测量对象、测量要求和测量条件,选择正确的测量方法、合适的测量仪器。测量方法的分类形式有很多种,下面介绍几种常见的方法。

1. 按测量手段分类

1) 直接测量

在测量过程中,能够直接将被测量与同类标准量进行比较,或者能够直接用已标定好的仪器对被测量进行测量,直接获得数值,这种测量方式称为直接测量。例如,用电压表测量电压、用欧姆表测量电阻阻值、用直流电桥测量电阻等,都是直接测量。

直接测量的优点是过程简单迅速,是工程技术中广泛采用的测量方法。

2) 间接测量

间接测量是利用直接测量的量与被测量之间的函数关系(可以是公式、曲线或表格等),间接得到被测量量值的测量方法。例如,需要测量电阻上消耗的直流功率 P,可以通过直接测量电压 U、电流 I,或直接测量电流 I、电阻 R,或直接测量电压 U、电阻 R,然后根据函数关系 $P=UI=I^2R=U^2/R$,经过计算,间接获得功率 P。

间接测量费时费事,常用在直接测量不方便,或间接测量的结果较直接测量更为准确,或缺少直接测量仪器等情况下使用。例如:测量晶体管集电极电流,多采用直接测量集电极电阻(R_C)上的电压,再通过公式 $I=U_{RC}/R_C$ 算出,而不再使用断开电路串联接入电流表的方法。

3) 组合测量

当某项测量结果需用多个未知参数表达时,可通过改变测量条件进行多次测量,根据函数关系列出方程组并求解,进而得到未知量,这种测量方法称为组合测量。一个典型的例子是电阻器电阻温度系数的测量。已知电阻器阻值 R_t 与温度 t 满足关系

$$R_t = R_{20} + \alpha(t-20) + \beta(t-20)^2 \tag{1-1}$$

式中,R_{20} 为 $t=20℃$ 时的电阻值,一般为已知量;α、β 为电阻温度系数;t 为环境温度。为了获得 α、β 值,可以在两个不同的温度 t_1、t_2(t_1、t_2 可由温度计直接测得)测得相应的两个电阻值 R_{t1}、R_{t2},代入式(1-1)得到联立方程

$$\begin{cases} R_{t1} = R_{20} + \alpha(t_1-20) + \beta(t_1-20)^2 \\ R_{t2} = R_{20} + \alpha(t_2-20) + \beta(t_2-20)^2 \end{cases} \tag{1-2}$$

求解联立方程,就可以得到 α、β 值。

这种测量方式比较复杂,测量时间长,但精度较高,一般适用于科学实验。

2. 按测量方式分类

1) 偏差式测量法

在测量过程中,用仪器仪表指针的位移(偏差)表示被测量大小的测量方法称为偏差式测量方法。例如,使用万用表测量电压、电流等。由于从仪表刻度上可以直接读取被测量,

第1章 绪论 ▶ 5

包括大小和单位,因此这种方法也称为直读法。这种方法的显著优点是简单、方便,在工程测量中广泛应用。

2) 零位式测量法

零位式测量法又称为零示法或平衡法,测量时将被测量与标准量相比较,用指零仪表指示被测量与标准量相等(平衡),从而获得被测量。利用惠斯通电桥测量电阻是这种方法的一个典型例子,该方法测量准确度高,但调平衡状态需要反复调节,测量速度较慢。

3) 微差式测量法

偏差式测量法和零位式测量法相结合构成微差式测量。该法通过测量待测量与标准量之差(通常该差值很小)来得到待测量的值。如图 1-2 所示,P 为量程不大但灵敏度很高的偏差式仪表,它指示的是待测量 x 与标准量 s 之间的差值:$\delta = x - s$,即 $x = s + \delta$。和零位式测量法相比,该法省去了反复调节标准量大小以求平衡的步骤。因此,该法兼有偏差式测量法的测量速度快和零位式测量法测量准确度高的优点。

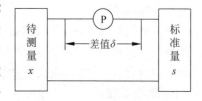

图 1-2 微差式测量法示意图

微差式测量法除在实验室中用作精密测量外,还广泛地应用在生产线控制参数的测量上,如监测连续轧钢机生产线上的钢板厚度等。

3. 按被测量性质分类

1) 时域测量

时域测量是测量被测量随时间变化的特性,这时被测量是一个时间函数。例如:用示波器显示电压、电流的瞬时波形,测量它的幅度、上升沿和下降沿等参数。

2) 频域测量

频域测量是测量被测量随频率变化的特性,这时被测量是一个频率函数。例如:用频率特性图示仪可以观测放大器的增益随频率变化的规律等。

3) 数据域测量

数据域测量是对数字量的测量,可以同时观察多条数据通道上的逻辑状态或显示某条数据线上的时序波形,也可以用计算机分析大规模集成电路芯片的逻辑功能,如用逻辑分析仪分析微处理器的地址线和数据线上的信号。

4) 随机域测量

随机域测量是指对随机信号的测量,如噪声、干扰信号的测量。这是目前较新的测量技术。

电子测量除了上述几种常见的分类方法外,还有其他一些分类方法。例如,按照对测量精度的要求,可以分为精密测量和工程测量;按照测量时测量者对测量过程的干预程度分为自动测量和非自动测量;按照被测量与测量结果获取地点的关系分为本地(原位)测量和远地测量(遥测);按照测量仪器与被测量是否接触分为接触测量和非接触测量;按照被测量的属性分为电量测量和非电量测量等。

1.3　电子测量仪器概述

利用电子技术实现测量的仪表设备,统称为电子测量仪器。为了正确地选择测量方法以及使用测量仪器,本节将对电子测量仪器的主要功能、主要性能指标和分类等作一概括介绍。

1.3.1　电子测量仪器的功能

各类测量仪器一般具有物理量的变换、信号的输出和测量结果的显示这三种最基本的功能。

1. 变换功能

各种被测物理量中很大一部分是非电量，如热工参数中温度、压力、流量；机械参数中的转速、力、尺寸等。对这些非电量的测量，在工程中通过传感器转换成为相关的电压、电流等的电量，然后再通过对电量的测量，得到被测物理量。

2. 传输功能

在遥测遥控系统中，现场测量的结果经变送器处理后，需经过较长距离的传输才能送到测试终端和控制台。不管采用有线还是无线方式，传输过程中造成的信号失真和外界干扰等问题都会存在。因此，现代测量技术和测量仪器都必须认真对待测量信息的传输问题。

3. 显示功能

测量结果必须以某种方式显示出来才有意义，因此任何测量仪器都必须具有显示功能。例如，模拟式仪表通过指针在仪表盘上的位置显示测量结果；数字式仪表通过数码管、液晶或阴极射线显示测量结果。除此以外，一些先进的仪器如智能仪器等还具有数字记录、处理及自检、自校、报警提示等功能。

1.3.2　电子测量仪器分类

电子测量仪器种类很多，可分为专用和通用仪器两大类。专用仪器是指各个专业领域中测量特殊参量的仪器，通用仪器是指应用面广、灵活性好的测量仪器。按其功能，通用仪器一般可分为以下几类：

(1) 电平测量仪器：用于测量电压信号的仪器，如各种模拟式电压表、毫伏表、数字式电压表、电压标准等。

(2) 电路参数测量仪器：用于测量电子元件（如电阻、电容、电感和晶体管等）的电参数或特性曲线，如各类电桥、Q表、RLC测试仪、晶体管特性图示仪、模拟或数字集成电路测试仪等。

(3) 频率、时间、相位测量仪：用于测量频率、周期、时间间隔和相位差的仪器，如各种频率计、相位计及各种时间、频率标准等。

(4) 波形测量仪器：用于观测、记录电信号在时域的变化过程的仪器，主要指各类示波器，如通用示波器、多踪示波器、采样示波器和数字存储示波器等。

(5) 信号分析仪器：用于观测、记录电信号在频域变化过程的仪器，如谐波分析仪、频谱分析仪和失真度仪等。

(6) 模拟电路特性测试仪器：用于分析模拟电路幅频特性和噪声特性的仪器，如扫频仪、网络特性分析仪、噪声系数测试仪等。

(7) 数字电路特性测试仪器：用于分析数字系统中以离散时间或事件为自变量的数据流的仪器，能完成对数字逻辑电路和系统中的实时数据流或时间的显示，并通过各种控制功能实现对数字系统的软硬件故障分析和诊断，如逻辑分析仪。这类仪器内部多带有微处理器或通过接口总线与外部计算机相连，是数据域测量中不可缺少的设备。

（8）测试用信号源：用于提供各种测量用信号的仪器，如函数发生器、脉冲信号发生器、高频信号发生器等。

（9）电波特性测试仪：用于测量电波传播、电场强度和干扰强度等的仪器，如测试接收机、场强计、干扰测试仪等。

1.3.3 电子测量仪器的主要技术指标

电子测量仪器的技术指标是用数值、误差范围等来表征仪器性能的量。下面介绍电子测量仪器的主要技术指标。

1. 精度

精度是指测量仪器的读数或测量结果与被测量真值相一致的程度。其含义是：精度高，表明误差小；精度低，表明误差大。精度不仅用来评价测量仪器的性能，也是评定测量结果最主要最基本的指标。精度又可用精密度、准确度和精确度三个指标加以表征。

2. 稳定性

稳定性通常用稳定度和影响量两个参数来表征。

稳定度也称稳定误差，是指在规定的时间区间，其他外界条件恒定不变的情况下，仪表示值变化的大小。造成这种示值变化的原因是仪器内部各元器件的特性、参数不稳定和老化等因素。稳定性直接与时间有关，在给出稳定误差的同时，必须指定相应的时间间隔，否则所给出的稳定误差就没有任何实际意义。例如，某数字电压表的稳定度为$(0.008\%U_m + 0.003\%U_s)/(8h)$，其含义是在 8 小时内，测量同一电压，在外界条件维持不变的情况下，电压表的示值可能发生 $0.008\%U_m + 0.003\%U_s$ 的上下波动，其中，U_m 为该量程满度值，U_s 为示值。

由于电源电压、频率、环境温度、气压、振动等外界条件变化而造成仪表示值的变化量称为影响量或影响误差，一般用示值偏差和引起该偏差的影响量一起表示。例如，EE1610 晶体振荡器在环境温度从 10℃ 变化到 35℃ 时，频率漂移$\leqslant 1 \times 10^{-9}$。

3. 灵敏度

灵敏度表示测量仪表对被测量变化的敏感程度，一般定义为测量仪表指示值（指针的偏转角度、数码的变化、位移的大小等）增量 Δy 与被测量增量 Δx 之比。例如，示波器在单位输入电压的作用下，示波管荧光屏上的光点偏移的距离就定义为它的偏转灵敏度，单位为 cm/V、cm/mV 等。灵敏度的另外一种表述方式称为分辨力或分辨率，是指测量仪器可能测得的被测量最小变化的能力。通常，模拟式测量仪器的分辨率是指示值最小刻度的一半；数字式仪器的分辨率是显示器最后一位的一个数字。分辨率的值愈小，其灵敏度愈高。

4. 线性度

线性度是测量仪表输入输出特性之一，表示仪表的输出量（示值）随输入量（被测量）变化的规律。仪器的线性度可用线性误差表示，如 SR46 双线示波器垂直系统的幅度线性误差$\leqslant 5\%$。

5. 输入阻抗

测量仪表的输入阻抗对测量结果有影响，如电压表、示波器等仪表，测量时并联接于待测电路两端，测量仪表的接入改变了被测电路的阻抗特性，这种现象称为负载效应。为了减小测量仪表对待测电路的影响，提高测量精度，通常对这类测量仪表的输入阻抗都有一定的要求。

6. 动态特性

测量仪表的动态特性表示仪表的输出响应随输入变化的能力。如示波器的垂直偏转系统,由于输入电容等因素的影响,造成输出波形对输入信号的滞后与畸变,示波器的瞬态响应就表示了这种仪器的动态特性。

1.3.4　电子测量仪器的发展概况

电子测量仪器发展至今,经历了模拟仪器、数字仪器、智能仪器、虚拟仪器等发展阶段。其间,微电子学和计算机技术对仪器技术的发展起了巨大的推动作用。2004年以来,随着下一代自动测试系统的发展,又出现了合成仪器(Synthetic Instrumentation,SI)的概念。

1. 模拟仪器

早期的模拟仪器采用了电磁机械式的基本结构,借助指针来显示最终结果。如模拟电压表、模拟电流表、模拟转速表等。这类仪器仪表常用在要求精度不高、定性指示的场合。

2. 数字仪器

20世纪中期,数/模变换和模/数变换技术的发展促进了数字化仪器的发展,例如电子计数器、数字电压表等。这类仪器将模拟信号的测量转化为数字信号的测量,并以数字方式输出最终结果,这类仪器目前相当普及,适用于需要快速响应和较高准确度的测量。

3. 智能仪器

20世纪70年代以来,随着微处理器和计算机的发展,微处理器或微机被越来越多地嵌入到测量仪器中,构成了所谓的智能仪器。这种仪器具备通用的测试功能,可以单独使用,也可以通过GPIB接口作为可程控仪器组建自动测试系统,既能进行自动测试,又具有一定的数据处理能力。其功能模块全部都是以硬件(或固化的软件)的形式存在的,因而无论开发还是应用,都缺乏灵活性。但智能仪器在成本、体积、功耗控制方面有很大优势。目前,市场上的很多测量仪器都已经是智能仪器。

4. 虚拟仪器

虚拟仪器是检测技术与计算机技术和通信技术有机结合的产物。它是在美国国家仪器(NI)公司于1981年提出的在个人仪器的基础上发展起来的。是利用通用计算机作为硬件平台,添加必要的专业模块,扩展相应的软件,构成全新的测试系统,具有虚拟仪器面板和测量信息处理系统,使用户操作微型计算机就像操作真实仪器一样。功能可以灵活自定义,数据交换网络化,硬件功能软件化,虚拟仪器强调软件的作用,提出"软件就是仪器"的概念。

自"虚拟仪器"概念提出以来,以软件代替硬件,以图形代替代码,以组态代替编程,以虚拟仪器代替真实仪器,组建自动测试系统的技术得到迅速发展。

5. 合成仪器

进入21世纪,随着下一代自动测试系统的发展,出现了合成仪器的概念。合成仪器将传统仪器分割成一些基本功能模块,是一种可重配置系统,它通过标准化的接口连接一系列基础硬件或通过微处理器的软、硬件组合成仪器系统,并用标准接口对外连接,取代专用高端仪器并实现标定、校正等功能。

随着网络技术迅猛发展,除了实现资源共享、传递文字、图像信息外,还可用来传递实时测控信息,实现异地监测与控制,组建一个庞大的远程自动控制系统。

以虚拟仪器和智能仪器为核心的自动测试技术在各个领域得到了广泛的应用,促使现代电子测量技术向着自动化、智能化、网络化和标准化的方向发展。

本章小结

测量是人类认识和改造世界的一种重要手段,电子测量是指利用电子科学技术手段对信号与系统进行的测量,是电子学与测量学相结合的产物,它处于信息源头,是电子信息科学技术十分重要且发展迅速的一个分支。电子测量技术的水平也是衡量一个国家科学技术水平的重要标志。

(1)电子测量的内容:电能量的测量、电信号特性的测量、电路参数的测量、导出量的测量和特性曲线的显示。

(2)电子测量的特点:测量频率范围宽、测量量程宽、测量准确度高低相差悬殊、测量速度快、易于实现遥测、易于实现测量自动化和测量仪器微机化等。

(3)电子测量的方法:
- 按测量手段分类——直接测量、间接测量、组合测量。
- 按测量方式分类——偏差式测量方法、零位式测量法、微差式测量法。
- 按被测量的性质分类——时域测量、频域测量、数据域测量、随机测量。

(4)测量仪器的功能:变换、传输和显示。

(5)电子测量仪器的分类:电平测量仪器,电路参数测量仪器,频率、时间、相位测量仪,波形测量仪器,信号分析仪器,模拟电路特性测试仪器,数字电路特性测试仪器,测试用信号源、脉冲信号发生器,高频信号发生器等。

(6)电子测量仪器的发展阶段:模拟仪器、数字仪器、智能仪器、虚拟仪器。

思考题

1-1 什么是测量?什么是电子测量?

1-2 电子测量的内容都包含哪些?

1-3 电子测量有哪些特点?

1-4 电子测量的一般方法有哪些?

1-5 测量仪器具有的主要功能是什么?

1-6 叙述直接测量、间接测量、组合测量的特点,并各举 1~2 个测量实例。

第1章思考题答案

1-7 解释偏差式、零位式和微差式测量法的含义,并列举测量实例。

随身课堂

第1章课件

测量误差与数据处理

学习要点

- 了解测量误差的基本概念,掌握误差的表示方法;
- 掌握测量误差的来源,重点掌握误差的分类;
- 掌握随机误差的描述、随机误差的分布和测量结果的置信度,重点掌握有限次测量的计算方法;
- 掌握粗大误差的特性和检验方法;
- 掌握系统误差的特性、系统误差的检查与判别,重点掌握系统误差的削弱或消除方法;
- 掌握测量误差的合成与分配,重点掌握系统误差合成和常用函数的合成误差的计算;
- 初步学会测量数据的处理方法,掌握非等精度测量方法,重点掌握有效数字的处理和等精度测量结果的处理。

测量误差的
基础知识.mp4

2.1 测量误差的基础知识

2.1.1 研究测量误差的目的

为了认识自然与遵循其发展规律而改造自然,人类需要不断地对自然界的各种现象进行测量和研究。在实际测量中,由于测量器具不准确,测量手段不完善,周围环境的影响,测量人员不熟练或工作中的疏忽等,都使得测量结果与被测量的真值存在差异,这个差异称为测量误差。随着科学技术的发展,人们对测量的精确度要求越来越高,若测量误差超过一定限度,测量结果将会变得毫无意义,甚至会导致错误的结论,给工作带来很大危害。因此测量误差的控制水平是衡量测量技术水平乃至科学技术水平的一个重要方面。但是由于误差存在的必然性与普遍性,人们只能将误差控制在尽量小的范围内,而不能完全消除它。因此,为了充分认识并进而减小或消除误差,必须对测量过程和科学实验中始终存在的误差进行研究。

研究误差理论的目的是:

(1) 正确认识误差的性质与特点,分析误差产生的原因,从根本上消除或减小误差。

(2) 合理地制订测量方案,设计实验过程,正确地选择测量方法和测量仪器,以便在最经济的条件下确定最佳系统。

（3）正确处理测量和实验数据,合理计算所得结果,以便在给定的测量条件下得出被测量的最佳估计值。

（4）正确评定测量结果,合理评定测量结果的可靠性。测量结果的可靠性与不确定度有密切的关系,不确定度愈小,可信度愈高,使用价值愈高;不确定度愈大,可信度愈低,使用价值也愈低。测量不确定度如果过大,对产品质量会造成危害;过小则在人力、物力方面造成浪费。

2.1.2　测量的基本概念

1. 真值

一个物理量在测量进行的时间和空间条件下所呈现的客观大小或真实数值称作它的真值,用 A_0 来表示。要想得到真值,必须利用理想测量仪器进行无误差的测量,由此可见,物理量的真值实际上是无法测得的,只是一个理论值。例如理论上三角形的内角和为 $180°$,就是说三角形的内角和的真值为 $180°$;又如电流的计量标准安培,按国际计量委员会和第九届国际计量大会的决议,定义为"一恒定电流,若保持在处于真空中相距 1m 的两根无限长而圆截面可忽略的平行直导线内流动,这两条导线之间产生的力为每米长度上等于 $2×10^{-7}N$,则该恒定电流的大小为 1A"。显然,这样的电流计量标准是一个理想的而实际上无法实现的理论值,人类只能通过科学技术的不断进步而无限地逼近它。

2. 约定真值

由于绝对真值是不能确切获知的,所以一般由国家设立各种尽可能维持不变的实物标准或基准,以法定的形式指定其所体现的量值作为计量单位的约定真值,用 A_s 来表示。例如,指定国家计量局保存的铂铱合金圆柱体质量原器的质量为 1kg,水的三相点热力学温度为 273.16K,氪-86 原子的 $2p_{10}$ 和 $5d_5$ 能级之间跃迁所对应的辐射在真空中的 1 650 763.73 个波长为 1m 等。国际间通过互相比对来保持一定程度的一致,约定真值也叫指定值,一般用来代替真值。

3. 实际值

实际测量中,不可能每个测量量均直接与国家基准相比对,所以国家通过一系列各级实物计量标准构成量值传递网,把国家基准所体现的计量单位逐级比较并传递到日常工作仪器或量具上。在每一级的比较中,都以上一级标准所体现的值当作准确无误的值,称为实际值,也叫做相对真值,用 A 表示。例如,用二等标准活塞压力计测量某压力,结果为 $1000.3N/cm^2$,若用更精确方法测得压力为 $1000.5N/cm^2$,则后者为实际值。

4. 标称值

测量器具上标定的数值称为标称值。例如,标准砝码上标出的 20g,标准电阻上标出的 $1k\Omega$,标准电池上标出的电动势为 1.0186V,标准信号发生器刻度盘上标出的输出正弦波的频率 100kHz 等。由于制造或测量精度不够以及环境等因素的影响,标称值并不一定等于它的真值或实际值。因此,通常在标出测量器具标称值的同时,还要标出它的误差范围或准确度等级。例如,某电阻的标称值为 $1k\Omega$,误差为 $±1\%$,即表示该电阻的实际阻值在 $990\sim1010\Omega$ 之间。

5. 示值

由测量器具指示的被测量量值称为测量器具的示值,也称为测量值,用 x 表示,包括数值与单位。严格地说,测量器具的示值与读数不是一回事,读数是指在测量器具刻度盘上直接读得的数字。例如 100 分度表示 50mA 的电流表,当指针指在刻度盘上的 50 处时,读数是 50,而示值是 25mA。为了便于核查测量结果,在记录测量数据时,除了要记录测量方法、测量电路及测量条件等信息外,还要记录仪表量程、读数和示值。对于数字显示仪表而言,读数和示值是一致的。

6. 测量误差

在实际测量中,由于测量仪器的不精确、测量方法的不完善、测量条件的不稳定,以及人员操作的失误等原因,都会使测量结果与被测量真值不同。测量仪器的测得值与被测量真值之间的差异称为测量误差。测量误差的存在具有必然性和普遍性,人们不能完全消除误差,只能根据需要把其限制在一定的范围内。

7. 等精度测量和非等精度测量

在保持测量条件不发生变化的条件下,对同一被测量进行多次重复测量的过程叫等精度测量。这里所说的测量条件包括对测量结果产生影响的所有客观和主观因素,如测量方法、测量仪器、测量步骤、测量环境、测量人员等。如果任一测量条件发生变化,如改变了测量方法,或更换了测量仪器,或改变了测量电路,或替换操作者,或操作者由于疲劳而降低了细心程度等,这样的测量称为非等精度测量。在误差分析中等精度测量更为普遍。

2.1.3 误差的表示方法

由于测量方法和使用的仪表不同,测量误差有多种表示方法,最基本的误差表示方法有绝对误差和相对误差。

1. 绝对误差

1) 绝对误差的定义

由测量所得到的被测量的量值 x 与其真值 A_0 之差,称为绝对误差,用 Δx 表示,即

$$\Delta x = x - A_0 \tag{2-1}$$

前面已经提到,由于真值 A_0 一般无法得到,所以实际应用中用实际值 A 来代替,则有

$$\Delta x = x - A \tag{2-2}$$

绝对误差是一个有大小、符号和量纲的量,大小表示测量值与真实值的偏离程度;符号表示测量值与真实值偏离的方向,$\Delta x > 0$ 表示测量值比实际值大,$\Delta x < 0$ 表示测量值比实际值小;其量纲与测得值的量纲相同。

【例 2-1】 一标称值为 $1k\Omega$ 的电阻,经检定其值为 999Ω,该电阻的绝对误差是多少?

分析:判断哪个是测量值,哪个是实际值,不是按数据整齐程度来确定,而是把更准确的测量值作为实际值。本例中更准确的测量值是检定值,即实际值为 999Ω。

解:$\Delta x = x - A = (1000 - 999)\Omega = 1\Omega$

所以该电阻的绝对误差为 1Ω。

【例 2-2】 用一个 2.0 级的电压表测量某电压为 3.5V,用另一只 0.5 级同量程的电压表测得电压值为 3.56V,求该电压值的绝对误差。

分析:在用不同仪表相同量程进行同一个被测量的测量时,仪表等级越高,测得值越精

确,因此本例中的实际值应该为 0.5 级表测得的值。

解：$\Delta x = x - A = (3.5 - 3.56)\mathrm{V} = -0.06\mathrm{V}$

所以该电压值的绝对误差为 $-0.06\mathrm{V}$。

2) 修正值(校正值)

与绝对误差的绝对值大小相等,符号相反的量值称为修正值,用 C 表示,即

$$C = -\Delta x = A - x \tag{2-3}$$

修正值与绝对误差有相同的量纲。修正值的引入是为了减小误差的影响,它用代数方法与未修正测量结果相加以补偿其系统误差的值。

测量仪器在使用前都要由上一级标准给出受检仪器的修正值,通常以数据、表格、曲线或公式的形式在仪器说明书或校准报告中给出。利用修正值和仪器示值可得到被测量的实际值,即

$$A = C + x \tag{2-4}$$

【例 2-3】 某电流表测得的电流示值是 1.03A,查得该电流表在 1.0A 及其附近的修正值都是 $-0.02\mathrm{A}$,那么被测电流的实际值是多少?

解：根据式(2-4)可得

$$A = C + x = [1.03 + (-0.02)]\mathrm{A} = 1.01\mathrm{A}$$

所以被测电流的实际值是 1.01A。

在实际应用中,如果修正值是一条曲线或表格,即测量不同大小的量值时有不同的修正值,此时应该查找对应的修正值。在智能仪器中,可以通过编程,把修正值存储在微处理器中,通过运算直接给出经过修正的实际值,而不需要测量者再利用式(2-4)进行计算。

如果被测量值相同,用绝对误差可以反映测量的精确程度。例如,两个测量示值均为 10V 的电压,一个示值误差为 0.01V,另一个为 0.02V,显然第一个测量的误差小、精度高。但对于不同的被测量值,例如,测量人体体温的绝对误差为 1℃,测量高温熔炉温度的绝对误差也为 1℃,同样 1℃ 的误差,但对测量结果的影响却天壤之别,很显然,后者测量精度更高。因此,绝对误差只能反映测得值偏离实际值的程度,不能反映测量结果的质量,若想评价测量的精确程度,有必要引入相对误差的概念。

2. 相对误差

相对误差又称为相对真误差,它是绝对误差 Δx 与被测量的真值 A_0 之比,用 γ 表示,即

$$\gamma = \frac{\Delta x}{A_0} \times 100\% \tag{2-5}$$

相对误差是一个只有大小和符号,而没有量纲的值,一般用百分数(%)表示,也可以表示为数量级 $a \times 10^{-n}$ 的形式。

因为一般情况下不容易得到真值,所以在实际使用时,相对误差有以下几种不同的表示形式。

1) 实际相对误差

绝对误差 Δx 与被测量的实际值 A 的百分比值来表示的误差,称为实际相对误差,用 γ_A 表示,即

$$\gamma_A = \frac{\Delta x}{A} \times 100\% \tag{2-6}$$

2) 示值相对误差

绝对误差 Δx 与仪器的测量值 x 百分比值来表示的误差,称为示值相对误差,也称为标称相对误差,用 γ_x 表示,即

$$\gamma_x = \frac{\Delta x}{x} \times 100\% \tag{2-7}$$

【例 2-4】 某台满量程为 150V 的电压表,在示值为 100V 处,用标准电压表检定得到的电压表实际示值为 99.2V,求使用该电压表在测得示值为 100V 时的绝对误差、修正值、实际相对误差和示值相对误差。

解:由式(2-2)、式(2-3)、式(2-6)、式(2-7),可得该电压表在 100V 处的

绝对误差: $\Delta x = x - A = (100 - 99.2)V = 0.8V$

修正值: $C = -\Delta x = -0.8V$

实际相对误差: $\gamma_A = \frac{\Delta x}{A} \times 100\% = \frac{0.8}{99.2} \times 100\% = 0.81\%$

示值相对误差: $\gamma_x = \frac{\Delta x}{x} \times 100\% = \frac{0.8}{100} \times 100\% = 0.80\%$

3) 分贝误差

在电子学及声学测量中通常用到分贝误差。分贝误差是用对数形式表示的一种误差,单位为分贝(dB)。分贝误差广泛用于增益(放大或衰减)量的测量中。下面以电压增益测量为例,引出分贝误差的表示形式。

设双口网络(比如放大器或衰减器)输入、输出电压的测得值分别为 U_i 和 U_o,则电压增益 A_u 的测得值为

$$A_u = \frac{U_o}{U_i} \tag{2-8}$$

用对数表示为

$$G_x = 20\lg A_u \,(\mathrm{dB}) \tag{2-9}$$

式中,G_x 为增益测得值的分贝值。

设 A 为电压增益实际值,其分贝值 $G = 20\lg A$,有

$$A_u = A + \Delta A \tag{2-10}$$

$$G_x = 20\lg(A + \Delta A) = 20\lg\left[A\left(1 + \frac{\Delta A}{A}\right)\right]$$

$$= 20\lg A + 20\lg\left(1 + \frac{\Delta A}{A}\right) = G + 20\lg\left(1 + \frac{\Delta A}{A}\right) \tag{2-11}$$

由此得到

$$\gamma_{\mathrm{dB}} = G_x - G = 20\lg\left(1 + \frac{\Delta A}{A}\right)\mathrm{dB} \tag{2-12}$$

式中,γ_{dB} 显然与增益的相对误差有关,可看成相对误差的对数表现形式,称为分贝误差。若 $\gamma_A = \frac{\Delta A}{A}$,$\gamma_x = \frac{\Delta A}{A_x}$,并设 $\gamma_A \approx \gamma_x$,则式(2-12)可写成

$$\gamma_{\mathrm{dB}} = 20\lg(1 + \gamma_x)\mathrm{dB} \tag{2-13}$$

上式即为分贝误差的一般定义式。

【例 2-5】 某电压放大器,当输入端电压 $U_i = 1.2\text{mV}$ 时,测得输出电压 $U_o = 6\text{V}$,设 U_i 误差可忽略,U_o 的测量误差为 $\pm 3\%$,求:放大器电压放大倍数的绝对误差、相对误差、分贝误差和实际电压分贝增益。

解:电压放大倍数:

$$A_u = \frac{U_o}{U_i} = \frac{6000}{1.2} = 5000$$

电压分贝增益:

$$G_x = 20\lg A_u = 20\lg 5000 = 74\text{dB}$$

输出电压绝对误差:

$$\Delta U_o = 6000 \times (\pm 3\%) = \pm 180\text{mV}$$

因忽略 U_i 误差,所以电压增益绝对误差:

$$\Delta A = \frac{\Delta U_o}{U_i} = \frac{\pm 180}{1.2} = \pm 150$$

电压增益相对误差:

$$\gamma_x = \frac{\Delta A}{A_u} = \frac{\pm 150}{5000} \times 100\% = \pm 3\%$$

电压增益分贝误差:

$$\gamma_{dB} = 20\lg(1 + \gamma_x) = 20\lg(1 \pm 0.03) \pm 0.26\text{dB}$$

实际电压分贝增益:

$$G = 74 \pm 0.26\text{dB}$$

当 γ_x 值很小时,分贝误差可表示为

$$\gamma_{dB} \approx 8.69\gamma_x\text{dB} \quad \text{或} \quad \gamma_x \approx 0.115\gamma_{dB} \tag{2-14}$$

上例中:$\gamma_{dB} \approx 8.69 \times (\pm 3\%) = \pm 0.26(\text{dB})$。

【例 2-6】 高频微伏表测量电压的误差为 0.5dB,其对应的相对误差是多少?

解:因为 0.5dB 的误差并不大,可用式(2-14)近似计算为

$$\gamma_x \approx 0.115\gamma_{dB} = 0.115 \times 0.5 = 0.0575 = 5.75\%$$

在实际应用时,分贝误差的使用往往分两种情况:一种是如上面所述读取电压值或功率值,然后再通过计算以 dB 形式表示出来;另一种是直接以分贝的形式读取数值,然后按 $\Delta x = x - A$ 来计算。例如,某衰减器标称值为 20dB,经检定为 20.5dB,则其分贝误差为 $\Delta x = 20 - 20.5 = -0.5\text{dB}$。

若测量的是功率增益时,分贝误差定义为

$$\gamma_{dB} = 10\lg(1 + \gamma_x)\text{dB} \tag{2-15}$$

从上面的公式和例子可见,分贝误差只是相对误差的一种表示形式。当相对误差为正值时,分贝误差也是正值,反之亦然。

4) 引用误差

相对误差可以较好地反映某次测量的准确程度,但并不适合于表示或衡量测量仪器的准确度。因为在同一量程内,被测量可能有不同的数值,这将导致相对误差计算式中的分母发生变化,求得的相对误差也随着改变。为了计算和划分仪表准确程度等级,引入了引用误差的概念。

(1) 引用误差的定义。仪器量程内最大绝对误差 Δx_m 与仪器的满度值 x_m 的比值,称

为满度相对误差,即

$$\gamma_{\mathrm{m}} = \frac{\Delta x_{\mathrm{m}}}{x_{\mathrm{m}}} \times 100\% \qquad (2\text{-}16)$$

满度相对误差也称作满度误差或引用误差。由式(2-16)可以看出,通过满度误差实际上给出了仪表各量程内绝对误差的最大值

$$\Delta x_{\mathrm{m}} = \gamma_{\mathrm{m}} \cdot x_{\mathrm{m}} \qquad (2\text{-}17)$$

通常,测量仪器在同一量程不同示值处的绝对误差未必处处相等。但对于使用者来讲,在没有修正值可以利用的情况下,只能按最坏情况处理,即认为测量仪器在同一量程各处的绝对误差是常数,且等于 Δx_{m},把这种处理称作误差的整量化。

(2) 引用误差的应用。引用误差在实际测量中具有重要意义,其主要有 3 种用途。

① 标定仪表的准确度等级。我国电工仪表的准确度等级 S 就是按满度误差 γ_{m} 分级的,按 γ_{m} 大小依次划分为 0.1、0.2、0.5、1.0、1.5、2.5 及 5.0 七级。例如某电压表 $S = 0.5$,说明其准确度为 0.5 级,满度误差不超过 0.5%,即 $|\gamma_{\mathrm{m}}| \leqslant 0.5\%$。

【例 2-7】 某电流表的量程 100mA,在量程内用待定表和标准表测量几个电流的读数,见表 2-1。试根据表中测量数据大致标定该仪表的准确度等级。

表 2-1 电流表读数

项　　目	数　　据					
待定表读数 x/mA	0.1	20.0	40.0	60.0	80.0	100.0
标准表读数 A/mA	0.0	20.3	39.5	61.2	78.0	99.0
绝对误差 Δx/mA	0.1	-0.3	0.5	-1.2	2.0	1.0

解:由 $\Delta x = x - A$ 计算出各点的 Δx_i,见表 2-1。因为 $\Delta x_{\mathrm{m}} = 80\mathrm{mA} - 78\mathrm{mA} = 2\mathrm{mA}$,且 $x_{\mathrm{m}} = 100\mathrm{mA}$,由式(2-16)求得该表的最大满度相对误差为

$$\gamma_{\mathrm{m}} = \frac{\Delta x_{\mathrm{m}}}{x_{\mathrm{m}}} \times 100\% = \frac{2}{100} \times 100\% = 2\%$$

所以该表大致可定为 2.5 级表。当然,在实际中,标定一个仪表的准确度等级是需要通过大量的测量数据,并经过一定的计算和分析后才能完成的。

② 检定仪表是否合格。

【例 2-8】 检定一个 1.5 级 100mA 的电流表,发现在 50mA 处的误差最大,为 1.4mA,其他刻度处误差均小于 1.4mA。这块电流表是否合格?

解:由式(2-16)求得该表的最大满度相对误差为

$$\gamma_{\mathrm{m}} = \frac{\Delta I_{\mathrm{m}}}{I_{\mathrm{m}}} \times 100\% = \frac{1.4}{100} \times 100\% = 1.4\% < 1.5\%$$

所以这块表是合格的。实际中,要判断该电流表是否合格,应在整个量程内取足够的点进行检定。

③ 合理选择仪表的准确度等级。在选用仪表时,不要单纯追求仪表的级别,而是要根据被测量的大小,兼顾仪表的级别和测量上限,合理地选择仪表。

【例 2-9】 某待测电流约为 100mA,现有 0.5 级量程为 0~400mA 和 1.5 级量程为 0~100mA 的两个电流表,问用哪一个电流表测量较好?

解:用 0.5 级量程为 0~400mA 电流表测 100mA 时,最大相对误差为

$$\gamma_{x_1} = \frac{x_{\mathrm{m}}}{x}S\% = \frac{400}{100} \times \pm 0.5\% = \pm 2\%$$

用 1.5 级量程为 0~100mA 电流表测量 100mA 时，最大相对误差为

$$\gamma_{x_2} = \frac{x_{\mathrm{m}}}{x}S\% = \frac{100}{100} \times \pm 1.5\% = \pm 1.5\%$$

计算表明，尽管第一块表的准确度等级较高，但由于其量程范围大，所引起的测量误差范围也很大。所以选 1.5 级量程为 0~100mA 的电流表。

本例说明，如果选择合适的量程，即使使用较低等级的仪表进行测量，也可以取得比高等级仪表高的准确度。当仪表的准确度确定后，示值越接近满刻度，示值相对误差越小。但要注意，仪表的准确度并不是测量结果的准确度，只有在示值与满度值相同时二者才相等。否则，测得值的准确度数值将低于仪表的准确度等级。

在选用仪表进行测量时，应根据被测量的大小、性质，以及仪表的准确度等级和量程，合理选择仪表。例如，在使用线性刻度的电压表、电流表等测量时，为了减小测量误差，一般情况下，应尽量使指针处在仪表满刻度的 2/3 以上区域。而用非线性刻度的万用表电阻挡测量电阻，以及用线性刻度的电压表测量噪声电压时，应使处于满度值的 1/2 左右或 1/2 以下区域。

2.1.4　测量误差的来源

产生测量误差的原因多种多样，一般比较复杂。研究它的目的在于两个方面：一是针对原因在测量时尽量加以注意，避免产生误差；二是在不可避免地产生误差后，可以针对性地采取措施进行补救。测量误差大致有以下几种来源。

1. 装置误差（设备误差）

测量装置误差主要包括标准量具误差、仪器误差和附件误差。

标准量具误差是指以固定形式复现标准数值的器具，如标准电池、标准砝码和标准电阻等，它们本身体现的数值不可避免地都存在误差。这些误差将直接或间接地反映到测量结果中，进而形成测量装置误差。

仪器误差包括的范围很广。例如，在设计测量仪器时，采用近似原理造成的测量原理误差、组成仪器零部件的制造误差与安装误差所引入的固定误差、仪器出厂时标定不准确所带来的标定误差、读数分辨力有限造成的读数误差、模拟式仪表刻度的随机性所引入的刻度误差、数字式仪器的量化误差、仪器内部噪声引起的误差、元器件老化与疲劳及环境变化造成的稳定性误差、仪器响应滞后引起的动态误差以及非线性等引起的误差等。

附件误差是指测量仪器所带附件和附属工具产生的误差。如千分尺的调整量棒、示波器探极线、测长仪的标准环规等都含有误差。

2. 方法误差（理论误差）

由于测量方法不完善、测量所依据理论不严密或采用近似公式等原因所引起的误差，称为方法误差，也称作理论误差。例如，用普通万用表测量高电阻回路的电压，由于万用表的输入电阻较低而引起的误差。再如，用卷尺测量大型圆柱体的直径，再通过计算求出圆柱体的周长，由于圆周率 π 只能取近似值，由此将会引入误差。

3. 环境误差（影响误差）

测量环境条件对测量结果有很大影响，如测量环境的温度、气压、湿度、振动、灰尘、气流

等。环境条件参数偏离标准状态引起的误差称为环境误差,也称作影响误差。例如,激光光波波长测量中,空气的温度、湿度、尘埃、大气压力等都会影响空气的折射率,因而影响激光波长,造成测量误差。气流对高精度的准直测量也有一定影响。温度的变化常会造成仪器示值的漂移。

通过对环境条件的改善可减小这种误差,但要付出一定的经济代价。在采取适当的测量方法以后,也可获得减小这种误差的效果。例如,采用相对法测量时,温度偏差引起的工件变形和标准件的变形相近,因而可消除或减小这种误差。

4. 人员误差(人身误差)

测量者调整仪器和测量操作的熟练程度、操作习惯、感官分辨能力、视觉疲劳、固有习惯,以及测量时的情绪、责任心等因素引起的误差称为人员误差,也称作人身误差。例如,读错刻度、念错读数及操纵不当等。

减小人身误差的主要途径有:提高测量者的操作技能和工作责任心;采用更合适的测量方法;采用数字式显示的客观读数以避免指针式仪表的主观读数引起的视觉误差等。随着测量技术的进步,自动化的测量仪器有了很大发展,测量过程和数据处理摆脱了人的具体干预,使测量者对测量过程与数据处理的人为影响大为减小。此时,人为因素只在仪器的调整等环节中才起一定的作用,因而对测量者的要求也有所降低。

5. 使用误差(操作误差)

使用过程中,由于仪器安装、调节、放置不当所引起的误差称为使用误差,也称为操作误差。例如,应当调零后使用的仪器在使用前未调零,要求正式测量前进行预热而未预热,规定水平放置的仪器水平度不达标,接地不良,仪器之间相互干扰,有的测量设备要求实际测量前必须进行校准(例如,用普通万用表测电阻时应校零,用示波器观测信号的幅度前应进行幅度校准等)而未校准等。减小使用误差的最有效途径是提高测量操作技能,严格按照仪器使用说明书中规定的方法步骤进行操作。

2.1.5　测量误差的分类

产生测量误差的因素有很多,这些因素对测量结果造成的影响各有其特点。按照测量误差的性质与特点,可以把误差分为随机误差、系统误差和粗大误差。

1. 随机误差

对同一被测量进行多次等精度测量时,其绝对值和符号均以不可预定的方式无规则变化的误差,称为随机误差,也称为偶然误差。

随机误差即为随机变量,具有随机变量的一切特征。就单次测量而言,随机误差没有规律,其大小和方向完全不可预测,但当测量次数足够多时,其总体服从统计学规律,取值具有一定的分布特征,因而可以利用概率论提供的理论和方法来研究。

随机误差具有以下 4 个主要特点:

(1)单峰性:在多次测量中,绝对值小的误差出现的次数比绝对值大的误差出现的次数多。

(2)对称性:在多次测量中,绝对值相等的正误差与负误差出现的概率几乎相同。

(3)有界性:测量次数一定时,误差的绝对值不会超过一定的界限。

(4)抵偿性:进行等精度测量时,随机误差的算术平均值的误差会随着测量次数的增加而趋近于零。

由于随机误差的上述特点,可以通过多次测量取算术平均值的办法来减小随机误差对测量结果的影响,或者用其他数理统计的办法对随机误差加以处理。然而,随机误差对测量过程及结果的影响是必然的,随机误差无法根本消除。

随机误差主要由对测量值影响微小但互不相关的大量因素共同造成。这些因素主要是:

(1) 测量器具方面:仪器电路、元器件产生的噪声,零部件配合的不稳定、摩擦、接触不良等。

(2) 环境方面:温度的微小波动,湿度和气压的微量变化,光照强度变化,电源电压的无规则波动,电磁干扰、振动等。

(3) 测量人员方面:感官和操作的无规律的微小变化而造成读数不稳定等。

2. 系统误差

在多次等精度测量同一量值时,误差的绝对值和符号保持不变,或者当条件改变时按某种规律变化的误差称为系统误差,简称系差。换句话说,系统误差是有确定规律的误差。根据系统误差的变化规律不同,可将其分为恒值系差和变值系差两种类型。误差的数值与符号在一定条件下保持恒定不变的称为恒值系差。误差的数值按某一确定规律变化的系统误差称为变值系差。例如,零位误差属于恒值系差,测量值随温度变化而产生的误差属于变值系差。变值系差又可分为累进性系差、周期性系差和按复杂规律变化的系差。

系统误差具有以下特点:

(1) 确定性:系统误差是一个恒定不变的值或是确定的函数值。即测量条件不变,误差不变,为确切的数值;测量条件改变,误差也随之按照某种确定的规律而变化。

(2) 重现性:在测量条件完全相同,重复测量时系统误差可以重复出现。

(3) 不具抵偿性:在多次重复测量同一量值时,各次测量出现的系统误差不具有抵偿性。

(4) 可修正性:由于系统误差的确定性和重复性,就决定了它的可修正性。

系统误差是由固定不变的或按确定规律变化的因素造成的,这些因素主要有:

(1) 测量仪器方面:设计原理及制作上的缺陷。例如刻度偏差,刻度盘或指针安装偏心,使用过程中零点漂移,安放位置不当等。

(2) 环境方面:实际测量环境条件(温度、湿度、大气压、电磁场和电源电压等)与仪器要求的条件不一致,测量过程中温度、湿度等按一定规律变化等。

(3) 测量方法:采用近似的测量方法或近似的计算公式等。

(4) 测量人员方面:由于测量人员的个人特点,在刻度上估计读数时,习惯偏于某一方向;动态测量时,记录快速变化信号有滞后的倾向或者凭听觉鉴别时,在时间判断上习惯地提前或者错后等。

系统误差的产生原因是多方面的,但总是有规律的。针对其产生的根源采取一定的技术措施,以减小它的影响。例如,仪器仪表不准时,通过校验取得修正值,即可减小系统误差。

3. 粗大误差

在一定的测量条件下,测得值明显地偏离实际值所形成的误差称为粗大误差,也称为疏失误差,简称粗差。测量中发现粗大误差,则含有粗大误差的数据是个别的、不正常的,使测量数据受到了歪曲,所以称为坏值或异常值,数据处理时应将其剔除。

粗大误差具有以下特点:

(1) 偶然性和不可预见性,这一点与随机误差相似。

(2) 小概率事件,无抵偿性。粗大误差出现的概率非常小,在有限次测量的条件下无法正负抵消。

(3) 奇异性,与预期的偏差很大,不像随机误差那样具有有界性。

产生粗差的原因有:

(1) 测量操作疏忽和失误:例如,测量者过于疲劳、缺乏经验、操作不当或责任心不强等原因造成读错刻度,记错读数,计算错误以及实验条件未达到预定的要求而匆忙实验等。

(2) 测量方法不当或错误:如用普通万用表电压挡直接测高内阻电源的开路电压,用普通万用表交流电压挡测量高频交流信号的幅值等。

(3) 测量环境条件的突然变化:如电源电压突然增高或降低,雷电干扰、机械冲击等引起测量仪器示值的剧烈变化等,这类变化虽然也带有随机性,但由于它造成的示值明显偏离实际值,因此将其列入粗大误差范畴。

对于粗大误差,除了设法从测量结果中发现和鉴别并加以剔除外,重要的是保证测量条件的稳定,加强测量工作的责任心。

4. 误差之间的相互转化

系统误差、随机误差和疏失误差的划分方法只是相对的,在不同测量场合、不同测量条件,这三种误差是可以相互转化的。较大的系统误差或者随机误差,可视为粗大误差。在剔除粗大误差后,要估计的误差就只有系统误差和随机误差两类。在任何一次测量中,系统误差和随机误差一般都是同时存在的,而且二者之间并不存在绝对的界限。系统误差和随机误差之间在一定条件下是可以相互转化的。例如指示仪表的刻度误差,对制造厂同型号的一批表来说具有随机性,故属随机误差。而对用户使用的特定的一块表来说,该误差是固定不变的,故属于系统误差。再如,当电磁干扰所引起的测量误差比较小时,可以视为随机误差;如果其影响有利于掌握规律时,可视为系统误差。掌握误差转化的特点,可将系统误差转化为随机误差,用数据统计处理方法减小误差的影响;或将随机误差转化为系统误差,用修正方法减小其影响。

总之,系统误差和随机误差之间并不存在绝对的界限。随着对误差性质认识的深化和测试技术的发展,有可能把过去作为随机误差的某些误差分离出来作为系统误差处理,或把某些系统误差当作随机误差来处理。

2.2 随机误差的分析

如前所述,多次等精度测量时产生的随机误差及测量值服从一定的统计分布规律。本节从工程应用角度,利用概率统计的一些基本结论,研究随机误差的表征及对含有随机误差的测量数据的处理方法。

2.2.1 随机误差的统计处理

1. 数学期望

设对被测量 x 进行 n 次等精度测量,得到 n 个测得值：$x_1, x_2, x_3, \cdots, x_n$,由于随机误差的存在,这些测得值也是随机变量。

定义 n 个测得值(随机变量)的算术平均值为

$$\bar{x} = \frac{1}{n} \sum_{i=1}^{n} x_i \tag{2-18}$$

式中,$\bar{x}$ 也称作样本平均值。

当测量次数 $n \rightarrow \infty$ 时,样本平均值 $\bar{x}$ 的极限定义为测得值的数学期望。即

$$E_x = \lim_{n \rightarrow \infty} \left(\frac{1}{n} \sum_{i=1}^{n} x_i \right) \tag{2-19}$$

式中,E_x 也称作总体平均值。

在测量中,随机误差是不可避免的。在不考虑粗大误差的情况下,测量误差由随机误差和系统误差两部分组成,即

$$\Delta x_i = \varepsilon_i + \delta_i \tag{2-20}$$

式中,ε_i 为第 i 次测量的系统误差,δ_i 为第 i 次测量的随机误差。对于相同条件下的多次重复测量而言,每一次测量的系统误差都是相同的,即 $\varepsilon_i = \varepsilon$。

如果对每次测量的误差求和取平均,可以得到

$$\frac{1}{n} \sum_{i=1}^{n} \Delta x_i = \varepsilon + \frac{1}{n} \sum_{i=1}^{n} \delta_i$$

由于随机误差的抵偿性,当测量次数趋于无穷时,上式的第二项趋于 0。由此可以得出结论：当测量次数足够多时,测量的系统误差等于各次测量绝对误差的算术平均值,即

$$\varepsilon = \lim_{n \rightarrow \infty} \left(\frac{1}{n} \sum_{i=1}^{n} \Delta x_i \right) \tag{2-21}$$

由式(2-20)和式(2-21)得

$$\delta_i = \Delta x_i - \varepsilon = \Delta x_i - \lim_{n \rightarrow \infty} \left(\frac{1}{n} \sum_{i=1}^{n} \Delta x_i \right) = (x_i - A) - \lim_{n \rightarrow \infty} \left[\frac{1}{n} \sum_{i=1}^{n} (x_i - A) \right]$$

$$= x_i - \lim_{n \rightarrow \infty} \left(\frac{1}{n} \sum_{i=1}^{n} x_i \right) = x_i - E_x \tag{2-22}$$

因此,某一次测量的随机误差可表示为该次测量结果减去其数学期望。

假设上面测得值中不含系统误差和粗大误差,则第 i 次的测得值 x_i 与真值 A 的绝对误差就等于随机误差,即

$$\Delta x_i = \delta_i = x_i - A \tag{2-23}$$

式中,Δx_i、δ_i 分别表示绝对误差和随机误差。

随机误差的算术平均值为

$$\bar{\delta} = \frac{1}{n} \sum_{i=1}^{n} \delta_i = \frac{1}{n} \sum_{i=1}^{n} (x_i - A) = \frac{1}{n} \sum_{i=1}^{n} x_i - \frac{1}{n} \sum_{i=1}^{n} A = \frac{1}{n} \sum_{i=1}^{n} x_i - A$$

当 $n \rightarrow \infty$ 时,上式中第一项即为测得值的数学期望 E_x,所以

$$\bar{\delta} = E_x - A \quad (n \to \infty) \tag{2-24}$$

由于随机误差具有抵偿性,当测量次数 n 趋于无限大时,$\bar{\delta}$ 趋于零,即

$$\bar{\delta} = \lim_{n \to \infty} \left(\frac{1}{n} \sum_{i=1}^{n} \delta_i \right) = 0 \tag{2-25}$$

即随机误差的数学期望等于零。由式(2-24)和式(2-25),得

$$E_x = A \tag{2-26}$$

即测得值的数学期望等于被测量真值 A。

2. 剩余误差

当进行有限次测量时,各次测得值与算术平均值之差定义为剩余误差或残差,即

$$\upsilon_i = x_i - \bar{x} \tag{2-27}$$

对式(2-27)两边分别求和,有

$$\sum_{i=1}^{n} \upsilon_i = \sum_{i=1}^{n} x_i - n\bar{x} = \sum_{i=1}^{n} x_i - n \times \frac{1}{n} \sum_{i=1}^{n} x_i = 0 \tag{2-28}$$

上式表明,当测量次数 n 足够大时,残差的代数和等于零。这一性质可用来检验计算的算术平均值是否正确。当 $n \to \infty$ 时,$\bar{x} \to E_x$,此时残差即等于随机误差 δ_i。

3. 方差与标准差

随机误差反映了实际测量的精密度即测量值的分散程度。在实际测量中,只知道算术平均值是不够的,还需要说明数据的分散程度。例如,如图 2-1 所示的 A、B 两组测量数据,平均值相同,但 A 组数据比较集中,B 组数据比较分散,说明 A 组测量结果要好于 B 组。

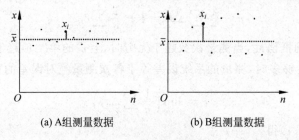

(a) A组测量数据　　　　　(b) B组测量数据

图 2-1　两组测量数据

但由于随机误差具有的抵偿性,因此不能用它的算术平均值来估计测量的精密度,而应使用方差进行描述。方差定义为 $n \to \infty$ 时测量值与期望值之差的平方的统计平均值,即

$$\sigma^2 = \lim_{n \to \infty} \frac{1}{n} \sum_{i=1}^{n} (x_i - E_x)^2 \tag{2-29}$$

因为随机误差 $\delta_i = x_i - E_x$,故

$$\sigma^2 = \lim_{n \to \infty} \frac{1}{n} \sum_{i=1}^{n} \delta_i^2 \tag{2-30}$$

式中,σ^2 称为测量值的样本方差,简称方差。

δ_i 取平方的目的是不论 δ_i 是正还是负,其平方总是正的,相加的和不会等于零,从而可以用来描述随机误差的分散程度。这样在计算过程中就不必考虑 δ_i 的符号,从而带来了方便。求和再平均后,个别较大的误差在式中占的比例较大,使得方差对较大的随机误差反映较灵敏。

由于实际测量中 δ_i 都带有单位(如 mV、μA 等),因而方差 σ^2 是相应单位的平方。为了与随机误差 δ_i 单位一致,将式(2-30)两边分别开方,取正平方根,得

$$\sigma = \sqrt{\lim_{n \to \infty} \frac{1}{n} \sum_{i=1}^{n} \delta_i^2} \tag{2-31}$$

式中,σ 定义为测量值的标准误差或均方根误差,也称标准偏差,简称标准差。σ 反映了测量的精密度:σ 小表示精密度高,测得值集中;σ 大表示精密度低,测得值分散。

2.2.2　随机误差的分布

随机误差的大小、符号虽然显得杂乱无章,事先无法确定,但当进行大量等精度测量时,随机误差服从统计规律。理论和测量实践都证明,测得值 x_i 与随机误差 δ_i 都按一定的概率出现。

1. 正态分布

中心极限定律表明:若被研究的随机变量可以表示为大量独立的随机变量,其中每一个对于总和只起微小的作用,则可以认为这个随机变量服从正态分布(或高斯分布)。实际上,测量中随机误差的分布,以及在随机误差影响下测量数据的分布,大多数接近于正态分布。这时,对于正态分布的 x_i,其概率密度函数为

$$P(x) = \frac{1}{\sigma(x)\sqrt{2\pi}} \cdot e^{-\frac{[x-E_x]^2}{2\sigma^2(x)}} \tag{2-32}$$

同样地,对于正态分布的随机误差 δ_i,有

$$P(\delta) = \frac{1}{\sigma(\delta)\sqrt{2\pi}} \cdot e^{-\frac{\delta^2}{2\sigma^2(\delta)}} \tag{2-33}$$

式中,$\sigma(x)$、$\sigma(\delta)$ 分别是测量值与随机误差分布的标准差,E_x 是测量值的数学期望,分布曲线如图 2-2 所示。随机误差及其影响下的测量数据的分布曲线形状相同,即它们的分布规律完全相同,但横坐标相差 E_x 这一常数值。在图 2-2(a)中,误差对称地分布在 $\delta=0$ 两侧,在图 2-2(b)中,测量值对称地分布在 E_x 的两侧。绝对值小的误差出现的概率大,绝对值大的误差出现的概率小,绝对值很大的误差出现的概率趋于零。

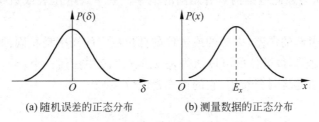

(a) 随机误差的正态分布　　　　(b) 测量数据的正态分布

图 2-2　随机误差和测量数据的正态分布曲线

图 2-3 是标准偏差对正态分布曲线的影响图,可以看到如下特征:

(1) δ 愈小,$P(\delta)$ 愈大,说明绝对值小的随机误差出现的概率大;相反,绝对值大的随机误差出现的概率小,随着 δ 的加大,$P(\delta)$ 很快趋于零,即超过一定界限的随机误差实际上几乎不出现,体现随机误差的有界性。

(2) 大小相等、符号相反的误差出现的概率相等,体现随机误差的对称性和抵偿性。

(3) σ 愈小,正态分布曲线愈尖锐,表明测得值愈集中,精密度高。反之,σ 愈大,曲线愈

平坦,表明测得值分散,精密度低。

正态分布在误差理论中占有重要的地位。由众多相互独立因素的随机微小变化所造成的随机误差,大多遵从正态分布,例如信号源的输出幅度、输出频率等,都具有这一特性。

2. 非正态分布

正态分布是随机误差最普遍的一种分布规律,但不是唯一的分布规律。随着误差理论研究与应用的深入发展,发现有不少随机误差不符合正态分布,而是非正态分布,其实际分布规律可能较为复杂,现介绍几种常见的非正态分布。

1) 均匀分布

在测量实践中,均匀分布是经常遇到的一种分布,其主要特点是:误差有一确定的范围,在此范围内,误差出现的概率各处相等,故又称为矩形分布或等概率分布,如图 2-4 所示。

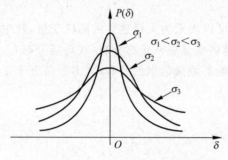 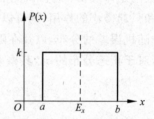

图 2-3 标准偏差对正态分布曲线的影响   图 2-4 均匀分布的概率密度

在电子测量中有下列几种常见情况属于均匀分布:

(1) 仪表度盘刻度误差。由仪表分辨率决定的某一范围内,所有的测量值可认为是一个值。例如,用 500V 量程交流电压表测得值是 220V,如果仪表分辨率为 1V,实际值可能是 219~221V 之间的任何一个值,在该范围内可认为有相同的误差概率。

(2) 数字显示仪表的最低位±1 个字的误差。例如,末位显示为 5,实际值可能是 4~6 之间的任一值,也认为在此范围内具有相同的概率。数字式电压表或数字式频率计中都有这种现象。

(3) 由于舍入引起的误差,去掉的或进位的低位数字的概率是相同的。例如,被舍掉的可能是 5 或 4 或 2 或 1,被进位的可以认为是 5、6、7、8、9 中任何一个。

在如图 2-4 所示的均匀分布中,它的概率密度

$$P(x) = \begin{cases} k = \dfrac{1}{b-a} & a \leqslant x \leqslant b \\ 0 & x < a \text{ 或 } x > b \end{cases} \tag{2-34}$$

对式(2-34)所示的均匀分布,其数学期望为

$$E_x = \int_a^b x P(x) \mathrm{d}x = \frac{a+b}{2} \tag{2-35}$$

均匀分布的方差为

$$\sigma^2 = \frac{(b-a)^2}{12} \tag{2-36}$$

测量值的标准差为

$$\sigma = \frac{b-a}{\sqrt{12}} \tag{2-37}$$

【例 2-10】 用一只满刻度为 150V 的电压表进行测量,示值为 $U_x = 100$V,仪表的分辨力为 1V,求 E_x 及 σ 的值。

解:这时的示值可以认为在 99～101V 之间,因而 $a = 99$V,$b = 101$V

$$E_x = \frac{a+b}{2} = \frac{99+101}{2} = 100\text{V}$$

$$\sigma = \frac{b-a}{\sqrt{12}} = \frac{101-99}{\sqrt{12}} \approx 0.58\text{V}$$

此例说明,对于均匀分布,先找出其分布范围,即可求出期望值和标准差。

2) 三角形分布

当两个误差限相同且服从均匀分布的随机误差求和时,其和的分布规律服从三角形分布,又称辛普森(Simpson)分布。在实际测量中,若整个测量过程必须进行两次才能完成,而每次测量的随机误差服从相同的均匀分布,则总的测量误差为三角形分布误差。例如,进行两次测量过程时数据凑整的误差,用代替法检定标准砝码、标准电阻时,两次调零不准所引起的误差等,均服从三角形分布。

如图 2-5 所示为三角形分布,其概率密度函数为

$$P(x) = \begin{cases} \dfrac{e+x}{e^2} & -e \leqslant x \leqslant 0 \\[2mm] \dfrac{e-x}{e^2} & 0 \leqslant x \leqslant e \end{cases} \tag{2-38}$$

它的数学期望为 $E_x = 0$,它的方差为

$$\sigma = \frac{a}{\sqrt{6}} \tag{2-39}$$

3) 反正弦分布

反正弦分布实际上是一种随机误差的函数的分布规律,其特点是该随机误差与某一角度成正弦关系。例如,仪器度盘偏心引起的角度测量误差,电子测量中谐振的振幅误差等,均服从反正弦分布。

反正弦分布如图 2-6 所示,其概率密度函数为

$$P(x) = \frac{1}{\pi \sqrt{e^2 - x^2}} \quad (\mid x \mid < e) \tag{2-40}$$

它的数学期望为

$$E_x = \int_{-e}^{+e} \frac{x}{\pi \sqrt{e^2 - x^2}} \mathrm{d}x = 0 \tag{2-41}$$

它的方差为

$$\sigma = \frac{a}{\sqrt{2}} \tag{2-42}$$

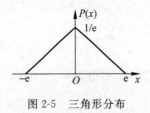

图 2-5 三角形分布

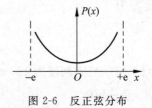

图 2-6 反正弦分布

2.2.3 有限次测量的计算方法

1. 贝塞尔公式

上述的标准差是在 $n \rightarrow +\infty$ 的条件下导出的,而实际测量只能做到有限次。当 n 为有限次时,可以导出有限次测量的标准差为

$$\hat{\sigma} = \sqrt{\frac{1}{n-1} \sum_{i=1}^{n} (x_i - \bar{x})^2} = \sqrt{\frac{1}{n-1} \sum_{i=1}^{n} v_i^2} \qquad (2\text{-}43)$$

这就是贝塞尔公式。由于推导不够严密,故 $\hat{\sigma}$ 称为标准差的估值,也称实验标准差。

2. 算术平均值的标准差

在有限次等精度测量中,如果在相同条件下对同一被测量分 m 组进行测量,每组重复 n 次,则每组测得值都有一个平均值。由于随机误差的存在,因此这些平均值也不相同,而是围绕真值有一定分散性。这说明有限次测量的算术平均值也存在着随机误差。当需要更精密测量时,应该用算术平均值的标准差 $\sigma_{\bar{x}}$ 来评价。由概率论中方差运算法则可以求出

$$\sigma_x = \frac{\sigma}{\sqrt{n}} \qquad (2\text{-}44)$$

在有限次测量中,以 $\hat{\sigma}_{\bar{x}}$ 表示算术平均值标准差的最佳估值,有

$$\hat{\sigma}_{\bar{x}} = \frac{\hat{\sigma}}{\sqrt{n}} \qquad (2\text{-}45)$$

式(2-45)说明,n 次测得量值的算术平均值的标准差与 $\sqrt{n}$ 成反比,即测量次数增加,算术平均值的分散性减小。这是由于随机误差具有抵偿性,正负误差相互抵消。因此,当对测量要求较高时,可以适当增加测量次数。这是采用统计平均的方法减弱随机误差的理论依据,所以要用 $\hat{\sigma}_{\bar{x}}$ 作为测量的结果。应当指出,当测量次数 $n > 20$ 时,$\hat{\sigma}_{\bar{x}}$ 减小的速度减慢,故次数再增加却收效不大。

【例 2-11】 用电压表对某一电压进行了 10 次等精度测量,设已消除系统误差及粗大误差,测得数据如表 2-2 所示,求测量值的平均值及标准偏差。

表 2-2 电压表测得的数据

序号	1	2	3	4	5	6	7	8	9	10
x_i/V	6.51	6.54	6.57	6.50	6.53	6.59	6.56	6.52	6.55	6.58
v_i	−0.035	−0.005	+0.025	−0.045	−0.015	+0.045	+0.015	−0.025	+0.005	+0.035

解:(1) 求算术平均值(注意这里采用的运算技巧):

$$\bar{x} = \frac{1}{n} \sum_{i=1}^{n} x_i = 6.5 + \frac{0.01}{10}(1+4+7+0+3+9+6+2+5+8) = 6.545\text{V}$$

（2）用公式 $v_i = x_i - \bar{x}$ 计算各测量值残差,列于表 2-2 中。

（3）求标准差估值：$\hat{\sigma} = \sqrt{\dfrac{1}{n-1}\sum_{i=1}^{n} v_i^2} = \sqrt{\dfrac{0.008\,25}{10-1}} = 0.0303\text{V}$

（4）求算术平均值的标准差估值：$\hat{\sigma}_{\bar{x}} = \dfrac{\hat{\sigma}_x}{\sqrt{n}} = \dfrac{0.0303}{\sqrt{10}} = 0.0096\text{V}$

3. 极差法求标准差

除贝塞尔公式外,计算标准差还有别捷尔斯法、极差法及最大误差法等。当要求简便快捷算出标准差时,可以用极差法。在重复性条件或复现性条件下,对 x_i 进行 n 次独立观测,测量结果中的最大值与最小值之差称为极差,用 R 表示,即

$$R = x_{\max} - x_{\min} \tag{2-46}$$

这时,标准差可按下式近似地评定

$$\hat{\sigma} = \frac{R}{C} \tag{2-47}$$

式中,C 为极差系数,可从表 2-3 中查知。

表 2-3　极差系数 C

n	2	3	4	5	6	7	8	9	10	11	...
C	1.13	1.64	2.06	2.33	2.53	2.70	2.85	2.97	3.08	3.17	...

【例 2-12】 用极差法对例 2-11 进行核算。

解：$R = x_{\max} - x_{\min} = 6.59 - 6.50 = 0.09\text{V}$

$$\hat{\sigma} = \frac{R}{C} = \frac{0.09}{3.08} = 0.0292\text{V}$$

结果与例 2-11 中 $\hat{\sigma}$（0.0303V）很接近,但计算却便捷多了。

2.2.4　测量结果的置信度

1. 置信概率与置信区间

由于随机误差的影响,测量值均会偏离被测量真值。测量值分散程度用标准差表示。一个完整的测量结果,不仅要知道其量值的大小,还希望知道该测量结果的可信赖的程度。为此,需要引入一个表征测量结果的可信赖程度的参数——置信度。置信度是用置信区间和置信概率来定义的一个参数。

置信区间是一个给定的数据区间,通常用标准差 σ 的 k 倍来表示,k 称为置信因子。若以数学期望 E_x 为中心,则置信区间为 $[E_x - k\sigma, E_x + k\sigma]$；若测量数据为中心,则置信区间为 $[x - k\sigma, x + k\sigma]$。置信概率就是在置信区间下的概率,它可由在置信区间内对概率密度函数的积分求得。

置信区间与置信概率是紧密联系的,置信区间描述测量结果的精确性,置信概率表明这个结果的可靠性。置信区间越宽,则置信概率越大；反之则越小。

2. 正态分布下的置信度

正态分布下的测量值 x 的概率密度函数为

$$P(x) = \frac{1}{\sigma\sqrt{2\pi}} \cdot \exp^{-\frac{(x-E_x)^2}{2\sigma^2}} \tag{2-48}$$

其分布曲线如图 2-7 所示。要求出 x 在曲线下对称区间 $\pm k\sigma$ 内的概率,就是要求图中阴影部分的面积,即要对分布密度函数所代表的曲线进行积分。为简化表达式,设

$$z = \frac{x - E_x}{\sigma}$$

则

$$\int_{E_x-k\sigma}^{E_x+k\sigma} P(x)\mathrm{d}x = \int_{-k}^{k} \frac{1}{\sqrt{2\pi}} \mathrm{e}^{-\frac{1}{2}z^2} \mathrm{d}z \tag{2-49}$$

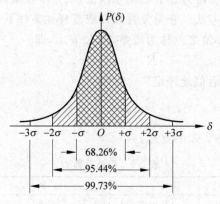

图 2-7　置信概率和置信区间

附录 A 给出了正态积分的结果,可以根据设定的区间大小及 σ 的数值,求出置信概率,或者由置信概率求出对应的置信区间,图 2-7 给出了正态分布下三种不同区间所对应的置信概率。

- 当 $k=1$ 时,$P(|x|\leqslant\sigma)\approx0.683$;
- 当 $k=2$ 时,$P(|x|\leqslant2\sigma)\approx0.954$;
- 当 $k=3$ 时,$P(|x|\leqslant3\sigma)\approx0.997$。

此结果说明,对于正态分布的误差,不超过 2σ 的概率为 95.4%,不超过 3σ 的概率为 99.7%,而在这个区间外的概率非常小。因此定义

$$\Delta = 3\sigma \tag{2-50}$$

为极限误差,或称最大误差,也称为随机不确定度,并以此为校准,来判断随机误差中是否含有粗大误差。

【例 2-13】　已知某被测量 x 服从正态分布,$E_x=40$,$\sigma=0.2$,求在 $P_c=95\%$ 情况下的置信区间 a。

解:已知 $P_c=95\%$,查表得 $k=1.96$,置信区间则为

$$[40 - 1.96 \times 0.2, 40 + 1.96 \times 0.2] = [39.608, 40.392]$$

【例 2-14】　已知某测量值 x 服从正态分布,求出测量值处在真值附近 $E_x\pm1.96\sigma$ 区间中的置信概率。

解:对应于置信区间的系数 $k=1.96$ 时,查表得 $P_c=0.95$。则

$$P[|x - E_x| < 1.96\sigma] = 95\%$$

3. t 分布下的置信度

在实际测量中,总是进行有限次测量,只能根据贝塞尔公式求出标准差的估值 $\hat{\sigma}$。但测

量次数较少(如 $n<20$)时,测量结果不再服从正态分布。而属于"学生"氏分布,习惯上也称为 t 分布。如图 2-8 所示,它类似于正态分布。但 t 分布与标准差 σ 无关,而与测量次数 n 关系紧密。从图 2-8 可以看出,当 $n>20$ 以后,t 分布与正态分布就很接近了。可以用数学方法证明,当 $n\rightarrow+\infty$ 时,t 分布与正态分布完全相同。t 分布一般用来解决有限次等精度测量的置信度问题。

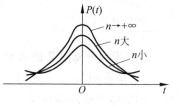

图 2-8　t 分布曲线

根据 t 分布的概率密度函数 $P(t)$,可用积分的方式求出 E_x 处在 $\bar{x}$ 附近对称区间 $[\bar{x}-k\sigma_{\bar{x}},\bar{x}+k\sigma_{\bar{x}}]$ 内的置信概率。为区别起见,置信因子 k 用 t_a 表示,称为 t 分布因子,可通过查附录 B 的 t 分布函数表得到。要注意的是:t 分布函数给出的是自由度($v=n-1$)与 P 的关系,查表求 t_a 时要查(测量次数-1)所对应的 t_a 值。另外,在讨论正态分布的置信区间时,采用的是测量值的标准差 σ,而在讨论有限次测量的置信区间时,采用的是算术平均值的标准差 $\sigma_{\bar{x}}$。

【例 2-15】　若测量次数 $n=10$,求置信区间在 $\bar{x}\pm3.25\sigma_{\bar{x}}$ 时的置信概率。

解:$n=10$ 即 $v=n-1=9$,$t_a=3.25$

则查表得 $P\{|\bar{x}-E_x|<3.25\sigma_{\bar{x}}\}=0.99$。

注:查表时,若不能直接查得结果,可取相邻两数进行线性插值。

【例 2-16】　对某电感进行 11 次等精度测量,测得值(单位:mH)为 20.46、20.52、20.50、20.52、20.48、20.47、20.50、20.49、20.47、20.49、20.51,若要求在 $P=95\%$ 的置信概率下,该电感测值应在多大置信区间内?

解:(1) 求出平均值和标准差

电感的算术平均值为:$\bar{L}=\dfrac{1}{11}\sum\limits_{i=1}^{11}L_i=20.492\text{mH}$

电感的标准差估值为:$\hat{\sigma}=\sqrt{\dfrac{1}{11-1}\sum\limits_{i=1}^{11}(L_i-\bar{L})^2}=0.020\text{mH}$

算术平均值标准差估值为:$\hat{\sigma}_{\bar{L}}=\dfrac{0.020}{\sqrt{11}}=0.006\text{mH}$

(2) 查附录 B 的 t 分布函数表,由 $n-1=10$ 及 $P=0.95$,查得 $t_a=2.228$

(3) 估计电感 L 的置信区间 $[\bar{L}-t_a\hat{\sigma}_{\bar{L}},\bar{L}+t_a\hat{\sigma}_{\bar{L}}]$,其中

$$t_a\hat{\sigma}_{\bar{L}}=2.228\times0.006=0.013\text{mH}$$

则在 95% 的置信概率下,电感 L 的置信区间为 $[20.48\text{mH},20.51\text{mH}]$。

4. 非正态分布的置信因子

由于常见的非正态分布都是有界的,设其极限为 $\pm a$,鉴于在实际测量中一般不会遇到非常大的误差,所以这种有限分布的假设是合理的。按照标准偏差的基本定义,可以求得各种分布的标准偏差 σ,再求得置信因子(又称包含因子)k。

$$k=\frac{a}{\sigma} \tag{2-51}$$

几种非正态分布的置信因子见表 2-4。

表 2-4   几种非正态分布的置信因子 $k(P=1)$

分布类型	反正弦	均匀	三角
置信因子 k	$\sqrt{2}$	$\sqrt{3}$	$\sqrt{6}$

5. 有限次测量结果的表示

对于精密测量,常需进行多次等精度测量,在基本消除系统误差并从测量结果中剔除坏值后,测量结果的处理可按下述步骤进行:

① 列出测量数据表。

② 计算算术平均值 $\bar{x}$、残差 v_i 及 v_i^2。

③ 根据贝塞尔公式计算 $\hat{\sigma}$ 和 $\hat{\sigma}_{\bar{x}}$。

④ 给出最终测量结果表达式:$x = \bar{x} \pm k\hat{\sigma}_{\bar{x}}$。若测量次数 $n \geqslant 20$,则 $k = 3$;若测量次数 $n < 20$,则 $k = t_\alpha$。

【例 2-17】   假设置信概率为 95%,求例 2-11 中电压测量结果表达式。

解:由例 2-11 已求得 $\hat{\sigma}_{\bar{x}} = 0.0096\text{V}$

查 t 分布表,由 $v = n - 1 = 9$ 及 $P = 0.95$,查得 $t_\alpha = 2.262$,则

$$t_\alpha \hat{\sigma}_{\bar{x}} = 2.262 \times 0.0096 \approx 0.022$$

因此该电压的最终测量结果为

$$x = (6.545 \pm 0.022)\text{V}$$

2.3   粗大误差的分析

2.3.1   粗大误差的判断

在无系统误差的情况下,测量中粗大误差出现的概率是很小的。对于误差绝对值较大的测量数据,可以列为可疑数据。对测量过程和可疑数据进行分析,在不能确定产生原因的情况下,就应该根据统计学的方法来判别可疑数据是否是粗大误差。常见判断粗大误差的方法有以下几种。

1. 莱特检验法

莱特检验法是一种在正态分布的情况下判别异常值的方法,判别方法如下。

假设在一组等精度测量数据中,第 i 项测量值 x_i 所对应的残差 v_i 的绝对值

$$|v_i| > 3\hat{\sigma} \tag{2-52}$$

则该误差为粗大误差,所对应的测量值 x_i 为异常值,应剔除不用。式中,$\hat{\sigma}$ 是这列数据的标准差估值。

本检验方法简单,使用方便。它是以随机误差符合正态分布和测量次数 n 充分大为前提,当测量次数小于 10 时,容易产生误判,原则上不能用。

2. 格拉布斯检验法

格拉布斯检验法是利用等精度测量结果中最大的残差来进行判断的,若

$$|v_{\max}| > G\hat{\sigma} \tag{2-53}$$

则判断此值为异常数据,应予以剔除。其中 G 值是根据重复测量次数 n 及置信概率 P_c 查表 2-5 得到的。格拉布斯检验法理论严密,概率意义明确,实验证明,它是判断粗差效果较好的判据。

表 2-5　格拉布斯准则表 G 值

$1-P_c$	n															
	3	4	5	6	7	8	9	10	11	12	13	14	15	16	17	18
5.0%	1.15	1.46	1.67	1.82	1.94	2.03	2.11	2.18	2.23	2.29	2.33	2.37	2.41	2.44	2.47	2.50
1.0%	1.15	1.49	1.75	1.94	2.10	2.22	2.32	2.41	2.48	2.55	2.61	2.66	2.70	2.74	2.78	2.82

除上述两种检验法外,还有肖维勒准则、狄克逊准则、罗曼诺夫斯基准则等,这里不再介绍,读者可参阅有关资料。

所有的检验法都是人为主观拟定的,至今尚未有统一的规定。这些检验法又都是以正态分布为前提的,当偏离正态分布时,检验可靠性将受影响,特别是测量次数少时更不可靠。

2.3.2　粗大误差的剔除

1. 剔除粗大误差的方法

剔除粗大误差的基本思路是,对一组等精度的测量结果,计算出平均值和标准差,给定一置信概率,确定相应的置信区间,凡超过置信区间的误差就认为是粗大误差,并予以剔除。粗大误差的剔除是一个反复的过程,遵循的基本原则是逐个剔除,若有多个可疑数据同时超过检验所定置信区间,剔除一个最大的粗差后,应重新计算平均值 $\bar{x}$ 和标准差 σ,再进行检验,再判别,再剔除,反复进行这些步骤,直到粗差全部剔除为止。在一组测量数据中,可疑数据应很少;反之,则说明系统工作不正常。因此,剔除异常数据需慎重对待。

2. 剔除粗大误差的步骤

① 计算平均值 $\bar{x}$;

② 计算 n 个测量值的残差 $\upsilon_i = x_i - \bar{x}$;

③ 用贝塞尔公式计算 $\hat{\sigma}$;

④ 用莱特准则 $|\upsilon_i| > 3\hat{\sigma}$ 或格拉布斯检验法 $|\upsilon_{max}| > G\hat{\sigma}$ 判断粗大误差;

⑤ 若有粗大误差,则剔除后再重复前四步,直到逐个剔除完为止。

【例 2-18】　对某电炉的温度进行多次重复测量,所得结果列于表 2-6 中,试检查测量数据中有无粗大误差(异常数据)。

表 2-6　电炉温度测量数据

序号	测量值 x_i/℃	残差 υ_i/℃	残差 υ_i'/℃ (去掉 x_8 后)	序号	测量值 x_i/℃	残差 υ_i/℃	残差 υ_i'/℃ (去掉 x_8 后)
1	20.42	+0.016	+0.009	9	20.40	−0.004	−0.011
2	20.43	+0.026	+0.019	10	20.43	+0.026	+0.019
3	20.40	−0.004	−0.011	11	20.42	+0.016	+0.009
4	20.43	+0.026	+0.019	12	20.41	+0.006	−0.001
5	20.42	+0.016	+0.009	13	20.39	−0.014	−0.021
6	20.43	+0.026	+0.019	14	20.39	−0.014	−0.021
7	20.39	−0.014	−0.021	15	20.40	−0.004	−0.011
8	20.30	−0.104	—				

解：(1) 计算得 $\bar{x}=20.404$，$\hat{\sigma}=0.033$。

将各测量值的残差 $v_i=x_i-\bar{x}$ 填入表 2-6。从表中看出，$v_8=-0.104$ 最大，则 x_8 是一个可疑数据。

(2) 用莱特检验法判断，$3\hat{\sigma}=3\times0.033=0.099$。由于 $|v_8|>3\hat{\sigma}$，故可判断 x_8 是粗大误差，应予剔除。

再对剔除后的数据计算得：$\bar{x}'=20.411$，$\hat{\sigma}'=0.016$，$3\hat{\sigma}'=0.048$

重新计算各测量值的残差 $v_i'=x_i-\bar{x}$，填入表 2-6。从表中看出，14 个数据的 $|v_i'|$ 均小于 $3\hat{\sigma}'$，故 14 个数据都为正常数据。

(3) 用格拉布斯检验法。取置信概率 $P_c=0.99$，以 $n=15$ 查表 2-5，得 $G=2.70$，$G\hat{\sigma}=2.7\times0.033=0.09<|v_8|$，故同样可判断 x_8 是粗大误差，应予剔除。

剔除后计算同上，再取置信概率 $P_c=0.99$，以 $n=14$ 查表 2-5，得 $G=2.66$，$G\hat{\sigma}'=2.66\times0.016=0.04$，可见，除 x_8 外都为正常数据。

2.4　系统误差的分析

2.4.1　系统误差的特征

排除粗差后，测量误差等于随机误差 δ_i 和系统误差 ε_i 的代数和：

$$\Delta x=\varepsilon_i+\delta_i=x_i-A \tag{2-54}$$

假设进行 n 次等精度测量，并设系统误差为恒值系统误差或变化缓慢，即 $\varepsilon_i=\varepsilon$，则 Δx_i 的算术平均值为

$$\frac{1}{n}\sum_{i=1}^{n}\Delta x_i=\bar{x}-A=\varepsilon+\frac{1}{n}\sum_{i=1}^{n}\delta_i \tag{2-55}$$

当 n 足够大时，由于随机误差的抵偿性，δ_i 的算术平均值趋于零，于是由式(2-55)得到

$$\varepsilon=\bar{x}-A=\frac{1}{n}\sum_{i=1}^{n}\Delta x_i \tag{2-56}$$

可见，当系统误差与随机误差同时存在时，若测量次数足够多，则各次测量绝对误差的算术平均值等于系统误差 ε。这说明测量结果的准确度不仅与随机误差有关，更与系统误差有关。因为系统误差不易被发现，所以更需要重视。由于系统误差不具备抵偿性，所以取平均值对它无效，又由于系统误差产生的原因复杂，因此处理起来比随机误差还要困难。

2.4.2　系统误差的判断

在实际测量中，系统误差和随机误差一般都是存在的，如果在一组测量数据中存在着未被发现的系统误差，那么对测量数据按随机误差进行的一切数据处理将毫无意义。所以，在对测量数据进行统计处理前，必须要检查是否有系统误差存在。

1. 恒值系统误差检查方法

1) 理论分析法

凡属由于测量方法或测量原理引入的系统误差，不难通过对测量方法的定性定量分析发现系统误差，甚至计算出系统误差的大小。

2）校准和比对法

当怀疑测量结果可能会有系统误差时,可用准确度更高的测量仪器进行重复测量以发现系统误差。例如,平时用普通万用表测量电压时,由于仪表本身的误差或者因为仪器的内阻不够高而引起测量误差。再用数字电压表重复测量一次,即可发现用万用表测量时所存在的系统误差。对测量仪器进行校准或检定,并在检定书中给出修正值,目的就是发现和减小使用被检仪器进行测量时的系统误差。也可以采用多台同型号仪器进行比对,观察比对结果以发现系统误差,但这种方法通常不能察觉和衡量理论误差。

3）改变测量条件法

系统误差通常与测量条件有关,如果能改变测量条件,例如,更换测量人员、改变测量环境和测量方法等,根据对分组测量数据的比较,有可能发现恒差。例如,对仪表零点的调整。

2. 变值系统误差检查方法

1）剩余误差观察法

剩余误差观察法是根据测量数据数列各个剩余误差的大小、符号的变化规律,以判断有无系统误差及系统误差类型。为了直观,通常将剩余误差绘制成曲线,如图 2-9 所示。图 2-9(a)表示剩余误差 v_i 大体上正负相间,无明显变化规律,可以认为不存在系统误差;图 2-9(b)中 v_i 呈线性递增规律,可认为存在累进性系统误差;图 2-9(c)中 v_i 的大小和符号大体呈现周期性,可认为存在周期性系统误差;图 2-9(d)中变化规律复杂,大体上可以认为同时存在线性递增的累进性系统误差和周期性系统误差。剩余误差法只适用于系统误差比随机误差大的情况。

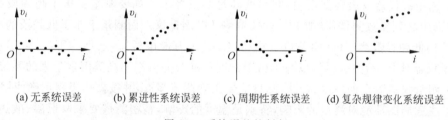

(a) 无系统误差　　(b) 累进性系统误差　　(c) 周期性系统误差　　(d) 复杂规律变化系统误差

图 2-9　系统误差的判断

2）公式判断法

当系统误差与随机误差大小相近,甚至比随机误差小时,如图 2-9(a)所示,就不能通过观察来发现系统误差,此时就要通过一些判断准则对残差进行核算来发现系统误差。这些判断准则的实质是检验误差的分布是否偏离正态分布,偏离了则可能存在系统误差。常用的判据有马利科夫判据和阿卑-赫梅特判据。

(1)马利科夫判据。马利科夫判据是判别有无累进性系统误差的常用方法。把 n 个等精度测量值所对应的残差按测量先后顺序排列,把残差分成两部分求和,再求其差值 D。即

$$D = \begin{cases} \sum_{i=1}^{n/2} v_i - \sum_{i=n/2+1}^{n} v_i, & \text{当 } n \text{ 为偶数时} \\ \sum_{i=1}^{(n-1)/2} v_i - \sum_{i=(n+3)/2}^{n} v_i, & \text{当 } n \text{ 为奇数时} \end{cases} \tag{2-57}$$

若测量中含有累进性系统误差,则前后两部分残差明显不同。通常 D 的绝对值不小于

最大的残差绝对值,则可认为存在累进性系统误差。

(2)阿卑-赫梅特判据。通常用阿卑-赫梅特判据发现是否存在周期性系统误差。首先将测量数据顺序排列,求出剩余误差,依次两两相乘,然后取和的绝对值,再用此列数据求出标准差的估计值。若下式成立

$$\left| \sum_{i=1}^{n-1} v_i v_{i+1} \right| > \sqrt{n-1} \cdot \hat{\sigma}^2 \tag{2-58}$$

则可以认为存在周期性系统误差。

存在变值系统误差的测量数据原则上应舍弃不用,但是,若虽然存在变值系统误差,但残差的最大值明显小于测量允许的误差范围或仪器规定的系统误差范围,则测量数据可以考虑使用,在继续测量时,需密切注意变值系统误差的情况。

2.4.3　削弱系统误差的方法

如前所述,引起系统误差的因素有很多,若想找出普遍有效的减小和消除系统误差的方法比较困难,下面介绍几种最基本的方法以及适应各种系统误差的特殊方法。

1. 从根源上消除系统误差

测量前,应尽量发现并消除产生误差的来源,或设法防止受这些误差来源的影响,这是减小系统误差最根本的方法。具体措施有:

(1)尽力做到测量原理和测量方法正确、严格,采用近似性较好又比较切合实际的理论公式。

(2)选用的仪器仪表类型正确,准确度满足测量要求。如要测量工作于高频段的电感电容,应选用高频参数测试仪(如 LCCG-1 高频 LC 测量仪),而测量工作于低频段的电感电容就应选用低频参数测试仪(如 WQ-5 电桥、QS18A 万能电桥)。条件许可时,可尽量采用数字显示仪器代替指针式仪器,以减小由于刻度不准及分辨率不高等因素带来的系统误差。

(3)测量仪器应定期检定、校准,测量前要正确调节零点,并按操作规程正确使用仪器。

(4)注意周围环境对测量的影响,特别是温度的影响,精密测量要采取恒温、散热、空调等措施。为避免周围电磁场及振动的有害影响,必要时可采用屏蔽或减振措施。

(5)注意仪器的正确使用条件和方法。例如仪器的放置位置、工作状态、使用频率范围、电源供给、接地方法、附件及导线的使用和连接都应符合规定并正确合理。

(6)提高测量人员的学识水平、操作技能,去除不良习惯,尽量消除带来系统误差的主观原因。

2. 用修正方法减小系统误差

根据测量仪器鉴定书中给出的校正曲线、校正数据或利用说明书中的校正公式对测得值进行修正,或者通过预先对仪器设备将要产生的系统误差进行全面分析计算,找出误差规律,从而找出修正公式或修正值,对测量结果进行修正。修正法原则上适用于任何形式的系统误差。

由于修正值本身也包含一定的误差,因此用修正值消除系统误差的方法,不可能将全部系统误差修正掉,总要残留少量系统误差,对这种残留的系统误差则应按随机误差进行处理。

3．采用典型的测量方法减小系统误差

对某种固定的或有规律变化的系统误差，可以采用如下方法。

1）替代法

替代法又称置换法，它在测量条件不变的情况下，用一已知的标准量去替代未知的被测量，通过调整标准量而保持替代前后仪器的示值不变，于是标准量的值等于被测量。如图 2-10 所示，用普通欧姆表或万用表电阻挡测电阻 R_x 的值，得到一个合适的指针偏转角度；再换接标准电阻 R_B，调节 R_B 使指针偏转角度与上次相同，则这时的标准电阻值即为被测电阻 R_x 的值。这样，与欧姆表的准确度等级基本无关，测试结果准确。

图 2-11 是替代法测量电路分布电容的应用实例。先将开关 S 置"1"，调 R_2 使电流表不偏转，再将开关 S 置"2"，调节标准电容 C_B，使电流表依然保持不变，这时被测的分布电容 $C_0 = C_B$。由于已知标准量接入时，不改变被测电路的工作状态，对测量电路中的电源、元器件及电流表等均用原电路参数，测量过程中产生的误差在替换过程中已抵偿，因此测量中仪器的系统误差对测量结果不产生影响，测量准确度主要取决于标准已知量的准确度及仪器指示的灵敏度。

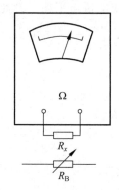
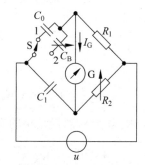

图 2-10　用替代法测量电阻示意图　　图 2-11　分布电容测量电路原理图

这种方法虽然很简单，但有局限性，只用在便于替换参数的场合。而且需要有一套参数可调的标准器件。

2）零示法

零示法是将待测量与已知标准量相比较，当二者的效应互相抵消时，零示器示值为零，此时已知标准量的数值就是被测量的数值。零示器的种类有光电检流计、电流表、电压表、示波器、调谐指示器、耳机等。该方法可以消除由于零示器不准所带来的系统误差。

电位差计是采用零示法的典型例子，图 2-12 是电位差计的原理图。其中 E_B 为标准电压源，R_B 为标准电阻，U_x 为待测电压，A 为零示器（常用检流计）。

调节 R_1 和 R_2 的电阻分压值，使 $I_G = 0$，则 $U_x = U_B$，即

$$U_x = \frac{R_2}{R_1 + R_2} E_B = \frac{R_2}{R_B} E_B$$

零示法的优点是：

（1）在测量过程中只需判断零示器有无电流，不需要

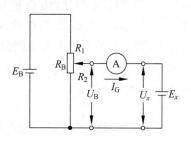

图 2-12　电位差计原理图

读数。因此只要零示器的灵敏度足够高,测量的准确度基本上等于标准量的准确度,而与零示器的准确度无关。

(2) 在测量回路中没有电流,导线上无压降,因此误差很小。

(3) 零示法的测量准确度主要取决于标准量 E_B 和 R_B。

零示法广泛应用于阻抗测量(各类电桥)、电压测量(电位差计及数字电压表)、频率测量(拍频法、差频法)及其他参数的测量。

3) 交换法

交换法又称为对照法,通过交换被测量和标准量的位置,从前后两次换位测量结果的处理中,削弱或消除系统误差。利用此方法可以检查仪器系统本身的某些误差,它特别适用于平衡对称结构的测量装置,通过交换法可检查其对称性是否良好。现以如图 2-13 所示的等臂电桥为例,说明这种方法。R_x 为被测电阻,R_s 为标准电阻。先按图 2-13(a)的接法,调节 R_s 使电桥平衡。设此时标准电阻阻值为 R_{s1},有

$$R_x = \frac{R_1}{R_2} \cdot R_{s1} \qquad (2\text{-}59)$$

然后按图 2-13(b)的接法,交换 R_x 和 R_s 的位置,调节 R_s 使电桥至平衡。设此时标准电阻阻值为 R_{s2},有

$$R_x = \frac{R_2}{R_1} \cdot R_{s2} \qquad (2\text{-}60)$$

解得

$$R_x = \sqrt{R_{s1} \cdot R_{s2}} \approx \frac{1}{2}(R_{s1} + R_{s2}) \qquad (2\text{-}61)$$

从而消除了 R_1、R_2 误差对测量结果的影响。

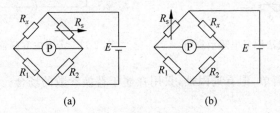

(a)   (b)

图 2-13 交换法测电阻

4) 补偿法

补偿法相当于部分替代法或不完全替代法。这种方法常用在高频阻抗、电压、衰减量等测量中。下面以谐振法(如 Q 表)测电容为例,说明这种测量方法。图 2-14 为测量原理图。其中,u 为高频信号源,L 为电感,C_0 为电容分布,C_x 为待测电容。假设电子电压表内阻为无穷大,调节信号源频率使电路发生谐振(此时电压表指示最大)。设谐振频率为 f_0,可以算出

$$f_0 = \frac{1}{2\pi\sqrt{L(C_x + C_0)}} \rightarrow C_x = \frac{1}{4\pi^2 f_0^2 L} - C_0 \qquad (2\text{-}62)$$

可见,C_x 与频率 f_0、电感 L、分布电容 C_0 都有关,而 C_0 常常很难给出具体准确的数值。现改用补偿法测量,如图 2-15 所示。首先断开 C_x,调节标准电容 C_s 使电路谐振,设此时标准电容为 C_{s1};而后保持信号源频率不变,接入 C_x,重新调整标准电容谐振,设此时标准电

容为 C_{s2}。由式(2-62)容易得到,仅接入 C_{s1} 时有

$$f_0 = \frac{1}{2\pi \sqrt{L(C_{s1} + C_0)}} \qquad (2\text{-}63)$$

接入 C_x 后,有

$$f_0 = \frac{1}{2\pi \sqrt{L(C_{s2} + C_x + C_0)}} \qquad (2\text{-}64)$$

比较以上两式,得

$$C_x = C_{s1} - C_{s2} \qquad (2\text{-}65)$$

可见,此时待测电容 C_x 仅与标准电容有关,从而测量准确度要比用图 2-14 电路的结果高得多。

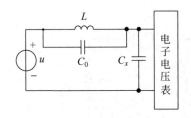

图 2-14 谐振法测电容

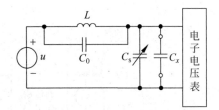

图 2-15 补偿法测电容

5) 微差法

前面提到的零示法要求被测量与标准量对指示仪器的作用完全相同,以使指示仪表示零,这就要求标准量与被测量完全相等。但在实际测量中,标准量不一定是连续可变的,这时只要标准量与被测量有一个微小的偏差,那么利用微差法可以使指示仪器的误差对测量的影响大大减弱。

将被测量 x 与标准量 B 比较时,只要求二者接近,而不必完全抵消,其微差值 δ 可由小量程仪器测出,如图 2-16 所示。设 $x > B$,其微差量 $\delta = x - B$,或被测量 $x = \delta + B$。

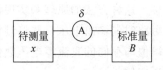

图 2-16 微差法原理框图

x 的绝对误差:$\Delta x = \Delta B + \Delta \delta$

x 的相对误差:$\dfrac{\Delta x}{x} = \dfrac{\Delta B}{x} + \dfrac{\Delta \delta}{x} = \dfrac{\Delta B}{B + \delta} + \dfrac{\delta}{B + \delta} \dfrac{\Delta \delta}{\delta}$

因为 $B + \delta \approx B$,并令 $\gamma_\delta = \dfrac{\Delta_\delta}{\delta}$,得

$$\gamma_x = \frac{\Delta x}{x} \approx \frac{\Delta B}{B} + \gamma_\delta \frac{\delta}{B} \qquad (2\text{-}66)$$

式中,$\dfrac{\Delta B}{B}$ 为已知标准量的相对误差,很小;γ_δ 为测微差值所用仪表的示值相对误差;$\dfrac{\delta}{B}$ 为微差与标准量之比,称为相对微差。由于 $\delta \ll B$,故相对微差 $\dfrac{\delta}{B}$ 很小。由式(2-66)可见,把 $\dfrac{\delta}{B}$ 与仪表的误差 γ_δ 相乘,仪表产生的误差 γ_δ 几乎忽略。测量误差 γ_x 主要由标准量的相对误差 $\dfrac{\Delta B}{B}$ 决定。

【例 2-19】 用如图 2-17 所示电路测量直流稳压电源的稳定度。图中电压表 V_2 为 1.5 级的表,用于测量微差电压,量程为 1V,示值为 0.5V,标准电源 $E_B = 25V$,准确度为 ±0.1%,求被测电压 U_o 的相对误差是多少?

解:仪器仪表示值相对误差 $\quad \gamma_\delta = \pm S\% \times \dfrac{x_m}{x} = \pm 1.5\% \times \dfrac{1}{0.5} = \pm 3\%$

测量值的相对误差 $\quad \gamma_x = \dfrac{\Delta U_o}{U_o} \approx \dfrac{\Delta E}{E_B} + \gamma_\delta \dfrac{U_\delta}{E_B} = \pm 0.1\% + (\pm 3\%) \times \dfrac{0.5}{25} = \pm 0.16\%$

其误差主要取决于标准量 E_B 的准确度,而测量仪器仪表所引起的误差是较小的(此例只有 ±0.06%)。这里选用的是 1.5 级仪表,达到 0.06% 的准确度。

微差法比零示法更容易实现,在测量过程中,已知量不必调节,仪器仪表直接读数,比较直观。

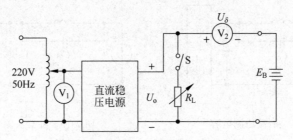

图 2-17 用微差法测量直流稳压电源稳定度的原理图

4. 智能仪器中系统误差的减小方法

在智能仪器中,可利用微处理器的计算控制功能,消弱或消除仪器的系统误差。利用微处理器削弱系统误差的方法很多,下面介绍两种常用的方法。

1)直流零位校准

这种方法的原理和实现都比较简单,首先测量输入端短路时的直流零电压(输入端直流短路时的输出电压),并将测得的数据存储到校准数据存储器中,而后进行实际测量,并将测得值与存储的直流零电压数值相减,从而得到测量结果。这种方法在数字电压表中得到广泛应用。

2)自动校准

测量仪器中模拟电路部分的漂移、增益变化、放大器的失调电压和失调电流等都会给测量结果带来系统误差,可以利用微处理器实现自动校准或修正。图 2-18 是某运算放大器的自动校准原理图。图中 ε 表示由于温漂、时漂等造成的运算放大器等效失调电压,u_x 为被测电压,u_s 为基准电压,A_0 为运放开环增益,R_1、R_2 为分压电阻,当开关 K 接于 u_x 处时,运放输出

$$u_o = A_0 \left[(u_x + \varepsilon) - u_o \dfrac{R_2}{R_1 + R_2} \right]$$

整理得

$$u_o \left(1 + \dfrac{A_0 R_2}{R_1 + R_2} \right) = A_0 (u_x + \varepsilon)$$

推导出

$$u_o = A_0 (u_x + \varepsilon) \cdot k$$

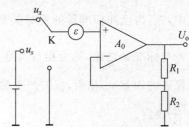

图 2-18 运放的自动校准

式中，$k=1/\left(1+\dfrac{A_0 R_2}{R_1+R_2}\right)$，当测量电路参数确定之后为常数。

则当开关打到 u_x 处，有

$$u_{ox} = A_0(u_x + \varepsilon) \cdot k \tag{2-67}$$

则当开关打到 u_s 处，有

$$u_{os} = A_0(u_s + \varepsilon) \cdot k \tag{2-68}$$

当开关打到地，有

$$u_{oz} = A_0 \varepsilon k \tag{2-69}$$

由式(2-67)、式(2-68)、式(2-69)可得

$$\frac{u_{ox} - u_{oz}}{u_{os} - u_{oz}} = \frac{kA_0 u_x}{kA_0 u_s}$$

推出

$$u_x = \frac{u_{ox} - u_{oz}}{u_{os} - u_{oz}} \cdot u_s \tag{2-70}$$

利用微处理器控制输入端依次接通 u_x、u_s 和地，分别得到输出电压 u_{ox}、u_{os} 和 u_{oz}，并加以存储。通过式(2-70)计算得到被测电压 u_x，则系统误差 ε 的影响被消除。

2.5　误差的合成与分配

实际测量工作中，被测量往往不能轻易通过直接测量得到，而需通过直接测量被测量的若干分量，间接计算出被测量的实际值。在这种测量中，测量误差是各个测量值误差的函数。以电桥法测电阻为例，若直接测电阻，则 $R_x = R_1 R_3 / R_2$。因此 R_x 的误差与 R_3、R_2、R_1 的误差都有关，这样就产生了两类问题，一是如果知道了 R_3、R_2、R_1 的误差，如何计算 R_x 的误差，即误差的合成问题；二是如果对 R_x 的总的测量误差提出要求，如何决定 R_3、R_2、R_1 可容许的分项误差，即误差的分配问题。下面进行详细分析。

2.5.1　误差的合成

1. 误差的传递公式

设最终测量结果为 y，各分项测量值为 x_1、x_2、$\cdots$、x_n（分项测量值可以是单台仪器中各部件的标称值，如上述电桥中的 R_1、R_2 和 R_3，也可以是间接测量中各单项测量值，如功率测量中的 U、I 或 U、R 或 I、R）。它们满足函数关系 $y=f(x_1, x_2, \cdots, x_n)$，并假设各 x_i 之间彼此独立，x_i 绝对误差为 Δx_i，y 的绝对误差为 Δy_i，则

$$y + \Delta y = f(x_1 + \Delta x_1, x_2 + \Delta x_2, \cdots, x_n + \Delta x_n)$$

将上式按泰勒级数展开

$$y + \Delta y = f(x_1, x_2, \cdots, x_n) + \frac{\partial f}{\partial x_1}\Delta x_1 + \frac{\partial f}{\partial x_2}\Delta x_2 + \cdots + \frac{\partial f}{\partial x_n}\Delta x_n$$
$$+ \frac{1}{2}\frac{\partial^2 f}{\partial x_1^2}(\Delta x_1)^2 + \frac{1}{2}\frac{\partial^2 f}{\partial x_2^2}(\Delta x_2)^2 + \cdots + \frac{1}{2}\frac{\partial^2 f}{\partial x_n^2}(\Delta x_n)^2 + \cdots$$

省略上式右边高阶项，得

$$y + \Delta y \approx y + \frac{\partial f}{\partial x_1}\Delta x_1 + \frac{\partial f}{\partial x_2}\Delta x_2 + \cdots + \frac{\partial f}{\partial x_n}\Delta x_n$$

因此

$$\Delta y \approx \frac{\partial f}{\partial x_1}\Delta x_1 + \frac{\partial f}{\partial x_2}\Delta x_2 + \cdots + \frac{\partial f}{\partial x_n}\Delta x_n = \sum_{i=1}^{n}\frac{\partial f}{\partial x_i}\Delta x_i = \sum_{i=1}^{n}\frac{\partial y}{\partial x_i}\Delta x_i = \sum_{i=1}^{n}C_{\Delta i}\Delta x_i$$

(2-71)

当上式中各分项的符号不能确定时,通常采用保守的办法计算误差,即将式中各分项取绝对值后再相加

$$\Delta y = \pm \sum_{i=1}^{n}\left|\frac{\partial y}{\partial x_i}\Delta x_i\right|$$

(2-72)

也可以用相对误差形式表示总的合成误差

$$\gamma_y = \frac{\Delta y}{y} = \frac{\partial y}{\partial x_1}\cdot\frac{\Delta x_1}{y} + \frac{\partial y}{\partial x_2}\cdot\frac{\Delta x_2}{y} + \cdots + \frac{\partial y}{\partial x_n}\cdot\frac{\Delta x_n}{y} = \sum_{i=1}^{n}\frac{\partial y}{\partial x_i}\cdot\frac{\Delta x_i}{y}$$

$$= \sum_{i=1}^{n}\frac{\partial \ln y}{\partial x_i}\Delta x_i = \sum_{i=1}^{n}x_i\frac{\partial \ln y}{\partial x_i}\cdot\frac{\Delta x_i}{x_i} = \sum_{i=1}^{n}C_n\gamma_{x_i}$$

(2-73)

式中,$\ln y$ 为函数 y 的自然对数;γ_{x_i} 为变量 x_i 的相对误差,$\gamma_{x_i} = \Delta x_i/x_i$;$C_{\gamma i}$ 为变量 x_i 对函数 y 的相对误差传递函数,$C_{\gamma i} = x_i\frac{\partial \ln y}{\partial x_i}$。

同样,当分项符号不明确时,为可靠起见,取绝对值相加

$$\gamma_y = \pm \sum_{i=1}^{n}\left|\frac{\partial y}{\partial x_i}\cdot\frac{\Delta x_i}{y}\right|$$

(2-74)

式(2-71)~式(2-74)为系统误差合成公式,其中式(2-71)和式(2-72)也称为绝对误差传递公式,式(2-73)和式(2-74)称为相对误差传递公式。

2. 常用函数的合成误差

常用的和差、积、商、幂函数的合成误差的表达式见表 2-7,其要点说明如下。

表 2-7 常用函数的合成误差的表达式

	函数形式	绝对误差合成	相对误差合成
函数一般式	$y = f(x_1, x_2)$	$\Delta y = \frac{\partial y}{\partial x_1}\Delta x_1 + \frac{\partial y}{\partial x_2}\Delta x_2$	$\gamma_y = \frac{\Delta y}{y} = \frac{\partial y}{\partial x_1}\cdot\frac{\Delta x_1}{y} + \frac{\partial y}{\partial x_2}\cdot\frac{\Delta x_2}{y}$
和差函数	$y = x_1 \pm x_2$	$\Delta y = \Delta x_1 \pm \Delta x_2$	$\gamma_y = \frac{x_1}{x_1 \pm x_2}\gamma_{x_1} + \frac{x_2}{x_1 \pm x_2}\gamma_{x_2}$
	$y = ax_1 \pm bx_2$	$\Delta y = a\Delta x_1 \pm b\Delta x_2$	$\gamma_y = \frac{ax_1}{ax_1 \pm bx_2}\gamma_{x_1} + \frac{bx_2}{ax_1 \pm bx_2}\gamma_{x_2}$
积函数	$y = x_1 \cdot x_2$	$\Delta y = x_2\Delta x_1 + x_1\Delta x_2$	$\gamma_y = \gamma_{x_1} + \gamma_{x_2}$
商函数	$y = \frac{x_1}{x_2}$	$\Delta y = \frac{1}{x_2}\Delta x_1 + \left(-\frac{x_1}{x_2^2}\right)\Delta x_2$	$\gamma_y = \gamma_{x_1} - \gamma_{x_2}$
幂函数	$y = kx_1^m x_2^n$	$\Delta y = kx_1^{m-1}x_2^{n-1}(mx_2\Delta x_1 + nx_1\Delta x_2)$	$\gamma_y = m\gamma_{x_1} + n\gamma_{x_2}$
商幂函数	$y = k\dfrac{x_1^m \cdot x_2^n}{x_3^p}$	$\Delta y = kx_1^{m-1}x_2^{n-1}x_3^{-p}\left[m\dfrac{x_2}{x_3}\Delta x_1 \right.$ $\left. + n\dfrac{x_1}{x_3}\Delta x_2 - p\dfrac{x_1 x_2}{x_3}\Delta x_3\right]$	$\gamma_y = m\gamma_{x_1} + n\gamma_{x_2} - p\gamma_{x_3}$

用两个直接测量值的和(或差)来求第三个测量值时,其总的绝对值误差等于各分项绝对误差相加(或相减)。因此,对于和差的函数关系,可根据合成误差的这一特点,直接采用绝对误差合成最简便。

用两个直接测量值的乘积(或商)来求第三个测量值时,其总的相对误差等于这两个分项相对误差相加(或相减)。因此,对于积、商、幂的函数关系,可根据合成误差的特点,直接采用相对误差合成最简便。

当分项相对误差的符号不能确定,即 Δx_1 和 Δx_2,γ_{x1} 和 γ_{x2} 分别都带有±号时,从最大误差的考虑出发,合成总误差 Δy 或 γ_x 的绝对值相加。即

$$\Delta y = \pm (\mid \Delta x_1 \mid + \mid \Delta x_2 \mid + \cdots + \mid \Delta x_n \mid) = \pm \sum_{i=1}^{n} \mid \Delta x_i \mid \tag{2-75}$$

$$\gamma_y = \pm (\mid \gamma_{x_1} \mid + \mid \gamma_{x_2} \mid + \cdots + \mid \gamma_{x_n} \mid) = \pm \sum_{i=1}^{n} \mid \gamma_{x_i} \mid \tag{2-76}$$

【例 2-20】 用间接法测量某电阻 R 上消耗的功率,若电阻、电压和电流的测量相对误差为 γ_R、γ_U 和 γ_I,问所求功率的相对误差为多少?

解:方法一,用公式 $P = IU$ 进行计算。

由式(2-71)得功率的绝对误差为

$$\Delta P = \frac{\partial P}{\partial I} \Delta I + \frac{\partial P}{\partial U} \Delta U = U \Delta I + I \Delta U$$

则功率的相对误差为

$$\gamma_P = \frac{\Delta P}{P} = \frac{U \Delta I}{UI} + \frac{I \Delta U}{UI} = \gamma_I + \gamma_U$$

方法二,用公式 $P = U^2/R$ 进行计算。

由式(2-71)得功率的绝对误差为

$$\Delta P = \frac{\partial P}{\partial I} \Delta U + \frac{\partial P}{\partial R} \Delta R = \frac{2U \Delta U}{R} - \frac{U^2 \Delta R}{R^2}$$

则功率的相对误差为

$$\gamma_P = \frac{\Delta P}{P} = \frac{2U \Delta U/R}{U^2/R} - \frac{U^2 \Delta R/R^2}{U^2/R} = \frac{2\Delta U}{U} - \frac{\Delta R}{R} = 2\gamma_U - \gamma_R$$

方法三,用公式 $P = I^2 R$ 进行计算。

由式(2-71)得功率的绝对误差为

$$\Delta P = \frac{\partial P}{\partial I} \Delta I + \frac{\partial P}{\partial R} \Delta R = 2IR \Delta I + I^2 \Delta R$$

则功率的相对误差为

$$\gamma_P = \frac{\Delta P}{P} = \frac{2IR \Delta I}{I^2 R} + \frac{I^2 \Delta R}{I^2 R} = \frac{2\Delta I}{I} + \frac{\Delta R}{R} = 2\gamma_I + \gamma_R$$

从上例可以说明,间接法测量中,采用不同的函数关系,其合成误差的传递公式是不同的。

3. 系统误差的合成

1) 确定性系统误差的合成

对于误差的大小及符号均已确定的系统误差,可直接由误差传递公式进行合成。由

式(2-71)得

$$\Delta y = \frac{\partial y}{\partial x_1} \Delta x_1 + \frac{\partial y}{\partial x_2} \Delta x_2 + \cdots + \frac{\partial y}{\partial x_m} \Delta x_m$$

一般来说，式中各分项误差 Δx 由系统误差 ε 及随机误差 δ 构成，即

$$\Delta y = \frac{\partial y}{\partial x_1}(\varepsilon_1 + \delta_1) + \frac{\partial y}{\partial x_2}(\varepsilon_2 + \delta_2) + \cdots + \frac{\partial y}{\partial x_m}(\varepsilon_m + \delta_m) \tag{2-77}$$

在测量中，若各随机误差可以忽略，则综合的系统误差 ε_y 可由各分项系统误差合成

$$\varepsilon_y = \sum_{j=1}^{m} \frac{\partial f}{\partial x_j} \varepsilon_j \tag{2-78}$$

【例 2-21】 有 5 个 1000Ω 的电阻串联，若各电阻的系统误差分别为 $\varepsilon_1 = -4\Omega, \varepsilon_2 = 5\Omega$，$\varepsilon_3 = -3\Omega, \varepsilon_4 = 6\Omega, \varepsilon_5 = 4\Omega$，求总电阻的相对误差。

解：

$$\varepsilon_R = \sum_{j=1}^{n} \frac{\partial R}{\partial R_j} \Delta R_j = \varepsilon_1 + \varepsilon_2 + \varepsilon_3 + \varepsilon_4 + \varepsilon_5$$

$$= -4 + 5 - 3 + 6 + 4 = 8\Omega$$

总电阻　　　$R = R_1 + R_2 + R_3 + R_4 + R_5 = 5000\Omega$

相对误差　　$\gamma_R = \frac{\varepsilon_R}{R} \times 100\% = \frac{8}{5000} = 0.16\%$

2）系统不确定度的合成

对于只知道误差限，而不掌握其大小和符号的系统误差称为系统不确定度，用 ε_{ym} 表示。相对系统不确定度用 γ_{ym} 表示，测量仪器的基本误差、工作误差等都属此类。可用以下两种方法计算。

（1）绝对值合成法。

系统不确定度　　$\varepsilon_{ym} = \pm \sum_{i=1}^{n} \left| \frac{\partial y}{\partial x_i} \varepsilon_{im} \right| \tag{2-79}$

相对系统不确定度　$\gamma_{ym} = \pm \sum_{i=1}^{n} \left| \frac{\partial y}{\partial x_i} \frac{\varepsilon_{im}}{y} \right| = \pm \sum_{i=1}^{n} \left| \frac{\partial \ln y}{\partial x_i} \varepsilon_{im} \right| \tag{2-80}$

【例 2-22】 用 $R_1 = 100\Omega \pm 10\%$ 和 $R_2 = 400\Omega \pm 5\%$ 的电阻串联，求总电阻的误差范围（系统不确定度）。

解： $\varepsilon_{1m} = \pm 100 \times 10\% = \pm 10\Omega$

$\varepsilon_{2m} = \pm 400 \times 5\% = \pm 20\Omega$

按式(2-79)得

$$\varepsilon_{ym} = \Delta R_m = \pm (|\varepsilon_{1m}| + |\varepsilon_{2m}|) = \pm 30\Omega$$

由此例看出，用绝对值合成法求系统不确定的公式简单，结果非常可靠，常用于重大工程和分项较少的场合。如果分项较多时，其计算的不确定度往往要比实际值偏大许多。因为在分项较多时，各分项 ε_{im} 全部同号的概率很小，总会出现正负误差相抵消的情况。所以在一般工程应用场合，通常采用基于概率统计导出的方均根合成法。

（2）方均根合成法。

系统不确定度　　$\varepsilon_{ym} = \pm \sqrt{\sum_{i=1}^{n} \left(\frac{\partial y}{\partial x_i} \varepsilon_{im} \right)^2} \tag{2-81}$

相对系统不确定度 $\quad \gamma_{ym} = \pm \sqrt{\sum_{i=1}^{n}\left(\dfrac{\partial y}{\partial x_i}\dfrac{\varepsilon_{im}}{y}\right)^2} = \pm\sqrt{\sum_{i=1}^{n}\left(\dfrac{\partial \ln y}{\partial x_i}\varepsilon_{im}\right)^2}$ (2-82)

【例 2-23】 用方均根合成法求例 2-22 中两电阻串联后的总误差。

解:

$$\varepsilon_{ym} = \pm \sqrt{\varepsilon_{1m}^2 + \varepsilon_{2m}^2} = \sqrt{10^2 + 20^2} = 22.4\Omega$$

可见,要比绝对值合成法计算的结果小,这个数值比较合理。

4. 随机误差的合成

式(2-77)已给出

$$\Delta y = \varepsilon_y + \delta_y = \sum_{j=1}^{m}\frac{\partial f}{\partial x_j}(\varepsilon_j + \delta_j)$$

若各分项的系统误差为零,则可求得综合的随机误差为

$$\delta_y = \sum_{j=1}^{m}\frac{\partial f}{\partial x_j}\delta_j$$

但是随机误差的影响不能用一个个随机误差 δ 值衡量,而要用方差或标准差来衡量。即

$$\hat{\sigma}^2(y) = \sum_{j=1}^{m}\left(\frac{\partial f}{\partial x_j}\right)^2 \hat{\sigma}^2(x_j)$$

$$\hat{\sigma}(y) = \sqrt{\sum_{j=1}^{m}\left(\frac{\partial f}{\partial x_j}\right)^2}\,\hat{\sigma}(x_j)$$ (2-83)

比较式(2-78)及式(2-83)可见,确定性系统误差是按代数形式综合起来的,而随机误差是按几何形式综合起来的。

2.5.2 误差的分配

总误差给定后,由于存在多个分项,误差分配方案也可以有多种,常用的方法有以下几种。

1. 等准确度分配

当总误差中各分项性质相同(量纲相同)、大小相近时,采用等准确度分法,即分配给各分项的误差彼此相同。

若总误差为 ε_y,各分项误差为 ε_1、ε_2、$\cdots$、ε_m,令 $\varepsilon_1 = \varepsilon_2 = \cdots = \varepsilon_m$,则分配给各项的误差为

$$\varepsilon_j = \frac{\varepsilon_y}{\sum\limits_{j=1}^{m}\dfrac{\partial f}{\partial x_j}} \quad (j = 1,2,3,\cdots,m)$$ (2-84)

$$\hat{\sigma}(x_j) = \frac{\hat{\sigma}(y)}{\sqrt{\sum\limits_{j=1}^{m}\left(\dfrac{\partial y}{\partial x_j}\right)^2}} \quad (j = 1,2,3,\cdots,m)$$ (2-85)

【例 2-24】 有一电源变压器如图 2-19 所示,已知初级线圈与两个次级线圈的匝数比 $N_{12}:N_{34}:N_{45} = 1:2:2$,用最大量程为 500V 的交流电压表测量两个次级线圈的总电压,要求相对误差小于 $\pm2\%$,问应该选用哪个级别的电压表?

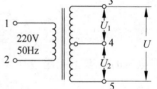

图 2-19 电源变压器的测量

解: 已知初级线圈的电压为 220V,根据 $N_{12} : N_{34} : N_{45} = 1 : 2 : 2$,故次级线圈 U_1、U_2 的电压均为 440V,次级线圈的总电压为 880V,而电压表最大量程只有 500V,因此应该分别测量次级线圈 U_1、U_2 的电压,然后相加得到次级线圈的总电压,即 $U = U_1 + U_2$。

测量允许的总误差为 $\Delta U = U \times (\pm 2\%) = 880 \times (\pm 2\%) = \pm 17.6V$。

测量误差主要是由电压表误差引起的,而且两次测量都是对电压值进行测量,被测量的性质相同(量纲相同)、大小相近,故采用等准确度分法,即分配给各分项的误差彼此相同。

根据式(2-84)进行等准确度分配,则

$$\Delta U_1 = \Delta U_2 = \Delta U / 2 = \left(\frac{\pm 17.6}{2} \right) = \pm 8.8V$$

当仪表等级 S 一定时,满度相对误差实际上给出了仪表各量程内绝对误差的最大值 Δx_{max},$\Delta x_{max} = \gamma_{max} \times x_m = \pm 8.8V$,电压表的最大量程为 500V,故引用相对误差为

$$\gamma_{max} = \frac{\Delta U}{U_m} \leqslant \frac{\Delta U_1}{U_m} = \frac{8.8}{500} = 1.66\%$$

可见,选用 1.5 级的电压表能满足测量要求。

2. 等作用分配

当分项误差性质不同时,采用等作用分配方法。在这种分配方式中,分配给各项的误差在数值上不一定相等,但它们对测量误差总和的作用是相同的。

对于系统误差,在式(2-78)中,令 $\frac{\partial f}{\partial x_1} \varepsilon_1 = \frac{\partial f}{\partial x_2} \varepsilon_2 = \cdots = \frac{\partial f}{\partial x_m} \varepsilon_m$,则分配给各项的误差为

$$\varepsilon_j = \frac{\varepsilon_y}{m \frac{\partial f}{\partial x_j}} \tag{2-86}$$

对于随机误差,在式(2-83)中,令

$$\left(\frac{\partial f}{\partial x_1} \right)^2 \hat{\sigma}^2(x_1) = \left(\frac{\partial f}{\partial x_2} \right)^2 \hat{\sigma}^2(x_2) = \cdots = \left(\frac{\partial f}{\partial x_m} \right)^2 \hat{\sigma}^2(x_m)$$

则分配给各分项的误差为

$$\hat{\sigma}(x_j) = \frac{\hat{\sigma}(y)}{\sqrt{m} \left| \frac{\partial f}{\partial x_j} \right|} \tag{2-87}$$

下面通过例题来说明公式的应用。

【例 2-25】 一个整流电路,在滤波电容两端并联一只泄放电阻,欲测量其消耗功率,要求功率的测量误差不大于 $\pm 5\%$,初测电阻上电压 $U_R = 10V$,电流 $I_R = 80mA$。当采用等作用分配方法时,问应分配给 U_R 及 I_R 的误差各是多少?

解:

$$P_R = U_R I_R = 10 \times 80 = 800mW$$

$$\varepsilon_P \leqslant 800 \times (\pm 5\%) = \pm 40mW$$

即总误差不能超过 40mW。

$$\varepsilon_U \leqslant \frac{\varepsilon_P}{n \frac{\partial P}{\partial U}} = \frac{\varepsilon_P}{n \frac{\partial (U_R I_R)}{\partial U_R}} = \frac{\varepsilon_P}{n I_R} = \frac{40}{2 \times 80} = 0.25V$$

即电压的误差不能超过 0.25V(应选 1.5 级的 10V 或 15V 电压表进行测量)。

$$\varepsilon_I \leqslant \frac{\varepsilon_P}{n \frac{\partial P}{\partial I}} = \frac{\varepsilon_P}{n \frac{\partial (U_R I_R)}{\partial I_R}} = \frac{\varepsilon_P}{n U_R} = \frac{40}{2 \times 10} = 2mA$$

即电流的误差不超过 2mA(应选 1.5 级的 100mA 电流表进行测量)。虽然 ε_U 及 ε_I 的分项误差的值不同,但对功率误差的影响是相同的。因为

$$\frac{\partial P}{\partial U}\varepsilon_U = 80\text{mA} \times 0.25\text{V} = 20\text{mW}$$

$$\frac{\partial P}{\partial I}\varepsilon_I = 10\text{V} \times 2\text{mA} = 20\text{mW}$$

体现了对总误差影响相同的原则。

2.5.3 最佳测量方案的选择

对于实际测量,通常希望测量的准确度尽可能地高,即误差的总和越小越好。由前述误差传递公式可知,要使测量误差最小,可以从以下两方面考虑:

(1) 选择最有利的函数形式。一般情况下,直接测量的项数越少,则合成误差也会越小,所以在间接测量中,如果可由不同的函数公式来表示,则应该取包含测量值数目最少的函数公式来表示;若不同的函数公式所包含的测量值数目相同,则应选取误差较小的测量值的函数公式。

【例 2-26】 测量电阻 R 消耗的功率时,可间接测量电阻上的电压 U 和流过电阻的电流 I,然后采用不同的方案来计算功率。设电阻、电压、电流测量的相对误差分别为 $\gamma_R = \pm 1\%$,$\gamma_U = \pm 2\%$,$\gamma_I = \pm 2.5\%$,采用哪种测量方案较好?

解: 由例 2-20 可知,间接测量电阻消耗的功率可采用 3 种方案,各种方案功率的相对误差如下。

方案 1,$P=UI$

$$\gamma_P = \gamma_U + \gamma_I = \pm(2\% + 2.5\%) = \pm 4.5\%$$

方案 2,$P=U^2/R$

$$\gamma_P = 2\gamma_U - \gamma_R = \pm(2 \times 2\% + 1\%) = \pm 5\%$$

方案 3,$P=I^2R$

$$\gamma_P = 2\gamma_I + \gamma_R = \pm(2 \times 2.5\% + 1\%) = \pm 6\%$$

可见,在题中给定的各分项误差条件下,选择方案 1,即用测量电压和电流来计算功率比较合适。

(2) 使各个测量值对误差函数的传递系数为零或最小。由函数公式即式(2-71)、式(2-73)可知,若使误差传递系数 $C_{\Delta i}$、$C_{\gamma i}$ 为零或为最小,则合成误差可相应减小。根据这个原则,对于某些测量,尽管有时不可能达到使 $C_{\Delta i}$、$C_{\gamma i}$ 为零的测量条件,但应设法减小 $C_{\Delta i}$、$C_{\gamma i}$。

以上是从误差方面考虑的最佳测量方案的选择,实际测量中的最佳方案,除了要考虑误差大小外,还要考虑测量的经济性、可靠性及操作的方便性等。例如,正在工作的电路中,测量电压就往往比测量电流方便。

2.6 测量数据的处理

通过实际测量取得测量数据后,通常还要对这些数据进行计算、分析、整理,得出被测量的最佳估值,并计算精确程度,有时还要把数据归纳成一定的表达式或化成表格、曲线等,也

就是要进行数据处理。

2.6.1 测量结果的评价

测量结果的评价,传统方法采用精密度、准确度和精确度三种定义。

1. 精密度

精密度指测量值重复一致性,表示在同一测量条件下对同一被测量进行多次测量时得到的测量结果的分散程度。它反映了随机误差的大小,随机误差的大小可用测量值的标准偏差 $\sigma(x)$ 来衡量,$\sigma(x)$ 越小,测量值越集中,测量的精密度越高;反之,标准偏差 $\sigma(x)$ 越大,测量值越分散,测量的精密度越低。

2. 准确度

测量准确度也称为正确度,指测量值与真值的接近程度,它反映了系统误差的大小。由于可以采用多次测量取平均值的方法消除随机误差的影响,因此系统误差越小,就有可能使测量结果越正确,所以准确度可用来表征系统误差大小的程度。系统误差越大,准确度越低;系统误差越小,准确度越高。

3. 精确度

精确度反映系统误差和随机误差综合的影响程度。精确度高,说明准确度及精密度都高,意味着系统误差及随机误差都小。

测量结果精确度的含义可用图 2-20(a)、(b)、(c)来表示,图中空心点为测量值的最佳值 A,实心点为多次测量值 x_i。图 2-20(a)显示 x_i 的平均值与 A 数值相差不大,但数据比较分散,说明准确度高而精密度低;图 2-20(b)显示 x_i 的平均值与 A 数值相差较大,但数据集中,说明精密度高而准确度低;图 2-20(c)显示 x_i 的平均值与 A 数值相差很少,而且数据又集中,说明测量的准确度和精密度都高,即测量精确度高。

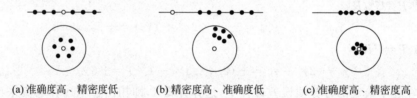

(a)准确度高、精密度低   (b)精密度高、准确度低   (c)准确度高、精密度高

图 2-20   测量结果的图形评价

由于任何一次测量结果都可能含有系统误差和随机误差,因此仅用准确度或精密度来衡量是不完全的,采用精确度能较完整地对测量结果进行评价。

系统误差、随机误差和粗大误差三者同时存在的情况下,其分布情况可用图 2-21 所示的数轴图来表示。图中,A_0 表示真值,小黑点表示各次测量值 x_i,$\bar{x}$ 表示 x_i 的平均值,δ_i 表示随机误差,ε 表示系统误差,x_k 表示粗大误差产生的坏值,它远离平均值(也远离真值 A_0)。

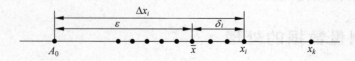

图 2-21   三种误差同时存在

在处理测量数据时,首先必须剔除坏值,因为坏值将严重影响平均值(测量结果)。这样要考虑的误差就只有系统误差和随机误差,有

$$\varepsilon + \delta_i = (\bar{x} - A_0) + (x_i - \bar{x}) = x_i - A_0 = \Delta x_i$$

各次测量值的绝对误差等于系统误差和随机误差的代数和。

2.6.2　有效数字的处理

1. 有效数字

由于在测量中不可避免地存在误差,所以测量数据及由测量数据计算出来的算术平均值等均是一个近似数,当我们用这个数表示一个量时,通常规定误差不得超过末位单位数字的一半。对于这种误差不大于末位单位数字一半的数,从它左边第一个不为零的数字起,直到右面最后一个数字止,都称为有效数字。

例如:

3.142	四位有效数字,	极限误差≤0.0005
8.700	四位有效数字,	极限误差≤0.0005
8.7×10^3	二位有效数字,	极限误差≤0.05×10^3
0.0807	三位有效数字,	极限误差≤0.000 05

因此当测量结果未注明误差时,就认为最末一位数字有"0.5"误差,称为"0.5误差法则"。

由上述几个数字可以看出,位于数字开头的0不是有效数字,位于数字中间和末尾的0都是有效数字,且数字末尾的0很重要,如写成8.70表示测量结果准确到百分位,最大绝对误差不大于0.005;而若写成8.7,则表示测量结果准确到十分位,最大绝对误差不大于0.05。可见最末一位是欠准确的估计值,称为欠准数字。决定有效数字位数的标准是误差,多写则夸大了测量准确度,少写则带来附加误差。例如,如果某电流的测量结果写成1000mA,是四位有效数字,表示测量准确度或绝对误差≤0.5mA。而如果将其写成1A,则为一位有效数字,表示绝对误差≤0.5A,显然后面的写法和前者含义不同,但如果写成1.000A,仍为四位有效数字,绝对误差≤0.0005A=0.5mA,含义与第一种写法相同。

2. 多余数字的舍入规则

对测量结果中多余的数字,应按"小于5舍,大于5进,等于5时取偶数"的法则进行处理。"等于5取偶数"是指当尾数为0.5时,末位是奇数,则加1,末位是偶数,则不变。

【例2-27】 将下列数字保留3位有效数字:45.77,36.251,43.035,38050,47.15。

解: 将各数字列于箭头左面,保留的有效数字列于右面:

45.77→45.8	(因0.07>0.05,所以末位进1)
36.251→36.3	(因0.051>0.05,所以末位进1)
43.035→43.0	(因0.035<0.05,所以舍掉)
38050→380×10^2	(因第4位为5,第3位为0,所以舍掉)
47.15→47.2	(因第4位为5,第3位为奇数,所以第3位进1)

【例2-28】 用一台0.5级电压表100V量程挡测量电压,电压表指示值为78.35V,试确定有效位数。

解: 该表在100V挡最大绝对误差为

$$\Delta U_m = \pm 0.5\% \times U_m = \pm 0.5\% \times 100 = \pm 0.5V$$

因为绝对误差为±0.5V,根据"0.5 误差原则",测量结果的末位应是个位,即只应保留两位有效数字,根据舍入规则,示值末尾的 0.35<0.5,所以舍去,因而不标注误差时的测量报告值应为78V。附带说明一点,一般习惯上将测量记录值的末位与绝对误差对齐,本例中误差为 0.5V,所以测量记录值写成 78.4V。这不同于测量报告值。

3. 有效数字的运算规则

当需要对几个测量数据进行运算时,要考虑有效数字保留多少位的问题,以便不使运算过于麻烦,而又能正确反映测量的精确度。保留的位数原则上取决于各数中精度最差的那一项。

1) 加法运算

以小数点后位数最少的为准(各项无小数点则以有效位数最少者为准),其余各数可多取一位。例如:

$$
\begin{array}{r}
10.2838 \\
15.03 \\
+\ 8.695\,47 \rightarrow \\
\hline
34.009\,27 \approx 34.01
\end{array}
\qquad
\begin{array}{r}
10.28 \\
15.03 \\
+8.70 \\
\hline
34.01
\end{array}
$$

2) 减法运算

当相减两数相差甚远时,原则上同加法运算。当两数很接近时,有可能造成很大的相对误差。因此,要尽量避免导致相近两数相减的测量方法,而且在运算中多一些有效数字。

3) 乘除法运算

以有效数字位数最少的数为准,其余参与运算的数字及结果中的有效数字位数与之相等。例如:

$$\frac{517.43 \times 0.28}{4.08} = \frac{144.8804}{4.08} \approx 35.5$$

$$\rightarrow \frac{517.43 \times 0.28}{4.08} \approx \frac{520 \times 0.28}{4.1} \approx 35.51 \approx 35.5 \approx 36$$

为了保证必要的精度,参与乘除法运算的各数及最终运算结果也可以比有效数字位数最少者多保留一位有效数字。例如上面例子中的 517.43 和 4.08 各保留至 517 和 4.08,结果为 35.5。

4) 乘方、开方运算

运算结果比原来多保留一位有效数字。例如:

$$(27.8)^2 \approx 772.8 \qquad (115)^2 \approx 1.322 \times 10^4$$

$$\sqrt{9.4} \approx 3.07 \qquad \sqrt{265} \approx 16.28$$

2.6.3 等精度测量结果的处理

当对某一被测量进行等精度测量时,测量值中可能含有系统误差、随机误差和疏失误差。为了给出正确合理的结果,应按下述基本步骤对测得的数据进行处理。

① 利用修正值等办法,对测得值进行修正,将已减弱恒值系统误差影响的各数据依次列成表格。

② 求出算术平均值 $\bar{x} = \dfrac{1}{n}\sum\limits_{i=1}^{n} x_i$。

③ 列出残差 $\upsilon_i = x_i - \bar{x}$，并验证残差代数和等于零，即 $\sum\limits_{i=1}^{n} \upsilon_i = 0$。

④ 列出残差的平方，按贝塞尔公式计算标准差的估计值 $\hat{\sigma} = \sqrt{\dfrac{1}{n-1}\sum\limits_{i=1}^{n}\upsilon_i^2}$。

⑤ 判断疏失误差，剔除坏值。按莱特检验法 $|\upsilon_i| > 3\hat{\sigma}$ 或格拉布斯检验法 $|\upsilon_{\max}| > G\hat{\sigma}$ 判断粗大误差，检查和剔除粗大误差。若有粗大误差后，则应逐一剔除，然后重新计算平均值和标准差，再判别，直到无粗大误差为止。

⑥ 剔除坏值后，再重复求剩下数据的算术平均值、剩余误差及标准差，并再次判断，直至不包括坏值为止。

⑦ 判断有无系统误差。如有系统误差，应查明原因，修正或消除系统误差后重新测量。

⑧ 求算术平均值的标准差估计值：$\hat{\sigma}_{\bar{x}} = \hat{\sigma}/\sqrt{n}$。

⑨ 求算术平均值的不确定度：$\lambda = k\hat{\sigma}_{\bar{x}}$，若测量次数较多，如 $n \geqslant 20$，则 $k=3$；如次数较少，如 $n < 20$，则 $k = t_a$。

⑩ 给出测量结果的表达式(报告值)：$x = \bar{x} \pm k\hat{\sigma}_{\bar{x}}$。

下面介绍一个例子，该例子展示了一个完整的等精度数据处理过程，包括检查是否存在异常数据，是否有累进性和周期性的系统误差，最后给出测量结果在一定置信概率下的置信区间。

【例 2-29】　用一测量系统测量电压，根据以往多次使用情况，系统误差可以忽略，按测量时间先后记录了 11 个测量数据于表 2-8 中，分析测量数据，并给出被测量电压在 95% 置信概率下的置信区间。

表 2-8　电压测量数据

测量电压 i	1	2	3	4	5	6	7	8	9	10	11
电压/U	2.72	2.75	2.65	2.71	2.62	2.45	2.62	2.70	2.67	2.73	2.74
残差/υ_i	0.05	0.08	−0.02	0.04	−0.05	−0.22	−0.05	0.03	0.00	0.07	0.07

解：(1) 求平均值 $\bar{U}$、残差 υ_i 及标准偏差估计值 $\hat{\sigma}$，由公式求得

算术平均值为

$$\bar{U} = \frac{1}{11}\sum_{i=1}^{11}U_i = 2.67\text{V}$$

计算残差并列于表 2-8 中。

标准偏差估计值为

$$\hat{\sigma} = \sqrt{\frac{\sum\limits_{i=1}^{11}(U_i - \bar{U}_i)^2}{11-1}} = 0.0858\text{V}$$

(2) 检查有无异常数据。

根据格拉布斯准则，在置信概率为 95%、测量次数 $n=11$ 时，$G=2.23$。例中 U_6 偏离 $\bar{U}$ 最大，首先检查它，因为

$$|U_6 - \bar{U}| = |2.45 - 2.67| = 0.22\text{V}$$

$$G\hat{\sigma} = 2.23 \times 0.0858 = 0.191 \text{V}$$

不等式$|U_6 - \overline{U}| > G\hat{\sigma}$成立,确定$U_6$为坏值,将其剔除。

在余下的 10 个数据中重复上述步骤,算得

$$\overline{U}' = 2.69 \text{V}, \quad \hat{\sigma}' = 0.048 \text{V}$$

在置信概率为 95%、$n=10$ 的条件下,由格拉布斯准则表查得 $G=2.18$,则

$$G\hat{\sigma}' = 2.18 \times 0.048 = 0.105 \text{V}$$

在 10 个数据中偏离$\overline{U}$最大的数据为$U_2 = 2.75\text{V}$,有

$$|U_2 - \overline{U}| = 0.06 < G\hat{\sigma}' = 0.105$$

因此,在这 10 个数据中不再存在异常数据。

(3) 判断有无随时间变化的变值系统误差。

虽然题中已给出"系统误差可以忽略",但对数据进行误差分析和数据处理时,有时还希望判别有无累进性系统误差或周期性系统误差。判明存在这种系统误差时,往往先要消除这种系统误差的根源,再重新进行测量。

① 判别有无累进性系统误差:根据剔除坏值后的 10 个测量数据及相应的残差,由马利科夫判据

$$D = \left| \sum_{i=1}^{n/2} v_i - \sum_{i=n/2+1}^{n} v_i \right| = 0 - 0.01 = -0.01$$

D 接近于零,其绝对值明显小于较大的残差绝对值,因而未发现累进性系统误差。

② 判别有无周期性系统误差:由阿卑-赫梅特判据,若

$$\left| \sum_{i=1}^{n-1} v_i v_{i+1} \right| > \sqrt{n-1}\, \hat{\sigma}'^2$$

则可认为有周期性系统误差。在本题中

$$\left| \sum_{i=1}^{n-1} v_i v_{i+1} \right| = 0.0024; \quad \sqrt{n-1}\, \hat{\sigma}'^2 = 0.006\,97$$

未发现存在周期性系统误差。

(4) 给出置信区间。

先求出平均值的标准偏差

$$\hat{\sigma}'_{\overline{U}} = \frac{\hat{\sigma}'}{\sqrt{n}} = \frac{0.048}{\sqrt{10}} = 0.015 \text{V}$$

$n=10$,查 t 分布的对称区间积分表,在 95% 置信概率下,$t_a = 2.262$,由此可以得到置信区间为

$$[\overline{U} - t_a \hat{\sigma}'_{\overline{U}}, \overline{U} + t_a \hat{\sigma}'_{\overline{U}}] = [2.69 - 2.262 \times 0.015, 2.69 + 2.262 \times 0.015]\text{V} = [2.66, 2.72]\text{V}$$

2.6.4 非等精度测量结果的处理

前面介绍的内容均属于等精度测量,一般的测量基本属于这种类型。但在科学研究或精密测量中,需要更换一个环境,更换一种仪器或测量方法,选择不同的测量次数,以及更换测量者进行测量等。这种测量称为非等精度测量。对于非等精度测量,计算最后测量结果及其精度(如标准差),不能套用前面等精度测量的计算公式,需推导出新的计算公式。

1. 权的概念

在非等精度测量中,各次(或组)测量值的可靠程度不同,因而不能简单地取某一组测量

值的算术平均值作为最后的测量结果,也不能简单地用公式$\hat{\sigma}_{\bar{x}}=\hat{\sigma}/\sqrt{n}$来计算。例如,就测量次数而言,第一组的测量次数$n_1=64$,第二组的测量次数$n_2=16$,假设两组的$\sigma$相同,但$\sigma_{\bar{x_1}}=\sigma/\sqrt{64}=\sigma/8$,而$\sigma_{\bar{x_2}}=\sigma/\sqrt{16}=\sigma/4$,表示第一组的平均值更可靠。因而应当让可靠程度大的测量结果在最后的报告值中占的比重大一些,可靠程度小的占的比重小一些。表示这种可靠程度的量称为"权",记作W。因此测量结果的权可理解为,当它与另一些测量结果比较时,对该测量结果所给予的信赖程度。

由于测量数值x_i的标准差$\hat{\sigma}_i$越小,可靠度越高,权值W_i定义为

$$W_i=\frac{\lambda}{\hat{\sigma}_i^2}\quad i=1,2,\cdots,m \tag{2-88}$$

式中,λ为常数,它是使权值划为整数时所乘的系数,它不改变各测量值之间的权的比值。所以,权值与标准偏差的平方成反比。

2. 加权平均值

在不同测量条件下,对某一量X进行了m次测量,测得的数据分别为$x_1,x_2,\cdots,x_m$,对应的权分别为$W_1,W_2,\cdots,W_m$,则m次非等精度测量结果的加权平均值$\bar{x}$为

$$\bar{x}=\frac{\sum\limits_{j=1}^{m}W_jx_j}{\sum\limits_{j=1}^{m}W_j}=\frac{\sum\limits_{j=1}^{m}\dfrac{x_j}{\hat{\sigma}_j^2}}{\sum\limits_{j=1}^{m}\dfrac{1}{\hat{\sigma}_j^2}} \tag{2-89}$$

在等精度测量中,$\hat{\sigma}_j$相等,W_j也相等。$\bar{x}=\dfrac{1}{n}\sum\limits_{i=1}^{n}x_i$就是加权平均值的特例。

3. 加权平均值的标准偏差

加权平均值的标准差可由标准差合成公式推导得到,即

$$\hat{\sigma}^2(\bar{x})=\frac{1}{\sum\limits_{i=1}^{m}\dfrac{1}{\hat{\sigma}_i^2}}=\frac{\lambda}{\sum\limits_{i=1}^{m}W_i} \tag{2-90}$$

【**例 2-30**】　用两种方法测量某电压,采用第一种方法测量 6 次,其算术平均值$\bar{u}_1=10.3\text{V}$,标准偏差$\sigma(\bar{u}_1)=0.2\text{V}$;采用第二种方法测量 8 次,其算术平均值$\bar{u}_1=10.1\text{V}$,标准偏差$\sigma(\bar{u}_2)=0.1\text{V}$。求电压的估计值和标准偏差。

解:取$\lambda=1$,则两种测量值的权为

$$W_1=\frac{\lambda}{\sigma^2(\bar{u}_1)}=\frac{1}{0.2^2}=\frac{1}{0.04}=25$$

$$W_2=\frac{\lambda}{\sigma^2(\bar{u}_2)}=\frac{1}{0.1^2}=\frac{1}{0.01}=100$$

则电压的估计值为

$$u=\frac{W_1\bar{u}_1+W_2\bar{u}_2}{W_1+W_2}=\frac{25\times10.3+100\times10.1}{25+100}=10.14\text{V}$$

电压估计值的标准差为

$$\hat{\sigma}(\bar{u})=\sqrt{\frac{\lambda}{\sum\limits_{i=1}^{2}W_i}}=\sqrt{\frac{1}{25+100}}=\sqrt{0.008}=0.089\text{V}$$

故测量结果为$(10.14\pm3\times0.089)V=(10.14\pm0.27)V$(取置信因子$k=3$)。

本章小结

无论采用何种精密的仪器，选用何种先进的测量方法，只要有测量就会产生误差。本章在介绍误差的基本概念、来源与分类的基础上，对随机误差、粗大误差和系统误差的特点及处理方法进行分析，同时还介绍了误差的合成与分配，最后重点讨论了测量数据的处理。

(1) 误差的基本概念。

真值——指该物理量在测量进行的时间和空间条件下的真实量值。

实际值——在每一级比较中，都以上一级标准所体现的值当作准确无误的值，通常称为实际值，也叫做相对真值。

标称值——测量器具上标定的数值为标称值。由于制造和测量精度不够以及环境等因素的影响，标称值不一定等于它的真值或实际值。

示值——测量器具指示的被测量的量值，包括数值和单位。

测量误差——测量仪表的测得值与被测量的真值之间的差异。

等精度测量——在测量条件不发生变化的前提下对同一被测量进行多次重复测量，称为等精度测量。

(2) 误差的表示方法有绝对误差和相对误差两种。

绝对误差是由测量所得到的被测量值x与其真值A_0的差。即$\Delta x=x-A_0$，需要注意的是，测得值与被测量实际值间的偏离程度和方向通过绝对误差来体现，但仅用绝对误差，通常不能说明测量的质量。

相对误差是测量的绝对误差与被测量的真值之比。有实际相对误差$\left(\gamma_A=\dfrac{\Delta x}{A}\times100\%\right)$和示值相对误差$\left(\gamma_x=\dfrac{\Delta x}{x}\times100\%\right)$。

引用误差也叫满度相对误差：$\gamma_m=\dfrac{\Delta x_m}{x_m}\times100\%$，我国电工仪表的准确度等级是按满度误差分级的，可划分为0.1、0.2、0.5、1.0、1.5、2.5、5.0共七级。

分贝误差是用对数形式表示的一种误差，广泛用于增益（衰减）量的测量中。电压增益的分贝误差为：$\gamma_{dB}=20\lg(1+\gamma_x)dB$。

(3) 测量误差的来源。

仪器误差——是指仪器仪表本身及附件所引入的误差，这主要是由于设计、制造、装配、检定等的不完善以及使用过程中元器件老化、机械部件磨损、疲劳等因素而使测量仪器带有的误差。

使用误差——是由于对测量设备操作使用不当带来的误差。

人身误差——由于测量者感官的分辨能力、视觉疲劳、固有习惯等而对测量实验中的现象与结果判断不准确而造成的。

影响误差——是指各种环境因素与要求条件不一致而带来的误差，如环境温度、湿度、电源电压、电磁干扰等与使用手册中规定的条件不一致。

方法误差——由于测量方法不合理造成的误差称为方法误差。

理论误差——测量方法建立在近似公式或不完整的理论基础上以及用近似值计算测量结果时所引起的误差称为理论误差。

（4）随机误差。

定义：对同一量值进行多次等精度测量时，其绝对值和符号均以不可预定的方式无规则变化。

特点：有界性、对称性、补偿性、单峰性。

随机误差产生的主要原因：测量仪器产生的噪声、零部件配合的不稳定、摩擦、接触不良；温度及电源电压频繁波动，电磁干扰等；测量人员感觉器官的无规则变化而造成的读数不稳定等。

随机误差的标准差 $\sigma = \sqrt{\lim\limits_{n \to \infty} \dfrac{1}{n} \sum\limits_{i=1}^{n} \delta_i^2}$，有限次测量的标准差用贝塞尔公式表示为 $\hat{\sigma} = \sqrt{\dfrac{1}{n-1} \sum\limits_{i=1}^{n} v_i^2}$。随机误差大多数时候符合正态分布，具有如下特征：绝对值小的随机误差出现的概率大；超过一定界限的随机误差实际上几乎不出现，体现随机误差的有界性；大小相等、符号相反的误差出现的概率相等，体现随机误差的对称性和抵偿性；σ 愈小，正态分布曲线愈尖锐，表明测得值愈集中，精密度高。反之，σ 愈大，曲线愈平坦，表明测得值分散，精密度低。

（5）粗大误差。

定义：在一定的测量条件下，测得值明显地偏离实际值所形成的误差，称为疏忽误差。

粗大误差产生的主要原因：测量方法不当；测量操作疏忽和失误（例如，测量者身体过于疲劳、缺乏经验、操作不当或工作责任心不强等原因，读错刻度、记错读数或计算错误等）。测量条件的突然变化：如电源电压、机械冲击等引起仪器示值的改变等。

判断粗大误差的方法有莱特检验法和格拉布斯检验法。莱特检验法是基于正态分布的前提下判断异常数据的方法。假设在一系列等精度测量结果中，第 i 项测量值为 x_i，其残差为 v_i，如果 $|v_i| > 3\hat{\sigma}$ 时，则存在粗差，所对应的测量值 x_i 为异常值，应该剔除不用。此法也称为"3σ 准则"。但此法有局限性，在测量次数小于 10 时，就会失效，会产生误判。格拉布斯检验法为：若某一次测量的残差 $|v_i| > G\hat{\sigma}$ 时，则判断此值为异常数据，应予以剔除。其中 G 为格拉布斯系数，可以通过查格拉布斯系数表得出。

剔除粗大误差有以下几个步骤：

① 计算平均值；

② 计算多个测量值的残差；

③ 用贝塞尔公式计算标准差；

④ 用莱特检验法或格拉布斯检验法判断粗大误差；若有粗大误差，则剔除后再重复前4步，直到逐个剔除完为止。

（6）系统误差。

定义：在多次等精度测量同一量值时，误差的绝对值和符号保持不变，或当条件改变时按某种规律变化的误差称为系统误差，简称系统误差。

分类：恒定系统误差、变值系统误差（累进性系统误差、周期性系统误差、按复杂规律变化的系统误差）。

系统误差的主要特点：条件不变，误差不变；条件改变，误差遵循某种确定的规律而变化，具有可重复性。

产生系统误差的原因：测量仪器设计原理及制作上的缺陷、测量时环境条件与仪器使用要求不一致、采用近似的测量方法或近似的计算公式、测量人员主观原因等。

系统误差的判断方法有：理论分析法、校准和比对法、改变测量条件法、剩余误差法和公式判断法。

马利科夫判据用于发现累进性系统误差，判断方法为：

- 当 n 为奇数时，$D = \sum\limits_{i=1}^{(n-1)/2} \upsilon_i - \sum\limits_{i=(n+3)/2}^{n} \upsilon_i$；

- 当 n 为偶数时，$D = \sum\limits_{i=1}^{n/2} \upsilon_i - \sum\limits_{i=(n+2)/2}^{n} \upsilon_i$。

若 $D > |\upsilon_i \max|$，则认为存在累进性系统误差。

阿卑-赫梅特判据用于发现周期性系统误差，判断方法为：同样是按照测量的自然顺序，求相邻残差两两乘积代数和，若 $\left| \sum\limits_{i=1}^{n-1} \upsilon_i \upsilon_{i+1} \right| > \sqrt{n-1}\, \hat{\sigma}^2$ 时，就认为有周期性系统误差。

（7）削弱系统误差的典型测量技术有如下几种：

① 零示法。在测量过程中，只要判断检流计中有无电流，而不需要用检流计读出读数，因此只要检流计转动灵敏，测量的准确度仅与标准量的准确度有关。零示法广泛用于电桥测量中。

② 替代法（置换法）。由于替代前后整个测量系统及仪器示值均未改变，因此测量中的恒定系统误差对测量结果不产生影响，测量准确度主要取决于标准已知量的准确度及指示器灵敏度。

③ 补偿法（部分替代法）。此法常用于高频阻抗、电压、衰减量等测量。

④ 对照法（交换法）。适于在对称的测量装置中用来检查其对称是否良好，或从两次测量结果的处理中，削弱或消除系统误差。

⑤ 微差法。微差法比零示法更容易实现，在测量过程中，已知量不必调节，通过仪器仪表直接读数，比较直观。

（8）误差的合成。

绝对误差传递公式：$\Delta y = \sum\limits_{i=1}^{n} \dfrac{\partial f}{\partial x_i} \Delta x_i = \sum\limits_{i=1}^{n} \dfrac{\partial y}{\partial x_i} \Delta x_i$，$\Delta y = \pm \sum\limits_{i=1}^{n} \left| \dfrac{\partial y}{\partial x_i} \Delta x_i \right|$

相对误差传递公式：$\gamma_y = \sum\limits_{i=1}^{n} \dfrac{\partial y}{\partial x_i} \cdot \dfrac{\Delta x_i}{y}$，$\gamma_y = \pm \sum\limits_{i=1}^{n} \left| \dfrac{\partial y}{\partial x_i} \cdot \dfrac{\Delta x_i}{y} \right|$

系统误差的合成：$\varepsilon_y = \sum\limits_{j=1}^{m} \dfrac{\partial f}{\partial x_j} \varepsilon_j$

随机误差的合成：$\sigma^2(y) = \sum\limits_{j=1}^{m} \left(\dfrac{\partial f}{\partial x_j} \right)^2 \sigma^2(x_j)$

（9）误差的分配。

等准确度分配是指分配给各分项的误差彼此相同，即 $\varepsilon_1 = \varepsilon_2 = \cdots = \varepsilon_m$，则分配给各项的系统误差为

$$\varepsilon_j = \frac{\varepsilon_y}{\sum\limits_{j=1}^{m} \dfrac{\partial f}{\partial x_j}}$$

随机误差为

$$\sigma(x_j) = \frac{\sigma(y)}{\sqrt{\sum\limits_{j=1}^{m} \left(\dfrac{\partial f}{\partial x_j}\right)^2}}$$

等作用分配是指分配给各分项的误差在数值上虽然不一定相等,但它们对测量误差总和的作用或者说对总和的影响是相同的,即

$$\frac{\partial f}{\partial x_1}\varepsilon_1 = \frac{\partial f}{\partial x_2}\varepsilon_2 = \cdots = \frac{\partial f}{\partial x_m}\varepsilon_m \quad \left(\frac{\partial f}{\partial x_1}\right)^2 \sigma^2(x_1) = \left(\frac{\partial f}{\partial x_2}\right)^2 \sigma^2(x_2) = \cdots = \left(\frac{\partial f}{\partial x_m}\right)^2 \sigma^2(x_m)$$

则分配给各项的系统误差为

$$\varepsilon_j = \frac{\varepsilon_y}{m \dfrac{\partial f}{\partial x_j}}$$

随机误差为

$$\sigma(x_j) = \frac{\sigma(y)}{\sqrt{m} \left|\dfrac{\partial f}{\partial x_j}\right|}$$

(10) 等精度测量结果的处理。

当对某一被测量进行等精度测量时,测量值中可能含有系统误差、随机误差和疏失误差。为了给出正确合理的结果,应按下述基本步骤对测得的数据进行处理。

① 利用修正值等办法,对测得值进行修正,将已减弱恒值系统误差影响的各数据依次列成表格。

② 求出算术平均值 $\bar{x} = \dfrac{1}{n} \sum\limits_{i=1}^{n} x_i$。

③ 列出残差 $v_i = x_i - \bar{x}$,并验证残差代数和等于零,即 $\sum\limits_{i=1}^{n} v_i = 0$。

④ 列出残差的平方,按贝塞尔公式计算标准差的估计值: $\hat{\sigma} = \sqrt{\dfrac{1}{n-1} \sum\limits_{i=1}^{n} v_i^2}$。

⑤ 判断疏失误差,剔除坏值。按莱特检验法 $|v_i| > 3\hat{\sigma}$ 或格拉布斯检验法 $|v_{max}| > G\hat{\sigma}$ 判断粗大误差,检查和剔除粗大误差。若有粗大误差后,则应逐一剔除,然后重新计算平均值和标准差,再判别,直到无粗大误差为止。

⑥ 剔除坏值后,再重复求剩下数据的算术平均值、剩余误差及标准差,并再次判断,直至不包括坏值为止。

⑦ 判断有无系统误差。如有系统误差,应查明原因,修正或消除系统误差后重新测量。

⑧ 求算术平均值的标准差估计值: $\hat{\sigma}_{\bar{x}} = \hat{\sigma}/\sqrt{n}$。

⑨ 求算术平均值的不确定度: $\lambda = k\hat{\sigma}_{\bar{x}}$,若测量次数较多,如 $n \geqslant 20$,则 $k=3$;如次数较少($n<20$),则 $k=t_\alpha$。

⑩ 给出测量结果的表达式(报告值): $x = \bar{x} \pm k\hat{\sigma}_{\bar{x}}$。

（11）有效数字是指对于其绝对误差不大于末位单位数字一半的数，从它左边第一个不为零的数字起，到右边最后一个数字（包括零）止，都叫做有效数字。数据修约规则是：4 舍 6 入 5 凑偶。有效数字中，除末位外，前面各位数字都应该是准确的，只有末位欠准，但包含的误差不应大于末位单位数字的一半。决定有效数字位数的标准是误差，多写则夸大了测量准确度，少写则带来附加误差。

（12）非等精度测量。

在非等精度测量中，各次测量结果的可靠程度不一样，可按照测量条件的优劣、测量仪器和测量方法所能达到的精度高低、重复测量次数的多少，以及测量者水平高低来确定权的大小。总之，测量精度越高，权就越大。因此权可以表示为

$$W_i = \frac{\lambda}{\hat{\sigma}_i^2} \quad i = 1, 2, \cdots, m$$

加权算术平均值为

$$\bar{x} = \frac{\sum\limits_{j=1}^{m} W_j x_j}{\sum\limits_{j=1}^{m} W_j} = \frac{\sum\limits_{j=1}^{m} \dfrac{x_j}{\hat{\sigma}_j^2}}{\sum\limits_{j=1}^{m} \dfrac{1}{\hat{\sigma}_j^2}}$$

加权算术平均值的标准差为

$$\hat{\sigma}^2(\bar{x}) = \frac{1}{\sum\limits_{i=1}^{m} \dfrac{1}{\hat{\sigma}_i^2}} = \frac{\lambda}{\sum\limits_{i=1}^{m} W_i}$$

思考题

2-1　什么是等精度测量？

2-2　什么是标称值？

2-3　什么是引用误差？

第 2 章思考题答案

2-4　测量误差的来源都有哪些？

2-5　根据误差的性质，测量误差可以分为哪几类？它们各有什么特点？

2-6　通过什么来反映测量结果的好坏？

2-7　判断系统误差有几种方法？减小系统误差有几种措施？

2-8　何谓标准差、平均值标准差、标准差的估计值？

2-9　用图 2-22 中（a）、（b）两种电路测电阻 R_x，若电压表的内阻为 R_V，电流表的内阻为 R_I，求测量值受电表影响产生的绝对误差和相对误差，并讨论所得结果。

2-10　用一内阻为 R_I 的万用表测量如图 2-23 所示电路 A、B 两点间电压，设 $E = 12\text{V}$，$R_1 = 5\text{k}\Omega$，$R_2 = 20\text{k}\Omega$，求：

（1）如 E、R_1、R_2 都是标准的，不接万用表时，A、B 两点间的电压实际值 U_A 为多大？

（2）如果万用表内阻 $R_I = 20\text{k}\Omega$，则电压 U_A 的示值相对误差和实际相对误差各为多大？

（3）如果万用表内阻 $R_I = 1\text{M}\Omega$，则电压 U_A 的示值相对误差和实际相对误差各为多大？

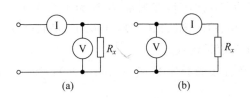

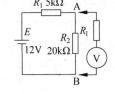

图 2-22 题 2-9 图　　　　　图 2-23 题 2-10 图

2-11 若测量 10V 左右的电压,现有两只电压表,其中一块电压表量程为 150V,0.5 级;另一只电压表量程为 15V,2.5 级。问选哪一只电压表测量更准确?

2-12 检定一只 2.5 级电流表 3mA 量程的满度相对误差。现有下列几只标准电流表,问选用哪只最适合,为什么?

(1) 0.5 级 10mA 量程;(2) 0.2 级 10mA 量程;(3) 0.2 级 15mA 量程;(4) 0.1 级 100mA 量程。

2-13 某单级放大器电压放大倍数的实际值为 100,某次测量时测得值为 95,求测量值的相对误差和分贝误差是多少?

2-14 对某直流稳压电源的输出电压 U_x 进行了 10 次测量,测量结果为 5.003V、5.011V、5.006V、4.998V、5.015V、4.996V、5.009V、5.010V、4.999V、5.007V,求输出电压 U_x 的算术平均值及其标准偏差估值。

2-15 对某恒流源的输出电流进行了 8 次测量,数据为 10.082mA、10.079mA、10.085mA、10.084mA、10.078mA、10.091mA、10.076mA、10.082mA,求恒流源的输出电流的算术平均值、标准偏差估值及平均值标准偏差估值。

2-16 对某电感进行 12 次等精度测量,测得值(单位 mH)为:20.46、20.52、20.50、20.52、20.48、20.47、20.50、20.49、20.47、20.49、20.51、20.51,若要求在 $P=95\%$ 的置信概率下,该电感测量值应在多大置信区间内?

2-17 对某电阻进行了 10 次测量,测得值(单位 kΩ)为:46.98、46.97、46.96、46.96、46.81、46.95、46.92、46.94、46.93、46.91,问以上数据中是否含有粗差数据? 若有粗差数据,请剔除。设以上数据不存在系统误差,在要求置信概率为 99% 的情况下,估计该被测电阻的真值应在什么范围内?

2-18 设对某参数进行测量,测量数据为 1464.3,1461.7,1462.9,1463.4,1464.6,1462.7,试求置信概率为 95% 的情况下,该参量的置信区间。

2-19 对某温度进行多次等精度测量,所得结果如表 2-9 所示(单位:℃),试检查数据中有无异常。

表 2-9 题 2-19 数据表

序号	测得值 x_i	残差 v_i	序号	测得值 x_i	残差 v_i	序号	测得值 x_i	残差 v_i
1	20.42	+0.016	6	20.43	−0.026	11	20.42	+0.016
2	20.43	+0.026	7	20.39	−0.014	12	20.41	+0.006
3	20.40	−0.004	8	20.30	−0.104	13	20.39	−0.014
4	20.43	+0.026	9	20.40	−0.004	14	20.39	−0.014
5	20.42	+0.016	10	20.43	+0.026	15	20.40	−0.004

2-20 对某信号源的输出频率 f_x 进行了 10 次等精度测量,结果为 110.050、110.090、110.090、110.070、110.060、110.050、110.040、110.030、110.035、110.030(kHz),试用马利科夫判据及阿卑-赫梅特判剧判别是否存在变值系统误差。

2-21 判别以下数列中有无粗大误差引起的异常数据(单位:mm):991、996、999、1001、1004、1008、1011、1014、1019、1038。

2-22 通过测电阻上的电压、电流值间接测电阻上消耗的功率,已测出电流为 100mA,电压为 3V,算出功率为 300mW。若要求功率测量的系统误差不大于 5%,随机误差的标准偏差不大于 5mW,问电压和电流的测量误差多大时才能保证上述功率误差的要求。

2-23 按公式 $\rho = \dfrac{R\pi d^2}{4L}$ 测量金属导线的电导率,式中 L 为导线长度(cm),d 为截面直径(cm),R 为被测导线的电阻(Ω)。试说明对哪个参量要求最高?

2-24 通过电桥平衡法测量某电阻,由电桥平衡条件得出 $R_x = \dfrac{R_3 C_4}{C_2}$,已知电容 C_2 的允许误差为 $\pm 5\%$,电容 C_4 的允许误差为 $\pm 2\%$,R_3 为精密电位器,其允许误差为 $\pm 1\%$,试计算 R_x 的相对误差为多少?

2-25 推导当测量值 $x = A^m B^n$ 时的相对误差表达式。设 $\gamma_A = \pm 2.5\%$,$\gamma_B = \pm 1.5\%$,$m = 2$,$n = 3$,求这时的测量值的相对误差值。

2-26 现有两个 10kΩ 电阻,其误差均为 $\pm 5\%$,求两电阻串联和并联后的误差分别是多少?

2-27 已知下列各量值的函数式,求出 y 的合成误差的传递公式。

(1) $y = x_1(x_2 + x_3)$;(2) $y = x_1^2/x_2$;(3) $y = x_1 x_2/x_3$;(4) $y = x_1^l x_2^m \sqrt[n]{x_3}$。

2-28 对某电压进行 3 组非等精度测量,其结果分别为:$\bar{x}_1 = 26.45\text{mV}$,$\sigma_{\bar{x}_1} = 0.05\text{mV}$;$\bar{x}_2 = 26.15\text{mV}$,$\sigma_{\bar{x}_2} = 0.20\text{mV}$;$\bar{x}_3 = 26.60\text{mV}$,$\sigma_{\bar{x}_3} = 0.10\text{mV}$,求各组测量结果的权。

2-29 工作基准米尺在连续三天内与国家基准器比较,得到工作基准米尺的平均长度分别为 999.9425mm(三次测量的),999.9416mm(两次测量的),999.9419mm(五次测量的),求最后测量结果及加权算术平均值的标准差。

2-30 将数据 24.3724、3.175、0.001 235、56 760 进行舍入处理,要求保留 3 位有效数字。

2-31 用一电压表对某一电压精确测量 10 次,单位为伏特,测得数据为 30.47、30.49、30.50、30.60、30.50、30.48、30.49、30.43、30.52、30.45,试写出测量结果的完整表达式。

随身课堂

第 2 章课件

第3章
CHAPTER 3

频率与时间测量技术

学习要点

- 了解时频测量的特点及测量方法；
- 掌握电子计数法测量频率的工作原理以及误差的来源；
- 掌握电子计数法测量周期原理、误差分析及削弱方法；
- 掌握中界频率的确定及应用；
- 掌握电子计数法测量时间间隔原理、误差分析及削弱方法；
- 掌握电子计数法测量上升时间的工作原理；
- 了解通用电子计数器的主要技术指标及功能；
- 了解谐振法、电桥法、频率-电压法、拍频法、差频法及示波法的测量频率原理。

3.1 概述

频率与时间测
量技术概述.mp4

时间与频率是电子技术领域两个重要的基本参量,时间是国际单位制中七个基本物理量之一,频率是时间的导出量,在通信、航空航天、军事、医疗、工农业等领域都存在时频测量。目前,在电子测量中,时间和频率的测量精度是最高的。因此,时间与频率的测量在电子测量领域具有非常重要的地位,人们常把一些非电量或其他电量转换为频率或时间进行测量,以提高测量的准确度。

3.1.1 时频基准

时间的单位是秒(s)。随着科学技术的发展,"秒"的定义曾做过三次重大的修改。

1. 世界时(Universal Time,UT)

最早的时间(频率)标准是由天文观测得到的,以地球自转周期为标准而测定的时间称为世界时(UT)。当地球绕轴自转一周,地球上任何地点的人连续两次看见太阳在天空中同一位置的时间间隔为一个平太阳日。1820年法国科学院正式提出:一个平太阳日的 $1/86\,400$ 为一个平太阳秒,称为世界时的1s。这种直接通过天文观察而测定的时间称为零类世界时(UT_0)。其准确度在 10^{-6} 量级。后来,对地球自转轴微小移动(称极移)效应进行了校正,得到第一类世界时(UT_1)。再把地球自转的季节性、年度性的变化校正后的世界时称为第二类世界时（UT$_2$），其准确度在 3×10^{-8} 量级。

然而地球自转是不均匀的，为了得到更准确的均匀不变的时间标准，国际天文学会定义了地球绕太阳公转为标准的计时系统，称为历书时 ET。并在 1960 国际计量大会上正式定义 1900 年 1 月 1 日 0 时起的回归年长度的 31 556 925.974 7 分之一为 1s，这种秒称为历书时秒，同时规定 86 400 历书时秒为 1 历书日。这是个不变的量，在理论上是一种均匀时标，但观测困难，过程复杂。而且不能立即得到，利用三年中对太阳和月亮的综合观测资料归纳计算才能得到 10^{-9} 的准确度。

2. 原子时（Atomic Time，AT）

为了寻求更加恒定，又能迅速标定的时间标准，人们从宏观世界转向微观世界，利用原子能级跃迁频率作为计时标准。1967 年 10 月，第十三届国际计量大会正式通过了秒的定义："秒是 Cs^{133} 原子基态的两个超精细结构能级 $[F=4,m_F=0]$ 和 $[F=3,m_F=0]$ 之间跃迁频率相应的射线束持续 9 192 631 770 个周期的时间"。以此为标准定出的时间标准为原子时秒。并自 1972 年 1 月 1 日零时起，时间单位秒由天文秒改为原子秒。这样，时间标准改为由频率标准来定义，其标准度可达 $\pm5\times10^{-14}$ 量级，是所有其他物理量标准所远远不能及的。

如今，铯原子钟的精度已达 $10^{-13}\sim10^{-14}$ 量级，甚至更高，相当于数十万年乃至百万年不差 1s。铯原子钟有大铯钟和小铯钟两种，两者的原理相同，大铯钟都是安置于专用实验室的频率基准，小铯钟则可作为良好的频率工作标准。

氢原子钟亦称氢原子激射器。它是从氢原子中选出高能级的原子送入谐振腔，当原子从高能级跃迁到低能级时，辐射出频率准确的电磁波，可用其作为频率标准。氢原子钟的短期稳定度很好，可达 $10^{-14}\sim10^{-15}$ 量级；但由于储存泡壁移效应等影响，其精度只能达到 10^{-12} 量级。

铷原子钟是一种体积小、重量轻、便于携带的原子频标，由于存在老化频移等影响，其精度约为 10^{-11} 量级，只能作为工作标准。

离子储存频标，亦称离子阱频标，该种频标存在的主要问题是储存的离子与残存气体碰撞产生的碰撞频移，以及由于储存的离子数量少而使信噪比较低等。预计离子阱频标的精度可达 $10^{-15}\sim10^{-16}$ 量级，甚至更高。从基本原理和技术方案来看，离子阱频标的确有较大的发展潜力，可能成为未来的时间频率基准。

3. 协调世界时（Coordinated Universal Time，UTC）

世界时和原子时之间互有联系，可以精确运算，但不能彼此取代。原子时只能提供准确的时间间隔，而世界时考虑了时刻和时间间隔。

协调世界时秒是原子时和世界时折中的产物，即用闰秒的方法来对天文时进行修正。这样，国际上可采用协调世界时来发送时间标准，既摆脱了天文定义，又可使准确度提高 4～5 个数量级。现在，各国标准时号发播台所发送的就是世界协调时，其准确度优于 $\pm2\times10^{-11}$ 量级。中国计量科学院、陕西天文台、上海天文台都建立了地方原子时，参加了国际原子时，与全世界 200 多台原子钟联网进行加权平均修正，作为我国时间标准由中央人民广播电台发布。

实际上，高度准确的标准频率和时间信号主要通过无线电波的发射和传播提供给使用部门。按其载波频率可分为超高频、高频、低频和甚低频发播，分别由专用授时发播或导航台、电视台、通信卫星等兼任。

1999 年,人们基于近周期量级飞秒激光脉冲技术提出并实现了用超稳飞秒频率梳测量光频的崭新方法。2002 年以来,由于飞秒光梳的研制成功和迅速推广应用,"光钟"成为国际计量科学发展的一个新热点,它以原子分子在光学波段的跃迁频率($10^{-14} \sim 10^{-15}$)为频率标准。光钟的建立,有望使人类在频率测量与实现方面的水平从 10^{-18} 提高到 10^{-22} 的量级,国际计量局时频委员会已计划在 2020 年用光钟替代原子钟。

至此已明确,时间标准和频率标准具有同一性,可由时间标准导出频率标准,也可由频率标准导出时间标准,通常统称为时频标准。

3.1.2 频率与时间测量的特点

与其他各种物理量测量相比,频率与时间测量具有以下特点:

(1)动态性。在时刻和时间间隔的测量中,时刻始终在变化,无法像标准尺测量长度那样,重复多次测量,上一次和下一次的时间间隔是不同时刻的时间间隔,频率也是如此,因此,在时频的测量中,必须重视信号源和时钟的稳定性及其他一些反映频率和相位随时间变化的技术指标。

(2)测量精度高。在时频的计量中,由于采用了以"原子秒"和"原子时"定义的量子基准,使得频率测量精度远远高于其他物理量的测量精度。对于不同场合的频率测量,测量的精度要求不同,我们可以找到相应的各种等级的时频标准,如石英晶体振荡器结构简单、使用方便,其精度在 10^{-10} 左右,能够满足大多数电子设备的需要,是一种常用的标准频率源;原子频标的精度可达 10^{-14},甚至更高,广泛应用于航天、测控等频率精确度要求较高的领域。

(3)量程范围大。现代科技所涉及的频率范围极其宽广,从 10^{-2} Hz 甚至更低开始,一直到 10^{12} Hz 以上。

(4)测量速度快。时间频率的测量实现了自动化,不但操作简便,而且大大提高了测量速度。

(5)自动化程度高。时间频率测量极易实现数字化,如电子计数器利用数字电路的逻辑功能,很容易实现自动重复测量、自动量程选择以及测量结果的自动显示功能。

(6)应用范围广。时间频率基准最高准确度可达 10^{-14} 数量级且校准比对方便,数字化时间频率测量可达到很高的准确度。因此,电子学和其他领域的研究都离不开频率测量,有许多物理量都是转化为时间频率测量的。特别是时间频率信息的电磁波,轻松获取性能极好的频率标准,改变了传统的量值分级传递方法,极大地扩展了时间频率的比对和测量范围,提高了全球范围内时间频率的同步水平。例如,GPS 卫星导航系统就可以实现全球范围内高准确度的时间频率比对和测量。

(7)便捷性。频率信息的传输和处理比较容易,如通过倍频、分频、混频和扫频等技术,可以对各种不同频段的频率实施灵活方便的测量。

3.1.3 频率与时间测量的方法

对频率测量来讲,不同的测量对象与任务对其测量精确度的要求悬殊。测试方法是否可以简单,所使用的仪器是否可以低廉,完全取决于对测量精确度的要求。例如,在实验室中研究频率对谐振回路、电阻值、电容的损耗角或其他被研究电参量的影响时,能将频率测

到 $\pm 1\times10^{-2}$ 量级的精确度或稍高一点也就足够了；对于广播发射机的频率测量,其精确度应达到 $\pm 1\times10^{-5}$ 量级；对于单边带通信机,则应优于 $\pm 1\times10^{-7}$ 量级；对于各种等级的频率标准,则应在 $\pm 1\times10^{-12}\sim\pm 1\times10^{-8}$ 量级之间。

根据测量原理,测量频率的方法可分为以下几种,如图 3-1 所示。

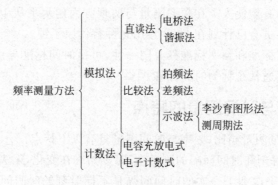

图 3-1　测量频率的方法

1. 直读法

直读法是指直接利用电路的某种频率响应特性来测量频率的方法,又称为无源测频法或频响法。常常通过数学模型先求出频率表达式,然后利用频率与其他已知参数的关系测量频率。电桥法和谐振法是这类测量方法的典型代表。

电桥法是利用电桥的平衡条件和频率有关的特性来进行频率测量,这种方法常用于低频频段的测量。

谐振法用 LC 谐振回路调节电容,使其谐振频率与被测信号频率相同时,回路电流最大,通过电表指示其频率值。这种方法多用于高频频段的测量。

2. 比较法

比较法是将被测频率信号与已知频率信号相比较,通过观、听比较结果,获得被测信号的频率。有拍频法、差频法、示波法等。这种方法的测量精度较高,主要与标准参考频率及判断两者关系所能达到的精确度有关。

拍频法是将被测信号与标准信号经线性元件(如耳机、电压表)直接进行叠加而实现频率测量。

差频法是利用非线性器件和标准信号对被测信号进行差频变换来实现频率测量。这种方法可测量高达 3000MHz 的微弱信号的频率,测频精确度为 10^{-6} 左右。

示波法是在示波器上根据李沙育图形或信号波形的周期个数进行测频。这种方法的测量频率范围从音频到高频信号皆可。

3. 计数法

计数法有电容充放电式和电子计数式两种。

电容充放电式利用电子电路控制电容器充、放电的次数,再用磁电式仪表测量充、放电电流的大小,从而指示出被测信号的频率值。

电子计数式是根据频率的定义进行测量的一种方法,它用电子计数器显示单位时间内通过被测信号的周期个数来实现频率的测量。这种方法测量精确度高、快速,适合不同频率、不同精确度测频的需要,是目前最常用的一种方法。

3.2　电子计数法测量频率

电子计数法
测量频率.mp4

3.2.1　测频基本原理

频率就是指周期性信号在单位时间内重复出现的次数。若在一定时间间隔 T 内计得这个周期性信号的重复次数 N，则其频率可表达为

$$f_x = \frac{N}{T} \tag{3-1}$$

根据式(3-1)，如果采用常规计数器对一定的时间间隔内的信号周期个数进行计数，将计数值除以时间间隔就能得到信号的频率。可采用数字逻辑电路中的门电路(如与门)来实现，如图 3-2 所示。在与门 A 端加入被测信号被整形后的脉冲序列 f_x，在 B 端加入宽度为 T 的方波脉冲，作为门控信号(常称闸门信号)。开始测频时，先将计数器置零，则 C 端仅能在 T 期间有被测脉冲出现，然后送至计数器计数，设计数值为 N。由图 3-2 中与门 C 端可以直接得出 $NT_x = T$，因此，$f_x = N/T$，通常取 $T = 10^n (n = 0, \pm 1, \pm 2 \cdots)$，则 $f_x = 10^{-n} N (n = 0, \pm 1, \pm 2 \cdots)$。该方法可简述为"定时计数"，其实质属于比较法测频，比较的时间基准是闸门信号 T。

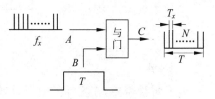

图 3-2　测频的原理示意图

3.2.2　测频结构组成

如图 3-3 所示为电子计数法测量频率的结构组成框图及波形图。它主要由 4 部分组成。

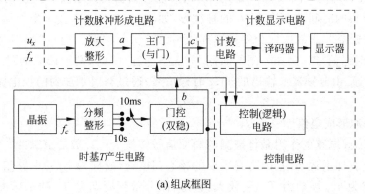

(a) 组成框图

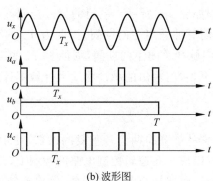

(b) 波形图

图 3-3　测频结构组成框图及波形图

1. 时基 T 产生电路

时基 T 产生电路的作用就是提供准确的闸门时间 T。它一般由高稳定度的石英晶体振荡器、分频整形电路与门控（双稳）电路组成。晶体振荡器输出频率为 f_c（周期为 T_c）的正弦信号，经 m 次分频，整形得到周期为 $T = mT_c$ 的窄脉冲，以此窄脉冲触发一个双稳（即门控）电路，从门控电路输出端即得所需要的宽度为基准时间 T 的脉冲，它又称为闸门脉冲，波形如图 3-4 所示。

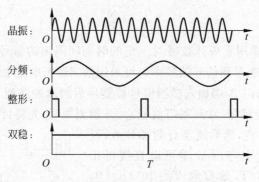

图 3-4　闸门时间 T 产生电路波形

为了测量需要，在实际的电子计数式频率计中，时间基准选择开关分若干挡位。因此时基电路具有以下两个特点。

（1）标准性。闸门时间准确度应比被测频率高一个数量级以上，故晶振频率稳定度通常要达 $10^{-6} \sim 10^{-10}$。

（2）多值性。闸门时间 T 不一定为 1s，用户能够根据测频精度和速度的不同要求自由选择，分频后所得的时间基准均为 10 的幂次方，如 10ms、0.1s、1s、10s 等。图 3-5 为接近实用的频率计组成框图，虚线内即为多种选择的闸门时间 T 电路。通过"闸门时间"选择开关 S，选出需要的时标信号。例如，"闸门时间"开关 S 置于 1s 时，则 +12V 通过开关 S 加到与门 4，与门 4 开通，由分频器 6 输出的 1Hz 时标信号，通过与门 4 加到门控电路，形成 $T = 1s$ 的门控信号。

2. 计数脉冲形成电路

计数脉冲形成电路的作用是将被测的周期信号转换为可计数的窄脉冲。它一般由放大整形电路和主门（如上述与门，因为是主要的核心门电路，故称为主门）电路组成。被测输入周期信号（频率为 f_x，周期为 T_x）经放大、整形、微分得到周期为 T_x 的窄脉冲，送到主门的一个输入端，其波形变换过程如图 3-6 所示。主门的另一控制端输入的是时基 T 产生电路产生的闸门脉冲。只有在闸门脉冲开启主门期间，周期为 T_x 的窄脉冲才能经过主门，在主门的输出端产生输出；在闸门脉冲关闭主门期间，周期为 T_x 的窄脉冲不能在主门的输出端产生输出。在闸门脉冲控制下，主门输出的脉冲将输入计数器计数，所以将主门输出的脉冲称为计数脉冲。

3. 计数显示电路

计数显示电路的作用是累计被测周期信号重复的次数，显示被测信号的频率。它一般由计数电路、译码器和显示器组成。在逻辑控制电路的控制下，计数器对主门输出的计数脉冲进行二进制计数，其输出经译码器转换为十进制数，输出到数码管或显示器件进行显示。

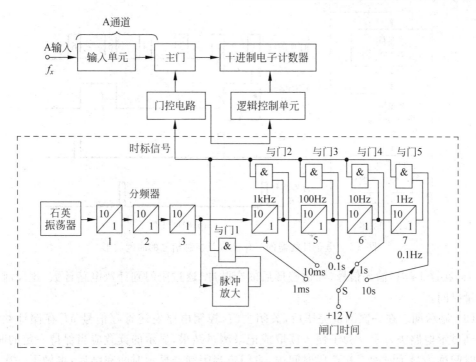

图 3-5 频率计组成方框图

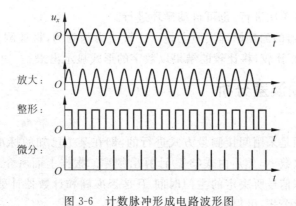

图 3-6 计数脉冲形成电路波形图

因为时基 T 都是 10 的整数次幂倍秒,所以显示出的十进制数就是被测信号的频率,其单位可能是 Hz、kHz 或 MHz。

4. 控制电路

控制电路的作用是产生各种控制信号,去控制各电路单元的工作,使整机按一定的工作程序完成自动测量的任务。在控制逻辑电路的控制下,按照"复零—测量—显示"的时序进行工作,其流程图和控制信号的时间波形图如图 3-7 所示。

(1) 准备期。在开始进行一次测量之前,应当发出复零信号 R,使各计数电路回到原始状态(计数值和门控触发器清零,主门关闭)。同时,撤掉对门控触发器的闭锁信号(解锁),门控双稳态处于等待状态,等待下一个频标信号的触发,准备开启主门。

(2) 测量期。通过频标信号选择开关,从时基电路选取 1Hz 的频标信号作为开门控制信号。门控触发器双稳态在 1Hz 频标信号的触发下产生宽度为 1s 的脉冲 G,使主门准确地

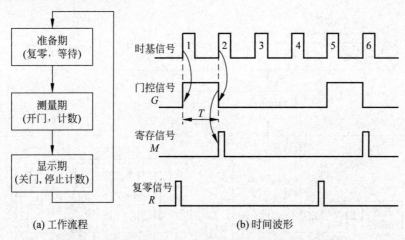

图 3-7　电子计数器的工作流程及控制信号的时间波形

开启 1s,在这 1s 内,输入信号(经过整形后的窄脉冲)通过主门到计数电路计数,这段时间称为测量时间。

(3) 显示期。在一次测量完毕后,关闭主门,控制电路发送寄存信号 M,存储计数结果并送到显示电路去显示。为了便于读取或记录测量结果,显示的读数应当保持一定的时间,这段时间称为显示时间。在这段时间内,主门应当闭锁。显示时间完结后,再做下一次测量的准备工作。

上述测量过程可单次进行,也可自动循环进行。

总之,电子计数器的测频原理实质上是以比较法为基础的,将被测信号频率 f_x 和已知的时基信号频率 f_c 相比较,将比较的结果以数字的形式显示出来。

3.2.3　测频误差分析

1. 误差的来源

电子计数法测频是采用间接测量方式进行的,即在某个已知的标准时间间隔 T 内,测出被测信号重复的次数 N,然后由式(3-1)计算出频率。根据上面所介绍的测频的原理,其测量误差取决于时基信号所决定的主门时间 T 是否准确和计数器计数脉冲 N 是否准确。根据测量误差的合成公式,可得到

$$\mathrm{d}f_x = \frac{\mathrm{d}N}{T} - \frac{N}{T^2}\mathrm{d}T$$

或

$$\frac{\mathrm{d}f_x}{f_x} = \frac{\mathrm{d}N}{N} - \frac{\mathrm{d}T}{T} \tag{3-2}$$

考虑相对误差定义中使用的是增量符号 Δ,所以用增量符号代替式(3-2)中微分符号,改写为

$$\frac{\Delta f_x}{f_x} = \frac{\Delta N}{N} - \frac{\Delta T}{T} \tag{3-3}$$

可见,电子计数法测频的相对误差由两部分组成。一是计数的相对误差 $\Delta N/N$,也叫量化误差,这是数字化仪器所特有的误差;二是闸门时间的相对误差 $\Delta T/T$,这项误差决定于石英晶体振荡器所提供的标准频率的准确度。按最坏结果考虑,频率测量的误差应是两种误差之和,即

$$\frac{\Delta f_x}{f_x} = \pm \left(\left| \frac{\Delta N}{N} \right| + \left| \frac{\Delta T}{T} \right| \right) \tag{3-4}$$

2. 量化误差

利用电子计数器测量频率,测量的实质是在已知的时间 T 内累计脉冲个数,这是一个量化过程。这种计数只能对整数个脉冲进行计数,不可能测出半个脉冲。同时闸门时基 T 开启时刻与计数脉冲到来时刻是不同步的、随机的。因此,即使在相同的闸门开启时间 T 内,计数器对同样的脉冲串计数时,所得的计数值可能不同。

例如,某一确定的闸门时间 T 等于 7.4 个计数脉冲周期,对编号 1~8 脉冲串进行计数,由于计数器只能对整数个脉冲进行计数,则实际测量结果可能为 7,也可能为 8,如图 3-8 所示。在图 3-8(a)中,闸门在编号为 1 的脉冲到来时刻同时开启,读数为 8,相对于真值多了 0.6,即把尾数凑成了整数。而在图 3-8(b)中,闸门在编号为 1 的脉冲通过后开启,则读数为 7,相对于真值 7.4 舍去了 0.4。

再如,闸门时间 T 等于 7 个计数脉冲周期,对编号 1~8 的脉冲串进行计数,如图 3-9 所示。在图 3-9(a)中,计数值为 7,不存在误差;在图 3-9(b)中,闸门在编号为 1 的脉冲到来时刻之后开启,在编号为 8 的脉冲到来之前关闭,则读数为 6,引起 −1 的误差;在图 3-9(c)中,闸门在编号为 1 的脉冲到来之前开启,在编号为 8 的脉冲到来之后关闭,则读数为 8,引起 +1 的误差。

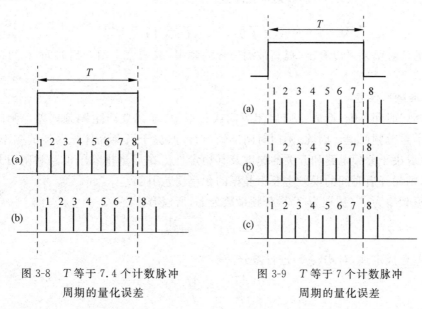

图 3-8 T 等于 7.4 个计数脉冲　　　图 3-9 T 等于 7 个计数脉冲
周期的量化误差　　　　　　　周期的量化误差

由上可见,量化误差的极限范围是 ±1 个字,无论计数值是多少,量化误差的最大值都是 ±1 个字,也就是说,量化误差的绝对误差 $\Delta N \leqslant \pm 1$,所以有时又把这种误差称为"±1 个字误差",简称"±1 误差"。

量化误差的相对值为

$$\frac{\Delta N}{N} = \pm \frac{1}{N} = \pm \frac{1}{f_x T} \tag{3-5}$$

式中,f_x 为被测信号的频率,T 为选定的主门开启时间。

由式(3-5)可以看出：被测值的读数 N 不同时,对量化误差的影响是不同的,增大 N 能够减小量化误差。也就是说,当被测信号频率一定时,主门开启时间越长,量化相对误差就越小;当主门开启时间一定时,提高被测信号的频率,也可减小量化误差的影响。

【例 3-1】 被测信号的频率 $f_{x1}=100\text{Hz}$、$f_{x2}=1000\text{Hz}$,闸门时间分别设定为 1s、10s,试分别计算量化误差。

解: ① 若 $f_{x1}=100\text{Hz}$、$T=1\text{s}$,则量化误差的相对值为

$$\frac{\Delta N}{N}=\pm\frac{1}{N}=\pm\frac{1}{f_x T}=\pm\frac{1}{100\times 1}=\pm 1\%$$

② 若 $f_{x2}=1000\text{Hz}$、$T=1\text{s}$,则量化误差的相对值为

$$\frac{\Delta N}{N}=\pm\frac{1}{N}=\pm\frac{1}{f_x T}=\pm\frac{1}{1000\times 1}=\pm 0.1\%$$

由①、②的计算结果可以看出,同样的闸门时间内,频率越高,测量越准确。

③ 若 $f_{x1}=100\text{Hz}$、$T=10\text{s}$,则量化误差的相对值为

$$\frac{\Delta N}{N}=\pm\frac{1}{N}=\pm\frac{1}{f_x T}=\pm\frac{1}{100\times 10}=\pm 0.1\%$$

由①、③的计算结果可以看出,输入同样的频率,选取的闸门时间越长,测量结果的量化误差越小。

④ 若 $f_{x2}=1000\text{Hz}$、$T=10\text{s}$,则量化误差的相对值为

$$\frac{\Delta N}{N}=\pm\frac{1}{N}=\pm\frac{1}{f_x T}=\pm\frac{1}{1000\times 10}=\pm 0.01\%$$

由④的计算结果可以看出,提高被测信号的频率,或增大主门开启时间,都可降低量化误差的影响。

3. 标准频率误差

如果闸门时间不准,造成主门启闭时间或长或短,显然要产生测频误差。闸门信号 T 是由晶振信号分频而得。因此,闸门时间准确与否,取决于石英晶体振荡器的频率稳定度、准确度,也取决于分频电路和开关的速度及其稳定性。在尽量排除了电路和闸门开关速度的影响后,闸门开启时间的误差主要由晶振的频率误差引起。

设晶振频率为 f_c(周期为 T_c),分频系数为 m,所以有

$$T=mT_c=m\frac{1}{f_c} \tag{3-6}$$

由误差合成定理,对式(3-6)进行微分,得

$$\frac{\mathrm{d}T}{T}=-\frac{\mathrm{d}f_c}{f_c} \tag{3-7}$$

考虑相对误差定义中使用的是增量符号 Δ,所以用增量符号代替式(3-7)中微分符号,改写为

$$\frac{\Delta T}{T}=-\frac{\Delta f_c}{f_c} \tag{3-8}$$

式(3-8)表明:闸门时间相对误差在数值上等于晶振频率的相对误差。由于它测量的频率比较标准,故称为标准频率误差或时基误差。通常,对标准频率准确度 $\frac{\Delta f_c}{f_c}$ 的要求是根据所要求的测频准确度提出的,例如,当测量方案的最小计数单位为 1Hz,而 $f_x=10^6\text{Hz}$,在

$T=1$s 时的测量准确度为 $\pm 1 \times 10^{-6}$（只考虑 ± 1 误差）。为了使标准频率误差不对测量结果产生影响，石英晶体振荡器的输出频率准确度 $\dfrac{\Delta f_c}{f_c}$ 应优于 1×10^{-7}，即比 ± 1 误差引起的测频误差少一个数量级。

4. 结论

综上所述，可得如下结论。

电子计数法测频的误差主要有两项，即 ± 1 误差和标准频率误差。一般总误差可通过分项误差绝对值合成，即

$$\frac{\Delta f_c}{f_c} = \pm \left(\frac{1}{f_x T} + \left| \frac{\Delta f_c}{f_c} \right| \right) \tag{3-9}$$

可把式(3-9)画成如图 3-10 所示的误差曲线，即 $\dfrac{\Delta f_x}{f_x}$ 与 T、f_x 及 $\dfrac{\Delta f_c}{f_c}$ 的关系曲线。从图可见，在 f_x 一定时，闸门时间 T 选得越长，测量准确度越高。而当 T 选定后，f_x 越高，则 ± 1 误差对测量结果的影响越小，测量准确度越高。但是，随着 ± 1 误差影响的减小，标准频率误差 $\dfrac{\Delta f_c}{f_c}$ 将对测量结果产生影响，并以 $|\Delta f_c / f_c|$（图中为 5×10^{-9}）为极限，即测量准确度不可能优于 5×10^{-9}。

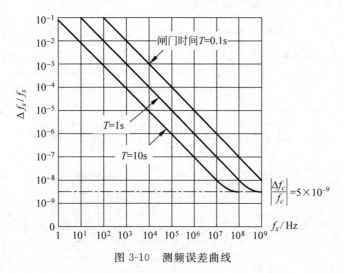

图 3-10　测频误差曲线

总之，要提高频率测量的准确度，应采取如下措施：提高晶振频率的准确度和稳定度以减小闸门时间误差；扩大闸门时间 T 或倍频被测信号频率 f_x 以减小 ± 1 误差。

例如，一台可显示 8 位数的计数式频率计，取单位为 kHz。设 $f_x=10$MHz，当选择闸门时间 $T=1$s 时，显示值为 10 000.000kHz；当选 $T=0.1$s 时，显示值为 010 000.00kHz；当选闸门时间 $T=10$ms 时，显示值为 0 010 000.0kHz。由此可见，选择 T 大一些，数据的有效位数将会增多，同时量化误差也会变小，因而测量准确度也会变高。但是，在实际测频时，闸门时间并非越长越好，它也是有限度的。本例如果选 $T=10$s，则仪器显示为 0 000.000 0kHz，把最高位丢了，造成虚假现象，当然也就说不上测量准确了。本例显示错误是由于实际的仪器显示的数字都是有限的，由于产生了溢出所造成。所以选择闸门时间的原则是：在不使计数器产生溢出现象的前提下，应取闸门时间尽量大一些，以减少量化误差的影响，使测量的

准确度最高。

测量低频时,由±1 误差产生的测频误差很大。例如 $f_x=10\text{Hz}$,$T=1\text{s}$ 时,则由±1 误差引起的测频误差可达 10%,所以,测量低频时不宜采用直接测频方法。

3.3 电子计数法测量周期

周期是频率的倒数,既然电子计数法能测量信号的频率,自然也能测量信号的周期(简称"测周")。两者在原理上有相似之处,但又有所不同,下面进行具体的讨论。

3.3.1 测周基本原理

图 3-11 为应用电子计数法测量信号周期的原理框图,同样由计数脉冲形成电路、时基 T 产生电路、计数显示电路和控制电路组成。与图 3-3(a)对照,可以看出,它是将图 3-3(a)中晶振标准频率信号和输入被测信号的位置对调而构成的。当输入信号为正弦波时,图中各点波形如图 3-12 所示。可以看出,被测信号经放大整形后,形成控制闸门脉冲信号,其宽度等于被测信号的周期 T_x。晶体振荡器的输出或经倍频后得到频率为 f_c 的标准信号,其周期为 T_c。加于主门输入端,在闸门时间 T_x 内,标准频率脉冲信号通过闸门形成计数脉冲,送至计数器计数,经译码显示计数值 N。

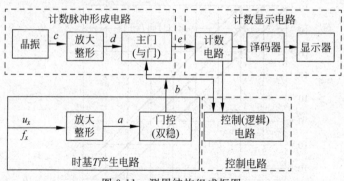

图 3-11　测周结构组成框图

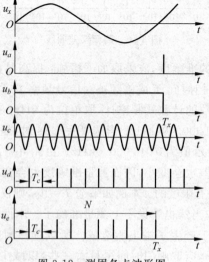

图 3-12　测周各点波形图

由如图 3-12 所示的波形图可得

$$T_x = NT_c = \frac{N}{f_c} \qquad (3\text{-}10)$$

当 T_c 一定时,计数结果可直接表示为 T_x 值。例如,$T_c = 1\mu s$,$N = 562$ 时,$T_x = 562\mu s$;$T_c = 0.1\mu s$,$N = 26\,250$ 时,$T_x = 2625.0\mu s$。在实际电子计数器中,根据需要,T_c 可以有几种数值,用有若干挡位的开关实施转换,显示器能自动显示时间单位和小数点,使用起来非常方便。

3.3.2 测周误差分析

1. 量化误差和基准频率误差

与分析电子计数法测频时的误差类似,根据误差传递公式,对式(3-10)进行微分,得

$$\mathrm{d}T_x = T_c\mathrm{d}N + N\mathrm{d}T_c$$

对上式两端同除 T_x,得

$$\frac{\mathrm{d}T_x}{T_x} = \frac{\mathrm{d}N}{N} + \frac{\mathrm{d}T_c}{T_c} \qquad (3\text{-}11)$$

用增量符号代替式(3-11)中的微分符号,得

$$\frac{\Delta T_x}{T_x} = \frac{\Delta N}{N} + \frac{\Delta T_c}{T_c} \qquad (3\text{-}12)$$

因 $T_c = 1/f_c$,T_c 上升时,f_c 下降,故有

$$\frac{\Delta T_c}{T_c} = -\frac{\Delta f_c}{f_c}$$

ΔN 为计数误差,在极限情况下,量化误差 $\Delta N = \pm 1$,所以

$$\frac{\Delta N}{N} = \pm\frac{1}{N} = \pm\frac{T_c}{NT_c} = \pm\frac{T_c}{T_x} = \pm\frac{1}{f_c T_x} \qquad (3\text{-}13)$$

由于晶振频率误差 $\Delta f_c/f_c$ 的符号可能为正也可能为负,考虑最坏情况,因此应用式(3-12)计算周期误差时,取绝对值相加,所以式(3-12)改写为

$$\frac{\Delta T_x}{T_x} = \pm\left(\left|\frac{\Delta f_c}{f_c}\right| + \frac{1}{N}\right) = \pm\left(\left|\frac{\Delta f_c}{f_c}\right| + \frac{T_c}{T_x}\right) \qquad (3\text{-}14)$$

由式(3-13)可见,测周期时的误差表达式与测频率的表达式形式相似,但应注意符号的角标不同。很明显,T_x 愈大(即被测频率愈低),± 1 误差对测周精确度的影响愈小;基准频率 f_c 愈高(或将晶振频率倍频),测周期的误差愈小。

电子计数法测周期时的误差曲线如图 3-13 所示。图中有 3 条曲线,其中 $10T_x$ 和 $100T_x$ 两条曲线是采用 10 倍和 100 倍周期测量时的误差曲线。

例如,某计数式频率计 $|\Delta f_c|/f_c = 2 \times 10^{-7}$,在测量周期时,取 $T_c = 1\mu s$,则当被测信号 $T_x = 1\mathrm{s}$ 时,被测周期误差为

$$\frac{\Delta T_x}{T_x} = \pm\left(\left|\frac{\Delta f_c}{f_c}\right| + \frac{T_c}{T_x}\right) = \pm\left(2 \times 10^{-7} + \frac{1}{10^6}\right) = \pm 1.2 \times 10^{-6}$$

其测量精确度很高,接近晶振频率准确度。当 $T_x = 1\mathrm{ms}(f_x = 1000\mathrm{Hz})$ 时,测量误差为

$$\frac{\Delta T_x}{T_x} = \pm\left(2 \times 10^{-7} + \frac{10^{-6}}{10^{-3}}\right) \approx \pm 0.1\%$$

当 $T_x = 10\mu s$(即 $f_x = 100\mathrm{kHz}$)时

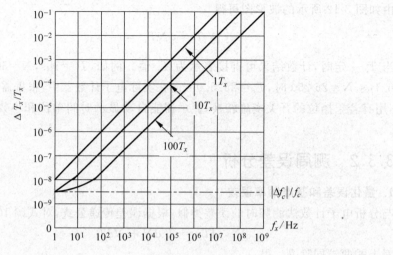

图 3-13　测周误差曲线

$$\frac{\Delta T_x}{T_x} = \pm \left(2 \times 10^{-7} + \frac{1}{10} \right) \approx \pm 10\%$$

由上例可以看出,计数器测量周期时,其测量误差主要决定于量化误差,被测周期越大(f_x 越小)时,误差越小,被测周期越小(f_x 大)时,误差越大。

在通用电子仪器中,测量频率和测量周期的原理及其误差的表达式都是相似的,但是从信号的流通路径来看,则完全不同。测量频率时,标准时间由内部基准即晶振振荡器产生。一般选用高精确度的晶振,采取抗干扰措施以及稳定触发器的触发电平,这样使标准时间的误差小到可以忽略。测频误差主要取决于量化误差(即 ±1 误差)。

在测量周期时,信号的流通路径和测频时完全相反,这时内部的基准信号在闸门时间信号的控制下通过主门,进入计数器。闸门时间信号则由被测信号经整形产生,它的宽度不仅取决于被测信号周期 T_x,还与被测信号的幅度、波形陡直程度以及叠加噪声情况等有关,而这些因素在测量过程中是无法预先知道的,因此测量周期的误差因素比测量频率时要多,下面进行详细分析。

2. 触发误差

在测量周期时,因为门控信号是由被测信号产生的,即通过施密特电路把被测信号变成方波,并触发门控电路产生控制主门开启的门控信号。当无噪声干扰时,主门开启时间刚好等于一个被测周期 T_x;当被测信号受干扰时,图 3-14(a)给出了一种简单的情况,即干扰为一尖峰脉冲 U_n,U_B 为施密特电路触发电平。可见,施密特电路将提前在 A_1' 点触发,于是产生 ΔT_1 的误差,称为"触发误差"(或转换误差)。近似分析时,可利用图 3-14(b)来计算 ΔT_1,图中直线 ab 为 A_1 点的正弦波切线,即接通电平处正弦曲线的斜率为

$$\tan\alpha = \frac{\mathrm{d}u_x}{\mathrm{d}t}\bigg|_{u_x=U_B}$$

从图 3-14(b)可得

$$\Delta T_1 = \frac{U_n}{\tan\alpha} \tag{3-15}$$

式中,U_n 为干扰或噪声幅度。

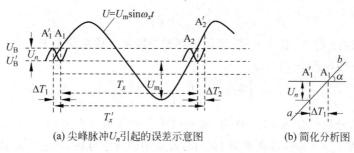

(a) 尖峰脉冲U_n引起的误差示意图 　　(b) 简化分析图

图 3-14　触发误差分析示意图

设被测信号为正弦波 $u_x = U_m \sin\omega_x t$

$$\tan\alpha = \frac{\mathrm{d}u_x}{\mathrm{d}t}\bigg|_{u_x = U_B} = \omega_x U_m \cos\omega_x t_B$$

$$= \frac{2\pi}{T_x}U_m \sqrt{1 - \sin^2\omega_x t_B} = \frac{2\pi U_m}{T_x}\sqrt{1 - \left(\frac{U_B}{U_m}\right)^2} \tag{3-16}$$

将式(3-16)代入式(3-15),实际上,$U_B \ll U_m$,得

$$\Delta T_1 = \frac{T_x}{2\pi} \times \frac{U_n}{U_m}$$

式中,U_m 为信号幅值。

同样地,在正弦信号下一个上升沿(图中 A_2 点附近)也可能存在干扰,即也可能使触发时间延迟 ΔT_2。

$$\Delta T_2 = \frac{T_x}{2\pi} \times \frac{U_n}{U_m}$$

由于干扰或噪声都是随机的,所以 ΔT_1 和 ΔT_2 都属于随机误差,可按

$$\Delta T_n = \sqrt{(\Delta T_1)^2 + (\Delta T_2)^2}$$

来合成,于是可得

$$\frac{\Delta T_n}{T_x} = \frac{\sqrt{(\Delta T_1)^2 + (\Delta T_2)^2}}{T_x} = \pm \frac{1}{\sqrt{2}\pi} \times \frac{U_n}{U_m} \tag{3-17}$$

式(3-17)表明:测量周期时的触发误差与信噪比成反比,信号幅度 U_m 大时,引起的触发误差小。

触发误差还应与触发器的触发灵敏度有关,若触发器的触发灵敏度高,一个小的噪声扰动就可以使触发器翻转,所以在相同的其他条件下,触发器触发灵敏度高,则引起的触发误差大。

3. 多周期测量

为了减小测量误差,可以减小 T_c(提高 f_c),但这要受到实际计数器计数速度的限制。在条件许可的情况下,应尽量提高 f_c。另一种方法是将 T_x 扩大 k 倍,形成的闸门时间宽度 kT_x,以它控制主门开启,实施计数。计数器的计数结果为

$$N = \frac{kT_x}{T_c} \tag{3-18}$$

由于 $\Delta N = \pm 1$,结合式(3-18)有

$$\frac{\Delta N}{N} = \pm \frac{T_c}{kT_x} \qquad (3\text{-}19)$$

式(3-19)表明：将 T_x 扩大 k 倍，可使量化误差降低为原来的 $1/k$。

将式(3-19)代入式(3-14)，得

$$\frac{\Delta T_x}{T_x} = \pm \left(\left| \frac{\Delta f_c}{f_c} \right| + \frac{T_c}{kT_x} \right) = \pm \left(\left| \frac{\Delta f_c}{f_c} \right| + \frac{1}{kT_xf_c} \right) \qquad (3\text{-}20)$$

扩大待测信号的周期为 kT_x，称为"周期倍乘"，通常取 $k = 10^i (i = 0,1,2,\cdots)$。例如上例被测信号周期 $T_x = 10\mu s$，即频率为 $10^5 Hz$，若采用四级十分频，将它分频成 $10Hz$（周期为 $10^5 \mu s$），即周期倍乘 $k = 10\,000$，则这时测量周期的相对误差为

$$\frac{\Delta T_x}{T_x} = \pm \left(2 \times 10^{-7} + \frac{10^{-6}}{10\,000 \times 10 \times 10^{-6}} \right) \approx \pm 10^{-5}$$

由此可见，经"周期倍乘"再进行周期测量，其测量精确度大为提高。

进一步分析可知，多周期测量除可以减小±1误差外，还可以减小触发误差。如图 3-15 所示，取周期倍乘系数为 10，即测 10 个周期。从图可见，两相邻周期由于触发误差所产生的 ΔT 是互相抵消的，例如，第一个周期 T_{1x} 终了，干扰 U_n 使 T_{1x} 减小 ΔT_2，则第二个周期却由于 U_n 使 T_{2x} 增加 ΔT_2。所以，当测 10 个周期时，只有第一个周期开始产生的触发误差 ΔT_1 和第 10 个周期终了产生的 ΔT_2 才会产生测周误差。这样，10 个周期引起的总误差与测一个周期产生的误差一样。除 10 后，得到一个周期的误差为 $\sqrt{(\Delta T_1)^2 + (\Delta T_2)^2}/10$，可见减小为原来的 1/10。

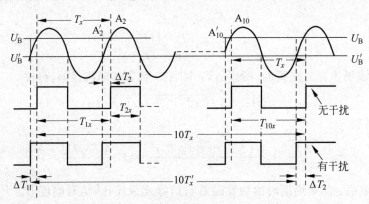

图 3-15　多周期测量可减小触发误差

因此，在多周期测量模式下，对测量误差表达式要进行修正，令周期倍乘系数为 $k = 10^n$，则测量周期总误差公式为

$$\frac{\Delta T_x}{T_x} = \pm \left(\frac{1}{kT_xf_c} + \left| \frac{\Delta f_c}{f_c} \right| + \frac{1}{k\sqrt{2}\pi} \times \frac{U_n}{U_m} \right) \qquad (3\text{-}21)$$

4. 结论

综上所述，用计数器直接测量周期的误差主要有 3 项，即量化误差、标准频率误差及触发误差。可以采取如下措施提高测量的准确度：

(1) 减小 T_c（增大 f_c），即提高标准频率，可以提高测周分辨率，但受到实际计数器计数速度及仪器显示位数的限制。

（2）把 T_x 扩大 k 倍,即采用多周期测量可提高测量准确度。

（3）测量过程中,尽可能提高信噪比 U_m/U_n。

3.3.3　中界频率

电子计数器的量化误差是主要的测量误差。在测频方式下,如果闸门开启时间一定,则被测信号频率越高,量化误差越小。在测周方式下,如果计数脉冲一定,则被测信号频率越低,量化误差越小。对于某一被测频率来说,可采用测频方式,也可采用测周方式,那么从获得最小的量化误差来考虑,哪种更合适呢?

下面对两者的±1 误差进行比较。设有某一台计数器,采用闸门开启时间 T 的测频方式和采用时钟脉冲频率 f_c（周期为 t_c）的测周方式,由前面的分析可知,测频的量化误差为式（3-5）,测周的量化误差为式（3-13）,根据这两式绘出不同 f_c 的测频和不同 T 的测周的量化误差的曲线,如图 3-16 所示。

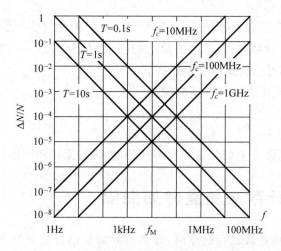

图 3-16　测频量化误差与测周量化误差曲线

由图 3-16 可见,当被测信号频率很高时,测频具有较小的量化误差,而测周具有较大的量化误差。如果降低被测信号频率,则测频的量化误差上升,测周的量化误差下降。两者量化误差相等时,即测频和测周两条量化误差曲线交点处的被测信号频率称为中界频率 f_M。也就是说,某信号使用测频法和测周期法测量频率,两者引起的误差相等,则该信号的频率定义为中界频率,记为 f_M。

忽略周期测量时的触发误差,根据以上所述中界频率的定义,考虑 $\Delta T_x/T_x = -\Delta f_x/f_x$ 的关系,令式（3-9）与式（3-14）取绝对值相等,即

$$\left|\frac{\Delta f_c}{f_c}\right| + \frac{T_c}{T_x} = \frac{1}{f_x T} + \left|\frac{\Delta f_c}{f_c}\right| \tag{3-22}$$

令式（3-22）中的 f_x 定义为中界频率 f_M,将 T_x 换为 T_M,再写为 $1/f_M$,将 T_c 写为 $1/f_c$,则式（3-22）可写为

$$\frac{f_M}{f_c} = \frac{1}{f_M T} \tag{3-23}$$

由式（3-23）解得中界频率为

$$f_M = \sqrt{\frac{f_c}{T}} \tag{3-24}$$

若进行频率测量时,以扩大闸门时间 n 倍(标准信号周期 T_c 扩大 n 倍)来提高频率测量精度,则式(3-9)变为

$$\frac{\Delta f_x}{f_x} = \pm\left(\frac{1}{nf_xT} + \left|\frac{\Delta f_c}{f_c}\right|\right) \tag{3-25}$$

若进行周期测量时,以扩大闸门时间 k 倍(扩大待测信号周期 k 倍)提高周期测量精确度,这时式(3-14)变为

$$\frac{\Delta T_x}{T_x} = \pm\left(\frac{T_c}{kT_x} + \left|\frac{\Delta f_c}{f_c}\right|\right) \tag{3-26}$$

按照式(3-24)的推导过程,可得中界频率更一般的定义式,即

$$f_M = \sqrt{\frac{kf_c}{nT}} \tag{3-27}$$

式中,T 为直接测频时选用的闸门时间。若 $k=1$,$n=1$,则式(3-27)就为式(3-24)。

【例 3-2】 某电子计数器,若可取的最大的 T、f_c 值分别为 1s、100MHz,并取 $k=10^4$,$n=10^4$,试确定该仪器可以选择的中界频率 f_M。

解: 将题目中的条件代入式(3-27),得

$$f_M = \sqrt{\frac{kf_c}{nT}} = \sqrt{\frac{10^4 \times 10^8}{10^4 \times 1}} = 10\text{kHz}$$

因此,用该仪器测量低于 10kHz 的信号频率时,最好采用测周期的方法。

3.4 电子计数法测量时间间隔

在对信号波形时域参数进行测量时,经常需要测量信号波形的上升沿时间、下降沿时间、脉冲宽度、波形起伏波动的时间区间以及人们所感兴趣的波形中两点之间的时间间隔等。上述测量都可归纳为时间间隔的测量。时间间隔的测量与周期测量的原理一样,其基本逻辑类似。

3.4.1 时间间隔测量原理

电子计数法测量时间间隔的原理如图 3-17 所示。它有两个独立的输入通道,即 A 通道与 B 通道。一个通道产生打开时间闸门的开门脉冲,另一个通道产生关闭时间闸门的关门脉冲。对两个通道的触发斜率开关和触发电平作不同的选择和调节,就可测量一个波形中任意两点间的时间间隔。每个通道都有一个倍乘器或衰减器、触发电平调节和触发斜率选择的门电路。倍乘器或衰减器将被测信号调节到触发电平允许的范围,触发器用来将输入信号和触发电平进行比较,以产生启动和停止脉冲。图中开关 S 用于选择二个通道输入信号的种类。开关 S 合上时,两个通道输入相同的信号,测量同一波形中两点间的时间间隔;开关 S 断开时,输入不同的波形,测量两个信号间的时间间隔。在开门期间,对频率为 f_c 或 nf_c 的时标脉冲计数,这与计数器测量周期时计数的情况相似。A 和 B 两个通道的触发斜率可任意选择为正或负,触发电平可分别调节。其工作波形如图 3-18 所示。

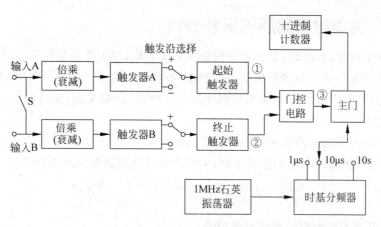

图 3-17 时间间隔测量原理框图

如果需要测量两个输入信号 u_1 和 u_2 之间的时间间隔,可使开关 S 断开,两个通道的触发斜率都选为"+",当分别用 U_1 和 U_2 完成开门和关门来对时标脉冲计数,便能测出 U_2 相对于 U_1 的时间延迟 t_g,如图 3-19 所示,即完成了两输入信号 u_1 和 u_2 之间的时间间隔的测量。

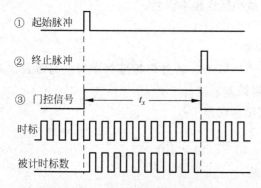

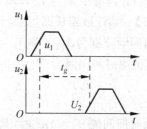

图 3-18 时间间隔测量工作波形图 　图 3-19 测量两信号间的时间间隔图

若需要测量某一个输入信号上任意两点之间的时间间隔,则使开关 S 合上,如图 3-20 所示。在图 3-20(a)情况下,两通道的触发斜率都选"+",U_1、U_2 分别为开门电平和关门电平。在图 3-20(b)情况下,开门通道的触发斜率选"+",关门通道的触发斜率选"−"。同样,U_1、U_2 分别为开门和关门电平。

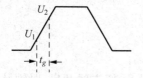
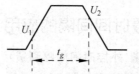

(a) 两通道触发斜率均为"+" 　　(b) 开门和关门通道的触发斜率分别选为"+"和"−"

图 3-20 测量同一信号波形上的任意两点间的时间间隔

3.4.2 测量时间间隔的误差分析

电子计数法测量时间间隔的误差与测量周期时类似,它主要由量化误差、触发误差和标准频率误差三部分构成。与测量周期不同的是,被测时间间隔不具有周期性,不能像测量周期那样把被测时间 T_x 扩大 k 倍来减小量化误差。所以,一般来说,测量时间间隔的误差要比测量周期时大。

设测量时间间隔的真值即闸门时间为 T'_x,偏差为 $\Delta T'_x$,并考虑被测信号为正弦信号时的触发误差,类似测量周期时的推导过程,可得测量时间间隔时误差表示式为

$$\frac{\Delta T'_x}{T'_x} = \pm \left(\frac{1}{T'_x f_c} + \left| \frac{\Delta f_c}{f_c} \right| + \frac{1}{\sqrt{2}\pi} \cdot \frac{U_n}{U_m} \right) \tag{3-28}$$

式中,U_m、U_n 分别为被测信号和噪声的幅值。

若最高标准频率 $f_{c\max}$ 一定,且给定最大相对误差 $\gamma_{\max}$ 时,则仅考虑量化误差所决定的最小可测量时间间隔 $T'_{x\min}$,可由下式给出

$$T'_{x\min} = \frac{1}{f_{c\max}(\gamma_{\max})} \tag{3-29}$$

为了减小测量误差,可采取以下技术措施:

(1) 选用频率稳定度好的标准频率源以减小标准频率误差;

(2) 提高信号噪声比以减小触发误差;

(3) 适当提高标准频率 f_c 以减小量化误差。

【例 3-3】 某计数器最高标准频率 $f_{c\max} = 10\text{MHz}$。若忽略标准频率误差与触发误差,求被测时间间隔分别为 $10\mu s$ 和 $1\mu s$ 时的测量误差。

解: 当被测时间间隔为 $T'_x = 10\mu s$ 时,其测量误差

$$\frac{\Delta T'_x}{T'_x} = \pm \frac{1}{T'_x f} = \pm \frac{1}{10 \times 10^{-6} \times 10 \times 10^6} = \pm 1\%$$

当被测时间间隔 $T'_x = 1\mu s$ 时,其测量误差

$$\frac{\Delta T'_x}{T'_x} = \pm \frac{1}{T'_x f} = \pm \frac{1}{1 \times 10^{-6} \times 10 \times 10^6} = \pm 10\%$$

【例 3-4】 某计数器最高标准频率 $f_{c\max} = 10\text{MHz}$,要求最大相对误差 $\gamma_{\max} = \pm 1\%$,若仅考虑量化误差,试确定用该计数器测量的最小时间间隔 $T'_{x\min}$。

解: 将已知条件代入式(3-29),得

$$T'_x = \frac{1}{f_{c\max} \mid \gamma_{\max} \mid} = \frac{1}{10 \times 10^6 \times 0.01} = 10\mu s$$

3.4.3 测量时间间隔的应用

1. 长时间的测量(外控时间间隔测量)

外控时间间隔测量原理如图 3-21(a)所示。按动按钮 S_1 使主门开启,时钟脉冲通过主门电路,送入计数显示电路,计数器开始计数;过一段时间按动按钮 S_2,使主门关闭,计数器停止计数。波形关系如图 3-21(b)所示。如果 S_1 和 S_2 由光电等信号控制,则可用于体育运动短跑项目的自动计时等场合。

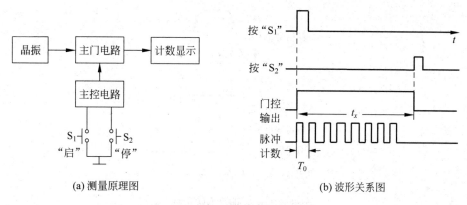

(a) 测量原理图　　　　　　　　　　(b) 波形关系图

图 3-21　长时间的测量原理框图

2. 用脉冲计数法测量脉冲时间 t_r 及脉冲宽度 t_w

用示波法测量 t_r 和 t_w 的准确度一般为百分之几,用类似计数式频率计测频的原理来测量,能极大地提高准确度。原理电路如图 3-22 所示,图中有 3 个比较器 $A_1 \sim A_3$,其中,A_1 与 RP_4 用于给出脉冲幅度 U_m 的参考值,调节 RP_4 使 $U_4 = U_m$ 时,A_1 输出一阶跃电压经微分放大送至显示器。

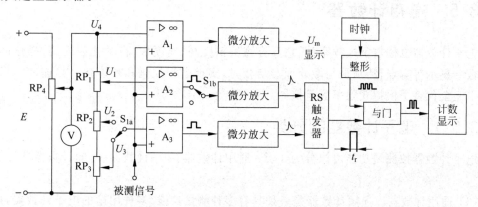

图 3-22　计数法测量 t_r 及 t_w 的原理框图

调节 RP_1 使比较电平 $U_1 = 0.9U_m$,调节 RP_3 使 $U_3 = 0.1U_m$,分别经 A_2 和 A_3 给出对应于 $0.1U_m$ 和 $0.9U_m$ 的两个矩形波;经过微分取得两个正向尖峰脉冲,分别去开启和关闭 RS 触发器,从而得到宽度等于 t_r 的矩形脉冲。以此矩形波控制与门,将周期远小于 t_r 的时钟脉冲填充在此时间内,便可在显示器上给出 t_r 的值。各点波形如图 3-23 所示。同理,可以测出下降时间。

测量脉冲宽度 t_w 时,只需将开关 S_{1a} 置 RP_2 一侧(同时 S_{1b} 使 A_2 脱开),调节 RP_2 使比较电平 $U_2 = 0.5U_m$。当被测脉冲输入时,对应前后沿有两次 $0.5U_m$ 通过比较器 A_3,使其输出一个与脉冲宽度相对应的方波。同理,在此时间内填充时钟脉冲,便可显示出 t_w 的值。

为了提高准确度,需采用精密电位器($RP_1 \sim RP_4$),比较器、放大器及与门等都要有较快的响应,而且时钟信号的频率也要高一些,所以均需由高速电路组成。

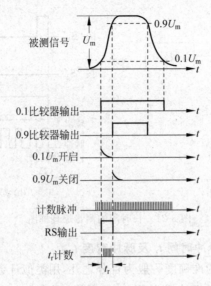

图 3-23　计数法测量 t_r 及 t_w 的波形

3.5　通用计数器

电子计数器也称数字式频率计,它具有测量精度高、速度快、自动化程度高、操作简单、直接数字显示等特点,特别是与微处理器结合时,实现了程控化和智能化。目前,电子计数器几乎完全代替了模拟式频率测量仪器。

3.5.1　电子计数器的分类

电子计数器按测量功能可以分为 4 类:通用计数器、频率计数器、时间计数器和计算计数器。

(1)通用计数器。通用计数器是一种具有多种测量功能、多种用途的电子计数器,可以测量频率、频率比、周期、时间间隔、累加计数、计时等,如配以适当的插件,还可以测量相位、电压等电量。

(2)频率计数器。频率计数器主要用于测频和计数,其测频范围很广。例如,用于测量高频和微波频率的计数器即属于此类。

(3)时间计数器。是以时间测量为基础的计数器,其测时分辨力和准确度都很高,可达纳秒的量级。

(4)计算计数器。计算计数器带有微处理器,除了具有计数功能外,还能进行数学运算,依靠程控进行测量、计算和显示等全部工作。

3.5.2　电子计数器的主要技术指标

电子计数器的主要技术性能指标有以下几个方面:

(1)测试性能。测试性能是指仪器所具备的测试功能,如仪器是否具有测量频率、周期、频率比、时间间隔、自校等功能。

（2）测量范围及分辨率。仪器在不同功能下的有效测量范围。对于不同的功能，其含义是不同的。如测量频率时的测量范围是指频率的上限和下限，测量周期时的测量范围是指周期的最大值和最小值。测量频率的上限或测量时间的下限即时间分辨力，主要取决于计数电路的最高计数频率。当前通用计数器的测频范围达 $50\mu Hz \sim 3GHz$ 以上，分辨率达 $1nHz$。微波计数器的测频范围达 $50\mu Hz \sim 170GHz$。测时范围达 $0 \sim 10^7 s$。单次测量的最高测时分辨率优于 $20ps$，多次平均测量的测时分辨率达 $0.5ps$。

（3）测量精度。计数器的测量精度取决于 ± 1 误差、标准信号频率的精度、脉冲形成的触发误差等因素。与精度相关的还有计数器的显示位数。通常，电子计数器的显示位数为 $6 \sim 9$ 位，时基日稳定度为 $1 \times 10^{-6} \sim 1 \times 10^{-9}$。

（4）输入特性。电子计数器一般有 $2 \sim 3$ 个输入通道，测试不同参数时，被测信号要经不同的通道输入仪器。输入特性表明电子计数器与被测信号源相联的一组特性参数，需分别指出各个通道的特性。其特性包括：

① 输入耦合方式。有 AC 和 DC 两种，在低频和脉冲信号计数时宜采用 DC 耦合方式。

② 输入阻抗。对输入阻抗的要求是，在低中频测量领域一般是检测电压信号的频率，因此输入阻抗应足够高。输入阻抗包括输入电阻和输入电容两部分，通常高阻输入为 $1M\Omega/25pF$。在高频测量领域，则要求输入阻抗与信号源相匹配，通常采用 50Ω 的低阻输入。

③ 输入灵敏度。仪器能够进行测量所需要的最小信号幅度，通常以有效值或峰峰值表示。计数器的灵敏度峰峰值一般为 $10 \sim 100mV$。通常计数器的输入端具备对过大输入信号的限幅保护功能，因此一般容许高达上千伏的输入信号电压。

④ 触发。在利用计数器测量信号的时间间隔时，需要选择一定的起始时刻点和结束时刻点，因此测量时需要定义输入信号的起始触发和结束触发条件，如设置相应的触发电平和触发极性等。

⑤ 闸门时间和时标。由机内时标信号源所能提供的时间标准信号决定。根据测频和测周期的范围不同，可提供的闸门时间和时标信号有多种供选择，如通常的 $0.01s$、$0.1s$、$1s$、$10s$ 等。闸门时间的选择与被测信号的频率有关，对于频率较低的被测信号，应选较长的闸门时间。

（5）显示及工作方式。包括显示位数、显示时间、显示方式等。

- 显示位数：可显示的数字位数，如常见的 8 位。
- 显示时间：两次测量之间显示结果的时间，一般是可调的。
- 显示方式：有记忆和不记忆两种显示方式。记忆显示方式只显示最终计数的结果，不显示正在计数的过程。实际上显示的数字是刚结束的一次测量结果，显示的数字保留至下一次计数过程结束时再刷新。不记忆显示方式可显示正在计数的过程。但多数计数器没有这种显示方式。

（6）输出特性。包括仪器可输出的时标信号种类、输出数据的编码方式及输出电平等。

3.5.3 通用计数器的功能

通用计数器系列产品很多，大多具有测量频率、周期、时间间隔、频率比，以及自检、累加计数、计时等功能。这些功能在前面大多已介绍过，这里仅对自检、频率比的测量、累加计数等进行补充说明。

1. 自检

自检(自校)是指在时基单元提供的闸门时间内,对标准频率信号进行计数,用以检查计数器的整机逻辑功能是否正常。图 3-24 给出了自检时的原理方框图。由于这时的闸门信号和时标信号均为同一个晶体振荡器的标准信号经过适当的倍频或分频而得到的,因此其计数结果是已知的,显示数字是完整的。若闸门时间为 T,时标为 f_c(即 $T_c = 1/f_c$),则根据式(3-1)可知,计数结果应为

$$N = \frac{T}{T_c} = f_c T$$

例如,闸门时间 T 选 1s,时标选 $T_c = 10\text{ns}(f_c = 100\text{MHz})$,那么显示的数字应是 $N = 100\ 000\ 000$。如果每次测量均稳定地显示这个数字,则说明仪器工作正常。

应当指出,在自检状态下,由于闸门信号和时标信号均由同一晶振产生,具有确定的同步关系,因此,计数器这时不存在量化误差(± 1 误差)。

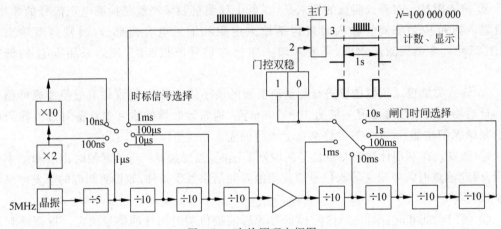

图 3-24　自检原理方框图

2. 频率比的测量

频率比是指加于 A、B 两通道的信号源的频率比值(f_A/f_B)。其原理框图如图 3-25 所示。为了正确地测出其频率比值,应使 $f_A > f_B$,即

$$\frac{f_A}{f_B} = N \tag{3-30}$$

即将频率较高的信号 u_A 接入 A 端,经放大整形后做计数脉冲,其周期为 T_A;将频率较低的信号 u_B 接入 B 端,周期为 T_B,用 T_B 代替测频时的门控信号,控制主门的开放时间。若在 T_B 时间内通过主门的信号 u_A 的频率为 f_A,其脉冲个数为 N,则两信号频率的比值

$$\frac{f_A}{f_B} = \frac{T_B}{T_A} = N \tag{3-31}$$

与多周期测量一样,为了提高频率比的测量精度,也可扩展被测信号 B 的周期个数。如果周期倍乘放在"$\times 10^n$"挡上,则计数结果 N 为

$$N = 10^n \times \frac{f_A}{f_B} \tag{3-32}$$

即计数电路所接收的脉冲个数也增加同样 10^n 倍。再通过仪器内部电路随之自动移动小数

点的位置,使显示的频率(比)的值不变,从而增加小数点后面的有效位数,以减小量化误差。应用频率比测量的功能,可以方便地测量电路的分频或者倍频系数。

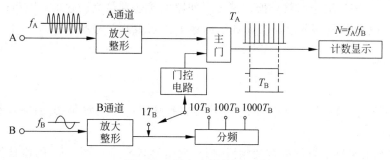

图 3-25　频率比测量原理图

3. 脉冲计数

脉冲计数是指在一定的时间内(通常是比较长的时间,如自动统计生产线上的产品数量)记录信号 A(如产品通过时传感器产生的光电信号)经整形后的脉冲个数。其测量原理与 3.4 节介绍的长时间计数方法相同。由于主门开放的时间较长,因而对控制主门的开、关速度要求不高,可用手动开关来控制门控双稳状态的转换,其原理方框图如图 3-26 所示。

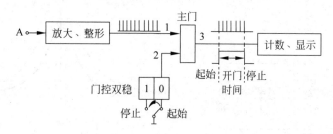

图 3-26　脉冲计数原理方框图

4. 计时

如果计数器对内部的标准时钟信号——秒信号(或者微秒信号、毫秒信号)进行计数,主门用手控或遥控,则显示的累计数即为总共所经历的时间。此时,计数器的功能类同于电子秒表,它计时精确,常用于工业生产的时间控制。

3.6　频率测量的其他方法

计数式频率计测量频率的优点是测量方法方便、快速、直观,测量精确度高;缺点是要求较高的信噪比,一般不能测量调制波信号的频率,测量精确度还达不到晶振的精确度,且其造价较高。因此,在要求测量精确度很高或要求简单、经济的场合,有时采用本节介绍的几种模拟的测频方法。

3.6.1　谐振法测量频率

1. 谐振法测频的基本原理

谐振法测频以 LC 谐振电路的谐振为基础,即利用电感、电容的串联谐振回路或并联谐振回路的谐振特性来实现测频,如图 3-27 所示。L_2、C 构成一个串联谐振电路,被测信号 f_x 通过互感线圈与被测电路耦合。调节 C 的电容值,即改变 L_2、C 组成的测量回路的固有频率 f_0。当 $f_x = f_0$ 时,测量回路谐振。谐振时回路电流达到最大。这时,串接于回路中的电流表或并接于电容 C 两端的电压表读数示值最大。当被测信号频率偏离 f_0 时,读数下降。显然

$$f_x = f_0 = \frac{1}{2\pi \sqrt{L_2 C}} \tag{3-33}$$

式中,f_x 为被测信号的频率;f_0 为测量回路的固有频率;L_2 为测量回路的电感值;C 为测量回路的电容。

通常,用改变电感的方法来改变频段,用可变电容作频率细调。L_2 的值预先给定,C 是标准可变电容,由面板上的刻度盘可直接读出 C 值,根据式(3-33)便可算出待测频率 f_x。

2. 谐振点的判断

在谐振点附近,随着频率 f_0 的变化,电流和电压表的读数变化比较缓慢,这给准确判断谐振点的位置带来一定的困难,使得测量误差较大。而利用谐振回路的谐振曲线具有较好对称性的特点,采用对称交叉读数法,可以大大提高测量的精度。谐振电路的曲线如图 3-28 所示。

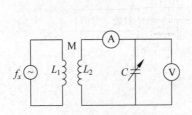

图 3-27　LC 谐振法测频原理图

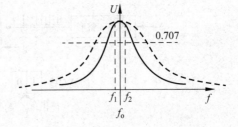

图 3-28　LC 谐振法的谐振曲线

该曲线是一条以谐振频率 f_0 为中心的对称曲线,曲线在半功率点处斜率最大,所以可以故意使回路失谐。在谐振频率 f_0 附近的左右对称点读取两个对应的失谐频率 f_1、f_2,求其平均值即为比较准确的谐振频率 f_0,也就是被测信号的频率。其中,f_1、f_2 的频率值可由面板上的刻度盘直接读出。被测信号频率 f_x 为

$$f_x = f_0 = \frac{f_1 + f_2}{2} \tag{3-34}$$

式中,f_x 为被测信号的频率;f_0 为谐振时测量回路的谐振频率;f_1、f_2 分别为谐振点附近的两个频率。

3. 谐振法测频的误差分析

谐振法测量频率的原理和测量方法都比较简单,操作方便,应用也比较广泛,利用该法可测量 1500MHz 以下的频率,测量误差的范围为 $\pm 0.25\% \sim \pm 1\%$,因此可作为频率粗测或某些仪器的附属测频部件。这种测频误差的来源主要有以下几种。

(1) 实际中电感、电容的损耗越大,品质因数越低,谐振曲线越平滑,越不容易找出真正的谐振点。如图 3-28 的虚线所示。

(2) 面板上的频率刻度是在规定的标定条件下刻度的。当环境温度、湿度等因数变化

时,将使电感、电容的实际值发生变化,从而使回路的固有频率发生变化。

（3）由于频率刻度不能分得无限细,人眼读数常常有一定的误差。

3.6.2 电桥法测量频率

凡是平衡条件与频率有关的任何电桥,原则上都可以作为测频电桥。考虑到电桥的频率特性尽可能尖锐,通常都采用如图 3-29 所示的文氏电桥。这种电桥的平衡条件为

$$\left(R_1 + \frac{1}{j\omega_x C_1}\right)R_4 = \left(\frac{1}{\frac{1}{R_2} + j\omega_x C_2}\right)R_3 \tag{3-35}$$

令等式两端的实部和虚部分别相等,则被测角频率为

$$\omega_x = \frac{1}{\sqrt{R_1 R_2 C_1 C_2}} \quad 或 \quad f_x = \frac{1}{2\pi\sqrt{R_1 R_2 C_1 C_2}} \tag{3-36}$$

如果取 $R_1 = R_2 = R$,$C_1 = C_2 = C$,则可得 $f_x = \frac{1}{2\pi RC}$,借助 R（或 C）的调节,可使电桥对被测频率达到平衡（指示器指示最小）,故可变电阻 R（或可变电容 C）上即可按频率进行刻度。

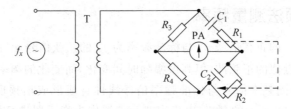

图 3-29 电桥法测量频率的原理图

电桥测频法的测量精确度取决于电桥中各元件的精确度、检流计的灵敏度、测试者判断电桥平衡的准确度以及被测信号的频谱纯度等。该法测量误差为 $\pm(0.5\% \sim 1\%)$。高频时,由于寄生参数的影响,会使测量精确度大大下降,所以该法只适用于 10kHz 以下的频率测量。

3.6.3 频率-电压（F-U）变换法

频率-电压变换法是先把频率变换为电压,然后以频率标度的电压表指示被测频率,如图 3-30（a）所示为原理框图。首先把正弦波信号 $u_x(t)$ 变换为频率与之相等的尖脉冲 $u_A(t)$,然后加至单稳多谐振荡器,产生频率为 f_x、宽度为 τ、幅度为 U_m 的矩形脉冲列 $u_B(t)$,如图 3-30（b）所示。经推导得

$$U_o = \bar{u}_B = \frac{1}{T_x}\int_0^{T_x} u_B(t)\,\mathrm{d}t$$
$$= \frac{U_m \tau}{T_x} = U_m \tau f_x \tag{3-37}$$

可见,当 U_m、τ 一定时,U_o 正比于 f_x。所以 $u_B(t)$ 经积分电路求得平均值 U_o,再由直流电压表指示 U_o,电压表按频率标度,即构成频率-电压变换型的直读式频率计。这种 F-U 转换频率计最高测量频率可达几兆赫。测量误差主要取决于 U_m、τ 的稳定度以及电压表的误差,一般为百分之几。这种测量法的突出优点是可以连续监视频率的变化。

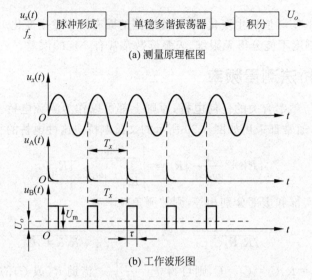

(a) 测量原理框图

(b) 工作波形图

图 3-30　频率-电压变换法测量原理及工作波形图

3.6.4　拍频法测量频率

将待测频率为 f_x 的正弦信号 u_x 与标准频率为 f_c 的正弦信号 u_c 直接叠加在线性元件上,其合成信号 u 为近似的正弦波,但其振幅随时间变化,而变化的频率等于两频率之差,这种现象称为拍频。待测频率信号与标准频率信号线性合成形成拍频现象的波形如图 3-31 所示。一般用如图 3-32 所示的耳机、电压表或示波器作为指示器进行检测。调整 f_c,f_x 越接近于 f_c,合成波振幅变化的周期越长。当两频率相差在 $4\sim6\,\mathrm{Hz}$ 以下时,就分不出两个信号频率音调上的差别了。此时视为零拍,这时只听到一个介于两个音调之间的音调。同时,声音的响度都随时间做周期性的变化。用电压表指示时可看到指针有规律地来回摆动;若用示波器检测,则可看到波形幅度随着两频率逐渐接近而趋于一条直线。这种现象在声学上称为"拍",因为听起来就好像在有节奏地打拍子一样,"拍频""拍频法"这些名词就来源于此。

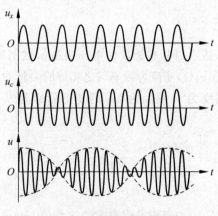

图 3-31　拍频现象波形图

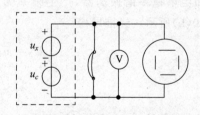

图 3-32　拍频现象检测示意图

为了使拍频信号的振幅变化大,便于辨认拍频的周期或频率,应尽量使两信号的振幅相等。这种测频方法要求相比较的两个频率的漂移不应超过零点几赫兹。如果频率的漂移过大,则很难分清拍频是由两个信号频率不等引起的还是频率不稳定所致。在相同的频稳定度条件下,因高频信号频率的绝对变化大,故该法大多使用在音频范围。

3.6.5 差频法测量频率

差频法也称外差法,如图 3-33 所示。它是将频率为 f_x 的待测信号与频率为 f_L 的本振信号加到非线性元件上进行混频,经过滤波、低放,最后通过耳机或电压表等判断出被测信号的频率。频率为 f_x 的待测信号与频率为 f_L 的本振信号经过混频器后,输出信号中除了原有信号的频率 f_x、f_L 分量外,还将有它们的谐波 nf_x、mf_L 及组合频率 $nf_x \pm mf_L$,其中 m、n 为整数。但调节本振频率 f_L 时,可能有一些 n 和 m 值使差频为零,即

$$nf_x - mf_L = 0$$

所以,被测频率为

$$f_x = \frac{m}{n}f_L \tag{3-38}$$

为了判断式(3-38)的存在,借助于混频后的低通滤波网络选出其中的差频分量,并将其送入耳机或电压表检测。测量时,由低到高调整标准频率 f_L,当差频分量值进入音频范围时,在耳机中即发出声音,音调随 f_L 的变化而变化,声音先是尖锐(差频分量值在 10kHz 以上,16kHz 以下),逐渐变得低沉(数百赫兹到几十赫兹),而后消失(差频值小于 20Hz,人耳听不到)。在 f_L 继续升高时,差频又进入音频区,音调先是低沉,逐渐变尖锐,直到差频大于 16kHz 人耳听不到。由于人耳不能听到频率低于 20Hz 的声音,必须用电表来做辅助判别。差频法测量频率的误差可达 10^{-5} 量级。

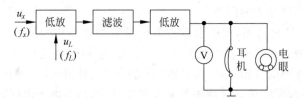

图 3-33 差频法测频的原理框图

3.6.6 示波法测量频率

示波器法测频率主要包括测周期法和李沙育图形法。测周期法是根据显示波形由 X 通道扫描速率得到周期,进而得到被测频率。李沙育图形法测频率的基本操作思路是:示波器工作于 X-Y 方式下,将频率已知的信号与频率未知的信号加到示波器的两个输入端,调节已知信号的频率,使荧光屏上显示李沙育图形,由此可得被测信号的频率。N_H、N_V 分别为水平线、垂直线与李沙育图形的最多交点数;f_y、f_x 分别为示波器 Y 信号和 X 信号的频率。李沙育图形存在如下关系,即

$$f_y = f_x \frac{N_H}{N_V}$$

图 3-34 列出了几种不同频率比、不同初相位差的李沙育图形。

示波法可测量从音频到几百兆赫兹的高频信号,准确度取决于示波器的分辨能力和标准信号的频率准确度,一般约为 0.3%。

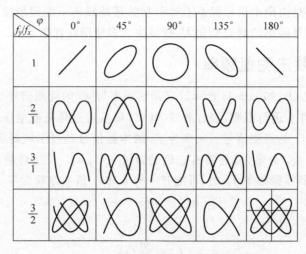

图 3-34　不同频率比和相位差的李沙育图形

本章小结

时间和频率的测量技术经历了一个从模拟到数字的发展过程,从早期的谐振法、电桥法、差频法等到现在的计数法,测量的精度和范围都有巨大的提高。电子计数器是时间频率测量应用最广泛的数字化仪表,也是最重要的电子测量仪器之一。本章介绍了采用电子计数器测量频率、周期、时间间隔、频率比以及自校等几种工作模式的原理,并着重讨论了测频和测周这两种基本测量方法的误差。

(1) 频率测量方法有很多,大体可以分为模拟法和计数法。模拟法又分为频响法和比较法。频响法是利用无源网络频率特性测量频率的,包括电桥法和谐振法。比较法是将被测频率信号和已知频率信号相比较,通过看、听等手段比较结果,从而获得被测信号的频率,包括拍频法、差频法和示波法。计数法有电容充放电式,利用电子电路控制电容器充放电的次数或时间常数,再用磁电式仪表测量充放电电流的大小,来指示出被测信号的频率;还有一种是电子计数式,从频率的定义出发,用电子计数器显示单位时间内通过被测信号的周期个数来实现频率的测量。

(2) 电子计数法测量频率就是从频率的定义出发,用电子计数器计数出 T 秒时间内被测信号变化周期的次数,从而得到该信号的频率为 $f_x = \dfrac{N}{T}$。

其结构组成由 4 部分构成:时基 T(闸门时间 T)产生电路-提供准确的计数时间 T;计数脉冲形成电路-把被测的周期信号转换为可计数的窄脉冲;计数显示电路-计数被测周期信号重复的次数,并显示被测信号的频率;控制电路-产生各种控制信号,使整机按一定的工作程序完成自动测量的任务。

测频原理的实质是:以比较法为基础,把被测信号频率与已知信号的频率相比,将比较的结果以数字的形式显示出来。

测频误差来源有两个:时基 T 是否准确和计数值 N 是否准确。测频的总误差可以表示为

$$\frac{\Delta f_x}{f_x} = \pm \left(\frac{1}{N} + \left| \frac{\Delta f_c}{f_c} \right| \right) = \pm \left(\frac{1}{f_x T} + \left| \frac{\Delta f_c}{f_c} \right| \right)$$

根据测频误差的表达式,可以得出提高测频误差应采取以下措施:提高晶振的准确度和稳定度,以减小闸门时间误差;扩大闸门时间或倍频被测信号,以减小±1误差。

(3)电子计数法测量周期的原理与测频时相似,但也有它特殊的地方,是由晶振产生可以计数的窄脉冲N,由被测信号产生闸门T,具有$T_x = NT_c$的关系。

测周误差除了量化误差和标准频率误差之外,还有触发误差,可表示为

$$\frac{\Delta T_x}{T_x} = \pm \left(\frac{1}{kT_xf_c} + \left| \frac{\Delta f_c}{f_c} \right| + \frac{1}{k\sqrt{2}\pi} \cdot \frac{u_n}{u_m} \right)$$

根据测周误差的表达式,可以得出提高测频误差应采取以下措施:采用多周期测量即周期倍乘可提高测量准确度;提高标准频率,可以提高测周分辨力;测量过程中尽可能提高信噪比U_m/U_n。

(4)对某信号使用测频法和测周法测量频率,两者引起的误差相等,则该信号的频率定义为中界频率。若测频时扩大闸门时间n倍,测周时周期倍乘k倍,则中界频率为

$$f_M = \sqrt{\frac{kf_c}{nT}}$$

当被测信号频率小于中界频率时用测周的方法,当被测信号频率大于中界频率时用测频的方法。

(5)电子计数法测量时间间隔的基本原理是:利用一个通道产生打开时间闸门的触发脉冲,另一个通道产生关闭时间闸门的触发脉冲,计数闸门开通期间的脉冲个数,从而测得被测信号两点间的时间间隔。测量误差为

$$\frac{\Delta T_x'}{T_x'} = \pm \left(\frac{1}{T_x'f_c} + \left| \frac{\Delta f_c}{f_c} \right| + \frac{1}{\sqrt{2}\pi} \cdot \frac{u_n}{u_m} \right)$$

减少测量误差应采取的措施有:选用频率稳定性好的标准频率源,以减小标准频率误差;提高信噪比以减小触发误差;提高频率f_c,以减小量化误差,但不能采用被测时间T_x扩大k倍法。

(6)通用计数器除具有上述测量频率、周期、时间间隔等功能外,还可以进行频率比、自检、累加计数、计时等功能,能够会简单地进行分析。

(7)简单了解谐振法、电桥法、频率-电压转换法、差频法、拍频法和李沙育图形法测量频率的原理。

思考题

3-1 测量频率的方法都有哪些?

3-2 简述计数式频率计测量频率的原理,说明这种测频方法测

第3章思考题答案

频有哪些误差?什么叫量化误差?对一台位数有限的计数式频率计,是否可无限制地扩大闸门时间来减少±1误差以提高测量精确度?

3-3 电子计数法测量周期误差主要由哪几部分组成?什么叫触发误差?如何减小触发误差的影响?

3-4 欲用电子计数器测量200Hz的信号频率,采用测频(闸门时间为1s)和测周(时标为0.1μs)两种方案,试比较这两种方法由±1误差所引起的测量误差。

3-5　用一台七位计数式频率计测量 $f_x=5\mathrm{MHz}$ 的信号频率,试分别计算当闸门时间为 1s、0.1s 和 10ms 时,由于"±1"误差引起的相对误差。

3-6　用计数式频率计测量频率,闸门时间(门控时间)为 1s 时,计数器读数为 5400,这时的量化误差为多大? 如将被测信号倍频 4 倍,又把闸门时间扩大到 5 倍,此时的量化误差为多大?

3-7　用某计数式频率测量频率,已知晶振频率 f_c 的相对误差为 $\Delta f_c/f_c=\pm5\times10^{-8}$,门控时间 $T=1\mathrm{s}$,求:

(1) 测量 $f_x=10\mathrm{MHz}$ 时的相对误差;

(2) 测量 $f_x=10\mathrm{kHz}$ 时的相对误差,并找出减小测量误差的方法。

3-8　用某计数式频率测量周期,已知晶振频率 f_c 的相对误差为 $\Delta f_c/f_c=\pm3\times10^{-6}$,时基频率为 10MHz,周期倍乘 100。求测量 $10\mu\mathrm{s}$ 周期时的测量误差。

3-9　某计数式频率计,测频闸门时间为 1s,测周期时最大倍乘为 ×10 000,时基最高频率为 10MHz,求中界频率。

3-10　用某电子计数器测一个 $f_x=10\mathrm{Hz}$ 的信号频率,当信号的信噪比 $S/N=20\mathrm{dB}$ 时,分别计算当"周期倍乘"置于 ×1 和 ×100 时,由于转换误差所产生的测周误差,并讨论计算结果。

3-11　某计数式频率计,最大闸门时间为 10s,最小时标为 $0.1\mu\mathrm{s}$,最大周期倍乘为 ×10 000,为尽量减小量化误差对测量结果的影响,问当被测信号的频率小于多少时,宜将测频改为测周进行测量?

3-12　某信号频率为 10kHz,信噪比为 40dB,已知计数器标准频率误差 $\Delta f_c/f_c=\pm1\times10^{-8}$,请分别计算出下述 3 种测量方案的测量误差。利用哪种方案的测量误差最小?

(1) 测频,闸门时间为 1s。

(2) 测周,时标为 $0.1\mu\mathrm{s}$,周期倍乘为 1。

(3) 测周,时标为 $1\mu\mathrm{s}$,周期倍乘为 1000。

扩展阅读

泰克频率计　　　　　是德频率计

随身课堂

第 3 章课件

电压测量技术

学习要点

- 了解电压测量的基本要求、电压测量仪表的分类；
- 熟悉交流电压表征量之间的关系，掌握交流电压的模拟测量方法；
- 了解数字仪表的特点，熟悉数字电压表的组成及主要性能指标，掌握电压测量的干扰及抑制技术；
- 掌握逐次逼近比较法的测量原理，熟悉逐次逼近比较法中的 D/A 转换电路；
- 掌握双积分法的工作原理、典型电路技术及特点；
- 掌握脉宽调制法、电荷平衡法的工作原理、实质及特点；
- 熟悉数字多用表的工作原理，掌握 AC/DC 变换器、I/V 变换器、Ω/V 变换器的工作原理。

4.1 概述

在电信号测量领域，电压、电流、功率是表征电信号能量的三个基本参数，常用于各种电路与系统的工作状态和特性的分析与测量中。在这三种参数中，电压量尤为重要，这是因为电路的工作状态如谐振、平衡、截止、饱和以及工作点的动态范围，通常都以电压形式表现出来。电子设备的控制信号、反馈信号及其他信息，往往也直接表现为电压量。电路中其他电参数，包括电流和功率，以及信号的调幅度、波形的非线性失真系数、元件的 Q 值、网络的频率特性和通频带、设备的灵敏度等，都视作电压的派生量，通过电压测量获得其量值。在非电量的测量中，也多利用各类传感器件，将非电量参数如温度、压力、振动、速度、加速度等转换成电压参数。另外，电压测量简单、方便，可将电压表直接并接在被测电路上，只要电压表的输入阻抗足够大，就可以在几乎不对原电路工作状态有所影响的前提下获得较满意的测量结果。

因此，电压测量是电子测量的基本内容，在科学研究、生产实践，甚至是在日常生活中，电压测量都具有十分重要的意义。

4.1.1 电压测量的基本要求

在实际测量中，被测电压具有频率范围宽、幅度差别大、波形种类多等特点，所以对电压测量提出了一系列的要求。

1. 足够宽的电压测量范围

现代的电压测量技术,可测量的电压范围极宽,低至纳伏级的微弱信号(如心电医学信号、地震波等),高至数百千伏的超高电压信号(如电力系统中)。若测量非常小的电压值,就要求电压测量仪器仪表具有较高的灵敏度和稳定性,而对于高电压的测量则要求电压表应有较高的绝缘强度。

2. 足够宽的频率范围

电子电路中电压信号的频率范围相当宽广,除直流外,交流电压的频率从 10^{-6}Hz(甚至更低)到 10^9Hz。大致分为直流、低频(低于 1MHz)、视频(低于 30MHz)、高频(低于 300MHz)和超高频(高于 300MHz)等。

3. 足够高的输入阻抗

电压测量仪表的输入阻抗是指它的两个输入端之间的等效阻抗,即输入阻抗 R_i 和输入电容 C_i 的并联,此输入阻抗也是被测电路的额外负载。为了使被测电路的工作状态尽量少受影响,电压表应具有足够高的输入阻抗,即 R_i 应尽量大、C_i 应尽量小。

低频测量时,因为交流电压表的输入电阻、输入电容一般分别为 1MΩ、1~15pF,二者对被测电路的影响很小,故一般不考虑电压表输入阻抗对被测电路的影响。但在高频测量时,输入电阻 R_i 和输入电容 C_i 的容抗将变小,二者对被测电路的影响变大,一般要考虑电压表输入阻抗的影响,而且还要考虑被测电路和测量仪表输入阻抗的匹配问题,否则会引起被测信号的反射。

目前,直流数字电压表的输入电阻在小于 10V 量程时可高达 10GΩ,甚至更高(可达 1000GΩ);高量程时,由于分压器的接入,一般可达 10MΩ。至于交流电压的测量,由于需通过 AC/DC 变换电路,故即使采用数字电压表,其输入阻抗也不高,一般典型数值为 1MΩ 和 15pF。

4. 足够高的测量准确度

电压测量仪器仪表的准确度由以下 3 种方式表示:

(1) 满度值的百分数,即 $\pm\beta\% U_m$。具有线性刻度的模拟式电压表一般采用这种表示方法,式中 $\pm\beta\%$ 为满度相对误差,U_m 为电压表满刻度值。

(2) 读数值的百分数,即 $\pm\alpha\% U_x$。具有对数刻度的电压表一般采用这种表示方法,式中 $\pm\alpha\%$ 为读数相对误差,U_x 为电压表测量读数值。

(3) 读数值的百分数与满度值的百分数之和,即 $\pm(\alpha\% U_x + \pm\beta\% U_m)$。该方法是目前用于线性刻度电压表的一种较严格的准确度表征,数字电压表一般采用这种表示方法。

由于受到被测电压频率、波形等因素的影响,电压测量的准确度有较大差异。电压值的基准是直流标准电压,直流测量时分布参数等的影响也可以忽略,因而直流电压测量的精度较高。目前利用数字电压表可使直流电压测量精度优于 10^{-7} 量级。但交流电压测量精度要低得多,因为交流电压需经交流/直流(AC/DC)变换电路转换为直流电压,交流电压的频率和电压大小对 AC/DC 变换电路的特性都有影响,同时高频测量时分布参数的影响很难避免和准确估算,因此目前交流电压测量的精度一般在 $10^{-4} \sim 10^{-2}$ 量级。

5. 较高的抗干扰能力

各种干扰信号(噪声)直接或等效地叠加在被测信号上,对测量结果产生影响,特别是微弱信号的测量。这就要求电压表必须具有高的抗干扰能力,通常用串模干扰抑制比(Series Mode Rejection Ratio,SMRR)和共模干扰抑制比(Common Mode Rejection Ratio,CMRR)

来表征,高级数字电压表的共模干扰抑制比可达到 90dB 以上。此外,电压表内部漂移、抖动和其他噪声造成的干扰也会影响电压测量的分辨力和测量准确度,在进行电压表内部电路设计时,需要采取多种措施来抑制内部噪声,测量时也要注意采取相应的措施(如接地、屏蔽等)来减少干扰的影响。

6. 能够准确测量各种信号波形

实际工作中的电压信号通常具有各种不同的波形,除正弦波外,还包括大量非正弦波,如方波、锯齿波等。测量时,应考虑采用适当的仪器及测量方法来确保对不同的信号波形进行准确测量。

由于被测电压具有不同的特点,所以测量任务和要求也不相同。如在工程测量中,对电压的测量准确度要求不高,用一般电压表就可以满足测量要求。但也有一些特定工作环境下,例如测量稳压电源的稳定度,使用的标准电压表就要求有较高的准确度,或要求能实现自动测量、自动量程切换、自动校准、自动调零等功能。在制订测量方案或选择测量仪器时,必须根据被测电压的特点和测量任务的要求,既要全面考虑,又要有所侧重。

4.1.2 电压测量仪表的分类

由于被测电压的幅值、频率以及波形的差异很大,因此电压测量仪表的种类也很多,通常有以下几种分类方法:

(1) 按频率范围分类,分为直流电压测量和交流电压测量两种。而交流电压测量按频段范围又分为超低频电压表、低频电压表、视频电压表、高频或射频电压表和超高频电压表。

(2) 按被测信号的特点分类,有峰值测量、有效值测量及平均值测量。通常,如未作特殊说明,均指以有效值表示被测电压。

(3) 按测量技术分类,分为模拟式和数字式电压测量。

模拟式电压表是指针式的,用磁电式电流表作为指示器,并在电流表表盘上以电压(或dB)刻度。模拟式电压表准确度和分辨率不及数字式电压表,但结构相对简单,价格较为便宜,频率范围也宽。特别是在测量高频电压时,其测量准确度不亚于数字电压表,因此模拟式电压表仍占有重要地位。

数字式电压表首先将模拟量通过模/数(A/D)变换器变成数字量,然后用电子计数器计数,并以十进制数字显示被测电压值。最基本的数字电压表是直流数字电压表。直流数字电压表配上交直流变换器即构成交流数字电压表。如果在直流数字电压表的基础上,配上交流电压/直流电压(AC/DC)变换器,电流/直流电压(I/V)变换器和电阻/直流电压(R/V)变换器,就构成数字万用表(Digital Multi-Meter,DMM)。数字式电压表测量读数直观、准确度高,测量速度快,输入阻抗大,过载能力强,抗干扰能力和分辨率优于模拟电压表。由于微处理器的应用,目前高中档数字电压表已普遍具有数据存储、自检等功能,并配有标准接口,可以方便地构成自动测试系统。

4.2 直流电压的模拟式测量

模拟直流电压表测量电压的原理是:先将被测直流电压变换成直流电流,再利用测量机构(通常是磁电式表头)来进行测量,并利用表头指针显示电压测量值。

4.2.1 磁电式表头

磁电式表头也称为动圈式检流计,其工作原理是利用载流导体与磁场之间的作用来产生转动力矩,使导体框架转动而带动指针偏转。它由固定和活动两部分构成,如图 4-1 所示。固定部分由永久磁铁、极靴和铁心构成,形成固定磁路;活动部分由带铝框架的线圈、固定在转轴上的指针以及游丝等构成。

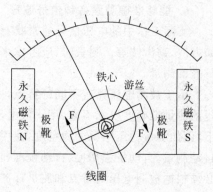

当直流电流经游丝加到线圈上时,与铁心轴向平行的线圈(两边)就会产生转动力矩使指针产生偏转,线圈转动使游丝被扭转,从而产生一个阻碍线圈转动的阻碍力矩,其大小随线圈转动角度的增大而增大,当转动力矩与阻碍力矩达到平衡时,线圈停止转动使指针所处位置不变。此时指针的偏转角 α 与通过线圈的直流电流 I 的大小成正比,数学表达式为

图 4-1 磁电式表头结构

$$\alpha = \frac{\psi_0}{N}I = S_I I \tag{4-1}$$

式中,ψ_0 为线圈转动单位角度时穿过它的磁链;N 为游丝的反作用力矩系数;S_I 是 ψ_0 与 N 的比值,称为电流灵敏度,是由内部结构决定的常数。此外,与线圈一起偏转的铝框,在线圈转动的同时会产生感应电流,并由此产生安培阻力,可使指针能够很快停止摆动,避免指针左右摆动。

4.2.2 动圈式电压表

动圈式电压表由磁电式表头串联分压电阻 R_1 构成,利用被测电压来直接驱动检流计,如图 4-2 所示。图中 U 为被测电压,I'_g 为通过表头的电流,U'_g 为表头两端的电压,R_g 为表头的内阻。

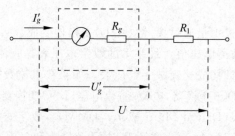

图 4-2 单量程电压表的结构

根据图 4-2 可得

$$I'_g = \frac{U'_g}{R_g} = \frac{U}{R_g + R_1} \tag{4-2}$$

则表头指针偏转角为

$$\alpha = S_I I'_g = \frac{S_I}{R_g}U'_g = S_U U'_g = \frac{S_U R_g}{R_g + R_1}U \tag{4-3}$$

式中,S_U 为电压灵敏度,是 S_I 与 R_g 的比值。

式(4-3)说明了电压表测量电压的原理,当 R_g 和 R_1 一定时,电压表指针的偏转与被测电压成正比,因此指针的指示值能反映被测电压的大小。

当被测电压 U 达到电压表的量程最大值 U_m 时,通过表头的电流 I'_g 为满偏电流 I_m。则满足如下关系

$$U_m = I_m(R_g + R_1)$$

$$R_1 = \frac{U_m}{I_m} - R_g \tag{4-4}$$

此时,电压表内阻为

$$R_V = R_g + R_1 = \frac{U_m}{I_m} \tag{4-5}$$

通常把电压表内阻 R_V 与量程 U_m 之比定义为电压表的电压灵敏度(Ω/V,欧姆每伏)

$$K_V = \frac{R_V}{U_m} = \frac{1}{I_m} \tag{4-6}$$

"Ω/V"数值越大,表明为使指针偏转同样角度所需的驱动电流越小。"Ω/V"一般标在动圈式电压表表盘上,可由此推算出不同量程时的电压表内阻,即

$$R_V = K_V U_m \tag{4-7}$$

例如,某电压表的 Ω/V 为 $20k\Omega/V$,则 5V 量程和 25V 量程时,电压表内阻分别为 $100k\Omega$ 和 $500k\Omega$。

为了扩大量程,通常串接若干个倍压电阻,如图 4-3 为三量程的直流电压表的电路结构,图中 R_1、R_2、R_3 分别为不同量程的分压电阻,3 个倍压电阻的阻值分别为

$$\begin{cases} R_1 = \frac{U_1}{I_m} - R_g \\ R_2 = \frac{U_2 - U_1}{I_m} \\ R_3 = \frac{U_3 - U_2}{I_m} \end{cases} \tag{4-8}$$

动圈式直流电压表的结构简单、使用方便。其测量误差除来源于读数误差外,主要取决于表头本身和倍压电阻的准确度(一般在 $\pm1\%$ 左右,精密电压表可达 $\pm0.1\%$)。其主要缺点是灵敏度不高和输入电阻低,当量程较低时,输入电阻更小,其负载效应对被测电路工作状态及测量结果的影响不可忽略。

图 4-4 为直流电压表测量高输出电阻电路直流电压示意图,设被测电路输出电阻为 R_o,被测电压实际值为 E_o,电压表内阻为 R_V,则电压表读数值为

$$U_o = \frac{E_o}{R_o + R_V} \times R_V = \frac{E_o}{R_o + R_V} \times \frac{U_m}{I_m}$$

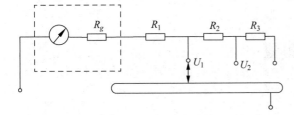

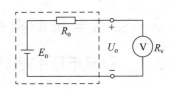

图 4-3 多量程电压表的电路结构　　　　图 4-4 测量高输出电阻电路直流电压示意图

读数相对误差为

$$\gamma_A = \frac{U_o - E_o}{E_o} = -\frac{R_o}{R_o + R_V}$$

可见,低压挡时,因其电压表内阻 R_V 更小,测量误差将增大。

为了减小误差,应利用内阻较大的挡位(即高压挡)或其他方法进行测量。如零示法和微差法,但一般操作都比较麻烦,通常用在精密测量中。在工程测量中,提高电压表输入阻抗和灵敏度以提高测量质量,最常用的办法是利用电子电压表进行测量。

4.2.3　电子电压表

直流电子电压表一般由磁电式表头、电压跟随器、直流电压放大器构成。在电子电压表中,通常使用高输入阻抗的场效应管源极跟随器或真空三极管阴极跟随器以提高电压表输入阻抗,后接放大器以提高电压表灵敏度,当需要测量高直流电压时,输入端接入分压电路。如图 4-5 所示,图中 R_0、R_1、R_2、R_3 组成分压器,由于 FET 源极跟随器输入电阻很大(几百兆欧姆($M\Omega$)以上),因此,由 U_x 测量端看来,其输入电阻基本上由 R_0、R_1、R_2、R_3 等串联决定,通常使它们的串联和大于 $10M\Omega$,以满足高输入阻抗的要求。

图 4-6 是集成运放型电子电压表的原理图。由于理想运放的"虚短"和"虚断",即 $U_f \approx U_i$,$I_F \approx I_o$,所以可以得到

$$I_o = \frac{U_i}{R_F} = \frac{KU_x}{R_F} \tag{4-9}$$

其中,K 为分压器和跟随器的电压传输系数。可见流过电流表的电流 I_o 与被测电压 U_x 成正比。为保证直流电压表的准确度,各分压电阻和反馈电阻 R_F 都要使用精密电阻。

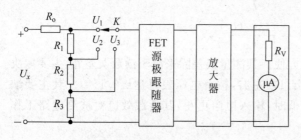

图 4-5　电子电压表组成框图

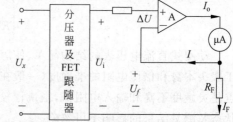

图 4-6　集成运放型电子电压表原理图

在使用直流放大器的电子电压表中,直流放大器的零点漂移限制了电压表灵敏度的提高,为此,电子电压表中常采用调制式放大器代替直流放大器以抑制漂移,可使电子电压表能测量微伏量级的电压。

4.3　交流电压的模拟式测量

4.3.1　交流电压的表征

交流电压除用具体的函数关系式表达其大小随时间的变化规律外,通常还可以用峰值、幅值、平均值、有效值、波形系数及波峰系数等参数来表征。

1. 峰值和幅值

任一个交变电压在所观察的时间内或一个周期性信号在一个周期内偏离零电平的最大电压瞬时值称为峰值,通常用 U_{p} 表示。当不加注明时,$u(t)$ 包括直流分量 U_0 在内。根据待测系统中直流分量 U_0 的不同数值,峰值又可以分为峰-峰值 U_{pp}、正峰值 $U_{\mathrm{p+}}$、负峰值 $U_{\mathrm{p-}}$ 和谷值 $\hat{U}$。

任一个交变电压在所观察的时间内或一个周期性信号在一个周期内偏离直流分量 U_0 的最大值称为幅值或振幅,用 U_{m} 表示,正、负幅值不等时分别用 $U_{\mathrm{m+}}$ 和 $U_{\mathrm{m-}}$ 表示,如图 4-7 所示。

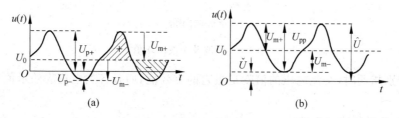

图 4-7　交流电压的峰值和幅值

注意:峰值是从零参考电平开始计算的,幅值则是以直流分量为参考电平计算。对于正弦交流信号而言,当不含直流分量时,其振幅等于峰值,且正负峰值相等。

2. 平均值

任何一个周期性信号 $u(t)$,在一周期内电压的平均大小称为平均值,通常,用 $\overline{U}$ 表示。平均值的数学表达式为

$$\overline{U} = \frac{1}{T}\int_0^T u(t)\,\mathrm{d}t \tag{4-10}$$

式中,T 为交流电压的周期。

当 $u(t)$ 中含有直流分量时,$\overline{U}=U_0$;当 $u(t)$ 中不含直流分量时,$\overline{U}=0$。

在交流电压测量中,平均值指检波之后的平均值,故又可分为半波平均值及全波平均值。

交流电压绝对值在一个周期内的平均值称为全波平均值,即

$$\overline{U} = \frac{1}{T}\int_0^T |\,u(t)\,|\,\mathrm{d}t \tag{4-11}$$

全波平均值的意义可由图 4-8(a)来说明。

交流电压正半周或负半周在一个周期内的平均值称为半波平均值,并用符号 $U_{+1/2}$ 或 $U_{-1/2}$ 表示,如图 4-8(b)、(c)所示。对于纯粹(正负半周对称)的交流电压,全波平均值为

$$\overline{U} = 2\overline{U}_{+1/2} = 2\overline{U}_{-1/2}$$

通常,在未特别注明时,平均值是指式(4-11),即全波平均值。

3. 有效值

任何一个交流电压,通过某纯电阻所产生的热量与一个直流电压在同样情况下产生的热量相同时,该直流电压的数值即为交流电压的有效值,通常,用 U_{rms} 表示。有效值的数学表达式为

$$U_{\mathrm{rms}} = \sqrt{\frac{1}{T}\int_0^T u^2(t)\,\mathrm{d}t} \tag{4-12}$$

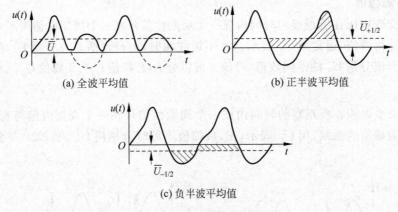

图 4-8 全波及半波平均值

当不特别指明时,交流电压的值就是指它的有效值,而且各类电压表的示值都是按有效值刻度的。

4. 波形系数和波峰系数

为了表征同一信号的峰值、有效值及平均值的关系,引入了波形系数和波峰系数。

交流电压的波形系数定义为交流电压的有效值与平均值之比,通常,用 K_F 表示,即

$$K_F = \frac{U_{rms}}{\overline{U}}$$
(4-13)

交流电压的波峰系数定义为交流电压峰值与有效值之比,通常,用 K_p 表示,即

$$K_p = \frac{U_p}{U_{rms}}$$
(4-14)

表 4-1 列出了几种典型交流信号的波形系数、波峰系数参数值。

表 4-1 典型交流信号的波形系数、波峰系数参数值

序号	名称	波形图	波形系数 K_F	波峰系数 K_p	有效值	平均值
1	正弦波		1.11	1.414	$U_p/\sqrt{2}$	$\frac{2}{\pi}U_p$
2	半波整流		1.57	2	$U_p/2$	$\frac{1}{\pi}U_p$
3	全波整流		1.11	1.414	$U_p/\sqrt{2}$	$\frac{2}{\pi}U_p$
4	三角波		1.15	1.73	$U_p/\sqrt{3}$	$U_p/2$
5	锯齿波		1.15	1.73	$U_p/\sqrt{3}$	$U_p/\sqrt{2}$

续表

序号	名称	波形图	波形系数 K_F	波峰系数 K_p	有效值	平均值
6	方波		1	1	U_p	U_p
7	梯形波		$\dfrac{\sqrt{1-\dfrac{4\Phi}{3\pi}}}{1-\dfrac{\Phi}{\pi}}$	$\dfrac{1}{\sqrt{1-\dfrac{4\Phi}{3\pi}}}$	$\sqrt{1-\dfrac{4\Phi}{3\pi}}\,U_p$	$\left(1-\dfrac{\Phi}{\pi}\right)U_p$
8	脉冲波		$\sqrt{\dfrac{T}{t_w}}$	$\sqrt{\dfrac{T}{t_w}}$	$\sqrt{\dfrac{t_w}{T}}\,U_p$	$\dfrac{t_w}{T}U_p$
9	隔直脉冲波		$\sqrt{\dfrac{T-t_w}{t_w}}$	$\sqrt{\dfrac{T-t_w}{t_w}}$	$\sqrt{\dfrac{t_w}{T-t_w}}\,U_p$	$\dfrac{t_w}{T-t_w}U_p$
10	白噪声		1.25	3	$\dfrac{1}{3}U_p$	$\dfrac{1}{3.75}U_p$

4.3.2 交流电压的测量方法

交流电压的测量方法很多,其中最主要的是利用交/直流变换电路(即检波器)将被测交流电压先转换成与之成比例的直流电压后,再进行直流电压的测量。因此,模拟式交流电压表通常由磁电式表头和检波器构成。根据检波特性不同,有平均值检波、峰值检波和有效值检波,相应的电压表简称为均值电压表、峰值电压表和有效值电压表。

1. 均值电压表

1) 均值电压表的组成

均值电压表采用均值检波器实现交流/直流变换功能。均值检波器一般采用全桥式整流电路或者半桥式整流电路实现。由于均值检波器的输入阻抗较低,且检波灵敏度呈现非线性特性,因此均值电压表一般都设计成如图 4-9 所示的放大-检波式,由阻抗变换器、可变量程衰减器、宽带放大器、平均值检波器和微安表等组成。

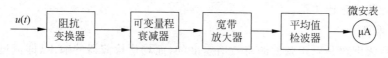

图 4-9 均值电压表的组成框图

阻抗变换器是均值表的输入级。通常采用射极跟随器或源极跟随器来提高均值表的输入阻抗,它的低输出阻抗还便于与其后的衰减器匹配。可变量程衰减器通常由阻容式分压电路构成,用来改变均值表的量程,以适应不同幅度的被测电压。宽带放大器通常采用多级负反馈电路,用以放大被测电压,提高电压表的测量灵敏度,并使检波器工作在线性区域,同时,放大器的高输入阻抗也可以减小负载效应。平均值检波器通过整流和滤波(即检波)提取宽带放大器输出电压的平均值,并输出与它成正比的直流电流,最后驱动微安表指示电压的大小。这种电压表的频率范围主要受放大器宽带的限制,而灵敏度受放大器内部噪声的限制,一般可做到毫伏级。典型的频率范围为 20Hz~10MHz,故这种表又称为视频毫伏表,主要用于低频电压测量。

2)均值检波器

检波电路输出的直流电压正比于输入电压绝对值的平均值,这种电路称为平均值检波器,常见电路如图 4-10 所示。其中,图(a)、(c)分别为常见的半波整流式电路和全波整流式电路,图 4-10(b)、(d)分别是图 4-10(a)、(c)的简化形式,由于用电阻 R 代替二极管,因此必然使检波器的损耗增加,并使流经微安表的电流减小。其中,图 4-10(b)中的 R 应选择适当,保证充放电的时间常数相等。微安表两端并联的电容,用来滤除检波器输出电流中的交流成分,防止表头指针抖动,并可避免脉冲电流在表头内阻上的热损耗。

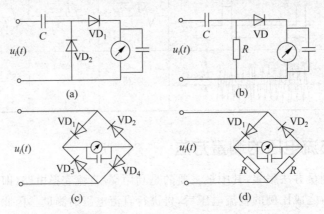

图 4-10 平均值检波的常用电路

若被测电压为 $u_i(t)$,电表内阻为 r_m,$VD_1 \sim VD_4$ 的正、反向电阻分别为 R_d 和 R_r。一般,R_d 为 100~500Ω,r_m 为 1~3kΩ(个别专用电表,r_m 可小到几十欧姆)。由于 $R_r \gg R_d$,忽略反向电流的作用,则流过电表的平均电流为

$$\bar{I} = \frac{1}{T}\int_0^T \frac{\mid u_i(t) \mid}{2R_d + r_m}\mathrm{d}t = \frac{\bar{u}_i(t)}{2R_d + r_m} = \frac{\bar{U}}{2R_d + r_m} \tag{4-15}$$

因此可看出,通过表头的平均电流与输入电压的平均值成正比。而磁电式表头指针的偏转又与平均电流成正比,因此表头指针的偏转大小能反映输入电压平均值的大小,它与输入电压的平均值成正比关系。

3)波形换算

由于电压表度盘是以正弦波的有效值定度的,而均值检波器的输出(即流过电流表的电流)与被测信号电压的平均值呈线性关系,则有

$$U_a = K_a \cdot \bar{U} \tag{4-16}$$

式中,U_a 为电压表示值,$\bar{U}$ 为被测电压平均值,K_a 为定度系数,也称为刻度系数。由于交流电压表是以正弦波有效值定度,因此对于全波检波电路构成的均值电压表,定度系数 K_a 等于正弦信号的波形因数,即

$$U_a = U_{\mathrm{rms}\sim} = K_a \bar{U}_\sim$$

推导得

$$K_a = \frac{U_{rms\sim}}{\overline{U}_\sim} = K_{F\sim} \approx 1.11 \tag{4-17}$$

式中，$U_\sim$ 为正弦波电压的有效值，$\overline{U}_\sim$ 为正弦波电压的平均值，$K_{F\sim}$ 为正弦波电压的波形系数。

如果被测信号为正弦波，则电压表示值就是被测电压的有效值。如果被测信号是非正弦波，那么其示值 U_a 没有直接意义，只有把示值经过换算后，才能得出被测电压的有效值。

首先按"平均值相等，示值也相等"的原则将示值 U_a 折算成被测电压的平均值

$$\overline{U} = \frac{U_a}{K_a} = \frac{1}{1.11} U_a \approx 0.9 U_a \tag{4-18}$$

再用波形系数 K_F 求出被测电压的有效值

$$U_{rms} = K_F \overline{U} \approx 0.9 K_F U_a \tag{4-19}$$

不同的信号电压具有不同的波形系数 K_F 见表 4-1。常用的波形系数是：正弦波 $K_F = 1.11$，方波 $K_F = 1$，三角波 $K_F = 1.15$。

综上所述，只有当被测信号为正弦波时，均值电压表示值 U_a 即为被测电压的有效值。如果被测信号是非正弦波形，示值 U_a 没有直接意义，只有乘以 0.9 才是被测信号的平均值。

【例 4-1】 用全波整流均值电压表分别测量正弦波、三角波和方波，若电压表示值均为 5V，问被测电压的平均值及有效值各为多少？

解： 根据均值表示值相等，平均值相等的原则，可得三种波形的平均值均为

$$\overline{U} = 0.9 U_a = 0.9 \times 5 = 4.5V$$

对于正弦波，由于电压表本来就是按其有效值定度，即电压表的示值就是正弦波的有效值，所以正弦波的有效值为

$$U_{rms} = U_a = 5V$$

对于三角波，查表 4-1，其波形系数 $K_F = 1.15$，所以有效值为

$$U_{rms} = K_F \overline{U} = 1.15 \times 4.5 = 5.175V$$

对于方波，查表 4-1，其波形系数 $K_F = 1$，所以有效值为

$$U_{rms} = K_F \overline{U} = 1 \times 4.5 = 4.5V$$

【例 4-2】 被测电压为脉冲波，周期 $T = 48\mu s$，脉宽 $t_w = 12\mu s$，用全波平均值表测量，电压表示值 U_a 为 10V。求其有效值为多少？

解： 根据式 (4-18) 可得平均值为 $\overline{U} = 0.9 U_a = 0.9 \times 10 = 9V$

对于脉冲波，查表 4-1，其波形系数 $K_F = \sqrt{\dfrac{T}{t_w}}$，所以有效值为

$$U_{rms} = K_F \overline{U} = \sqrt{\frac{48}{12}} \times 9 = 18V$$

不管被测电压的波形如何，直接将电压表示值当作被测电压的有效值将会造成较大的波形误差。

4）波形误差

以全波平均值表为例，当以平均值表的示值直接作为被测电压的有效值时，引起的绝对

误差为

$$\Delta U = U_a - 0.9 K_F U_a = (1 - 0.9 K_F) U_a \tag{4-20}$$

示值相对误差为

$$\gamma_U = \frac{\Delta U}{U_a} = \frac{(1 - 0.9 K_F) U_a}{U_a} = 1 - 0.9 K_F \tag{4-21}$$

例如,被测电压为方波时

$$\gamma_U = 1 - 0.9 K_F = 1 - 0.9 \times 1 = 10\%$$

即产生+10%的误差。

当被测电压为三角波时

$$\gamma_U = 1 - 0.9 K_F = 1 - 0.9 \times 1.15 \approx -3.5\%$$

即产生-3.5%的误差。

可见,对于不同的波形,所产生的误差大小及方向是不同的。

用均值表测量交流电压,除了波形误差之外,还有直流微安表本身的误差、检波二极管的老化或变值等所造成的误差,但主要是波形误差。

2. 峰值电压表

1) 峰值电压表的组成

峰值电压表采用峰值检波器实现交流/直流变换功能。其工作频率范围宽,输入阻抗高,有较高的灵敏度,但存在非线性失真,主要由峰值检波器、可变量程分压器、直流放大器和微安表等组成,如图 4-11 所示,属于检波-放大式。采用这种结构,放大器放大的是直流信号,放大器的频率特性不会影响整个电压表的频率响应。峰值检波器的频率响应成为电压表频响特性的制约因素。现在的高频电压表都把用特殊性能的超高频检波二极管构成的检波器放置在屏蔽良好的探头内,用探头的探针直接接触被测点,这样可以大大地减少高频信号在传输过程中的损失并减小各种分布参数的影响。

图 4-11 峰值电压表的组成框图

对于检波-放大式结构的峰值电压表,由于受到直流放大器的噪声及零点漂移的影响,电压表的灵敏度不能很高。此外,信号未经放大直接检波,使得电压表能检测的最小信号受到限制。采用检波-放大-检波式可以有效地解决上述问题,如图 4-12 所示。这种结构的电压表主要利用斩波器将检波后的直流电压再变为固定频率的方波(交流)电压,经交流放大器放大后再经检波器检波后驱动表头显示。这种峰值电压表的频率测量上限可达几十吉赫兹(GHz),一般将这种电压表称为"高频毫伏表"或"超高频毫伏表"。

图 4-12 检波-放大-检波式交流电压测量原理图

2) 峰值检波器

峰值检波器是指检波输出的直流电压与输入交流信号峰值成比例的检波器。常见的峰值检波器有串联式、并联式和倍压式 3 种。

（1）串联式峰值检波器。图 4-13 是串联式峰值检波器，又称为开路式峰值检波器，即包络检波器。元件参数满足

$$RC \gg T_{\max} \qquad 以及 \qquad (R_d + R_s)C \ll T_{\min} \qquad (4\text{-}22)$$

式中，$T_{\max}$、$T_{\min}$ 分别代表被测信号的最大周期和最小周期，R_d、R_s 分别为二极管正向导通电阻及被测电压的等效信号源内阻。在被测电压 u_x 的正半周，二极管 V_D 导通，电压源通过它对电容 C 充电，由于充电式常数 $(R_d + R_s)C$ 非常小，电容 C 上电压迅速达到 u_x 峰值 U_p。在 u_x 负半周，二极管 V_D 截止，电容 C 通过电阻 R 放电，由于放电时常数 RC 很大，因此电容上电压跌落很小，从而使得其平均值 $\overline{U}_C$ 或 $\overline{U}_R$ 始终接近 u_x 的峰值，即 $\overline{U}_C = \overline{U}_R \approx U_p$，如图 4-13（b）所示。

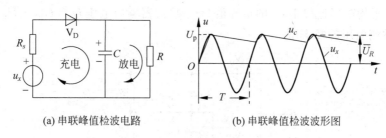

(a) 串联峰值检波电路　　　　　　(b) 串联峰值检波波形图

图 4-13　串联峰值检波电路及波形

（2）并联式峰值检波器。图 4-14（a）为并联式峰值检波器，也称为闭路式峰值检波器，其元件参数仍满足式（4-22）条件。在 u_x 正半周，u_x 通过二极管 V_D 迅速给电容 C 充电，在 u_x 负半周，电容上电压经过电压源及 R 缓慢放电，电容 C 上平均电压接近 u_x 峰值，因此电阻 R 的电压如图 4-14（b）中 u_R 所示，滤除高频分量，其平均值 $\overline{U}_R$ 等于电容上平均电压，近似等于 u_x 峰值，即 $|\overline{U}_R| = |\overline{U}_C| \approx U_p$。

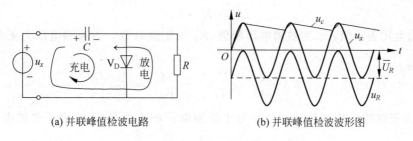

(a) 并联峰值检波电路　　　　　　(b) 并联峰值检波波形图

图 4-14　并联峰值检波电路及波形

比较上述两种电路，并联式检波电路中的电容 C 还起着隔直流的作用，便于测量含有直流分量的交流电压，因此应用较多。但电阻 R 上除直流电压外，还叠加有交流电压，增加了额外的交流通路。

（3）倍压式峰值检波器。为了提高检波器输出电压，实际电压表中还采用如图 4-15（a）所示的倍压式峰值检波器。在 u_x 负半周，电压源经过 V_{D1} 向 C_1 充电，u_{c1} 迅速达到 u_x 峰值。在 u_x 正半周，u_{c1} 和 u_x 串联后经过 V_{D2} 向 C_2 充电，C_2 上电压 u_{c2} 迅速达到 $(u_{c1} + u_x)$ 的峰值，由于 $RC_2 \gg T_{\max}$，放电非常缓慢，R 上电压下降不大，近似等于 u_x 峰值的两倍，即 $\overline{U}_R \approx 2U_p$，如图 4-15（b）所示。

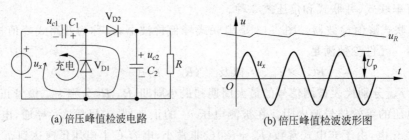

(a) 倍压峰值检波电路　　　　　　(b) 倍压峰值检波波形图

图 4-15　倍压峰值检波电路及波形

（4）双峰值检波器。将两个串联式检波电路结合在一起，就构成了如图 4-16 所示的双峰值检波电路。由上面的分析不难判断，C_1 或 R_1 上的平均电压近似于 u_x 的正峰值 U_{p+}，C_2 或 R_2 上的平均电压近似于 u_x 的负峰值 U_{p-}，检波器输出电压 $\bar{U}_o = U_{p+} + U_{p-}$，即输出电压近似等于被测电压的峰-峰值。

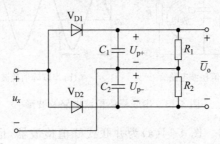

图 4-16　双峰值检波电路

3）波形换算

一般的峰值表与平均值表类似，也是按正弦波有效值进行刻度的，电压表示值 U_a 与峰值检波器输出 U_p 间满足

$$U_a = K_a \cdot U_p \tag{4-23}$$

式中，U_a 为电压表示值，U_p 为被测电压峰值，K_a 为定度系数。当被测电压为正弦波时，则 K_a 为

$$K_a = \frac{U_a}{U_p} = \frac{U_{rms\sim}}{U_{p\sim}} = \frac{1}{K_{p\sim}} = \frac{1}{\sqrt{2}} \tag{4-24}$$

式中，$U_{p\sim}$ 为正弦波电压的峰值，$U_{rms\sim}$ 为正弦波电压的有效值，$K_{p\sim}$ 为正弦波电压的波峰系数。

当被测电压为非正弦波时，应进行波形换算才能得到被测电压的有效值。首先按"峰值相等，示值也相等"的原则，将示值 U_a 折算成被测电压的峰值

$$U_p = \sqrt{2} U_a \tag{4-25}$$

再用波峰系数 K_p 求出被测电压的有效值

$$U_{rms} = \frac{U_p}{K_p} = \frac{\sqrt{2}}{K_p} U_a \tag{4-26}$$

不同的信号电压具有不同的波峰因数 K_p，见表 4-1。常用的波峰系数是：正弦波 $K_p = 1.414$，方波 $K_p = 1$，三角波 $K_p = 1.73$。

综上所述，只有当被测信号为正弦波时，电压表示值 U_a 才为被测电压的有效值。如果

被测信号是非正弦波形,示值 U_a 没有直接意义,只有乘以 $\sqrt{2}$ 才是被测信号的峰值。

【例 4-3】 用峰值电压表分别测量正弦波、三角波和方波、电压表均指在 5V 位置,求这三种被测信号的峰值和有效值各为多少?

解:按"示值相等,峰值也相等"的原则和式(4-25),可知三种波形的电压峰值 U_p 均为

$$U_p = \sqrt{2}U_a = \sqrt{2} \times 5 \approx 7.07\text{V}$$

因为电压表是以正弦波有效值定度的,因此正弦波的有效值就是电压表的示值,即正弦波的有效值

$$U_{rms} = U_a = 5\text{V}$$

对于三角波,查表 4-1,其波形系数 $K_p = 1.73$,根据式(4-26)可得有效值为

$$U_{rms} = \frac{\sqrt{2}}{K_p}U_a \approx \frac{1.414 \times 5}{1.73} \approx 4.09\text{V}$$

对于方波,查表 4-1,其波形系数 $K_p = 1$,根据式(4-26)可得有效值为

$$U_{rms} = \frac{\sqrt{2}}{K_p}U_a = U_p = 7.07\text{V}$$

4)误差分析

峰值电压表在测量时若以示值 U_a 作为被测电压的有效值 U_{xrms},则所引起的绝对误差 ΔU 为

$$\Delta U = U_a - \frac{\sqrt{2}}{K_p}U_a = \left(1 - \frac{\sqrt{2}}{K_p}\right)U_a \quad (4\text{-}27)$$

示值相对误差 γ_u 为

$$\gamma_u = 1 - \frac{\sqrt{2}}{K_p} \quad (4\text{-}28)$$

很容易求出,测量方波和三角波时示值相对误差分别是 -41% 和 18%。所以,用峰值电压表测量非正弦波电压,要进行波形换算,以减小波形误差。

用峰值表测量交流电压,除了波形误差之外,还有理论误差。由前面分析可知,峰值检波电路的输出电压的平均值 $\overline{U}_R$ 总是小于被测电压的峰值 U_p,这是峰值电压表固有误差。

另外,峰值电压表适用于测量高频交流电压,如果应用在低频情况,则测量误差增加。经分析,低频时相对误差为

$$\gamma_L = -\frac{1}{2fRC} \quad (4\text{-}29)$$

式中,f 为被测电压的频率。频率越低,误差越大。除低频误差外,高频分布参数的影响也会带来高频误差。

3. 有效值电压表

在电压测量技术中,有时要求测量非正弦波电压有效值,如噪声电压的测量、非线性失真仪中对谐波电压的测量,若采用峰值电压表或平均值电压表测量,因不知道其波形参数(K_F 和 K_p),则难以换算为有效值,而采用有效值电压表可以直接测量,不需要进行换算,因此也称为真有效值电压表。能直接测出任意波形电压的有效值的检波器,称为有效值检波器。主要有热电转换式和计算式两种。

1)热电转换式

热电转换式是依据有效值的物理定义,利用热电偶来实现的。其基本电路如图 4-17 所

示,图中 AB 是加热丝,当接入被测电压 u_x 时,加热丝发热,热电偶 M 的热端 C 点的温度将高于冷端 D、E 的温度,产生热电势 $E = KU_{rms}^2$,正比于被测电压有效值的平方。其中 K 为热电偶的转换系数。此时回路中有直流电流 I 流过微安表,且直流电流 I 正比于被测电压 u_x 的有效值的平方。

但由于热电偶具有非线性的转换关系,利用热电偶进行 AC/DC 变换时,应进行线性化处理,如图 4-18 所示。它由宽带放大器、测量热电偶 M_1,平衡热电偶 M_2 和高增益的直流放大器 A 等部分组成。平衡热电偶 M_2 有两个作用:一是使电压表度盘刻度线性化,二是提高热稳定性。

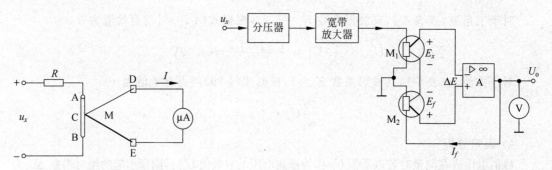

图 4-17　热电转换原理　　　　　图 4-18　热电偶式有效值电压表原理框图

热电偶式有效值电压表测量及线性化过程如下:被测电压 u_x 经分压器及带宽放大器后加到热电偶 M_1 的加热丝上,获得热电势 E_x,它正比于被测电压有效值 U_{rms} 的平方,当分压器及宽带放大器总传输系数为 K_1 时,$E_x = K_1 U_{rms}^2$。E_x 经直流放大器 A 放大后加热平衡热电偶 M_2,M_2 产生电势 $E_f = K_2 U_o^2$ 作为负反馈电压与 E_x 一起加到放大器 A 的输入端。这个过程将一直持续,直至 E_x 与 E_f 之差 $\Delta E = (E_x - E_f) \to 0$,A 输出稳定的直流电压为止。此时,$E_f = E_x$,直流放大器 A 的输出电压 U_o 保持恒定,电路平衡。这个平衡一旦被破坏,M_2 的负反馈将再次作用,直到电路再次平衡为止。

若 M_1 与 M_2 的特性完全相同,则 $K_1 = K_2$,且在电路平衡时必有 $E_x = E_f$,则 $K_2 U_o^2 = K_1 U_{rms}^2$,故 $U_o = U_{rms}$,实现了有效值的测量及转换关系的线性化。

这种仪表的灵敏度及频率范围取决于宽带放大器的带宽及增益,表头刻度呈线性,基本没有波形误差。其主要特点是有热惯性,使用时需等指针偏转稳定后才能读数,而且过载能力差、容易烧坏,使用时应注意。

2) 计算式

计算式有效值电压表是根据交流电压有效值的数学计算式,利用有关的运算电路来实现有效值检波的。其原理框图如图 4-19 所示。

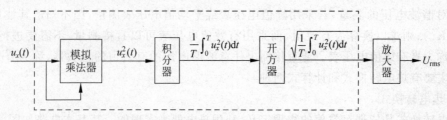

图 4-19　计算式有效值电压表组成框图

输入交流电压 $u_x(t)$ 经集成乘法器变换为 $u_x^2(t)$，再经积分器实现积分平均的功能，即 $U' = \dfrac{1}{T}\int_0^T u_x^2(t)\mathrm{d}t$，最后利用开方器实现开方运算得到交流电压的有效值，即 $U_{\mathrm{rms}} = \sqrt{\dfrac{1}{T}\int_0^T u_x^2(t)\mathrm{d}t}$。

下面以直流反馈计算式来说明有效值检波器的工作原理，如图 4-20 所示。图中 A_1 和 A_2 为具有相同增益的加法器，A_3 为倒相器，A_4 为积分器，M 为乘法器。

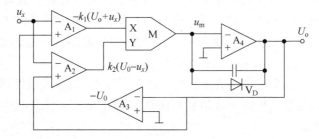

图 4-20　直流反馈计算式有效值检波器原理框图

M 的输出电压为

$$u_m = -k_1 k_2 (U_o - u_x)(U_o + u_x) = K[U_o^2 - u_x^2]$$

式中，K 为积分器的传输系数；U_o 为积分器的输出直流电压；u_x 为被测电压瞬时值。

u_m 按傅氏级数展开后，其直流分量为

$$a_0 = \frac{1}{T}\int_0^T u_m \mathrm{d}t = \frac{1}{T}\int_0^T K(U_o^2 - u_x^2)\mathrm{d}t = KU_o^2 - \frac{K}{T}\int_0^T u_x^2 \mathrm{d}t$$

$$= KU_o^2 - KU_{x\text{-rms}}^2 = K(U_o^2 - U_{x\text{-rms}}^2)$$

经过积分器后的输出电压为

$$U_o = \frac{TK}{RC}(U_o^2 - U_{x\text{-rms}}^2) \tag{4-30}$$

该直流电压 U_o 又经过 A_1、A_2、A_3 反馈到 M 的两个输入端。如果积分时间选得足够长，即满足 $TK/RC \gg 1$，则 M 输出中的交流成分被平均掉，只留直流部分。当系统达到平衡时，有

$$U_o = U_{x\text{-rms}} \tag{4-31}$$

下面讨论该系统的收敛条件。当 $U_o > 0$ 时，无论 $U_o^2 > U_{x\text{-rms}}^2$ 还是 $U_o^2 < U_{x\text{-rms}}^2$，通过积分器后都会使 U_o 逐渐接近 $U_{x\text{-rms}}$，直至 $U_o^2 - U_{x\text{-rms}}^2 = 0$ 时积分器输入为 0，输出 U_o 不变，系统达到平衡，此时积分器输出的直流电压为被测电压的有效值。当 $U_o < 0$ 时，无论 $U_o^2 > U_{x\text{-rms}}^2$ 还是 $U_o^2 < U_{x\text{-rms}}^2$，通过积分器后都会使 U_o 越来越远离 $U_{x\text{-rms}}$，系统无法达到平衡。因此该系统收敛条件是 $U_o > 0$，为了保证此条件，需要在图 4-20 的积分器中接入二极管 V_D。

有效值电压表的突出优点是，输出示值就是被测电压的有效值，而与被测电压的波形无关。当然，由于放大器动态范围和工作带宽的限制，对于某些被测信号，例如尖峰过高、高次谐波分量丰富的波形，会产生一定的波形误差。

4.4　电压的数字式测量

4.4.1　数字电压表概述

1. 数字电压表的特点

模拟电压表能够反映被测电压的连续变化,可直接从指针式显示表盘上读取测量结果,具有结构简单、价格低廉、频率范围宽的优点。但由于表头误差和读数误差的限制,模拟式电压表的灵敏度和准确度很难提高。从20世纪50年代发展起来了数字化电压测量方法,利用模数转换器将连续的模拟量转换为数字量进行测量,然后用十进制数字的形式给出测量结果显示。它具有模拟式仪表无法比拟的优点:

(1) 准确度高。直流数字电压表准确度可达 10^{-7} 量级,测量灵敏度(分辨力)达 $1\mu V$。

(2) 数字显示。测量结果以十进制数字显示,消除了指针式仪表的读数误差,且内部有保护电路,过载能力强。

(3) 输入阻抗高。一般的数字电压表的输入阻抗为 $10M\Omega$ 左右,最高可超过 $1000M\Omega$,因而其负载效应几乎可以忽略。

(4) 测量速度快。由于没有指针惯性,数字电压表完成一次测量的时间很短,可小于几微秒(μs)。

(5) 自动化程度高。由于微处理器的应用,中、高挡 DVM 已普遍具有很强的数据存储、计算、自检、自校、自诊断等功能,并配有 IEEE-488 和/或 RS232C 接口,易构成快速自动测试系统。

(6) 功能多样。现在的数字式仪表一般具有多种功能,这种仪表称为数字多用表,具有直流电压(DCV)、直流电流(DCI)、交流电压(ACV)、交流电流(ACI)和电阻(Ω)五项测量功能,有的还有频率、温度等测量功能。

总之,现代的数字电压表具有灵敏度高、准确度高、测量速度快、显示清晰、自动化程度高、便于携带、使用简单等一系列优点,现在已经在绝大多数领域取代了模拟电压表,但交流测量时频率范围不够宽,一般上限频率在1MHz以下。

2. 数字式电压表的组成原理

数字电压表(Digital Voltmeter,DVM)是一种利用模数转换原理,将被测电压(模拟量)转换为数字量,并将测量结果以数字形式显示出来的电子测量仪器。它由模拟电路和数字电路两部分组成。如图 4-21 所示。模拟电路部分包括输入电路和 A/D 转换器。为适应不同的量程及不同输入信号的测量需要,A/D 转换器的输入端一般都有输入电路进行信号调理,包括阻抗变换器、放大器和量程转换器等。A/D 转换器是数字电压表的核心,完成模拟量到数字量的转换,电压表的技术指标如准确度、分辨率等主要取决于这一部分电路。数字电路部分包括计数器、显示器和控制逻辑电路等,完成逻辑控制、译码(将二进制数字转换成十进制数字)和显示功能。

3. 数字电压表的性能指标

衡量数字电压表性能的指标有很多,其中最主要的有测量范围、分辨率、测量误差、输入阻抗、测量速度、抗干扰能力等。掌握它们的正确含义是正解使用数字电压表的前提。

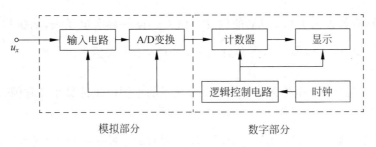

图 4-21　直流数字电压表组成原理

1）测量范围

对于模拟式电压表,利用其量程就可以表征电压的测量范围。但是,对数字式电压表来说,需要量程、显示位数和超量程能力三项指标才能较全面地反映其测量范围。

(1) 量程。数字式电压表的量程包括基本量程和扩展量程。基本量程是指所采用的模数转换器 A/D 的电压范围。扩展量程是以基本量程为基础,借助于步进分压器或前置放大器向两端扩展而得到的多个量程。基本量程通常分为 1V 或 10V,也有 2V 或 5V 的。例如 BY1955A 型高速高精度 DVM 基本量程为 1V,在直流 $1\mu V \sim 1000V$ 量程内划分为 5 挡: 100mV、1V、10V、100V、1000V。SX1842 型 DVM 的基本量程为 2V,分为 20mV、200mV、2V、20V、200V、1000V,共 6 挡。

(2) 显示位数。数字式电压表的测量结果以多位十进制数直接进行显示,因此,数字式电压表的显示位数可用整数或带分数表示。其中整数或带分数的整数部分是指数字电压表完整显示位(能显示 0～9 所有数字的位)的位数;带分数的分数位说明在数字电压表的首位还存在一个非完整显示位,其中分子表示首位能显示的最大十进制数,分母表示满量程的最高位数字。例如,$1999 \approx 2000$,称 $3\frac{1}{2}$ 位;$39\,999 \approx 40\,000$,称 $4\frac{3}{4}$ 位;$499\,999 \approx 500\,000$,称 $5\frac{4}{5}$ 位。

(3) 超量程能力。超量程能力是数字电压表的一个重要特性指标,它反映了数字电压表的基本量程和最大显示值之间的关系。若在基本量程挡,数字电压表的最大显示值大于其量程,则称该数字电压表具有超量程能力。显示位数全是完整位的 DVM,没有超量程能力。带有 1/2 位的 DVM,如按 2V、20V、200V 分挡,也没有超量程能力。带有 1/2 位并以 1V、10V、100V 分挡的 DVM,才具有超量程能力。

例如,某 $3\frac{1}{2}$ 位数字电压表的基本量程为 1V,则可断定该电压表具有超量程能力。因为在基本量程 1V 挡上,它的最大显示值为 1.999V,大于量程 1V。而对于基本量程为 2V 的 $3\frac{1}{2}$ 位数字电压表,则不具备超量程能力,因为在基本量程 2V 挡上,它的最大显示是 1.999V,没有超过量程。

具有超量程能力的数字电压表,当被测电压超过其量程满度值时,显示的测量结果的精度和分辨力不会降低。例如,满量程为 10V 的 4 位数字电压表,当其输入电压从 9.999V 变为 10.001V 时,若数字电压表没有超量程能力,则必须换用 100V 量程挡,从而得到"10.00V"

的显示结果,这样就丢失了 0.001V 的信息。而 $4\frac{1}{2}$ 位的数字电压表,当量程为 10V 时,最高可以显示 19.999V。因而可以正常显示 10.001V,未丢失信息。

2) 分辨率

数字电压表的分辨力是指数字电压表能够显示的被测电压的最小变化值,即在最小量程时,数字电压表显示值的末位跳变 1 个字所需的最小输入电压值。在 DVM 中,通常用每个字对应的电压值来表示。例如,对于 $3\frac{1}{2}$ DVM,2V 量程的分辨率为 $2V/1999 \approx 1/1000V = 1mV$。

由于分辨率与数字电压表中 A/D 转换器的位数有关,位数越多,分辨率越高,故有时称具有多少位的分辨率。例如,12 位 A/D 转换器具有 12 位分辨率,有时也用最低有效位 LSB 的步长表示,把分辨率说成 $1/2^{12}$ 或 $1/4096$。同时分辨率越高,被测电压越小,电压表越灵敏,故有时把分辨率也称做灵敏度。

3) 测量误差

数字电压表的测量误差通常以它的固有误差来表示,即

$$\Delta U = \pm(\alpha\% U_x + \beta\% U_m) \tag{4-32}$$

式中,U_x 为被测电压读数值;U_m 为数字电压表量程满度值;α 为误差的相对项系数,β 为误差的固定项系数,$\pm\alpha\% U_x$ 称为读数误差,$\pm\beta\% U_m$ 称为满度误差。

读数误差项与当前读数有关,它主要包括 DVM 的刻度系数误差和非线性误差。刻度系数理论上是常数,但由于 DVM 输入电路的传输系数(如放大器增益)的漂移,以及 A/D 转换器采用的参考电压的不稳定性,都将引起刻度系数误差。非线性误差则主要由输入电路和 A/D 转换器的非线性引起。

满度误差项与读数无关,只与当前选用的量程有关。它主要由 A/D 转换器的量化误差、DVM 内部电路的零点漂移、内部噪声等引起。因此,可以将满度误差等效为"$\pm n$ 个字"来表示,即

$$\Delta U = \pm(\alpha\% U_x + n \text{ 个字}) \tag{4-33}$$

【例 4-4】 某 $4\frac{1}{2}$ 位直流 DVM 基本量程为 2V,固有误差为 $\pm0.04\% U_x \pm 0.02\% U_m$,问满度误差相当于几个字?

解: 满度误差为

$$\Delta U_{FS} = \pm 0.02\% \times 2 = \pm0.0004V$$

该量程每个字所代表的电压值为

$$U_s = \frac{2}{19\,999} = 0.0001V$$

所以 2V 挡上的满度误差 $\pm0.02\% U_m$,也可用 ±4 个字表示。

【例 4-5】 某 $4\frac{1}{2}$ 位的电压表测量 1.5V 电压,分别用 2V 挡和 200V 挡测量,已知 2V 挡和 200V 挡固有误差分别为 $\pm0.025\% U_x \pm 1$ 个字和 $\pm0.03\% U_x \pm 1$ 个字,问:两种情况下由固有误差引起的测量误差各为多少?

解: 该 DVM 为四位半显示,最大显示为 19 999,所以 2V 挡和 200V 挡的 ±1 个字分别代表

$$U_{e2} = \pm\frac{2}{19\,999} = \pm0.0001V$$

和

$$U_{e200} = \pm \frac{200}{19\ 999} = 0.01\text{V}$$

用 2V 挡测量时的示值相对误差为

$$\gamma_{x2} = \frac{\Delta U_2}{U_x} = \frac{\pm 0.025 U_x \pm 0.000\ 1}{1.5} = \pm 0.032\%$$

用 200V 挡测量时的示值相对误差为

$$\gamma_{x200} = \frac{\Delta U_{200}}{U_x} = \frac{\pm 0.03 U_x \pm 0.01}{1.5} = \pm 0.03\% \pm 0.67\% = \pm 0.70\%$$

由此可以看出,不同量程"±1 个字"误差对测量结果的影响也不一样,测量时应尽量选择合适的量程。

4)输入阻抗

数字电压表的输入阻抗通常很高,在进行测量时从被测系统吸取的电流极小,可大大减小对被测系统工作状态的影响。

在直流测量时,数字电压表的输入阻抗用输入电阻 R_i 表示,量程不同,其 R_i 也不同,一般为 $10 \sim 1000\text{M}\Omega$,最高可达 $10^6\text{M}\Omega$。

在交流测量时,数字电压表的输入阻抗用输入电阻 R_i 和输入电容 C_i 的并联值表示,电容 C_i 通常在几十至几百皮法之间。

5)测量速度

测量速度是指数字电压表每秒钟对被测电压的测量次数,或者用测量一次所需的时间来表示。它主要取决于数字电压表所使用的 A/D 转换器的转换速度。积分型 DVM 速度较低,一般在几次/秒至几百次/秒之间,而逐次比较型 DVM 可达每秒一百万次以上。

6)抗干扰能力

由于 DVM 的灵敏度很高,因而对外部干扰的抑制能力就成为保证它的高精度测量能力的重要因素。按照干扰源在测量输入端的作用方式,可分为串模干扰和共模干扰两种。

(1)串模干扰。串模干扰是指干扰电压 U_{sm} 以串联形式与被测电压 U_x 叠加后加到 DVM 输入端,如图 4-22 所示。图 4-22(a)是串模干扰来自被测信号源本身,如整流滤波电路的纹波电压;图 4-22(b)是串模干扰由引线感应而接收来的。串模干扰的频率范围从直流、低频直至超高频,其波形有周期性的正弦波或非正弦波,也有非周期性的脉冲和随机干扰。

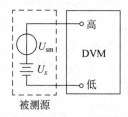 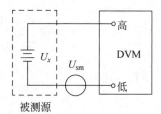

(a) 被测信号源本身带来的串模干扰　　　(b) 引线感应引起的串模干扰

图 4-22　串模干扰示意图

DVM 对串模干扰的抑制能力用串模抑制比(SMRR)来表示

$$\text{SMRR} = 20\lg \frac{U_{smp}}{\Delta U_{max}}\text{dB} \qquad (4\text{-}34)$$

式中，U_{smp} 为串模干扰电压的峰值；ΔU_{max} 为由 U_{sm} 引起的最大显示误差。SMRR 越大，表示 DVM 的抗串模干扰能力超强，一般为 $20\sim 60\mathrm{dB}$。

串模干扰的基本抑制方法有输入滤波法和积分平均法。这两种方法都在一定程度上削弱信号中的高频分量，这将影响仪表对被测信号的响应速度，降低读数速率。其中积分平均法在对高频成分进行削弱的同时还能对某些频率的干扰信号专门进行抑制，这在对工频干扰的抑制方面具有重要意义，因此它是数字式电压表常使用的一种方案。下面对积分平均法进行分析。

设串模干扰电压为一正弦波，通常以 50Hz 工频干扰出现，如图 4-23 所示。

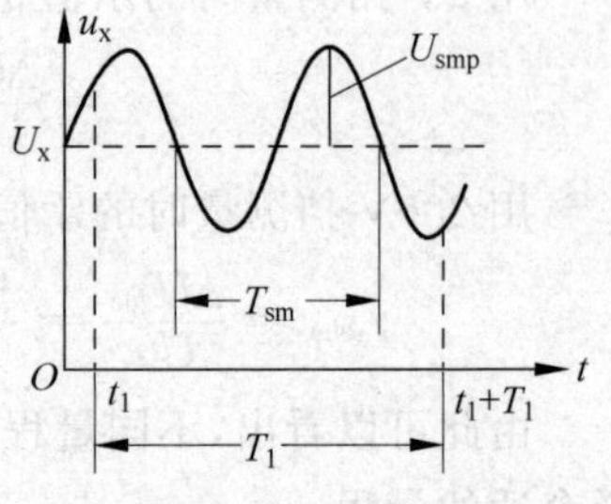

图 4-23　串模干扰电压波形

串模干扰 $U_{smp}\sin\omega t$，加到 DVM 输入端的电压

$$u_x = U_x + U_{smp}\sin\omega t$$

式中，U_x 是被测的直流电压，ω 是干扰源的角频率。

设 DVM 的积分时间为 T_1，在 T_1 内经积分后的电压反映了 u_x 的平均值 $\bar{u}_x$。

$$\bar{u}_x = \frac{1}{T_1}\int_{t_1}^{t_1+T_1} u_x\,\mathrm{d}t = U_x + \frac{1}{T_1}\int_{t_1}^{t_1+T_1} U_{smp}\sin\omega t\,\mathrm{d}t$$

$$\Delta u = \frac{1}{T_1}\int_{t_1}^{t_1+T_1} U_{smp}\sin\omega t\,\mathrm{d}t = -\frac{U_{smp}}{T_1\omega}\left[\cos\omega(t_1+T_1) - \cos\omega t_1\right]$$

$$= \frac{2U_{smp}}{T_1\omega}\sin\frac{\omega(2t_1+T_1)}{2}\cdot\sin\frac{\omega T_1}{2}$$

Δu 大小与积分起点 t_1 有关，考虑最大可能性，令 $\sin\dfrac{\omega(2t_1+T_1)}{2}=1$，则有

$$\Delta U_{max} = \frac{2U_{smp}}{\omega T_1}\cdot\sin\frac{\omega T_1}{2} = \frac{2U_{smp}T_{sm}}{T_1 2\pi}\cdot\sin\frac{2\pi T_1}{2T_{sm}}$$

$$= \frac{U_{smp}T_{sm}}{\pi T_1}\cdot\sin\frac{\pi T_1}{T_{sm}}$$

根据 SMRR 定义求得

$$\mathrm{SMRR} = 20\lg\frac{U_{smp}}{\Delta U_{max}} = 20\lg\frac{U_{smp}}{\dfrac{U_{smp}T_{sm}}{\pi T_1}\cdot\sin\dfrac{\pi T_1}{T_{sm}}}$$

$$= 20\lg\frac{\pi T_1}{T_{sm}\sin\dfrac{\pi T_1}{T_{sm}}} \tag{4-35}$$

如果取 $T_1 = nT_{sm}$，这时

$$\mathrm{SMRR} = 20\lg\frac{\dfrac{\pi nT_{sm}}{T_{sm}}}{\sin\dfrac{\pi nT_{sm}}{T_{sm}}} = 20\lg\frac{n\pi}{\sin n\pi} \tag{4-36}$$

由上分析，可以得出如下结论：

① 对于一定的积分时间 T_1，干扰频率愈高（T_{sm} 愈小），SMRR 越大，因此串模干扰的危害主要在低频。

② 若 $T_1 = nT_{sm}(n=1,2,\cdots)$ 则 SMRR $=+\infty$，干扰信号完全消除。对于 50Hz 的工频干扰，它的 $T_{sm}=20ms$，因此积分型 DVM 通常使用的采样时间为 20ms 的整数倍，一般取正向积分时间 $T_1=60\sim 80ms$。当然，T_1 取值愈大，平均效果愈好，但将降低测量速度。

（2）共模干扰。被测信号的地线与电压表地线（机壳）之间存在电位差 U_{cm} 时，它们产生的电流对高低两根测试线都有干扰，这个干扰源 U_{cm} 称共模干扰。如图 4-24 所示，Z_1、Z_2 是 DVM 两个输入端与机壳间的绝缘阻抗，一般 Z_1 与 Z_2 不相等，$Z_1 \gg Z_2$。R_1 和 R_2 是输入信号线的电阻。

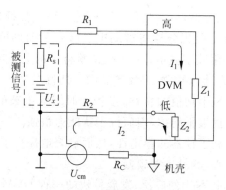

图 4-24 共模干扰示意图

当被测信号的地端与 DVM 机壳间存在共模干扰源电压 U_{cm} 时，将产生干扰电流 I_1 和 I_2，分别串入 R_1 和 R_2 两个支路（因而称共模干扰）。I_1 在信号线内阻 R_s 及 R_1 上的压降，以及 I_2 在 R_2 上的压降，分别转换成串模干扰后，对测量产生影响。

对共模干扰的抑制能力用共模抑制比（CMRR）来表示

$$\text{CMRR} = 20\lg\frac{U_{cmp}}{\Delta U_{max}}\text{dB} \tag{4-37}$$

式中，U_{cm} 为共模干扰电压的峰值；ΔU_{max} 为共模干扰引起的最大显示误差。

由于 $Z_1 \gg Z_2$，若不计干扰电源 I_1 的影响时，$\Delta U_{max} \approx I_{2m} \cdot R_2$，而

$$I_{2m} = \frac{U_{cmp}}{R_2 + R_C + Z_2} \approx \frac{U_{cmp}}{Z_2}$$

因 R_1 和 R_C 均为导体电阻，一般较小，所以 $Z_2 \gg (R_2 + R_C)$。这时

$$\text{CMRR} \approx 20\lg\frac{I_{2m} \cdot Z_2}{I_{2m} \cdot R_2} = 20\lg\frac{Z_2}{R_2}\text{dB} \tag{4-38}$$

由式（4-38）可知，当 R_2 一定时，尽量增大 Z_2 便可以增大 CMRR。通常 DVM 为提高 CMRR，常采用浮地屏蔽技术，即仪器内部电路的地接机壳，两条测试线不设接地端，分别称为高（H）端和低（L）端。

4. 数字电压表的分类

数字电压表的分类方法很多，有按位数分的，如三位半、五位、八位；有按测量速度分的，如高速、低速；有按体积、质量分的，如袖珍式、便携式、台式。但最常用的是按 A/D 转换的方式不同进行分类，可分为直接转换型和间接转换型两大类。

1）直接转换型

直接转换型也称为比较型，其原理是将被测电压与基准电压比较，在比较过程中，被测

电压被量化为数字量,直接用电子计数器计数,数字显示测量结果。其特点是:

- 测量速度快;
- 测量精度取决于标准电阻与基准源的精度,精度可以做得很高;
- 因为测的是瞬时值,所以抗串模干扰的能力差。

若增加输入滤波器,可提高抗干扰能力,但由于 RC 时间常数增加,必然会降低测量速度。

2)间接转换型

间接转换型也称为双积分型,包括电压-时间变换(V-T 变换)和电压-频率变换(V-f 变换)两大类。V-T 变换原理是用积分器将被测电压转化为时间间隔,然后用电子计数器在此时间间隔内累计脉冲数,用数字显示;V-f 变换是将被测电压经过积分转变为频率(计数脉冲),在标准闸门时间内累计脉冲数,用数字显示。其特点是:

- 采用积分器具有测量平均值的特性,当积分时间为工频的整周期,混杂在直流里的电源频率及谐波干扰被平均掉,因而抗干扰能力很强。
- 由于积分的结果提高了仪器的稳定性,从而显著地提高了精度。
- 也因为存在积分过程,测量速度较慢。

但总的看来,积分型是目前用的广泛、发展较快的一种 DVM。

A/D 转换器是数字电压表的核心,决定了数字电压表的主要性能指标。不同 A/D 转换器具有不同的工作原理和不同的特性,对于高档数字电压表,有时还采用几种 A/D 转换器原理相结合的办法进行特别设计。以下各节将以 A/D 转换器为核心部件,从原理上介绍 A/D 转换在 DVM 中的典型应用。

4.4.2 比较式 A/D 转换器

1. 逐次逼近比较式 A/D 转换器

逐次逼近比较式 A/D 转换器的基本原理是将被测电压 U_x 和一可变的基准电压进行逐次比较,最终逼近被测电压,即采用的是一种"对分搜索"的策略,逐步缩小 U_x 未知范围的办法。此搜索和逼近过程完全与天平称重物过程相类似。天平称重物时,被测重物放在天平的左盘,把砝码盒中的砝码由大到小依次放入天平右盘中,根据"大则弃,小于等于则留"的原则,逐一进行比较,直到天平平衡或最小砝码用完为止,则被测重物的质量等于天平右盘中砝码重量之和。

1)结构组成

比照天平称重物的过程,逐次逼近比较法电路的基本组成如图 4-25 所示,主要由 4 部分构成:

(1)有一个高灵敏度电压比较器,相当于天平,对基准电压 U_r 和被测电压 u_x 进行比较、判断,以决定每次所加电压该"留码"还是"去码"。

(2)有一套分组的基准电压源,相当于天平的砝码,由解码开关网络来实现,实质上是个 D/A 转换器,是按 8421 编码的权电阻网络。该网络加有基准源 E_r 与权电阻配合产生各种规格的电压砝码。

(3)用数码寄存器把每次比较的结果,以"1"或"0"的形式记忆下来,并用它控制 D/A 转换器,实现"留码"或"去码"。

（4）要有一个完善的程控电路，以实现整机的逻辑动作，包括：产生时钟信号、并形成节拍脉冲，使被测电压与基准电压逐次比较，同时把每次比较结果送往寄存器，并用它去控制解码开关网络的输出电压。

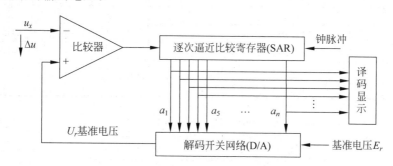

图 4-25　逐次逼近比较式 DVM 框图

2）转换过程

下面以一个 6 位 A/D 转换器为例来说明完成一次转换的全过程。设被测电压 u_x 为 3.3V，参考电压 E_r 为 10V，则 A/D 转换器的转换步骤为：

① 控制电路发出的起始脉冲使 A/D 转换开始，第一个钟脉冲 CP_1 使逐次逼近寄存器 SAR 的最高位 2^{-1} 为"1"，SAR 输出一个基准码（100000），经 D/A 转换器输出参考电压 $U_r = 2^{-1} \times 10 = 5V$，此时 5V＞3.3V，比较器输出为低电平，因此，当第二个钟脉冲来到时，SAR 的最高位将回到"0"，此过程称为"大者弃"。

② 第二个钟脉冲 CP_2 到来时，最高位回到"0"的同时，次高位 2^{-2} 被置于"1"，基准码为 010000，经 D/A 转换器输出参考电压 $U_r = 2^{-2} \times 10 = 2.5V$。此时 2.5V＜3.3V，比较器输出为高电平，此位保留"1"，称为"小者留"。

③ 第三个钟脉冲 CP_3 到来时，第三位 2^{-3} 被置"1"，此时 SAR 的输出为 011000，经 D/A 转换器输出参考电压为 $U_r = (2^{-2} + 2^{-3}) \times 10 = 3.75V$。此时 3.75V＞3.3V，比较器输出为低电平，此位置为"0"。

④ 第四个钟脉冲 CP_4 到来时，第四位 2^{-4} 被置于"1"，此时 SAR 输出为 010100，经 D/A 转换器输出参考电压为 $U_r = (2^{-2} + 2^{-4}) \times 10 = 3.125V$。此时 3.125V＜3.3V，比较器输出为高电平，此位保留"1"。

⑤ 第五个钟脉冲 CP_5 到来时，第五位 2^{-5} 被置"1"，此时 SAR 的输出为 010110，经 D/A 转换器输出参考电压为 $U_r = (2^{-2} + 2^{-4} + 2^{-5}) \times 10 = 3.4375V$。此时 3.4375V＞3.3V，比较器输出为低电平，此位置为"0"。

⑥ 第六个钟脉冲 CP_6 到来时，第六位 2^{-6} 被置于"1"，此时 SAR 输出为 010101，经 D/A 转换器输出参考电压为 $U_r = (2^{-2} + 2^{-4} + 2^{-6}) \times 10 = 3.28125V$。此时 3.28125V＜3.3V，比较器输出为高电平，此位保留"1"。

在逐次进行了 6 次比较之后，最后 SAR 输出为 010101，这就是最终得到的 A/D 转换器的输出数据，从而完成了一次 A/D 转换的全部比较程序。若用做 DVM，只要将 SAR 的输出数据送经译码器，然后以十进制数显示被测结果。

总结上面的逐次逼近过程可知，从大到小逐次给出参考电压值，按照"大者去、小者留"的原则，直至得到最后转换结果。比较过程见表 4-2 所示，工作波形图如图 4-26 所示。

表 4-2 逐次逼近比较式 DVM 的比较过程

钟脉冲	电压砝码输出	比较结果	数码寄存器输出
CP_1	$2^{-1} \times 10 = 5V$	去	100000
CP_2	$2^{-2} \times 10 = 2.5V$	留	010000
CP_3	$(2^{-2} + 2^{-3}) \times 10 = 3.75V$	去	011000
CP_4	$(2^{-2} + 2^{-4}) \times 10 = 3.125V$	留	010100
CP_5	$(2^{-2} + 2^{-4} + 2^{-5}) \times 10 = 3.4375V$	去	010110
CP_6	$(2^{-2} + 2^{-4} + 2^{-6}) \times 10 = 3.28125V$	留	010101

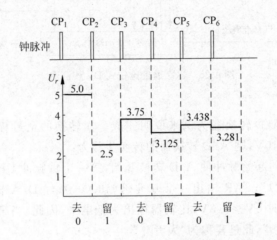

图 4-26 逐次逼近比较式 A/D 转换器工作波形

在上述转换过程中,基准电压是关键,它是由逐次逼近寄存器输出的数字量通过解码开关网络而产生的。例如,基准电压源的 $E_r = 10V$,对于 6 位 D/A 转换器来说,当 SAR 输出 100000 时,输出模拟电压 $U_r = 2^{-1} \times 10 = 5V$,此过程就是 D/A 转换。

图 4-27 是权电阻 D/A 转换原理图,其中 $K_1 \sim K_6$ 是电子开关,其通断对应于相应位的取值,当 K_6 闭合,其余断开,则 $U_r = -2^{-1} E_r$。当 K_5 闭合,其余断开,则 $U_r = -2^{-2} E_r$。因为是线性网络,因此上例中 SAR 输出为 010101 时,解码开关网络 K_2、K_4、K_6 闭合,其余断开,则输出的模拟电压 $U_r = (2^{-2} + 2^{-4} + 2^{-6}) E_r$。

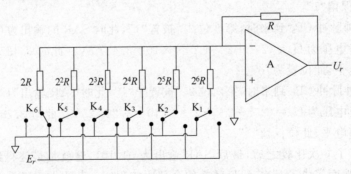

图 4-27 权电阻 D/A 转换原理图

权电阻解码电路中电阻个数较少,但阻值大小不一,制造较为困难。如图 4-28 所示的 T 型解码电路虽然电阻个数较多,但电阻值仅为两种,很适宜集成制造工艺。

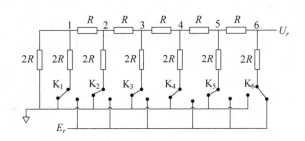

图 4-28　T 型解码电路

3）性能特点

逐次逼近比较式 A/D 转换器的准确度由基准电压、D/A 转换器和比较器的漂移等决定，其转换时间与输入电压大小无关，仅由它的输出数码的位数和钟频决定，这种 A/D 转换器能兼顾速度、精度和成本三个主要方面的要求。

总的来说，逐次逼近比较式 A/D 转换器采用对分搜索逐次逼近的直接比较方法，转换速度较快，但由于直接与被测电压比较，也容易受到干扰。

2. 余数循环比较式 A/D 转换器

逐次逼近比较式 A/D 转换器完成了一次全部比较程序之后，不一定正好等于被测电压值，只能是逼近，因此会有剩余误差。若要减小误差，提高分辨率，只有增加位数，而位数太多，不仅电路复杂，增加成本，关键是末尾比较电压太小，易受到干扰噪声影响，以至无法工作。

若将完成了一遍全部比较程序之后的相差的余数（剩余误差）保存下来，放大后再比较一次，当有误差时再比较一遍，这样反复循环比较下去，则分辨率可以无限提高。这种方法称为余数循环比较，它在硬件上比较简单，无需很多位数，通过循环比较就可以获得很高的分辨率。

1）工作原理

余数循环比较式 A/D 转换器简化方框图如图 4-29 所示。图中 A_1 放大倍数为 1，A_2 放大倍数为 10，S/H 为采样/保持电路，极性检测电路判别 U_x 的极性，数据检测电路实际上是一位 BCD 或二进制数的 A/D 转换器，C 为比较器。被测电压 U_x 通过开关 S_1（位置 1）作用于比较器 C 的同相输入端，D/A 转换器的输出 U_D 作用于 C 的反相输入端，D/A 转换器所需基准电压 U_s 的极性由控制电路根据比较器 C 输出端的状态进行选择。比较器同相端的输入电压 U_x 及 D/A 转换器输出电压 U_D 同时作用于减法器 A_1 的两个输入端，所得差值电压 U_1 经 A_2 进行放大成 U_2，并通过开关 S_2（位置 1）作用于 S/H_1 电路。至此第一次比较结束，所得数码为 D/A 转换器的输入数码，尚有余数电压 $U_x' = U_2 = 10 \times (U_x - U_D)$ 存于电容 C_2 上。第二次比较时，S_1 置于位置 3，以上次余数存储电压 U_x' 加到比较器 C 的同相输入端，进行第二次比较。在第二次比较时 S_2 在位置 2，得新的余数电压 $10 \times (U_x' - U_D)$ 存于 C_1，作为第三次比较时的 U_x'。如此循环下去，所以有余数循环比较式 A/D 转换之称。假设多次循环比较过程中每次（或每个节拍）得数码 N_n，n 为循环比较次数（$n = 1, 2, \cdots$），余数循环式 A/D 转换器总的转换结果 N 为各次转换时 D/A 数码 N_n 的加权，若 D/A 是一位 BCD 码转换器，此时 A_2 放大倍数为 10，则有

$$N = N_1 \times 10^0 + N_2 \times 10^{-1} + \cdots + N_n \times 10^{-(n-1)} \quad (4\text{-}39)$$

若 D/A 是二进制转换器，此时 A_2 放大倍数为 16，则有

$$N = N_1 \times 16^0 + N_2 \times 16^{-1} + \cdots + N_n \times 16^{-(n-1)} \quad (4\text{-}40)$$

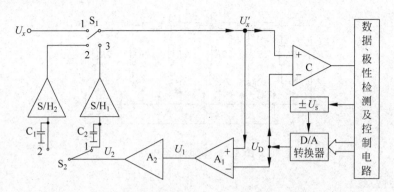

图 4-29　余数循环比较式 A/D 转换原理图

现以输入电压 $U_x = +7.9053\text{V}$ 为例,结合表 4-3 说明循环比较过程。

第 1 次：S_1 置 1,S_2 置 1,$U_x' = U_i = +7.9053\text{V}$,数据检测 0111,经 D/A 转换后 $U_D = 7\text{V}$,$U_1 = U_x' - U_D = +0.9053\text{V}$,$U_2 = 9.053\text{V}$,存于 C_2。

第 2 次：S_1 置 3,S_2 置 2,$U_x' = U_{c2} = 9.053\text{V}$,数据检测 1001,$U_D = 9\text{V}$,$U_1 = 0.053\text{V}$,$U_2 = 0.53\text{V}$,存于 C_1。

以下比较过程在表 4-3 中已详细说明,不再赘述。当第 5 次比较完后,余数已为 0,比较结束。

表 4-3　余数循环比较过程

序号	S_1	S_2	输入电压或余数存储电压(V)	极性判别	数据检测 8 4 2 1	D/A 输出 U_2	余数电压 U_1(V)	余数存储电压 U_2(V)
1	1	1	$+7.9053$	$+$	0 1 1 1	7	$+0.9053$	$+9.053$
2	3	2	9.053	$+$	1 0 0 1	9	0.053	0.53
3	2	1	0.53	$+$	0 0 0 0	0	0.53	5.3
4	3	2	5.3	$+$	0 1 0 1	5	0.3	3.0
5	2	1	3	$+$	0 0 1 1	3	0	0

在该例中,D/A 为一位 BCD 输入码,根据表 4-3 的转换过程得余数循环 A/D 转换结果为

$$N = 7 \times 10^0 + 9 \times 10^{-1} + 0 \times 10^{-2} + 5 \times 10^{-3} + 3 \times 10^{-4} = 7.9053\text{V}$$

因为式(4-39)是采用 BCD 码,所以权值的底数为 10,A_2 放大倍数应该为 10。

2) 性能特点

余数循环式 A/D 转换器的特点如下：

(1) 分辨率高。从上例可知,转换过程可以不断地进行下去,每转换一次分辨率就可以提高一个数量级。然而,实际上受到电路元器件的热噪声、保持电容的泄漏和介质吸收效应以及 D/A 转换的非线性等因素限制。因此,目前余数循环比较式 A/D 转换器的分辨率还仅限于 $10^{-6} \sim 10^{-7}$ 量级。

(2) 转换速度快。余数循环式 A/D 转换器的转换速度与 D/A 的转换速度,比较器、衰减器、余数放大器、S/H 电路的响应速度,以及在开关 S_1 改变位置时余数模拟电压的建立时间等有关。据文献介绍,完成一次 22bit 转换约需 1.6ms 时间,远低于积分式 A/D 转换

器的转换时间,因此这种 A/D 转换器用于 DVM 可以大大提高读数速率。

3. 并联比较式 A/D 转换器(Flash A/D)

1) 工作原理

并联比较式 A/D 转换器转换速率很快,最高采样速率可达 1000MSa/s(兆次采样每秒)。现以一个简单的电路来说明其工作原理,如图 4-30 所示。它由 3 个比较器 C_1、C_2、C_3 和一串基准电压构成。被测的输入模拟电压 U_x 同时加到 3 个比较器的同相输入端,基准电压加到比较器的反相输入端。各比较器的基准电压分别为 0.25V、0.5V、0.75V。当输入电压 U_x 比基准电压低时,比较器输出低电平"0";反之,输出高电平"1"。U_x 的范围和各比较器的输出电压的关系如表 4-4 所示。

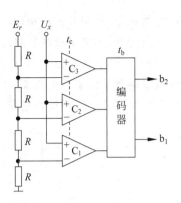

图 4-30 并联比较式 A/D 转换器原理图

表 4-4 输入电压与各比较器输出电平的关系

输入模拟电压 U_x	比较器 C_3 C_2 C_1	编码器 b_2 b_1
$U_x < 0.25V$	0 0 0	0 0
$0.25V < U_x < 0.5V$	0 0 1	0 1
$0.5V < U_x < 0.75V$	0 1 1	1 0
$0.75V < U_x$	1 1 1	1 1

由表 4-4 可见,三个比较器的输出电平将反映输入电压 u_x 的大小。比较器的输出经编码器变换为二进制码或 BCD 码后作为 A/D 转换器的输出。可见,输出数码 b_2 b_1 能反映输入电压 U_i 的大小,实现了模数转换的功能。

2) 性能特点

并联比较式 A/D 转换器的优缺点如下:

(1) 由于采用同时比较方式,因此它是一种速度最快的 A/D 转换器,其转换时间主要取决于比较器的上升时间及编码器的工作延迟时间等。目前,三位或四位的并联比较式 A/D 转换器的转换时间可达 10ns。

(2) 转换时间为固定值,不随输入电压的改变而变化。

(3) 电路复杂,需要的元器件多,成本高。为了得到 n 位的分辨率,并联比较式 A/D 转换器需要 $2^n - 1$ 个比较器。例如,要得到 8 位的分辨率,则需要 255 个比较器,而且编码逻辑电路也要相应增加。

4.4.3 双积分 A/D 转换器

1. 工作原理

双积分 A/D 转换器即双斜式 A/D 转换器,属于 V-T 变换式,其基本原理是在一个测量周期内,首先将被测电压 U_x 加到积分器的输入端,在固定时间内进行积分,也称定时积分;然后切断 U_x,在积分器的输入端加与 U_x 极性相反的标准电压 U_N,由于 U_N 一定,所以称定值积分,但积分方向相反,直到积分输出达到起始电平为止,从而将 U_x 转换成时间间隔进行测量,用电子计数器对此时间间隔进行计数,即为 U_x 的值。

图 4-31 为双积分式 A/D 转换器的原理框图,它由模拟电路和数字电路两部分构成。模拟电路部分由基准电压源 $+U_N$ 和 $-U_N$、模拟开关 $S_1 \sim S_4$、积分器 A 和零比较器等组成;数字电路部分由控制逻辑电路、时钟发生器、计数器与寄存器等组成。

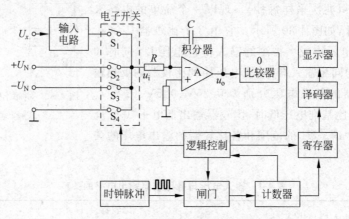

图 4-31 双积分式 A/D 转换器原理框图

2. 转换过程

双积分 A/D 转换器工作过程分为三个阶段,如图 4-32 所示。

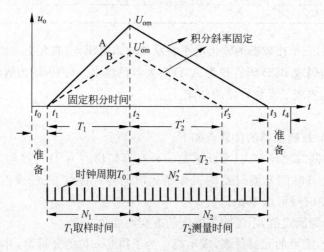

图 4-32 双积分 A/D 转换过程示意图

(1) 准备阶段$(t_0 - t_1)$:也称为复位阶段,控制逻辑使开关 S_4 接地,$S_1 \sim S_3$ 断开,积分电容 C 短接,使积分器输入、输出为零,作为初始状态,为取样做准备。

(2) 取样阶段$(t_1 - t_2)$:也称为定时积分阶段,t_1 时刻,控制逻辑发出取样指令,接通 S_1,断开 $S_2 \sim S_4$,被测电压 $(-U_x)$(设 $-U_x$ 为负值)加到积分器的输入端,积分器输出电压 u_o 线性上升,且 $u_o > 0$,零比较器输出由低电平跳变到高电平,打开计数闸门,时钟脉冲通过闸门,计数器开始减法计数,由于时钟是等周期 T_0 的脉冲,这里的技术实质上就是计时。经过预置时间 T_1(对应计数器预置初值 N_1)到达 t_2 时刻,计数器溢出,并复零,此时积分器输出达到最大值。

$$U_{om} = -\frac{1}{RC}\int_{t_1}^{t_2}(-U_x)dt = \frac{T_1}{RC}U_x = \frac{N_1 T_0}{RC}U_x \qquad (4-41)$$

积分器的输出电压最大值与被测电压平均值成正比。设时钟脉冲的周期 $T_0 = 10\mu s$，$N_1 = 6000$，则

$$T_1 = N_1 T_0 = 6000 \times 10 \times 10^{-4} = 60ms$$

所以，$t_1 \sim t_2$ 区间是定时积分，T_1 是预先设定的。定时积分的斜率由 U_x 决定（U_x 大，充电电流也大，斜度大，U_{om} 的值则大）。当 U_x（绝对值）减小时，其顶点为 U'_{om}，如图 4-32 虚线所示，由于是定时积分，因而 U'_{om} 与 U_{om} 在一条直线上。

（3）比较阶段（$t_2 - t_3$）：也称为定值积分阶段，在取样结束，计数器复零时，控制逻辑断开 S_1，接通正基准电压 U_N，U_N 接到积分器输入端，进行反向积分，输出 u_o 线性下降。与此同时，计数器从零开始加法计数到达 t_3 时刻，积分器输出 $u_o = 0$，零比较器由高电平跳到低电平，闸门关闭，停止计数。设此时计数器值为 N_2，则反向积分时间 $T_2 = t_3 - t_2 = N_2 T_0$，在 t_3 时刻，$u_o = 0$，则

$$U_{om} - \frac{1}{RC}\int_{t_2}^{t_3}U_N dt = 0 \qquad (4-42)$$

推导得

$$U_{om} = \frac{1}{RC}\int_{t_2}^{t_3}U_N dt = \frac{T_2}{RC}U_N = \frac{N_2 T_0}{RC}U_N \qquad (4-43)$$

将式（4-41）代入式（4-43）得

$$U_x = \frac{T_2}{T_1}U_N = \frac{N_2}{N_1}U_N = eN_2 \qquad (4-44)$$

式中，e 为刻度系数，表示一个数字代表多少伏电压（V/Word，即伏每字）。例如，$U_N = 10V$，$N_1 = 10\,000$，则 $e = U_N/N_1 = 1mV/Word$。

通过上述两次积分过程，就可以得到被测电压值。适当地选择时钟周期 T_0 和取样时间，可以使计数器的计数值直接对应被测电压值。如果被测电压为正 U_x，只须在比较开始时将基准电压 $-U_N$ 接入即可。由式（4-44）可以看到，计数结果与 RC 元件无关，因而对积分元件的精度要求不高，另外取样和比较阶段都是使用同一计数器对同一时钟源脉冲计数，因而对时钟源要求也不高。

3. 性能特点

（1）从 A/D 变换的角度看，它通过两次积分将 U_x 转换成与之成正比的时间间隔，故又称 V-T 变换式。

（2）从 $U_x = \frac{N_2}{N_1}U_N$ 中可见，N_1、U_N 均为常量，电路参数 R、C、T_0 没有出现在式中，表明测量精度与 R、C、T_0 无关，从而降低了对 R、C、T_0 的要求。这是因为在采样和比较测量两个阶段内使用的是同一积分器和时钟信号，其影响可以相互抵消。

（3）对参考电压 U_N 的稳定性和准确度要求很高。参考电压 U_N 的稳定性和准确度直接影响到 A/D 转换结果，所以需要采用精密基准电压源。例如，一个 16bit 的 A/D 转换器，其分辨率为 $1/2^{16} \approx 15 \times 10^{-6}$，那么，要求电压基准的稳定性（主要是温度漂移）优于 15×10^{-6}。

（4）积分器时间常数较大，具有对 U_x 的滤波作用，消除了 U_x 中的干扰，故双积分式

DVM 具有较强的抗干扰能力。

（5）由于积分是个缓慢过程，降低了测量速度。为了抑制电源 50 Hz 工频干扰，一般 T_1 取 20~100ms，再加上 T_2 时间，故测量速率一般只有 5~30 次/秒。

（6）目前双积分式 A/D 转换器普遍实现了单片集成化。在普及型 DVM 中应用最为广泛。常见的型号：三位半有 ICL-7106、7107、7116、7126、7136、MC14433、MAX138、139、140；四位半有 ICL7135、7129 等。

4. 双积分式 DVM 的电路技术

1）模拟开关和积分器的隔离电路

由以上分析可知，实现两次积分是用开关 S_1~S_4 切换，这里 S_1~S_4 是用 CMOS 电路构成的模拟开关。模拟开关的接通电阻一般为几十欧姆，分别记作 R_{s1} 和 R_{s2}。

若 $R_{s1} = R_{s2}$，两次积分的时间常数相等，不会产生误差；若 $R_{s1} \neq R_{s2}$，显然会产生误差，这时定时积分时间常数为 $(R + R_{s1}) \cdot C$，定值积分时间常数为 $(R + R_{s2}) \cdot C$，若 $R_{s1} < R_{s2}$，定值积分时间由 T_2 变为 T_2'，如图 4-33 所示。为克服模拟开关内阻所引起的误差，在模拟开关和积分器之间插入一级跟随器作隔离（如图 4-34 所示），由于跟随器输入阻抗很高，输出阻抗很低，设输出电阻为 R_o，则积分时间常数 $(R + R_o) \cdot C$，与模拟开关内阻 R_{s1}、R_{s2} 无关。

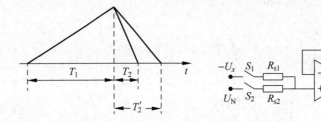

图 4-33　模拟开关引起的积分误差　　　　图 4-34　电压跟随器的隔离作用

2）自调零电路

众所周知，凡有源器件都存在各种漂移，当输入为零时，输出不为零，在测量仪表中的各种漂移都以测量误差表现出来。积分器和比较器由于采用运算放大器，不可避免地存在失调电压，分别记作 ΔU_1、ΔU_2。首先，假定积分器存在失调电压 ΔU_1，且 $\Delta U_1 < 0$，ΔU_1 引起的积分输出与 U_x 引起的积分输出叠加，使定值积分时间由 T_2 变为 T_2'，如图 4-35 所示。若比较器存在失调电压 ΔU_2，且 $\Delta U_2 < 0$，使定值积分的终止点由零点变为 ΔU_2 点，亦造成积分时间由 T_2 变为 T_2'，如图 4-36 所示。

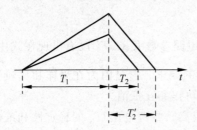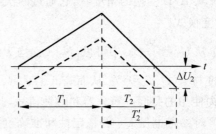

图 4-35　积分器失调电压引起的误差　　　　图 4-36　比较器失调电压引起的误差

补偿失调电压实际上是调零技术，即输入 $U_x = 0$ 时数字显示亦为零。在 DVM 中，采用的是自动调零,即在 A/D 转换之前,将积分器、比较器的失调电压抵消。自动调零电路如图 4-37 所示,在 A/D 转换之前,S_3、S_4 闭合,得简化电路如图 4-38 所示,在积分器输入端列方程,有

$$\Delta U_1 + U_{o2} = 0$$

在比较器输入端列方程有

$$\Delta U_2 = U_{o1}$$

U_{o1}、U_{o2} 分别是积分器、比较器的输出。可见,在积分电容 C_1 上充有比较器的失调电压 ΔU_2,而在补偿电容 C_2 上充有积分器的失调电压 ΔU_1,此后 S_3、S_4 断开,A/D 转换开始,接入 U_x,这时积分器的失调电压 C_2 上的电压抵消。又由于积分电容 C_1 上充有比较器的失调电压 ΔU_2,积分器的输出恰好从偏离比较器的失调电压处开始,使比较器的失调电压被抵消,如图 4-36 虚线所示。

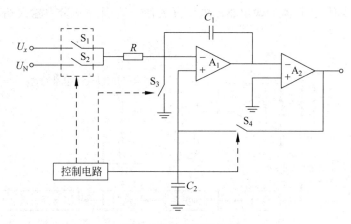

图 4-37　自动调零电路

3) 单双基准电源变换电路

定值积分期间要接入与 U_x 极性相反的正或负基准源,对基准源的要求是很严格的,例如要选用两支参数一致的稳压元件,这是较难实现的,因此,设想采用一个基准电源,用变换电路将单基准变为双基准,这在集成化 A/D 变换中较易实现。图 4-39 给出一种方案,它是利用基准电容 C_N 产生负基准源,在定时积分期间,S_2 接通,使 C_N 充有基准电压 U_N;在定值积分期间,若 U_x 为正,S_2、S_3 断开,S_4 接通,相当于接入 $-U_N$;若 U_x 为负,S_4 断开,S_2、S_3 接通,接入 $+U_N$。

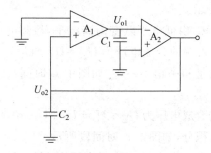

图 4-38　自动调零简化电路

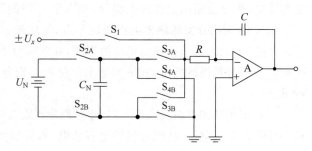

图 4-39　单双基准电源变换电路

4.4.4 脉宽调制法 A/D 转换器

1. 工作原理

脉宽调制法 A/D 转换器是积分式 A/D 转换器的一种形式,它将被测电压转换成与之成比例的脉冲宽度,对脉宽进行计数,就得到数字量,属于 V-T 变换式。原理框图如图 4-40 所示,由积分器 A_1、零比较器 A_2、方波发生器、电子开关及电子计数器等构成。与双积分 A/D 转换器的差别在于积分器的输入电压不仅有被测电压 U_x、基准电压 U_r,还有方波发生器产生的方波电压 U_c,此方波电压也称为节拍电压,具有频率固定、正、负半波等宽、幅值大于 U_x 和 U_r 幅值之和的特点。基准电压 U_r 幅值大于被测电压 U_x 的幅值,其正向接入和反向接入的时间由电子开关根据积分器输出电压用比较器来控制,即:积分器的输出电压 u_1 与零比较器比较,当 $u_1>0$ 时,比较器的输出驱动电子开关使 $+U_r$ 加于积分器输入端;当 $u_1<0$ 时,比较器的输出驱动电子开关使 $-U_r$ 加于积分器输入端,构成了一个闭环反馈系统。

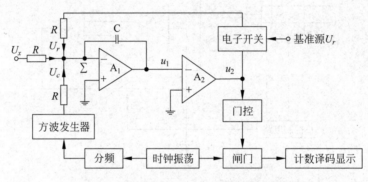

图 4-40 脉冲调宽法 A/D 转换器原理框图

2. 工作过程

在脉宽调制法 A/D 转换器中,被测电压 U_x 和方波电压 U_c 始终加在积分器的输入端,而基准电压 $+U_r$ 或 $-U_r$ 则在控制电路的作用下根据需要分时地加到积分器输入端,其工作过程结合如图 4-41 所示的波形进行说明。

假设从 t_0 时刻开始,系统已进入稳定的工作状态,被测直流电压 U_x 为正($U_x>0$),这时节拍电压已进入负半周状态($U_c<0$),积分器输出为负,零比较器输出 U_2 为低电平,控制电子开关把 $-U_r$ 接入,此时积分器输入端的合成电压为 $U_\Sigma=U_x-U_c-U_r<0$,使积分器中的电容放电,积分器输出由负向上积分,如图中 t_a 时间段所示。

到 t_1 时刻积分器的输出电位越过零点,使比较器翻转,由低电平跃变为高电平,控制电子开关把 $+U_r$ 接入,节拍电压仍在负半周,此时积分器输入端的合成电压为 $U_\Sigma=U_x-U_c+U_r<0$,使积分器继续放电,积分器输出仍然向上积分,只是斜率稍小一些,如图中 t_b 时间段所示。

在 t_2 时刻节拍方波进入正半周,此时积分器输入端的合成电压为 $U_\Sigma=U_x+U_c+U_r>0$,积分器输入为正电压,使积分器的电容放电,积分器反向积分,如图中 t_c 时间段所示。

到 t_3 时刻积分器的输出再次越过零点,比较器的输出由高电平变为低电平,控制电子开关把 $-U_r$ 接入,此时积分器输入端的合成电压为 $U_\Sigma=U_x+U_c-U_r>0$,积分器输入端电

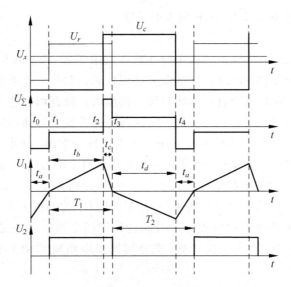

图 4-41 脉宽调制法 A/D 转换器工作波形

压减少,电容器继续充电,但速度已经减慢,如图中 t_d 时间段所示。直至节拍电压改变为 $-U_c$,重复 t_0 开始的过程。

在一次 A/D 转换过程中,由于节拍方波是对称的,一个周期内积分的平均电压为零,所以它对 A/D 转化的结果没有贡献,仅仅用于控制 A/D 转换周期;而 $+U_r$ 和 $-U_r$ 的作用时间则取决于被测电压的大小。

根据电荷平衡原理,在方波的一个周期内,积分电容器净得电荷量为零,有如下方程式

$$\frac{1}{RC}\int_0^{t_b}(U_x - U_c + U_r)\mathrm{d}t + \frac{1}{RC}\int_0^{t_c}(U_x + U_c + U_r)\mathrm{d}t = 0$$

$$\frac{1}{RC}\int_0^{t_d}(U_x + U_c - U_r)\mathrm{d}t + \frac{1}{RC}\int_0^{t_a}(U_x - U_c - U_r)\mathrm{d}t = 0$$

即

$$t_b(U_x - U_c + U_r) + t_c(U_x + U_c + U_r) = 0 \tag{4-45}$$

$$t_d(U_x + U_c - U_r) + t_a(U_x - U_c - U_r) = 0 \tag{4-46}$$

将式(4-45)和式(4-46)相加得

$$U_x(t_a + t_b + t_c + t_d) + U_c(-t_a - t_b + t_c + t_d) + U_r(-t_a + t_b + t_c - t_d) = 0 \tag{4-47}$$

由图可见,$t_b + t_c = T_1$,$t_a + t_d = T_2$,而 $T_1 + T_2 = t_a + t_b + t_c + t_d = T$,且 $t_a + t_b = t_c + t_d = T/2$,其中 T 为节拍方波电压 U_c 的周期。将上述关系式代入式(4-47)得

$$U_x(T_1 + T_2) + U_r(T_1 - T_2) = 0 \tag{4-48}$$

所以

$$U_x = \frac{(T_2 - T_1)U_r}{T} = \frac{(2T_2 - T)U_r}{T} \tag{4-49}$$

于是,这就把输入模拟电压变换成与其幅值成正比的时间差值($T_2 - T_1$)。当 T 一定时,被测电压 U_x 与 T_2 成正比,从而实现 V-T 转换。当被测电压 U_x 变化时,积分输出的过零点改变,则 T_2 随之改变,在 T_2 期间计数即为 U_x 值。

脉宽调制式 A/D 转换器的精度主要取决于 U_r,而与节拍电压 U_c 无关。其实质就是用

被测电压 U_x 来调制基准电压 U_r 的正负波的宽度。

3. 性能特点

由于脉宽调制法 A/D 转换器仍属于积分型 A/D 转换器,因此具有双积分 A/D 转换器的许多优点,例如积分元件 RC 的变化不会影响模数转换精度;如果选择节拍方波的周期为工频周期的整数倍,可以获得良好的抗串模干扰能力。脉宽调制法在一个转换周期内有四次积分,所以又称四积分法。积分器的非线性误差在两次上升和两次下降过程中可以相互补偿,故总误差可以减小。这是四积分法的优点。另一方面,如果节拍电压 U_c 不理想,例如,U_c 的正负幅值相差 ΔU_c,则转换所得的数字量相当于输入电压为 $U_x+\Delta U_c/2$,相对误差为 $\varepsilon_1=\Delta U_c/(2U_x)$;如果节拍电压正负半周不等宽,分别为 $T/2+\Delta T$ 和 $T/2-\Delta T$,则转换的相对误差为 $\varepsilon_2=2u_c\Delta T/(U_xT)$,由于 U_c 的幅值比 U_x 的幅值大得多,所以节拍电压 U_c 稍有偏差,对模数转换精度的影响很大。因此这种四积分法的缺点是对节拍电压波形要求太高,且电路复杂;此外,为了抗干扰,积分周期要取市电周期的整数倍,限制了转换速度。

4.4.5 电荷平衡法 A/D 转换器

1. 工作原理

积分型 A/D 转换器中除上面介绍的 V-T 变换式之外,还有一种是 V-f 变换式,电荷平衡法 A/D 转换器就是典型的一种。被测电压通过积分后输出线性变化电压,控制一个振荡器,产生与被测电压成正比例的频率值,再用电子计数器测量该频率值,用以表示被测电压的大小。

电荷平衡法 A/D 转换器的原理框图如图 4-42 所示,由积分器 A_1、电压比较器 A_2、间歇振荡器和脉冲形成器组成。脉冲形成器输出一个补偿脉冲,其特点是幅值与脉宽的乘积 $U_r \cdot T_2$,即脉冲"面积" S 是一定值,故又称伏秒脉冲,极性与被测电压相反,幅值远大于被测电压 U_x 幅值。

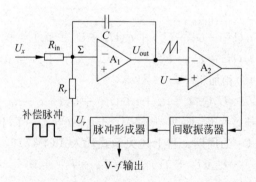

图 4-42 电荷平衡法 A/D 转换器原理框图

2. 工作过程

假设被测直流电压 U_x 为负的,加到积分器的输入端,积分器的输出电压 U_{out} 为一个正向斜坡电压,其斜率正比于被测电压的大小。比较器的两个输入信号分别是积分器的输出 U_{out} 和门限电压 U,当 $U_{out}=U$ 时,比较器输出的电压跳变使间歇振荡器起振,后者输出的窄脉冲通过脉冲形成器送出一个幅度远大于 U_x、极性与 U_x 相反的伏秒脉冲 U_r。这个伏秒脉

冲通过 R_r 反馈到积分器的"Σ"点。于是积分器就对被测电压与伏秒脉冲之和进行积分。因为伏秒脉冲的幅度大于输入电压,而且极性是相反的,所以使积分器反向积分,结果使 U_{out} 迅速下降。经过 T_2 伏秒脉冲消失,反向积分结束,积分器回到起始状态,在 U_x 作用下积分,重复上述过程。工作波形图如图 4-43 所示。

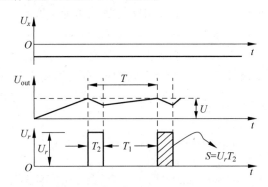

图 4-43　脉宽调制法 A/D 转换器工作波形图

根据上述工作过程,可从脉冲形成器得到一个重复周期 $T(=T_1+T_2)$ 的脉冲信号,其重复频率 $f=1/T$,正比于 U_x,从而形成 V-f 变换。我们可以用电荷平衡的原理导出 f 与 U_x 的关系。

电路工作平衡后,在时间 T_1 内,U_x 对积分电容 C 积分,利用反向型运放 Σ 点"虚地"的概念可知,所储电荷量为

$$Q_{充} = \int_0^{T_1} I_{R_{in}}\,\mathrm{d}t = \int_0^{T_1} \frac{U_x}{R_{in}}\mathrm{d}t = \frac{U_x}{R_{in}}T_1 \tag{4-50}$$

在时间 T_2 内,积分电容 C 放电,放出的电荷为

$$Q_{放} = \int_0^{T_2} I_\Sigma\,\mathrm{d}t = \int_0^{T_2} \left(\frac{U_r}{R_r} - \frac{U_x}{R_{in}}\right)\mathrm{d}t = \left(\frac{U_r}{R_r} - \frac{U_x}{R_{in}}\right)T_2 \tag{4-51}$$

电路平衡时,$Q_{充} = Q_{放}$ 即

$$\frac{U_x}{R_{in}}T_1 = \left(\frac{U_r}{R_r} - \frac{U_x}{R_{in}}\right)T_2 \tag{4-52}$$

可得到

$$f = \frac{1}{T_1+T_2} = \frac{R_r U_x}{T_2 R_{in} U_r} = \frac{R_r}{S R_{in}}U_x \tag{4-53}$$

f 作为计数脉冲送到电子计数器计数显示,即为 U_x。

3. 性能特点

(1) 当 S、R_r、R_{in} 一定时,f 正比于 U_x,从这个意义上讲,V-f 变换器又是一种压控振荡器,其下限频率从零开始,且 f、U_x 呈线性关系。

(2) 转换精度与 S、R_r、R_{in} 有关,就要求伏秒脉冲及 R_r、R_{in} 必须准确而稳定。

(3) 转换速度与精度两项指标不能兼顾,若计数周期长,转换精度高,但转换速度慢,反之亦然。为保证精度,转换速度较慢。

(4) 具有良好的抗干扰性,能滤除被测信号中的噪声,门控计数时间可方便的改变和设定,若选为工频的整数倍,可抑制工频干扰;亦可以选为某干扰频率,故特别适合于干扰严重的现场测试。

4.5 数字多用表

数字多用表(Digital Multi Meter,DMM)也称为数字万用表,是具有测量直流电压、直流电流、交流电压、交流电流及电阻等多种功能的数字测量仪器。

数字多用表以测量直流电压的直流数字电压表为基础,通过 AC/DC 变换器、I/V 变换器、Ω/V 变换器,把交流电压、电流和电阻转换成直流电压后,再用直流数字电压表进行测量。

数字多用表的基本组成如图 4-44 所示,AC/DC 变换器用于实现交流电压到直流电压的变换;I/V 变换器用于实现直流电流到直流电压的变换;Ω/V 变换器用于实现电阻到直流电压的变换。

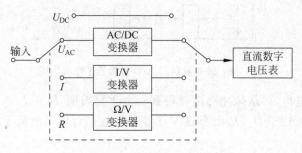

图 4-44　数字多用表组成原理

由于直流数字电压表是线性化显示的仪器,因此要求其前端配接的 AC/DC、I/V、Ω/V 等变换器也必须是线性变换器,即变换器的输出与输入间成线性关系,下面介绍几种参数变换器的基本原理。

4.5.1　I/V 变换器

将电流转换成电压的方法是:将被测电流流过一个阻值已知的标准电阻,测出标准电阻两端的电压,便能确定被测电流的大小。改换电阻即能改换量程,一种典型的电流－电压转换电路如图 4-45 所示。

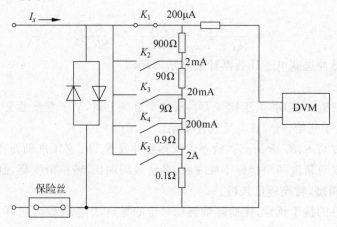

图 4-45　电流-电压变换器

图 4-45 中,各挡电流量程的满量程电压均为 $200\mathrm{mV}$,对应于 DVM 电压量程的最低挡。这种选择的目的是做到尽可能小的电流测量内阻,降低对被测电路的影响。为了提供小量程上过载保护,两个反向并联的二极管跨接在输入端,在取样电阻两端电压达到破坏值之前,其中一个二极管导通,并使保险丝融化。

为了减小对被测电路的影响,标准电阻 R_s 的取值应尽可能小,通常在几欧姆以下。因此,U_o 一般不太大,需要对 U_o 进行放大,如图 4-46 所示,这里采用高输入阻抗的同相放大器,以减小转换器对 R_s 的旁路作用而带来的附加误差,不难算出输出电压 U_o 与被测电流 I_x 之间满足

$$U_o = \left(1 + \frac{R_2}{R_1}\right)R_s \cdot I_x \tag{4-54}$$

当被测电流较小时,(I_x 小于几个毫安),采用如图 4-47 所示的小信号 I-V 转换电路,忽略运放输入端漏电流,输出电压 U_o 与被测电流 I_x 间满足

$$U_o = -R_s \cdot I_x \tag{4-55}$$

因为这种电路是一种带有深度负反馈的并联电压反馈放大器,所以这种转换器的内阻接近于零。

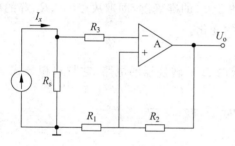

图 4-46　大信号 I/V 转换电路

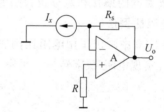

图 4-47　小信号 I/V 转换电路

4.5.2　Ω/V 变换器

1. 恒流法

实现电阻-电压(Ω/V)转换的方法有多种,恒流法 Ω/V 变换器是最常用的一种,即在被测的未知电阻 R_x 中流过已知的恒定电流 I_s,在 R_x 上产生的电压降为 $U = R_x I_s$,故通过恒定电流可实现 Ω/V 转换,如图 4-48 所示。该电路实质上是由运算放大器构成的深度负反馈电路,不难算出输出电压 U_o 与被测电阻 R_x 之间满足

$$U_o = -\frac{U_S}{R_S} \cdot R_x \tag{4-56}$$

式中,U_S 为基准电压源,R_S 为校准电阻,R_x 为被测电阻。

由此可见,运算放大器的输出电压 U_o 与 R_x 成正比,U_S/R_S 实质上构成了恒流源,改变 R_S 可以改变 R_x 的量程。

此方法为二端测量法,用二端测量模式的恒流源法时,被测电阻的测量值还包括了测试线电阻,当被测电阻的阻值较大时,测试线电阻可以忽略;当被测电阻阻值较小时,测试线电阻将带来很大的误差。在测量小电阻时,可以采用如图 4-49 所示的四端测量模式。四端测量是将两对导线分别接在被测电阻两端,测试电流的馈送和电压测量是分开的,其中外侧

的两根导线是测量线。由于电压表输入阻抗非常高,电流都流到内侧的两根导线,所以测量线上基本没有电流流过,这样电压表测得的将是电阻两端的实际压降。

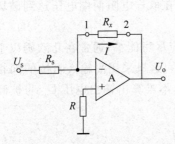

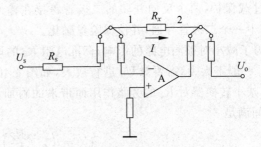

图 4-48　基于两端测量的电阻-
电压(Ω/V)转换电路

图 4-49　基于四端测量的电阻-
电压(Ω/V)转换电路

其输出电压为

$$U_o = -U_{R_s} \approx -\frac{U_s}{R_s} \cdot R_x \tag{4-57}$$

采用恒流法的 Ω/V 转换器的误差取决于 I_s 的准确度,即取决于 U_s、R_s 等的精度。其次,运算放大器的偏移和漂移也会引起 I_s 的变化。

2. 电阻比例法

在图 4-50 中画出了用电阻比例法构成的 Ω-V 转换器的电路,它与双积分式 A/D 转换器配合,可实现电阻-数字转换。由图可知

$$U_x = -IR_x, \quad U_s = IR_s$$

故

$$U_x = -\frac{U_s}{R_s}R_x \propto R_x$$

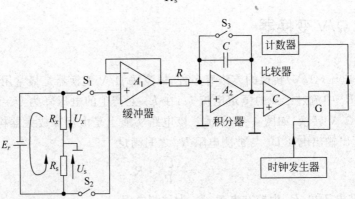

图 4-50　电阻比例法电路

为了测出 R_x 上的电压 U_x,可让双积分式 A/D 转换器先在固定时间 T_1 内对 U_x 进行积分,然后再对 U_s 进行反向积分。当积分器的输出电压回到 0 时,第二次积分结束,则第二次积分的时间为

$$T_2 = \frac{U_x}{U_s}T_1 = \frac{R_x}{R_s}T_1$$

故

$$R_x = \frac{R_s}{T_1} T_2 \propto T_2$$

用 T_1 去打开与门 G,则计数器对时钟计得的数字即代表 R_x 的数字量。由于在电阻 R_x、R_s 中流过同样的电流,因此电阻比例法不需要精密的基准电流。

4.5.3　AC/DC 变换器

在模拟电压测量中,常用二极管检波器构成简单的 AC/DC 转换器,但这种 AC/DC 转换器的转换特性是非线性的,受二极管非线性特性和阈值电压的影响,使检波输出的非线性很差。在模拟式电压表中可以用非线性的刻度来校正。但直流数字电压表本身无法做这样的校正,因此这种简单的 AC/DC 转换器不适用于交流电压的数字测量。

1. 线性半波检波器

利用负反馈放大器可以构成线性半波检波器,克服了检波器二极管的非线性,实现线性 AC/DC 转换。线性半波检波器如图 4-51(a)所示。

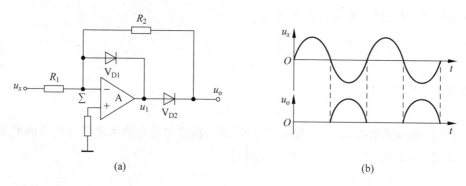

图 4-51　线性半波检波器原理图

在 u_x 正半周,u_1 为负值,V_{D1} 导通,V_{D2} 截止,考虑运放的"虚短路"和"虚断路"特性,u_o 被钳位在 0V。在 u_x 负半周,u_1 为正值,V_{D2} 导通,V_{D1} 截止,设 V_{D2} 检波增益为 k_d,则 $u_o/u_i = -k \cdot k_d$,由于 k 值很大,因而 $k \cdot k_d$ 值也很大,输出近似为 $u_0 \approx -\frac{R_2}{R_1} u_x$,而与 k_d 变化基本无关,这就大大削弱了 V_{D2} 伏安特性的非线性失真,而使输出 u_o 线性正比于被测电压 u_x。工作波形如图 4-51(b)所示。

2. 精密全波检波器

为了提高检波灵敏度,可使用全波检波电路,如图 4-52 所示。它由半波检波电路和加法器两部分组成。A_1 构成半波检波电路,A_2 构成加法器电路。

当输入信号为正时,即 $u_i > 0$,V_{D2} 导通,V_{D1} 截止,半检波电路的输出电压为

$$u_{o1} = -\frac{R_2}{R_1} u_i$$

加法电路对 u_i 和 u_{o1} 两电压进行求和运算,其输出电压为

$$u_o = -\left(\frac{R_5}{R_3} u_i + \frac{R_5}{R_4} u_{o1} \right) = -\frac{R_5}{R_3} u_i + \frac{R_5}{R_4} \frac{R_2}{R_1} u_i \tag{4-58}$$

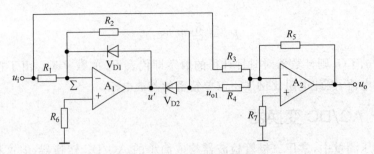

图 4-52　精密全波检波电路原理图

若取

$$R_1 = R_2 = R_3 = R_5 = 2R_4$$

则有

$$u_o = u_i$$

当输入信号为负时，即 $u_i < 0$，V_{D1} 导通，V_{D2} 截止，$u_{o1} = 0$，加法电路 A_2 的输出电压为

$$u_o = -\frac{R_5}{R_3} u_i = -u_i$$

综上所述，该电路的输出特性为

$$u_o = \begin{cases} u_i & u_i > 0 \\ -u_i & u_i < 0 \end{cases} \tag{4-59}$$

写成绝对值形式为

$$u_o = |u_i|$$

若在 A_2 的反馈电阻 R_5 上并联一只电容，则其输出电压与输入电压绝对值的平均值成比例，它的波形及检波特性曲线如图 4-53 所示。

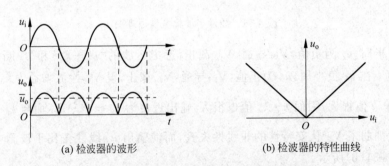

(a) 检波器的波形　　　　　　　　(b) 检波器的特性曲线

图 4-53　精密全波电路检波器的波形及特性曲线

在实际数字电压表的 AC/DC 变换器中，通常采用如图 4-54 所示的平均值 AC/DC 变换电路。该电路由三级电路构成。第一级电路为输入级，由运算放大器 A_1，电阻 R_1、R_2 和电容 C_1、C_2 构成，用于变换量程和提高灵敏度；第二级电路由运算放大器 A_2，二极管 V_{D1}、V_{D2} 和电阻构成并联负反馈的线性全波检波电路；第三级电路是由运算放大器 A_3、电阻 R_3 和电容 C_3 构成的低通滤波电路，用于抑制纹波。信号经第三级电路滤波后，输出直流电压 U_o，该电压即为被测信号的全波平均值。

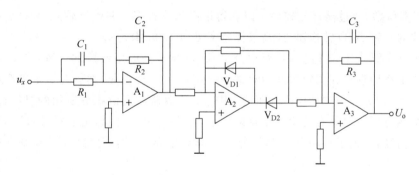

图 4-54　平均值 AD/DC 变换器的原理电路

本章小结

电压的测量,是电子测量实现其他电量与非电量测量的重要基础。本章较完整地叙述了电压测量的原理和方法,包括交流电压的模拟测量和直流电压的数字化测量,重点是数字化测量方法。

(1) 电压的测量要求具有足够宽的电压测量范围和频率范围、足够高的输入阻抗和测量准确度、较强的抗干扰能力,以及能够测量多种信号波形。电压测量仪表的分类有很多,可以按频率范围分类,分为直流电压测量和交流电压测量两种;按被测信号的特点分类,有峰值表、有效值表及平均值表;按测量技术分类,分为模拟式和数字式电压测量。

(2) 交流电压可以用平均值、峰值、有效值、波形系数及波峰系数来表征。测量交流电压时,一般利用检波器将交流电压变换为直流电压。检波器分为均值、峰值、有效值检波器三种,相应地,有三种交流电压表。均值电压表的结构为放大-检波式,峰值电压表的结构一般为检波-放大式,有效值电压表常用的有热电转换式和计算式两种。热电转换式检波原理是通过被测交流电压对热电偶的热端进行加热,所产生的热电动势将反映该交流电压的有效值,从而实现有效值检波。计算式是利用模拟运算电路,即利用集成乘法器、积分器、开方器等实现电压有效值测量。需要注意的是,三种交流电压表均按正弦波的有效值来标定刻度读数的,只有用有效值电压表测量的值才是真有效值,而均值表和峰值表则存在波形误差。

(3) 数字电压表是一种利用模数转换原理,将被测电压(模拟量)转换为数字量,并将测量结果以数字形式显示出来的电子测量仪器。A/D 转换器是 DVM 的核心,通常以 A/D 转换器的组成原理来分类。衡量数字电压表性能的指标有很多,其中最主要的有测量范围、分辨率、输入阻抗、抗干扰能力、测量速度及测量误差等。另外重点还介绍了超量程、固有误差、串模干扰和共模干扰问题。

(4) 比较式 A/D 转换器的原理是,将被测输入电压与转换器内部的一套基准电压进行比较,通过不断比较,不断鉴别,把电压转换成数字量,最常用的典型形式是逐次逼近比较式,它采用对分搜索逐次逼近的直接比较方法,所以转换速度较快,但容易受到干扰。余数循环比较式 A/D 转换器是对逐次逼近比较式 A/D 转换器的改进,它能将完成了一遍全部比较程序之后相差的余数(剩余误差)保存下来,放大后再比较一次;若有误差则再比较一次；无需很多位数，通过循环比较就可以获得很高的分辨率。并联比较式 A/D 转换器是转换速度最快的一种 A/D 转换器，最高采样速率可达 1000MSa/s。

（5）在积分型 A/D 转换器中，双积分 A/D 转换器是应用最广的一种，属于 V-T 变换式。它基本工作原理是在固定时间内对被测电压进行定时积分，然后对一个基准电压进行反向定值积分，积分到与初始电平相等时，用电子计数器对定值积分所用的时间进行计数，从而得到被测电压。它具有抗串模干扰能力强，电路简单等特点，但转换速度低，精度也有限。为提高精度，介绍了模拟开关和积分器的隔离电路、自调零电路及单双基准电源变换电路。

（6）脉宽调制法 A/D 转换器是积分式 A/D 转换器的一种形式，它将被测电压转换成与之成比例的脉冲宽度，对脉宽进行计数，就得到数字量，也属于 V-T 变换式，是一种高精度 DVM。

（7）电荷平衡法 A/D 转换器工作原理是，被测电压通过积分后输出线性变化电压，控制一个振荡器，产生与被测电压成正比例的频率值，再用电子计数器测量该频率值，用以表示被测电压的大小，属于 V-f 变换式。

（8）数字多用表以测量直流电压的直流数字电压表为基础，通过 AC/DC 变换器、I/V 变换器、Ω/V 变换器，把交流电压、电流和电阻转换成直流电压后，再用直流数字电压表进行测量。在了解各种变换器原理的基础上，重点掌握精密全波检波器的工作原理。

思考题

第 4 章思考题答案

4-1 简述电压测量的基本要求及电压测量仪器的分类方法。

4-2 表征交流电压的基本参数有哪些？简述这几个参量的意义。

4-3 交流电压表都是以何值来标定刻度读数的？真、假有效值的含义是什么？

4-4 利用全波平均值电子电压表测量正弦波、方波、三角波的交流电压，设电压表的读数都是 1V，问：

（1）对每种波形，电压表的读数各代表什么意义？

（2）三种波形的峰值、平均值及有效值分别为多少？

4-5 若采用具有正弦波有效值刻度的峰值电压表分别测量正弦波、方波、三角波的交流电压，设电压表的读数都是 1V，则三种波形的峰值、平均值及有效值分别为多少？

4-6 对于峰值为 1V、频率为 1kHz 的对称的三角波（直流分量为零），分别用平均值、峰值、有效值三种检波方式的电压表测量，读数分别是多少？

4-7 下面给出四种数字电压表的最大计数容量：

（1）9999；（2）19999；（3）5999；（4）1999

试说明它们分别是几位的数字电压表？其中第（2）种的最小量程为 0.2V，它的分辨率是多少？

4-8 两台 DVM，最大计数容量分别为：① 19999；② 9999。若前者的最小量程为 200mV，试问：

（1）各是几位的 DVM；

（2）第①台 DVM 的分辨力是多少？

（3）若第①台 DVM 的工作误差为 $0.02\% U_x \pm 1$ 个字，分别用 2V 挡和 20V 挡测量 $U_x = 1.56$V 电压时，问误差各是多少？

4-9　用一台 $4\frac{1}{2}$ 位 DVM 的 2V 量程测量 1.2V 电压。已知该仪器的固有误差 $\Delta U = \pm(0.05\% U_x + 0.01\% U_m)$ 求由于固有误差产生的测量误差。它的满度误差相当于几个字？

4-10　简述逐次比较法 A/D 转换原理及特点。

4-11　若被测电压为 3.285V，基准电压为 10V，分析六位 A/D 转换器转换结果是多少？

4-12　若基准电压 $E_r = 8$V，逐次逼近寄存器 SAR 由 4 位组成，相应状态为 $Q_3 Q_2 Q_1 Q_0$，被测电压为 $U_{x1} = 5.4$V，试画出 4bit 逐次比较 A/D 反馈电压 U_o 波形图，并写出最后转化成的二进制数（即 SAR4 个寄存器的状态）。

4-13　简述双积分式 A/D 转换器的工作原理及特点。

4-14　参见图 4-31 的双积分 A/D 转换器原理框图和图 4-32 的积分波形。设积分器输入电阻 $R = 10$kΩ，积分电容 $C = 1\mu$F，时钟频率 $f_0 = 100$kHz，第一次积分时间 $T_1 = 20$ms，参考电压 $U_N = 2$V，若被测电压 $U_x = 1.5$V，试计算：

（1）第一次积分结束时，积分器的输出电压 U_{om}；

（2）第一次积分时间 T_1 是通过计数器对时钟频率计数确定的，计数值 $N_1 = ?$

（3）第二次积分时间 $T_2 = ?$

（4）A/D 转换结果的数字量是通过计数器在 T_2 时间内对时钟频率计数得到的计数值 N_2 来表示的，$N_2 = ?$

（5）该 A/D 转换器的刻度系数 e（即"V/字"）为多少？

4-15　双积分式 DVM 基准电压 $U_N = 10$V，第一次积分时间 $T_1 = 40$ms，时钟频率 $f_0 = 250$kHz，若 T_2 时间内的计数值 $N_2 = 8400$，问被测电压 $U_x = ?$

4-16　试画出如图 4-55 所示积分器的输出时间波形图（$U_o - t$），假设图中 $C = 1\mu$F，$R = 10$kΩ，图中模拟开关的接通时间为：

$0 \sim t_1$（10ms），S_0、S_1 接通，S_2、S_3 断开；

$t_1 \sim t_3$（20ms），S_1 接通，其他开关断开；

$t_3 \sim t_4$（10ms），S_2 接通，其他开关断开；

$t_4 \sim t_5$（10ms），S_3 接通，其他开关断开；

$t_5 \sim t_6$（10ms），S_0、S_3 接通，S_1、S_2 断开。

图中假设模拟开关（$S_0 \sim S_3$）和运算放大器 A 均是理想器件。

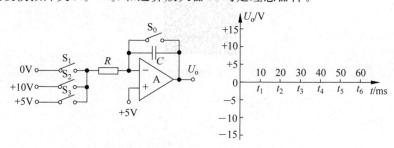

图 4-55　题 4-16 图

4-17 图 4-56 为双积分 A/D 转换器,已知 $T_1 = 100\text{ms}$,$T_0 = 100\mu\text{s}$,试求:

(1) 刻度系数;

(2) 画出工作流程图。

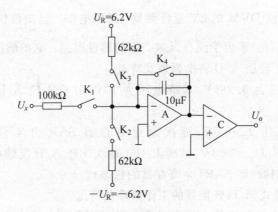

图 4-56 题 4-17 图

4-18 指出串模干扰和共模干扰的含义和消除办法。

4-19 画工作波形分析电荷平衡式 DVM 工作原理,指出其优缺点。

4-20 脉宽调制式 DVM 实质是什么?

扩展阅读

普源万用表

是德万用表

同惠数字万用表

随身课堂

第 4 章课件

信号发生器

学习要点

- 了解信号发生器的功能、分类及主要性能指标;
- 了解低频和高频信号发生器的主要性能指标,掌握其工作原理及操作方法;
- 了解脉冲信号发生器的主要性能指标及分类;
- 了解合成信号发生器的主要技术指标,掌握直接数字合成法和间接合成法的工作原理;
- 掌握任意函数/波形发生的工作原理。

5.1 概述

信号发生器是电子测量中最基本、使用最广泛的电子测量仪器之一,常被作为标准源对一般信号进行校准、比对,或以它为依据检验测试设备是否准确,在生产实践和科技领域中有着广泛的应用。信号发生器又称信号源或振荡器,能够产生多种波形的信号发生器,如产生三角波、锯齿波、矩形波(含方波)、正弦波的信号发生器称为函数信号发生器。

信号发生器是用来产生振荡信号的一种仪器,可提供稳定、可信的参考信号,并且信号的特征参数完全可控。所谓可控信号特征,主要是指输出信号的频率、幅度、波形、占空比、调制形式等参数都可以人为地控制设定。随着科技的发展,实际应用到的信号形式越来越多,越来越复杂,频带也越来越宽,所以信号发生器的种类也越来越多,同时信号发生器的电路结构形式也不断向着智能化、软件化、可编程化的方向发展。

本章从信号发生器的用途、分类与参数指标等基本知识入手,介绍低频及高频信号发生器和合成信号发生器,以帮助读者较好地了解信号发生器,更好地发挥其作用,无论对学习还是为产品设计都能进行全面、真实的测试,保证学习和研发过程的顺利。

5.1.1 信号发生器的用途

信号发生器所产生的信号在电路中常常用来代替前端电路的实际信号,为后端电路提供一个理想信号。由于信号源信号的特征参数均可人为设定,所以可以方便地模拟各种情况下不同特性的信号,对于产品研发和电路实验非常实用。在电路测试中,我们可以通过测量、对比输入和输出信号,来判断信号处理电路的功能和特性是否达到设计要求。

函数信号发生器在电路实验和设备检测中具有十分广泛的用途。例如在通信、广播、电视系统中,都需要射频(高频)发射,这里的射频波就是载波,把音频、视频信号或脉冲信号运载出去,就需要能够产生高频的振荡器。在工业、农业、生物医学等领域内,如高频感应加热、熔炼、淬火、超声诊断、核磁共振成像等,都需要功率或大或小、频率或高或低的振荡器。

高精度的信号发生器在计量和校准领域也可以作为标准信号源,待校准仪器以此为标准进行调校。由此可看出,信号发生器可广泛应用在电子研发、维修、测量、校准等领域。

信号发生器在射频方面的作用:信号发生器可以用来调节电台和对讲机的灵敏度,用来查找电台、对讲机的接收通道故障,用来调测滤波器。典型的就是带通滤波器和电台上用的双工器,可以用来校准对讲机和接收机的信号强度表。

信号发生器在音频领域的作用:信号发生器用于对讲机话音电路和调制电路的调测、用于音频功放的维修。

信号发生器由于种类不同,使用环境不同,使用场所不同,所以信号发生器的作用也不尽相同。

5.1.2 信号发生器的分类

根据属性和特性,信号可分为直流(恒值)信号、周期性(交流)信号、非周期性(瞬变)信号、随机(噪声)信号以及各种复合信号。在时域或频域内对系统进行静态、稳态和动态性能测量时,需要使用不同类型的激励信号源。在各类信号源中,周期信号是激励信号源的主要形式。例如,用信号发生器产生一个频率为 1kHz 的正弦波信号,输入到一个被测的信号处理电路,该电路功能为正弦波输入、方波输出,在被测电路输出端可以用示波器检验是否有符合设计要求的方波输出。

(1) 正弦信号发生器:正弦信号主要用于测量电路和系统的频率特性、非线性失真、增益及灵敏度等。按频率覆盖范围分为低频信号发生器、高频信号发生器和微波信号发生器;按输出电平可调节范围和稳定度分为简易信号发生器、标准信号发生器(输出功率能准确地衰减到 −100dBm 以下)和功率信号发生器(输出功率达数十毫瓦以上);按频率改变的方式分为调谐式信号发生器、扫频式信号发生器、程控式信号发生器和频率合成式信号发生器等。

(2) 用 555 制作的多波形低频信号发生器:包括音频(200~20 000Hz)和视频(1Hz~10MHz)范围的正弦波发生器。主振级一般用 RC 式振荡器,也可用差频振荡器。为便于测试系统的频率特性,要求输出幅频特性平和,波形失真小。

(3) 高频信号发生器:指频率为 100kHz~30MHz 的高频、30~300MHz 的甚高频信号发生器。一般采用 LC 调谐式振荡器,频率可由调谐电容器的度盘刻度读出。主要用途是测量各种接收机的技术指标。输出信号可用内部或外加的低频正弦信号调幅或调频,使输出载频电压能够衰减到 $1\mu V$ 以下。

(4) 微波信号发生器:指从分米波直到毫米波波段的信号发生器。信号通常由带分布参数谐振腔的超高频三极管和反射速调管产生,但有逐渐被微波晶体管、场效应管和耿氏二极管等固体器件取代的趋势。仪器一般靠机械调谐腔体来改变频率,每台可覆盖一个倍频程左右,由腔体耦合出的信号功率一般可达 10mW 以上。简易信号源只要求能加 1000Hz 方波调幅,而标准信号发生器则能将输出基准电平调节到 1mW,再从随后衰减器读出信号电平的分贝毫瓦值；还必须有内部或外加矩形脉冲调幅，以便测试雷达等接收机。

(5) 扫频和程控信号发生器：扫频信号发生器能够产生幅度恒定、频率在限定范围内作线性变化的信号。在高频和甚高频段用低频扫描电压或电流控制振荡回路元件（如变容管或磁芯线圈）来实现扫频振荡；在微波段早期，采用电压调谐扫频，用改变示波管螺旋线电极的直流电压来改变振荡频率，后来广泛采用磁调谐扫频，以 YIG 铁氧体小球作为微波固体振荡器的调谐回路，用扫描电流控制直流磁场改变小球的谐振频率。扫频信号发生器有自动扫频、手控、程控和远控等工作方式。

(6) 频率合成式信号发生器：这种发生器的信号不是由振荡器直接产生，而是以高稳定度石英振荡器作为标准频率源，利用频率合成技术形成所需之任意频率的信号，具有与标准频率源相同的频率准确度和稳定度。输出信号频率通常可按十进位数字选择，最高能达11 位数字的极高分辨力。频率除用手动选择外还可程控和远控，也可进行步级式扫频，适用于自动测试系统。直接式频率合成器由晶体振荡、加法、乘法、滤波和放大等电路组成，变换频率迅速但电路复杂，最高输出频率只能达 1000MHz 左右。用得较多的间接式频率合成器是利用标准频率源通过锁相环控制调谐振荡器（在环路中同时能实现倍频、分频和混频），使之产生并输出各种所需频率的信号。这种合成器的最高频率可达 26.5GHz。高稳定度和高分辨力的频率合成器，配上多种调制功能（调幅、调频和调相），加上放大、稳幅和衰减等电路，便构成一种新型的高性能、可程控的合成式信号发生器，还可作为锁相式扫频发生器。

(7) 函数发生器：又称波形发生器，它能产生某些特定的周期性时间函数波形（主要是正弦波、方波、三角波、锯齿波和脉冲波等）信号。频率范围可从几毫赫甚至几微赫的超低频直到几十兆赫。除供通信、仪表和自动控制系统测试用外，还广泛用于其他非电测量领域。将积分电路与某种带有回滞特性的阈值开关电路（如施密特触发器）相连成环路，积分器能将方波积分成三角波。施密特电路又能使三角波上升到某一阈值或下降到另一阈值时发生跃变而形成方波，频率除能随积分器中的 RC 值的变化而改变外，还能用外加电压控制两个阈值而改变。将三角波另行加到由很多不同偏置二极管组成的整形网络，形成许多不同斜度的折线段，便可形成正弦波。另一种构成方式是用频率合成器产生正弦波，再对它多次放大、削波而形成方波，再将方波积分成三角波和正、负斜率的锯齿波等。对这些函数发生器的频率都可电控、程控、锁定和扫频，仪器除工作于连续波状态外，还能按键控、门控或触发等方式工作。

(8) 脉冲信号发生器：产生宽度、幅度和重复频率可调的矩形脉冲的发生器，可用以测试线性系统的瞬态响应，或用模拟信号来测试雷达、多路通信和其他脉冲数字系统的性能。脉冲发生器主要由主控振荡器、延时级、脉冲形成级、输出级和衰减器等组成。主控振荡器通常为多谐振荡器之类的电路，除能自激振荡外，主要按触发方式工作。通常在外加触发信号之后首先输出一个前置触发脉冲，以便提前触发示波器等观测仪器，然后再经过一段可调节的延迟时间才输出主信号脉冲，其宽度可以调节。有的能输出成对的主脉冲，有的能分两路分别输出不同延迟的主脉冲。

(9) 随机信号发生器：随机信号发生器分为噪声信号发生器和伪随机信号发生器两类。

(10) 噪声信号发生器：完全随机性信号是在工作频带内具有均匀频谱的白噪声。常用的白噪声发生器主要有：工作于 1000MHz 以下同轴线系统的饱和二极管式白噪声发生器；用于微波波导系统的气体放电管式白噪声发生器；利用晶体二极管反向电流中噪声的固态噪声源(可工作在 18GHz 以下整个频段内)等。噪声发生器输出的强度必须已知，通常用其输出噪声功率超过电阻热噪声的分贝数(称为超噪比)或用其噪声温度来表示。噪声信号发生器主要用途是：

① 在待测系统中引入一个随机信号，以模拟实际工作条件中的噪声而测定系统的性能；

② 外加一个已知噪声信号与系统内部噪声相比较以测定噪声系数；

③ 用随机信号代替正弦或脉冲信号，以测试系统的动态特性。例如，用白噪声作为输入信号而测出网络的输出信号与输入信号的互相关函数，便可得到这一网络的冲激响应函数。

(11) 伪随机信号发生器：用白噪声信号进行相关函数测量时，若平均测量时间不够长，则会出现统计性误差，这可用伪随机信号来解决。当二进制编码信号的脉冲宽度 ΔT 足够小，且一个码周期所含 ΔT 数 N 很大时，则在低于 $f_b=1/\Delta T$ 的频带内信号频谱的幅度均匀，称为伪随机信号。只要所取的测量时间等于这种编码信号周期的整数倍，便不会引入统计性误差。二进码信号还能提供相关测量中所需的时间延迟。伪随机编码信号发生器由带有反馈环路的 n 级移位寄存器组成，所产生的码长为 $N=2^n-1$。

5.1.3　信号发生器的参数指标

通常用以下几项技术指标来描述普通函数发生器的主要工作特性：

(1) 带宽(输出频率范围)：仪器的带宽是指模拟带宽，与采样速率等无关，信号源的带宽是指信号的输出频率的范围，并且一般来讲，信号源输出的正弦波和方波的频率范围不一致。

(2) 频率(定时)分辨率：即最小可调频率分辨率，也就是创建波形时可以使用的最小时间增量。

(3) 频率准确度：信号源显示的频率值与真值之间的偏差，通常用相对误差表示，低挡信号源的频率准确度只有 1%，而采用内部高稳定晶体振荡器的频率准确度可以达到 $10^{-8}\sim10^{-10}$。

(4) 频率稳定度：频率稳定度是指外界环境不变的情况下，在规定时间内，信号发生器输出频率相对于设置读数的偏差值的大小。频率稳定度一般分为长期频率稳定度(长稳)和短期频率稳定度(短稳)。其中，短期频率稳定度是指经过预热后，15min 内，信号频率所发生的最大变化；长期频率稳定度是指信号源经过预热时间后，信号频率在任意 3 小时内所发生的最大变化。

(5) 输出阻抗：信号源的输出阻抗是指从输出端看去，信号源的等效阻抗。例如，低频信号发生器的输出阻抗通常为 600Ω，高频信号发生器通常只有 50Ω，电视信号发生器通常为 75Ω。

(6) 输出电平范围：输出幅度一般由电压或者分贝表示，指输出信号幅度的有效范围。另外，信号发生器的输出幅度读数定义为输出阻抗匹配的条件下，所以必须注意输出阻抗匹配的问题。

以上各项技术指标主要是对普通函数发生器而言的，至于合成信号发生器、任意波形信号发生器等还有其他相应的技术指标,可参考类似指标。

5.2 低频及高频信号发生器

信号发生器按照频率发生的范围不同又可分为低频、视频、高频、甚高频、超高频信号发生器等;本章主要介绍几种常见的低频信号发生器、高频信号发生器和脉冲信号发生器。

5.2.1 低频信号发生器

低频信号发生器的输出频率范围通常为 20Hz~20kHz,所以又称为音频信号发生器。现代产生的低频信号发生器的输出频率范围 1Hz~1MHz 频段,且可产生正弦波、方波及其他波形的信号。

低频信号发生器广泛用于测试低频电路、音频传输网络、广播和音响等电声设备,还可为高频信号发生器提供外部调制信号。

1. 低频信号发生器组成结构

低频信号发生器的组成框图如图 5-1 所示,它包括振荡器、电压放大器、输出衰减器、功率放大器、阻抗变换器、指示电压表等。

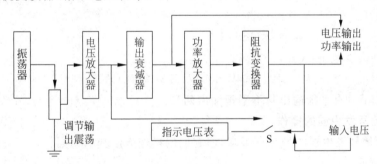

图 5-1 低频信号发生器的组成框图

各部分电路的作用如下:

(1)振荡器是低频信号发生器的核心,其产生频率可调的正弦信号,一般由 RC 振荡器或差频式振荡器组成。振荡器决定了输出信号的频率范围和频率稳定度。

(2)放大器包括电压放大器和功率放大器,以实现输出一定电压幅度和功率的要求。电压放大器的作用是对振荡器产生的微弱信号进行放大,并把功率放大器、输出衰减器以及负载和振荡器隔离起来,防止对振荡信号的频率产生影响,所以又把电压放大器称为缓冲放大器。

(3)输出衰减器用于改变信号发生器的输出电压或功率,由连续调节器和步进调节器组成常用的输出衰减器原理图如图 5-2 所示。其中,电位器 R_P 为连续调节器(电压幅度细调),电阻器 $R_1 \sim R_8$ 与开关构成了

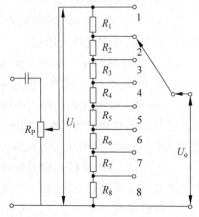

图 5-2 输出衰减器原理图

步进衰减器,开关就是步进调节器(电压幅度粗调)。调节 R_P 或变换开关的挡位,均可使衰减器输出不同的电压幅度。步进衰减器一般以分贝(dB)值即 $20\lg(U_o/U_i)$ 来标注刻度。波段开关每增加一挡,就增加 10dB 的衰减量。

输出电路一般还包括电子电压表,一般接在衰减器之前,经过衰减的输出电压应根据电压表读数和衰减量进行计算。

(4) 输出级包括功率放大器、阻抗变换器和指示电压表几部分。功率放大器对衰减器输出的电压信号进行功率放大,使信号发生器能达到额定的功率输出。

(5) 在功率放大器之后是一个阻抗变换器,这样可以得到失真较小的波形和最大的功率输出,并能实现与不同的负载相匹配。阻抗变换器只有在信号发生器进行功率输出时才使用,在进行电压输出时只需要使用衰减器。

(6) 指示电压表用于监测信号发生器的输出电压或对外来的输入电压进行测量。

2. 低频信号发生器的技术指标

通用低频信号发生器的主要技术指标如下:

① 频率范围:1Hz～20kHz(现代仪器已延伸到 1MHz),可均匀连续可调;

② 频率准确度:$\pm(1\sim3)\%$;

③ 频率稳定度:$(0.1\sim0.4)\%/$小时;

④ 输出电压:0～10V 连续可调;

⑤ 输出功率:0.5～5W 连续可调;

⑥ 非线性失真范围:$(0.1\sim1)\%$;

⑦ 输出阻抗:有 50W、75W、150W、600W、5kW 等几种;

⑧ 输出形式:有平衡输出与不平衡输出两种。

3. 低频信号发生器的操作

尽管低频信号发生器的型号有很多,但它们的操作方法基本相同。

1) 熟悉面板

仪器的面板结构通常按功能进行分区,一般包括:波形选择开关、输出频率调节(包括波段选择、频率粗调、频率细调)、幅度调节(包括幅度粗调、幅度细调)、阻抗变换开关、电压指示表及量程选择、输出接线柱等。

2) 掌握正确的操作步骤

① 准备工作。先将"幅度调节"旋钮调至最小位置(逆时针旋到底),开机预热 5min,待仪器工作稳定后方可投入使用。

② 输出频率调节。按照需要选择合适的频率波段,将频率度盘的"粗调"旋钮转到相应的频率点上,而频率的"微调"旋钮一般置于零位。

③ 输出阻抗的配接。根据外接负载阻抗的大小,调节"阻抗变换"开关至相应的挡级以使获得最佳的负载阻抗匹配,否则当仪器的输出阻抗与负载阻抗失配过大时,将会引起输出功率减小、输出波形失真大等现象。

④ 输出形式的选择。根据外接负载电路的不同输入方式,用短路片对信号发生器的输出接线柱的接法进行变换,以实现相应的平衡输出或不平衡输出。

一般低频信号发生器都有两组输出端子。一组是电压输出接线柱,它通常输出 0～5V的正弦信号电压;另一组是功率输出接线柱,它有输出Ⅰ、输出Ⅱ、中心端和接地 4 个接线柱。当用短路片将输出Ⅱ和接地柱连接时,信号发生器的输出为不平衡式。当用短路片将中心端和接地柱连接时,信号发生器的输出为平衡式。

⑤ 输出电压的调节和测读。通过调节幅度调节旋钮可以得到相应大小的输出电压。在使用衰减器(0dB挡除外)时,由于指示电压表的示值是未经衰减器之前的电压,故实际输出电压的大小应为:示值÷电压衰减倍数。例如,信号发生器的指示电压表示值为20V,衰减分贝数为60dB,则输出电压应为0.02V($20V \div 10^{60 \div 20} = 0.02V$)。如表5-1所示为衰减分贝数与电压衰减倍数的对应关系。

表 5-1　衰减分贝数与电压衰减倍数的对应关系

衰减分贝数/dB	10	20	30	40	50	60	70	80	90
电压衰减倍数	3.16	10	31.6	100	316	1000	3160	10 000	316 600

4. FJ-XD22PS 低频信号发生器的使用

FJ-XD22PS 低频信号发生器是一款多用途的仪器,它能够输出正弦波、矩形波、尖脉冲、TTL电平和单次脉冲5种信号,还可以作为频率计使用,测量外来输入信号的频率。FJ-XD22PS 低频信号发生器的面板如图5-3所示。

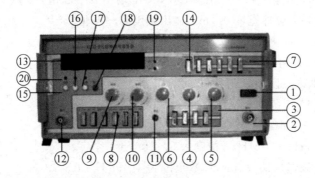

图 5-3　FJ-XD22PS 低频信号发生器的面板

1) FJ-XD22PS 低频信号发生器面板上各旋钮开关的作用

① 电源开关。

② 信号输出端子。

③ 输出信号波形选择键。

④ 正弦波幅度调节旋钮。

⑤ 矩形波、尖脉冲波幅度调节旋钮。

⑥ 矩形脉冲宽度调节旋钮。

⑦ 输出信号衰减选择键。

⑧ 输出信号频段选择键。

⑨ 输出信号频率粗调旋钮。

⑩ 输出信号频率细调旋钮。

⑪ 单次脉冲按钮。

⑫ 信号输入端子。

⑬ 6位数码显示窗口。

⑭ 频率计内测、外测功能选择键(按下表示外测;弹起表示内测)。

⑮ 测量频率按钮。

⑯ 测量周期按钮。

⑰ 计数按钮。

⑱ 复位按键。

⑲ 频率或周期指示发光二极管。

⑳ 测量功能指示发光二极管。

2) FJ-XD22PS 低频信号发生器的主要技术性能

对于信号源部分,有:

- 频率范围:1Hz～1MHz,由频段选择和频率粗调细调配合可分 6 挡连续调节。
- 频率漂移:1 挡≤0.4%;2、3、4、5 挡≤0.1%;6 挡≤0.2%。
- 正弦波:频率特性≤1dB(第 6 挡:≤1.5dB),输出幅度≥5V,波形的非线性失真为 20Hz～20kHz≤0.1%。
- 正、负矩形脉冲波:占空比调节范围 30%～70%,脉冲前、后沿≤40ns;在额定输出 幅度时,波形失真前、后过冲及顶部倾斜均小于 5%。
- 输出幅度:高阻输出峰—峰值≥10V,50W 输出峰—峰值≥5V。
- 正、负尖脉冲:脉冲宽度 0.1ms,输出幅度峰—峰值≥5V。

对于频率计部分(内测和外测),有:

- 功能:频率、周期、计数 6 位数码管(8 段红色)显示。
- 输入波形种类:正弦波、对称脉冲波、正脉冲。
- 输入幅度:1V≤脉冲正峰值≤5V,1.2V≤正弦波≤5V。
- 输入阻抗:≥1MΩ。
- 测量范围:1Hz～20MHz(精度为 $5 \times 10^{-4} \pm 1$ 个字)。
- 计数速率:波形周期≥1ms,计数范围为 1～983 040。

3) 基本操作步骤

① 将电源线接入 220V、50Hz 交流电源上。应注意三芯电源插座的地线应与大地妥善 接好,避免干扰。

② 开机前应把面板上各输出旋钮旋至最小。

③ 为了得到足够的频率稳定度,需预热。

④ 频率调节:面板上的频率波段按键作频段选择用,按下相应的按键,然后再将粗调 和细调旋至所需要的频率上,此时,内外测键置内测位,输出信号的频率由 6 位数码管显示。

⑤ 波形转换:根据所需波形的种类,按下相应的波形键位。波形选择键从左至右依次 是正弦波、短形波、尖脉冲、TTL 电平。

⑥ 输出衰减有 0dB、20dB、40dB、60dB、80dB 共 5 挡,可根据需要选择,在不需要衰减的 情况下需按下"0dB"键,否则没有输出。

⑦ 幅度调节:正弦波与脉冲波幅度分别由正弦波幅度旋钮和脉冲波幅度旋钮调节,本 机充分考虑到输出的不慎短路,加了一定的安全措施,但是不要做人为的频繁短路实验。

⑧ 矩形波脉宽调节:通过矩形脉冲宽度调节旋钮调节。

⑨ "单次"触发:需要使用单次脉冲时,先将 6 段频率键全部抬起,脉宽电位器顺时针旋

到底,轻按一下"单次"则输出一个正脉冲;脉宽电位器逆时针旋到底,轻按一下"单次"则输出一个负脉冲,单次脉冲宽度等于按钮按下的时间。

⑩ 频率计的使用:频率计可以进行内测和外测。"内外测"功能键按下时为外测,弹起时为内测。频率计可以实现频率、周期、计数的测量。轻按相应按钮开关后即可实现功能切换,请同时注意面板上相应的发光二极管的功能指示。测量频率时"Hz 或 MHz"发光二极管亮,测量周期时"ms 或 s"发光二极管亮。为保证测量精度,频率较低时选用周期测量,频率较高时选用频率测量。如发现溢出显示"——————————"时请按复位键复位,如发现3 个功能指示同时亮时,可关机后重新开机。

5.2.2 高频信号发生器

高频信号发生器是指能产生频率为 $300kHz \sim 300MHz$(允许向外延伸)的正弦信号,具有一种或一种以上调制或组合调制(正弦调幅、正弦调频、断续脉冲调制)的信号发生器,也称为射频信号发生器。它为高频电子电路调试提供所需的各种射频信号。

1. 高频信号发生器组成结构

高频信号发生器的组成框图如图 5-4 所示,主要包括可变电抗器、主振器、缓冲级、调制级、输出级、内调制振荡器、监测器、电源等部分。

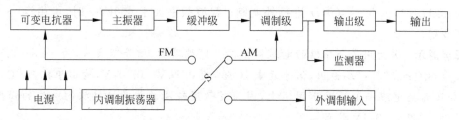

图 5-4 高频信号发生器的组成框图

主振器是信号发生器的核心,一般采用可调频率范围宽、频率准确度高和稳定度好的LC 振荡器,它用于产生高频振荡信号。该信号经缓冲后送到调制级进行幅度调制和放大,然后再送至输出级输出,进而保证有一定的输出电平调节范围。监测器监测输出的载波电平和调制系数,电源电路用于提供各部分所需的直流电压。

各主要部分单元电路的功能如下:

① 可变电抗器。可变电抗器与主振级的谐振回路相耦合,在调制信号作用下,控制谐振回路电抗的变化而实现调频功能。为了使高频信号发生器有较宽的工作频率范围并使主振器工作在较窄的频率范围,以提高输出频率的稳定度和准确度,必要时可在主振级之后加入倍频器、分频器和混频器等。

② 内调制振荡器。内调制振荡器用于为调制级提供频率为 400Hz 或 1kHz 的正弦信号,该方式称为内调制。当调制信号由外部电路提供时,称为外调制。

③ 调制级。尽管正弦信号是最基本的测试信号,但有些参量用单纯的正弦信号是无法测试的,如各种接收机的灵敏度、失真度和选择性等,所以必须采用已调制的正弦信号作为测试信号。

高频信号发生器主要采用正弦幅度调制(AM)、正弦频率调制(FM)、脉冲调制(PM)、视频幅度调制(VM)等几种调制方式。其中内调制振荡器供给调制级调幅时所需的音频正弦信号；调频技术因具有较强的抗干扰能力而得到了广泛的应用，但调频后信号占据的频带较宽，故此调频技术主要应用在甚高频以上的频段(一般频率在 30MHz 以上的信号发生器才具有调频功能)。

④ 输出级。输出级包括功率放大、输出衰减和阻抗匹配等几部分电路。其中功率放大和输出衰减电路在低频信号发生器中已经讲过，不再赘述。由于高频信号源必须工作在阻抗匹配的条件下(其输出阻抗一般为 50Ω 或 75Ω)，否则将影响衰减系数和前一级电路的正常工作、降低输出功率或在输出电缆中出现驻波等。因此，必须在高频信号源输出端与负载之间加入阻抗变换器以实现阻抗的匹配。

2. 高频信号发生器的性能指标

① 频率范围：$100Hz\sim30MHz$，共分 8 个频段。

② 频率刻度误差：$\pm1\%$。

③ 输出阻抗与输出电压。在"$0\sim0.1V$"插孔中，接有分压电阻的电缆终端输出为接点"1"，输出电阻为 40Ω，输出电压 $1\sim100\,000\mu V$ 连续可调。接点"0.1"输出电阻为 8Ω，输出电压 $0.1\sim10\,000\mu V$ 连续可调。在"$0\sim1V$"插孔中，开路输出电压为 $0\sim1V$ 连续可调，输出电阻为 400Ω。

④ 调制频率：内调制时，由 $400Hz$ 或者 $1000Hz$ 进行调制。外调制时，载波频率为 $100\sim400kHz$ 时，由 $50\sim400Hz$ 进行外调制；载波频率大于 $400kHz$ 时，可由 $50\sim400Hz$ 进行外调制。

重点提示：若使用带分压器的电缆输出，在"1"端输出，信号不衰减，为 $1\mu V\sim0.1V$，输出阻抗为 40Ω；在"0.1"端输出，信号衰减 10 倍，为 $0.1\mu V\sim0.01V$，输出阻抗为 8Ω。实际上，带分压器的电缆一般情况下用不上，因为灵敏度较高的收音机接收的电波的强度也在 $100\mu V$ 以上，用 $0\sim0.1V$ 就可以了。

3. XFG-7 型高频信号发生器的使用

1) XFG-7 型高频信号发生器的面板说明

XFG-7 型高频信号发生器的面板如图 5-5 所示。

①"波段"开关。改变载波发生器振荡回路的电感线圈，以改变其工作波段。共分成 8 个波段，分别与频率刻度盘上的 8 条刻度线相对应。

②"频率调节"旋钮。改变载波发生器的可变电容，以便在每个波段中连续的改变振动频率。使用时，先调节带指针的粗调旋钮，调到需要的频率附近时，再利用微调旋钮调到准确的频率上。

③"载波调节"旋钮。改变载波电压的幅度，使电压表指示在 1V 的红线上。

④"输出——微调"旋钮。改变输出信号的幅度，它共分 10 大格，每大格又分 10 小格。

⑤"输出——倍乘"开关。用以改变输出电压的步级衰减器，分 1、10、100、1000、10 000 共 5 挡。当电压表准确地指示在"1V"红线上时，从"$0V\sim0.1V$"插孔输出的信号电压就是"输出——倍乘"旋钮上的读数与这个开关上倍乘数的乘积。

⑥"调幅选择"开关。用以改变内调制信号的振动频率。它分 3 挡：400、1000 和等幅。在"400"和"1000"挡时，仪器分别输出载有 $400Hz$ 和 $1000Hz$ 的音频信号的高频调幅信号；在"等幅"挡时，仪器输出高频等幅波信号。

⑦"调幅度调节"旋钮。用以改变调制信号发生器产生的音频信号($400Hz$ 和 $1000Hz$)

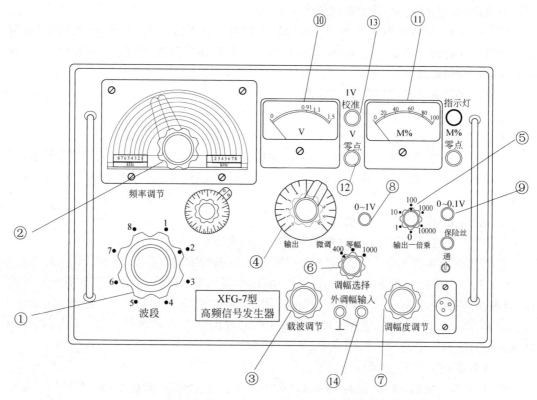

图 5-5　XFG-7 型高频信号发生器的面板

的幅度。当载波频率电压表"V"指示在 1V 时,改变音频信号的幅度,就改变了输出的调幅波的调幅度,在"M％"调幅度表上显示出来。

⑧ "0V～1V"输出插孔。从该孔可输出 0.1～1V 的信号电压。这时应调"载波调节"旋钮,须将电压表指在"1V"红线上;例如"输出——微调"旋钮转至"1"处,就得到 1V 的电压,以此类推。

⑨ "0V～0.1V"输出插孔。从这个孔输出的信号电压为"输出——微调"和"输出——倍乘"开关两指示值的乘积,单位是 μV。这时仍需要调"载波调节"旋钮,使电压表指示在 1V 红线上。例如,"输出——微调"旋钮指 6.6 格,"输出——倍乘"开关指在"10"上,则输出电压为 $6.6 \times 10 \mu V = 66 \mu V$。当调"输出——微调"按钮时,电压表的指示可能偏离"1V"红线,要再调"载波调节",重新调到 1V 处。

⑩ 电压表"V"。指示载波信号输出的电压值。只有指在"1V"红线处,才算准确,在其他刻度时误差太大,所以上面特别强调要将其调到"1V"红线处。

⑪ 调幅度表"M％"。指示输出信号的调幅度。对内调制和外调制的调幅度都可有指示。最常用的调幅度为 30％,所以那里有红线刻度。

⑫ "V 零点"旋钮。调节电压表的零点。

⑬ "1V 校准"电位器。校准电压表的红线处"1V"。平时用螺帽盖,不能随意旋动。

⑭ "外调幅输入"接线柱。如需要 400Hz 和 1000Hz 以外的调幅波,可由此输入其他音频信号。外调制信号应具有 0.5W 以上的功率。

2）XFG-7 型高频信号发生器的使用方法

接通电源前，应检查两个表头"V"和"M%"的指针是否指零点，可调"机械调零"电位器。随后将各旋钮置起始位置，即将"载波调节""载波输出""微调""倍乘""调幅调节"各旋钮都反时针旋到底。

若是高频等幅输出，则遵循以下步骤：

① "调幅进择"开关置于"等幅"。

② 接通电源，预热 30 分钟。

③ 将"波段"置于任意两挡之间（空挡），使振荡器不工作，这时如果表头"V"有指示，说明零点没有调好，应调节"V"零点电位器，使指针指零。调好零点后，将"波段"开关拨到所需波段。

④ 用"调谐"旋钮调节至需要的频率。

⑤ 调节"载波调节"旋钮，使伏特指针指"1"（红线处）。

⑥ 若要求输出大于 0.1V，应进"0V～1V"插孔。若要求输出在 0.1V 以下，应进"0V～0.1V"插孔。在根据所需输出电压选择输出插孔时，应调节"输出——倍乘"及"输出——微调"旋钮，必须使电压表"V"指针指在"1"上。例如，输出"0V～0.1V"插孔，"输出——倍乘"指 10，"输出——微调"指 2，则在电缆终端 0.1 处的输出电压是 $10 \times 2 \times 0.1 = 2\mu V$，在电阻终端 1 处的输出电压是 $10 \times 2 \times 1 = 20\mu V$。

若是调幅波输出，则遵循以下步骤：

① 内调节。"调幅选择"放在"400Hz"或"1000Hz"处。调节"调幅度调节"由 M% 表直接按指示调幅度。一般在 30% 调幅度的调幅波用得较多。

② 外调制。"调幅选择"置于"等幅"位置。由"外调幅输入"接入外部音频（低频）信号源。信号源必须在 20kΩ 负载上能有 100V 电压输出，才能在 50Hz～8kHz 范围内达到 100% 调幅。

5.2.3 脉冲信号发生器

脉冲信号发生器是信号发生器的一种。信号发生器按信号源有很多种分类方法，其中一种方法可分为混和信号源和逻辑信号源两种。其中混和信号源主要输出模拟波形；逻辑信号源输出数字码形。混和信号源又可分为函数信号发生器和任意波形/函数发生器，其中函数信号发生器输出标准波形，如正弦波、方波等，任意波形/函数发生器输出用户自定义的任意波形；逻辑信号发生器又可分为脉冲信号发生器和码型发生器，其中脉冲信号发生器驱动较小个数的的方波或脉冲波输出，码型发生器生成许多通道的数字码型。如泰克生产的 AFG3000 系列就包括函数信号发生器、任意波形/函数发生器、脉冲信号发生器的功能。另外，信号源还可以按照输出信号的类型分类，如射频信号发生器、扫描信号发生器、频率合成器、噪声信号发生器、脉冲信号发生器等等。信号源也可以按照使用频段分类，不同频段的信号源对应不同应用领域。

1. 脉冲信号发生器的技术指标

脉冲信号发生器的主要技术指标如下：

① 频率范围：100Hz～10MHz，6 位数显。

② 脉冲固有延时时间：80ns 左右。

③ 脉冲延时调节范围：30ns～3000μs。

④ 脉冲宽度范围：30ns～3000μs。

⑤ 脉冲边沿范围：10ns～1000μs。

⑥ 脉冲过冲：≤5%。

⑦ 脉冲输出幅度：200mV～5V。

⑧ 基线直流偏移：−1～+1V 连续可调。

⑨ 输出阻抗：50Ω(终端匹配)。

⑩ 外测频率范围：50Hz～10MHz。

2. 脉冲信号发生器的分类

脉冲信号发生器分为通用型和专用型两大类。

通用型脉冲信号发生器，用于实验室进行一般性科学实验。它的特点，也是与产生脉冲信号的单元电路的主要区别，是所产生的脉冲信号的参数(如重复频率、脉冲宽度、幅度、极性及逻辑电平)都可调节，尤其是重复频率的变化范围较宽，输出阻抗必须能与测试用同轴电缆的特性阻抗相匹配，输出电平能与被测试电路所用器件的逻辑电平相适应，以满足测试的要求。

专用型脉冲信号发生器，用于某些专用设备的研制、测试、生产和维修。这类脉冲信号发生器或是波形复杂，或是某些指标要求特殊。例如电视图像信号发生器，它所产生的信号有方格信号、棋盘格信号、彩带信号或某一单色信号等。这些复杂波形是由多种不同频率、不同极性、不同幅度、不同脉宽的简单脉冲合成的。参与合成的诸多简单脉冲信号，相互间在时间的相对关系上必须保持严格的同步关系。它们不能通过各个互不相关的单元脉冲电路产生各种脉冲相加而获得。电路的组成要采用数字电路的技术，以维持各个简单脉冲之间的同步关系。

5.3 合成信号发生器

所谓频率合成技术指的是由一个或者多个具有高稳定度和高精确度的频率参考源，通过在频率域中的线性运算得到具有同样稳定度和精确度的大量的离散频率的技术。完成这一功能的装置被称为频率合成器。频率合成信号发生器是科研、教学实验及各种电子测量技术中很重要的一种信号源，频率合成器应用范围非常广泛，特别是在通信系统、雷达系统中，频率合成器起了极其重要的作用。

随着电子技术的不断发展，频率合成器的应用范围也越来越广泛，对信号源的性能要求也越来越高，要求信号源的频率稳定度、准确度及分辨率要高，以适应各种高精度的测量，为了满足这种高的要求，各国都在研制频率合成信号源，这种信号源一般都是由一个高稳定度和高准确度的标准参考频率源，采用锁相技术产生千百万个具有同一稳定度和准确度的频率信号源，为了达到高的分辨率往往要采用多个锁相环和小数分频技术。

实现合成信号发生器的方法有多种，但是基本上可以归纳为直接合成法和间接合成法(锁相环路法)两大类。

5.3.1 合成信号发生器的原理及技术指标

合成信号源的信号不是由振荡器直接产生的,而是以高稳定度石英振荡器作为标准频率源,利用频率合成技术形成所需之任意频率的信号,具有与标准频率源相同的频率准确度和稳定度。输出信号频率通常可按十进位数字选择,最高能达 11 位数字的极高分辨力。频率除用手动选择外还可程控和远控,也可进行步级式扫频,适用于自动测试系统。直接式频率合成器由晶体振荡、加法、乘法、滤波和放大等电路组成,变换频率迅速但电路复杂,最高输出频率只能达 1000MHz 左右。用得较多的间接式频率合成器是利用标准频率源通过锁相环控制电调谐振荡器(在环路中同时能实现倍频、分频和混频),使之产生并输出各种所需频率的信号。这种合成器的最高频率可达 26.5GHz。高稳定度和高分辨力的频率合成器,配上多种调制功能(调幅、调频和调相),加上放大、稳幅和衰减等电路,便构成一种新型的高性能、可程控的合成式信号发生器。

为了设计正确可靠的合成信号发生器,必须要对其提出合理的技术指标。大体来说,合成信号发生器主要技术指标包括:频率范围、频率稳定度与准确度、频率分辨力、频率转换时间、频率纯度。现在对各项技术指标说明如下:

① 频率范围。频率范围是指输出的最小频率和最大频率之间的变化范围。通常要求在规定的频率范围内和任何指定的频率点上,信号合成器都能工作,而且性能都可以满足质量指标。

② 频率稳定度与准确度。频率稳定度是指输出频率在一定时间间隔内和标准频率偏差的数值,它分长期、短期和瞬间稳定度三种。

③ 频率分辨力。频率分辨力指的是两个相邻输出频率之间的最小间隔,又被称作是频率间隔。

④ 频率转换时间。频率转换时间是指输出由一种频率转换成另一种频率达到稳定工作所需的时间。采用不同的信号合成方法通常会有不同的频率转换时间,这就对设计使用时采用的合成方法提出了要求。

⑤ 频谱纯度。频谱纯度以杂散分量和相位噪声来衡量,杂散分为谐波分量和非谐波分量两种,主要由频率合成过程中的非线性失真产生;相位噪声是衡量输出信号相位抖动大小的参数。

5.3.2 频率直接合成法

频率直接合成法是将两个基准频率直接在混频器中进行混频,以得到所需的频率。这些基准频率由石英晶体振荡器产生的。根据具体实现电路的不同又可以分为直接模拟频率合成法和直接数字频率合成法。

1. 直接模拟频率合成法

利用倍频、分频、混频及滤波等技术,对一个或多个基准频率进行算术运算来产生所需要的频率。由于倍频、分频、混频及滤波大多是采用模拟电路来实现,所以这种方法称为直接模拟频率合成法。典型的直接模拟频率合成法如图 5-6 所示。

这种信号合成方法的优点是工作可靠,频率切换速度快,相位噪声低。但是它也存在很大的缺点,如需要大量混频器、分频器和滤波器,难于集成化,所以体积大,价格昂贵。

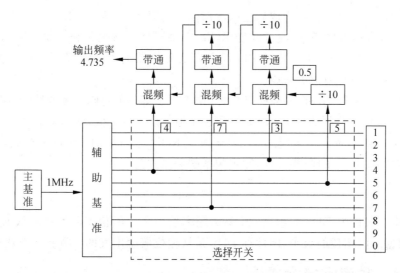

图 5-6 直接模拟频率合成法

目前合成信号发生器主要采用锁相频率合成和直接数字频率合成两种方法,但由于直接模拟频率合成法具有频率切换速度快、相位噪声低等突出优点,目前还有应用。

2. 直接数字频率合成法

直接数字频率合成技术(Direct Digital Synthesis,DDS)是近年来发展起来的一种新的频率合成技术。它利用计算机按照一定的地址关系,读取数据存储器中的正弦取样值,再经 D/A 转换得到一定频率的正弦信号。该方法不仅可以直接产生正弦信号的频率,而且还能可以给出初始相位,甚至可以给出不同形状的任意波形,如图 5-7 所示。

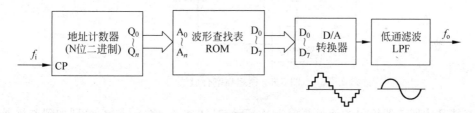

图 5-7 直接数字频率合成

任何频率的正弦波形都可以看作是由一系列的取样点所组成。因此,可以把要输出的正弦波形取样数据预先按顺序存放在一段 ROM 单元中,然后在时钟的控制下,顺序从这些 ROM 单元中读出,再经过 D/A 转换,就可以得到一定频率的正弦波形信号。这就是 DDS 的基本原理。

设取样时钟频率为 $f_i = f_c$,一个正弦波由 $2N$ 个取样点构成,则输出正弦波信号的频率为 $f_o = f_c/2N$。

设图中的 ROM 有 $2N$ 个存储单元(相应有 N 位地址),并存储了一个周期正弦波形的采样数据;地址计数器为一个 N 位二进制加法计数器,用以生成控制波形查找表 ROM 的地址信号。

当地址计数器在时钟的作用下进行加 1 计数时,就能从波形查找表 ROM 中按由大到小的地址顺序逐单元读出预存在 ROM 中的数据,这些数据再经过 D/A 转换及滤波,就可以得到连续的正弦波形信号,合成后正弦波形信号的频率 $f_\circ$ 为 $f_c/2N$。

很显然,改变时钟频率 f_c 或者改变 ROM 中每周期波形的采样点数,均能改变输出频率 $f_\circ$。改变时钟频率 f_c 可以通过在时钟之后加分频器的方法来实现。但该方法不够灵活,在合成信号发生器中很少采用。

改变 ROM 中每周期波形的采样点数的方法如下:如果能每隔一个地址读一次数据,则其频率为 $2 \times f_c/2N$,频率提高一倍;如果每隔 K 个地址读一次数据,则其频率为 $K \times f_c/2N$,频率增加 K 倍。这样,变化 K 的大小,相当于改变 ROM 中每周期波形的采样点数,就可以实现 DDS 的输出频率 $f_\circ$ 的调节,K 与输出频率的关系式为

$$f_\circ = \frac{Kf_c}{2^N} \tag{5-1}$$

通常,将上式称为 DDS 方程,将 K 称为频率控制字。K 值实际上反映从 ROM 中读出两个取样数据之间相位的大小,因此称 DDS 是从相位概念出发的一种频率合成技术。

5.3.3 频率间接合成法

频率间接合成法也叫做锁相频率合成法,在锁相频率合成器中,可以利用一个基本锁相环把压控振荡器(VCO)的输出频率锁定在基准频率上,也可以通过不同形式的锁相环对基准频率进行加、减、乘、除运算,合成所需的频率。

锁相频率合成的结构原理如图 5-8 所示,其系统整体是由鉴相器(PD)、环路滤波器(LPF)、电压控制振荡器(VCO)和基准晶体振荡器构成的一个负反馈系统。

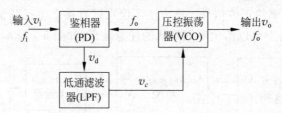

图 5-8 锁相频率合成法

基准晶体振荡器输出的信号频率为 f_i,开始时 $f_\circ \approx f_i$,将 $f_\circ$ 与 f_i 分别加到鉴相器的两端进行反馈调节,最后 $f_\circ = f_i$ 基本锁相环只能输出一个频率,而作为信号源必须要能输出一系列频率。

锁相环的几种基本形式如下。

1. 混频式锁相环

混频环实现对频率的加减运算,如图 5-9 所示。

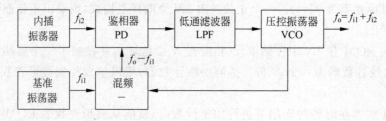

图 5-9 混频式锁相环

2. 倍频式锁相环

倍频环实现对输入频率进行乘法运算,主要有两种形式:谐波倍频环和数字倍频环。原理框图如图 5-10 所示。当环路锁定时,鉴相器两输入信号的频率相等,即:

① 根据鉴相器两输入频率相等列出等式:$f_o / N = f_i$;

② 从等式中解出输出频率:$f_o = N f_i$。

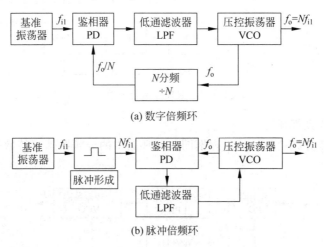

(a) 数字倍频环

(b) 脉冲倍频环

图 5-10 倍频锁相环

3. 分频式锁相环

分频环实现对输入频率的除法运算,与倍频环相似,也有两种基本形式。分频式锁相环主要用于频率很高以致很难采用数字分频器的情况。原理框图如图 5-11 所示。

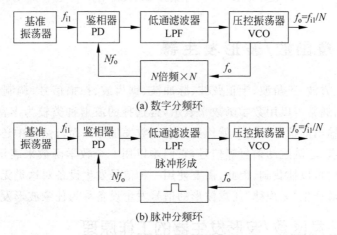

(a) 数字分频环

(b) 脉冲分频环

图 5-11 分频式锁相环

4. 双环频率合成单元

在混频锁相环中,如果混频器的输入信号频率 f_{i2} 可变,且变化的增量很小,小于 f_{i1}(即 $\Delta f_{i2} < f_{i1}$),则可以提高频率分辨力。原理框图如图 5-12 所示,其输出信号频率为 $f_o = N f_{i1} + f_{i2}$。

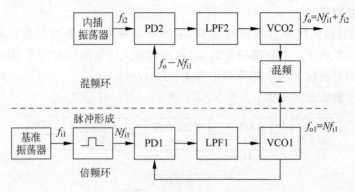

图 5-12　双环频率合成单元

5．小数分频式锁相环

图 5-13 为小数分频锁相环的原理框图。此环路中的分频器既可整数分频，又可在分频系数中包括小数。

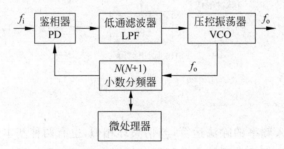

图 5-13　小数分频式锁相环

5.4　任意函数/波形发生器

包括正弦波、方波、三角波、半正弦波、脉冲波、锯齿波、扫描信号、调制信号等在内的这类常用测试信号，通常可以用数学函数来表示，且选择的波形种类较为丰富，能提供这类信号或其某个子集输出的信号发生器就称为任意函数发生器。而自然界中还有许多无规律的现象，如雷电、地震、心脏跳动信号等信号，它们难以用一个数学函数来表示，而这些无规律的信号又并非随时可以捕获到，因此，需要使用一种信号发生设备对这类无规律的信号进行模拟或回放。能够产生"无规律"任意波形的信号发生设备称为任意波形发生器。

5.4.1　任意函数/波形发生器的工作原理

任意函数/波形发生器的工作原理有三种：一是基于逐点法，二是基于 DDS 技术，三是基于 Trueform 技术。

1．基于逐点法的任意函数/波形发生器

基于逐点法的任意函数/波形发生器的原理框图如图 5-14 所示，它由取样时钟发生器、地址发生器、波形存储器 RAM、高速 D/A、低通滤波器、放大器、编辑器和程控接口等部分组成。其工作原理是通过编辑器或外部计算机将要产生的信号波形数字化后存入波形存储器,然后逐个读取这些点(通过地址发生器改变波形存储器的地址,顺序扫过波形存储器的各地址单元直到波形段的末段),并将它们送到高速 D/A,高速 D/A 的输出波形通过低通滤波器后送到放大器输出。根据任意函数发生器和任意波形发生器生成波形的不同,波形存储器一般划分为两部分,其中一部分用于存储如正弦波、方波等波形,实现任意函数发生器的功能。这部分的波形数据通常是不可以被改变的,因此,在有的任意函数发生器中,采用 ROM 固化存储这一部分的波形。而另一部分,存储器则用于存储任意波形发生器的相关波形,这一部分允许通过波形编辑器对其进行编辑,同时已保存的波形数据掉电后也不消失,因此,一般采用非易失性 RAM 进行波形存储。对于任意波形发生器,波形存储器可以分段工作,便于产生复杂的波形。在实际应用中,遇到的任意波形往往具有重复出现的部分。多数任意波形发生器还提供了排序功能,对重复的波形仅需编程一次,需要时对其进行调用即可。这样极大地增加了存储器的等效容量,在存储容量不变的情况下,增加了波形的长度。

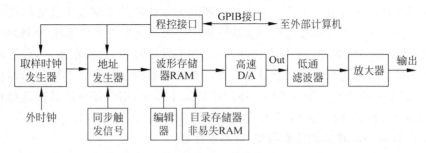

图 5-14 逐点法任意函数/波形发生器的原理框图

从理论上讲,逐点法最简单直观,但是,它有两大缺点。首先,要改变输出信号的频率,必须改变采样时钟频率,而设计良好的低噪声变频时钟会大幅增加仪器的成本和复杂性。其次,由于 D/A 输出的波形是阶梯状的,无法直接输出使用,因此需要进行复杂的模拟滤波,以使阶梯状的波形输出变得平缓,由于复杂性和成本都较高,因此,这种技术主要在高端任意波形发生器中使用。

2. 基于 DDS 技术的任意函数/波形发生器

基于 DDS 技术的任意函数/波形发生器使用固定频率时钟和更简单的滤波机制,可以较低的成本实现较高的频率分辨率,并可生成定制波形,因此,在过去二十年中,DDS 一直是任意波形发生器和经济型任意函数发生器的理想波形生成技术。

基于 DDS 技术的任意函数/波形发生器原理框图如图 5-15 所示,其结构组成与 DDS 电路类似。

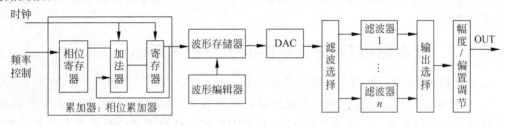

图 5-15 基于 DDS 技术的任意函数/波形发生器原理框图

与逐点法比较,其工作原理的主要区别在于以下两点:

(1) 控制输出频率改变的方法不同。基于 DDS 技术的任意函数/波形发生器,其读取波形点的时钟是固定不变的,改变输出信号的频率是通过改变读取波形存储器的地址间隔(即波形点的相位增量)来实现的,相位增量越大,生成一个周期的波形点的数量就越少,在固定不变的时钟频率下,输出信号的一个周期就越小(即频率就越高),因此,输出信号的频率与相位增量成正比。具体是通过相位累加器来完成相位的累加,输出波形点的读取地址。

(2) DAC 输出波形的滤波方法不同。基于 DDS 技术的任意函数/波形发生器会根据不同的输出信号类型,设计不同的低通滤波器,对信号进行滤波。对于正弦波,其频谱成分单一,高次谐波及杂散噪声较小,对信号质量影响不大,而 D/A 转换引起的杂散镜像信号及较高理想频率引起的谐波对信号质量影响较大,因此,所设计的滤波器应能滤除各种镜像杂散以及带外噪声。而对于三角波、方波、任意波等,其输出最高频率一般比正弦波低,但其频谱结构丰富,具有较高的谐波分量。尤其是任意波,由于波形不可预估,其谐波分量通常难以估计,且谐波成分往往对应于信号中的关键部分。滤波器的带宽过小会滤除波形中有用的高次谐波分量,滤波器带宽过大则不能滤除波形中周期延拓镜像杂散,通常选用等波纹误差线性相位滤波器加以滤波。一般在任意函数/波形发生器中,会根据需求,设计多个滤波器组,对于不同的波形进行滤波。通过继电器或者高速数据选择器将不同的输出信号送入相应的滤波器中进行滤波。在一些高性能的信号发生器中,用户还可以自行选择相应的滤波方式。滤波后,再经过相应的幅度和直流偏置的调节,输出所需的信号波形。

3. 基于 Trueform 技术的任意函数/波形发生器

Trueform 技术是 Keysight 公司于 2014 年推出的一种最新的波形发生技术。对于传统的逐点产生波形的方式,若要改变输出信号的频率,必须改变时钟频率,而设计良好的低噪声变频时钟会大幅增加仪器成本和复杂性;其次,由于 DAC 输出的波形是阶梯状的,因此需要设计良好的滤波器。在 DDS 中,需要应用比时钟频率高很多的采样率生成波形。另外,DDS 技术采用固定的采样时钟,通过改变相位累加器的增量来改变输出频率,因此无法保证波形中的每个点都能够显示在最终的输出波形中。换句话说,DDS 并没有使用波形存储器中的全部点。DDS 可能会以不可预知的方式,跳过和/或重复波形的某些相位点。在最佳情况下,这可能会增加抖动;在最坏情况下,可能会产生严重的失真。而采用 Trueform 技术,不会跳过任何的波形点,能够提供可预测的低噪声波形。

Trueform 技术结合 DDS 的低成本与逐点法的高性能体系结构的优点,产生频率分辨率更高、谐波失真更低、抖动更小的信号。

Trueform 技术采用虚拟可变时钟技术以及可跟踪波形采样率的滤波技术,比 DDS 技术拥有更低的抖动(比 DDS 脉冲波形抖动改善 10 倍以上)与更小的谐波失真,且可以提供抗混叠滤波输出。

5.4.2 任意函数/波形发生器的主要技术指标

任意函数/波形发生器的主要技术指标如下:

① 存储深度(记录长度)。对应于波形存储器的容量,决定可以存储的最大样点数量。存储深度在信号保真度中发挥着重要作用,它决定着可以存储多少个数据点来定义一个波形。提高存储深度可以存储更多周期的波形,存储更多的波形细节,还原复杂的信号。目

前,绝大多数任意函数/波形发生器的存储深度在 64K 以上。

② 最高采样速率。是指任意函数/波形信号发生器输出波形样点的速率,它决定输出波形的最高频率分量。按照采样定理,采样速率应至少比最高频率分量高一倍。如果要求信号频率为 10MHz,采样率至少为 20Msps。实际上在 20Msps 的采样速率下,信号频率不可能达到 10MHz,要比 10MHz 低。至于低到什么情况,则取决于信号失真可接受的程度。目前,多数任意函数/波形发生器的最高采样率在 100Msps 以上。

③ 带宽。是指任意函数/波形信号发生器输出电路的模拟带宽,一般以正弦波的 -3dB 点定义其带宽,与输出滤波器的性能相关,但必须满足其最高采样率支持的最大输出频率。由于方波、三角波等信号的高次谐波成分丰富,因此,针对正弦波、方波、三角波、脉冲波等不同信号,一般任意函数/波形信号发生器允许输出信号的最高频率不相同。目前多数任意函数/波形信号发生器的带宽能达到 20MHz。

④ 幅度分辨率与输出幅度。幅度分辨率是指输出信号电压幅度的分辨率,决定输出信号波形的幅度精度和失真。幅度分辨率在很大程度上取决于 D/A 转换器的性能。目前,多数任意函数/波形发生器采用 12 位或 14 位分辨率的 DAC。输出幅度是指波形在不失真时的输出峰-峰值,可通过后置的放大器或衰减器对 DAC 输出信号的幅度进行调节。根据信号输出幅度的差异,有的信号发生器还提供了对输出阻抗 50Ω 或 1MΩ 的选择功能。

⑤ 输出通道数量与输出信号种类。任意函数/波形信号发生器可单通道输出,也可双通道或多通道输出。在多通道输出时,具有通道间的同步功能,可以控制各通道之间输出波形的相位差,以产生特定需求的信号,如 I/Q 信号。一些信号发生器还提供了调制输出的功能,可以产生 AM、FM、PM 等模拟调制信号,以及 ASK、FSK、PSK、PWM 等数字调制信号。有些信号发生器还集成有多个数字输出通道,用于数字系统的测试。

⑥ 直流偏移。是指在输出幅度不变的情况下,信号基线可移动的情况。通常与仪器输出精度指标相关,一般为 $(0 \sim \pm 5)$V。

⑦ 波形纯度。是指在输出正弦波情况下的谐波和杂散信号的情况,应比基波小很多,至少为 $-(20 \sim 40)$dB。

5.4.3 任意波形发生器的波形编辑功能

任意波形发生器为用户提供了波形编辑功能,主要方法有:

(1) 图形编辑法。可直接提供点或一段波形来描述输出波形,信号发生器厂商多数提供了此类工具软件。

(2) 方程式编辑法。可直接利用输入的数学公式计算 D/A 转换器的输出数据,还可以借助 Matlab 等数学工具软件,产生相对较为复杂的波形的组合。这种波形编辑方法十分灵活,特别适合于时域描述以及能够用数学公式表达的波形。

(3) FFT 编辑法。FFT 编辑器可编辑每个信号的频谱,如频谱的频率值、幅度值和相位值,适用于频域内对波形进行描述。

(4) 示波器数据传送法。将示波器采集到的数据存储起来,然后把数据传送到任意波形发生器中,使任意波形发生器能够模拟外界的现场环境。在一些集成了任意波形发生器的示波器中,可以将示波器采集到的数据直接写入任意波形发生器的 RAM 中。

(5) 直接内存编辑法。该方法可结合图形编辑法、方程式编辑法以及 FFT 编辑法的优点,并且可以对所有的内存进行操作,这是一种更利于产生复杂的多路信号的方法。它利用外部程序对波形数据进行计算,并通过相应的接口写入内部的波形 RAM 中。随着嵌入式技术的发展,有些信号发生器在内部也集成了此功能。

本章小结

(1) 信号发生器又称信号源,是常用的基本测量仪器,其主要功能是为测试提供激励信号。信号源的种类很多,应用较多的是通用信号源中的正弦信号源和函数发生器。当要求频率准确稳定时,要选用合成信号源。

(2) 信号发生器的主要技术指标有:频率范围、准确度和稳定度等频率特性,输出阻抗,输出电平,调制特性等。

(3) 传统的低频信号源常以 RC 文氏电桥振荡器作为主振荡器,以产生 $1\text{Hz}\sim1\text{MHz}$ 的正弦信号为主,有的也可输出脉冲等波形。输出电平有电压和功率两种。RC 低频信号源逐渐被函数信号源和 DDS 合成信号源代替。

(4) 高频信号发生器常以 LC 振荡电路作为主振器,频率范围一般为 $100\text{kHz}\sim300\text{MHz}$,有的扩展到 1000MHz。可输出载波、调幅波、调频波以及脉冲调制波等多种波形,其中标准调幅波的调制频率为 1000Hz,调制度为 30%。高频信号发生器只有在负载匹配的条件下才能正常工作,当不匹配时,应串入阻抗变换器。其输出电压的读数是在负载匹配条件(通常为 50Ω)下按正弦信号有效值标定的。

(5) 脉冲信号源产生幅度、频率、脉宽和延迟量可调的脉冲信号。它是时域测量的重要仪器。它由主振级(产生频率可调的同步脉冲)、延迟级(产生于同步脉冲有一定延迟量的主脉冲)、形成级(调整脉宽)、整形级(限幅和电压放大)及输出级(功率放大且幅度、极性可调)等组成。

(6) 函数信号发生器是一种低频范围的多种波形发生器,能输出正弦波、方波、三角波等多种波形,常用于要求不高的测试场合。

(7) 合成信号源是利用频率合成技术产生频率准确稳定的高质量信号源。频率合成方法主要有:直接模拟频率合成法(DAFS)、直接数字频率合成法(DDS)、间接锁相式合成法(PLL)。这 3 种合成方法基于不同原理,各有特点。

(8) 直接模拟频率合成法由于电路复杂,难以集成化,目前已较少应用。

(9) 直接数字频率合成法基于大规模集成电路和计算机技术,尤其适用于产生函数波形、任意波形的信号源和合成扫频信号源。DDS 信号源具有很多特点,获得了广泛应用。但是,目前 DDS 专用芯片仅能产生 $100\sim300\text{MHz}$ 量级的正弦波。

(10) 间接锁相式合成法虽然转换速度慢(毫秒量级),但其输出信号频率可达超高频频段,输出信号频谱纯度高,输出信号的频率分辨力在采用了小数分频技术以后可大大提高。目前,已有很多锁相式合成信号源产品。

(11) DDS 与 PLL 两种合成技术相结合,可优势互补,构成高性能的复合式合成信号源、它的输出频率高,分辨力高,可作为高频、宽带的扫频信号源。

思考题

第5章思考题答案

5-1 信号源在电子测量中有何作用?

5-2 信号源的常用分类方法有哪些?按照输出波形的不同,信号发生器可以分为哪几类?

5-3 按照输出频率的不同,信号源可以分为哪几类?

5-4 正弦信号源的主要技术指标有哪些?简述每个技术指标的含义。

5-5 高频信号源主要由哪些部分组成?各部分的作用是什么?

5-6 简述脉冲信号源的主要组成部分及主要技术指标。

5-7 简述函数波形信号源的特点及多波形产生的原理。

5-8 简述各种类型信号源的主振荡器的组成,并比较各自的特点。

5-9 脉冲信号源与数字信号源有何区别?

5-10 简述函数波形信号源和任意波形信号源的区别和联系。

5-11 函数信号源的设计方案有几种?简述函数信号源由三角波转变为正弦波的二极管网络的工作原理。

5-12 已知可变频率振荡器频率 $f_1 = 2.4996 \sim 4.5000\text{MHz}$,固定频率振荡器频率 $f_2 = 2.5\text{MHz}$,若以 f_1 和 f_2 构成一差频式信号发生器,试求其频率覆盖系数。若直接以 f_1 构成一个信号发生器,其频率覆盖范围系数又为多少?

5-13 XFG-7 高频信号发生器的频率范围为 $f = 100\text{kHz} \sim 30\text{MHz}$,试问应划分为几个波段?(为使答案一致,设 $k = 2.4$)。

扩展阅读

信号发生器的发展和主要表现

普源信号发生器

是德信号发生器

随身课堂

第5章课件

波形测试技术

6.1 概述

在电子科学技术领域中,信号波形是指各种以电参数作为时间函数的图形。信号波形测量是对电信号与时间的函数关系进行测量,也称为信号的时域测量。示波器是一种基本的、应用最广泛的时域测量仪器,它将电信号作为时间的函数显示在屏幕上,让操作人员得到某一信号在一段时间内随时间变化的规律,从而获得信号所携带的信息。利用示波器能测量信号的幅度、频率、周期等基本参量,测量脉冲信号的宽度、占空比、上升(或下降)时间、上冲、振铃等参数,还能测量两个信号的时间和相位关系。在更广泛的意义上,示波器也是一种能够表现两个互相关联的 X-Y 坐标图形的显示仪器。

6.1.1 示波器的特点

示波器对电信号的分析是按时域进行的,把人眼看不见的电信号转换成具体的可见图像,从而研究信号的瞬时幅度与时间的函数关系,因此有捕获、显示及分析时域波形的功能。作为实验常用的电子测量仪器,它具有以下特点:

(1) 具有良好的直观性,能显示信号的波形,也可测量信号的瞬时值。

(2) 输入阻抗高,对被测信号(或电路)影响很小。

（3）灵敏度高，通常可达到 $10\mu V/div$，可观测微弱信号。

（4）显示速度快，工作频带宽，可观察高频、窄脉冲波形，也可观察信号波形的局部细节。目前示波器的带宽已高达 40GHz 以上。

（5）过载能力强，能承受较大的信号输入。

（6）可显示、分析任意两个量之间的函数关系，故可作为高速 X-Y 记录仪比较信号用。

6.1.2　示波器的分类

示波器种类繁多，按照示波器采用的技术来划分，可将示波器分为模拟、数字两大类。模拟示波器的 X、Y 通道对时间与幅度的信号的处理均由模拟电路完成，而屏幕上的图形显示是光点连续运动的结果，即显示方式也是模拟的。数字示波器则对 X、Y 方向的信号进行数字化处理，即把 X 轴方向的时间离散化（采样），Y 轴方向的幅值离散化（量化），显示的被测信号波形由一个个离散的光点构成。

1. 模拟示波器

模拟示波器是最早发展起来的示波器，按性能和结构可分为以下几种。

（1）单束示波器（又称为通用示波器）。采用单束示波管作为显示器，能定性、定量地观察信号。根据其在荧光屏上显示出的信号的数目，又可以分为单踪、双踪、多踪示波器。

（2）多束示波器。采用多束示波管作为显示器，荧光屏上显示的每个波形都由单独的电子束扫描产生，能实时观测、比较两个或两个以上的波形。

（3）取样示波器。根据取样原理，对高频周期信号取样变换成低频离散时间信号，然后用普通示波器显示波形。由于信号的幅度未量化，这类示波器仍属于模拟示波器。

（4）记忆示波器。记忆示波器采用记忆示波管，它能在不同地点观测信号，能观察单次瞬变过程、非周期现象、低频和慢速信号。随着数字存储示波器的发展，记忆示波器将逐渐消失。

（5）专用示波器。能满足特殊用途或具有特殊装置的专用示波器，又称为特种示波器。例如，用于监测、调试电视系统的电视示波器，用于观察矢量幅值及相位的矢量示波器，用于观察数字系统逻辑状态的逻辑示波器等。

2. 数字示波器

数字示波器是随着数字电路的发展而出现的一种具有存储功能的新型示波器，它首先将模拟输入信号经由 A/D 转换器数字化，变换为数字信号，存储于半导体存储器。然后通过 D/A 转换器将数字信息转换成模拟波形显示在示波管的屏幕上。同记忆示波器一样，通过它能观察单次瞬变过程、非周期现象、低频和慢速信号，并且能在不同地点观测信号。由于其具有存储信号的功能，又称为数字存储示波器。根据取样方式不同，数字示波器又可分为实时取样示波器、随机取样示波器和顺序取样示波器三大类。

目前数字示波器虽已占主导地位，但模拟示波器是数字示波器的基础，许多基本原理、术语、技术指标和应用方法都是在模拟示波器的基础上发展起来的，而且有些领域还在应用模拟示波器及其相关的技术产品，因此本章还要重点介绍模拟示波器。

6.1.3 示波器的主要技术指标

1. 频带宽度(BW)和上升时间

示波器的频带宽度(BW)是指垂直偏转通道(Y 方向放大器)对正弦波的幅频响应下降到中心频率的 0.707(-3dB)的频率范围。如果通道的带宽不够,则对于信号的不同频率分量,通道的增益不同,信号波形便会产生失真。因此,为了能够显示窄脉冲,示波器 Y 通道带宽必须很宽。

上升时间 t_r 是一个与频带宽度(BW)相关的参数,反映了示波器 Y 通道跟随输入信号快速变化的能力。频带宽度(BW)与上升时间 t_r 的关系可近似表示为

$$BW \cdot t_r = 350 \tag{6-1}$$

式中,BW 为频带宽度,单位为 MHz,t_r 为上升时间,单位为 ns。

2. 扫描速度与时基因数

示波器屏幕上光点水平扫描速度的高低可用扫描速度、时基因数、扫描频率等指标来描述。扫描速度是指荧光屏上单位时间内光点水平移动的距离,即光点水平移动的速度,荧光屏上通常用间隔 1cm 的坐标线作为刻度线,其单位是 cm/s 或 div/s。

扫描速度的倒数称为"时基因数",它表示单位距离所代表的时间,单位为 s/cm 或 s/div。扫描频率表示水平扫描的锯齿波的频率。例如,SR-8 双踪示波器的时基因数为 1~0.2s/div,SBM-10A 型示波器的时基因数为 0.5~0.05s/cm。

在示波器的面板上,时基因数通常按"1、2、5"的步进分成很多挡,当选择较小的时基因数时,可将高频信号在水平方向上展开。此外,面板上还有时基因数的"微调"(当调到尽头时,为"校准"位置)和"扩展"($\times 1$ 或 $\times 5$ 倍)旋钮,当需要进行定量测量时,应置于"校准""$\times 1$"的位置。扫描速度可用周期标准的窄脉冲进行校准。

3. 偏转灵敏度和偏转因数

偏转灵敏度是指屏幕上的光点在单位电压信号作用下,所产生的垂直偏转的距离,单位为 cm/V(或 div/V)。偏转灵敏度的倒数称为"偏转因数",它代表光点在荧光屏上的垂直(Y)方向移动 1cm(即 1 格)所需的电压值,单位为 V/cm、mV/cm(或 V/div、mV/div)。

在示波器面板上,偏转因数通常也按"1、2、5"的步进分成很多挡,此外,还有"微调"(当调到尽头时,为"校准"位置)旋钮。垂直灵敏度可用幅度准确的低频方波进行校准。

偏转因数表示了示波器 Y 通道的放大/衰减能力,偏转因数越小,表示示波器观测微弱信号的能力越强。对灵敏度在 μV 量级的示波器称为高灵敏度示波器,它主要用于观测微弱信号(如生物医学信号)。由于 Y 通道需对微弱小信号进行高倍增益放大,因此一般带宽较窄,如 1MHz。

4. 输入阻抗

输入阻抗是指示波器输入端对地的电阻 R_i 和分布电容 C_i 的并联阻抗,一般用 Ω(MΩ)//pF 表示。在观测信号波形时,把示波器输入探头接到被测电路的观察点,输入阻抗越大,示波器对被测电路的影响就越小。当被测信号接入示波器时,输入阻抗 Z_i 形成被测信号的等效负载。以 SBM-10 型多用示波器为例,其输入阻抗为 10MΩ//27pF。

5. 输入方式

输入方式即输入耦合方式,一般有直流(DC)、交流(AC)和接地(GND)三种。可通过示

波器面板选择,以适应不同的信号频率。

6. 触发源选择方式

触发源是指用于提供产生扫描电压的同步信号来源,一般有内触发(INT)、外触发(EXT)、电源触发(LINE)三种。

6.2 示波管及波形显示原理

6.2.1 示波管

目前示波器的显示器有阴极射线管(CRT)和平板显示器(LCD)两大类,这里主要介绍CRT的构成和显示原理。

阴极射线管简称为示波管,是示波器的核心部件,它在很大程度决定了整机的性能。示波管是一种被封装在玻璃壳内的大型真空电子器件,主要由电子枪、偏转系统和荧光屏三部分组成,基本结构如图6-1所示。其用途是将电信号转变成光信号并在荧光屏上显示。其工作原理是由电子枪产生的高速电子束轰击荧光屏的相应部位产生荧光,而偏转系统则能使电子束产生偏转,从而改变荧光屏上光点的位置。

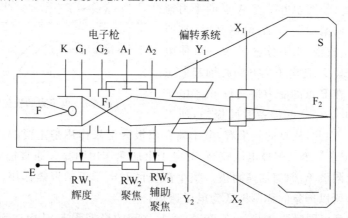

F—灯丝;K—阴极;G_1—栅极;G_2—前加速级;A_1—第一阳极;A_2—第二阳极

图6-1 阴极射线管内部结构图

1. 电子枪

电子枪的作用是发射电子并形成很细的高速电子束。它由灯丝F、阴极K、栅极G_1、前加速级G_2和第一阳极A_1、第二阳极A_2组成。除灯丝外,其余电极的结构均为金属圆筒形,且所有电极的轴心都保持在同一轴线上。

① 灯丝F。在交流低压(如6.3V)下,使钨丝烧热,用于加热阴极,此过程把电能转换为热能。

② 阴极K。它是一个表面涂有氧化钡的金属圆筒,套在灯丝外面,灯丝通电时,产生热量烘烤阴极,使之氧化层受热发射电子,此过程把热能转化为电能。

③ 栅极G_1。它是一个端面带有圆孔(电子可以通过)的无底圆筒,套于阴极之外,一般加负电压$-1kV$,G_1电位比阴极K低,对电子形成排斥力,使电子朝轴向运动,形成交叉点F_1,并且只有初速度较高的电子能够穿越栅极奔向荧光屏,初速度较低的电子则返回阴极,

被阴极吸收。如果栅极 G_1 电位足够低,就可使发射出的电子全部返回阴极,因此,调节栅极 G_1 的电位可控制射向荧光屏的电子流密度,从而改变荧光屏亮点的辉度,图 6-1 中辉度调节旋钮控制电位器 RW_1 进行分压的调节,即调节栅极 G_1 的电位,可以改变通过小孔的电子流的强弱,从而控制荧光屏上光点的亮暗,亦即所谓的"辉度"调节。

应该指出,当控制信号加于 G_1 时,其亮度可随之改变,则可以传递信息,故将这部分电路称为示波器的 Z 轴电路。

④ 前加速极 G_2。它是一个较长的圆筒,通常与第二阳极 A_2 同电位,以使电子束具有较大的近轴性和速度。它还有一个重要的作用是,隔离开 G_1 和 A_1,以减小亮度调节与聚焦调节的相互影响。

⑤ 第一阳极 A_1。它是一个短圆筒,孔径较大,不阻挡电子。

⑥ 第二阳极 A_2。它是个更大的同轴圆筒,其上电压较高,它主要与 A_1 构成电子透镜控制电子束的聚焦。

A_1 和 A_2 间的电力线如图 6-2 所示,当电子束进入第一阴极 A_1 的电场区时,受到电场力 F 的作用,其水平分量 F_x 使电子加速,垂直分量 F_y 使电子向中心轴靠拢(如图中电子在 A 点的受力情况);当电子束进入第二阴极 A_2 电场区时,其所受电场力方向发生改变,水平分量 F_x 又一次使电子加速,而垂直分量 F_y 使电子离开中心轴起散焦作用(如图中电子在 B 点的受力情况);由于电子速度很高,在 A_2 电场区中的停留时间极短,所以

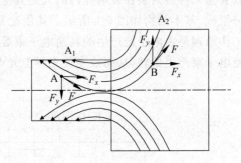

图 6-2　电子束的聚焦示意图

散焦作用不明显。因此,从总的效果看,电子束在阳极区汇聚作用是主要的,特别是第一阳极的聚焦作用更显著;第二阳极电压较高,对电子束加速作用明显。通常把第一阳极 A_1 称为聚焦阳极,第二阴极 A_2 称为加速阴极。整个阳极区对电子束的聚焦作用,与透镜对光线的聚焦作用相似,所以形象的称阳极区为电子透镜。

调 A_1 的电位可以同时调节 $G_2 \sim A_1$ 和 $A_1 \sim A_2$ 之间的聚焦系统,从而达到电子束的焦点恰好落在荧光屏上的目的。调节 A_1 电位的电位器称为"聚焦"旋钮,A_2 的电位对聚焦也有作用,特别是应把 A_2 的电位调节得与后面偏转板的平均电位基本一致,以免 A_2 至偏转板间可能发生散焦,调节 A_2 电位的旋钮称为"辅助聚焦"。

2. 偏转系统

示波管的偏转系统位于第二阳极之后,由两对相互垂直的平行金属板组成,分别称为垂直(Y)偏转板和水平(X)偏转板,Y 偏转板置于靠近电子枪的部位,而 X 偏转板置于靠近荧光屏的位置。采用静电偏转原理,即偏转板在外加电压信号的作用下使电子枪发出的电子束产生偏转。

X、Y 偏转板的中心轴线与示波管中心轴线重合,分别独立地控制电子束在水平和垂直方向上的偏转。当偏转板上没有外加电压,或外加电压为零时,电子束打向荧光屏的中心点;如果有外加电压,则偏转板之间形成电场,Y 偏转板上电位的相对变化只影响光点在荧光屏上的垂直位置,X 偏转板只影响光点的水平位置,两对偏转板共同配合,才决定任一瞬间光点在荧光屏上的坐标。下面以 Y 偏转板为例,讨论光点在荧光屏上的位移与什么因素

有关。

如图 6-3 所示为 Y 偏转板对电子束的影响示意图。在偏转电压 U_y 的作用下，Y 方向的偏转距离为

$$y = \frac{lS}{2bU_a}U_y \tag{6-2}$$

式中，l 为偏转板的长度，S 为偏转板中心到屏幕中心的距离，b 为偏转板之间的距离，U_a 为第二阳极电压。

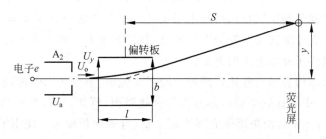

图 6-3　Y 偏转板对电子束的影响示意图

上式表明，偏转距离与偏转板上所加电压和偏转板结构的多个参数有关，其物理意义可解释如下：若外加电压 U_y 越大，则偏转电场越强，偏转距离就越大；若偏转板长度 l 越长，偏转电场的作用距离就越长，因而偏转距离越大；若偏转板到荧光屏的距离 S 越长，偏转距离越大，这是因为电子通过偏转板，获得一定的垂直方向速度，在脱离偏转板以后，会有 y 方向的匀速运动分量，距离 S 越长，匀速运动时间就越长，所以 y 偏转距离就越大。若偏转板间距 b 越大，偏转电场将减弱，使偏转距离减小；若阳极 A_2 的电压 U_a 越大，电子在轴线方向的速度越大，穿过偏转板到荧光屏的时间越小，因而偏转距离减小。

对于设计定型后的示波器偏转系统，l、S、b、U_a 可视为常数，设

$$S_y = \frac{lS}{2bU_a}\,\mathrm{cm/V} \tag{6-3}$$

则式（6-2）可写为

$$y = S_y U_y \tag{6-4}$$

式中，比例系数 S_y 称为示波管的 Y 轴偏转灵敏度（单位为 cm/V），$D_y = 1/S_y$ 为示波管的 Y 轴偏转因数（单位为 V/cm），它是示波管的重要参数，表示亮点在荧光屏上偏转 1cm 所需加于偏转板上的电压值（峰-峰值），此值越小，表示灵敏度越高，而且此值是常数，与外加偏转电压无关。

式（6-4）表示，垂直偏转距离与外加垂直偏转电压成正比，即 $y \propto U_y$。同样地，对水平偏转系统，亦有 $x \propto U_x$。据此，当偏转板上施加的是被测电压时，可用荧光屏上的偏转距离来表示该被测电压的大小，因此，式（6-4）是示波管用于观测电压波形的理论基础。

3. 荧光屏

荧光屏将电信号变为光信号，它是示波管的波形显示部分。其内壁有一层荧（磷）光物质，面向电子枪的一侧还常覆盖有一层极薄的透明铝膜，高速电子可以穿透这层铝膜轰击屏上的荧光物质而发光，即电子的动能转换为光能和相当一部分热能，透明铝膜的作用可吸收无用的热量，并可吸收荧光物质发出的二次电子和光束中的负离子，因此，可保护荧光屏，且

消除反光,使显示图形更清晰。在使用示波器时,应避免电子束长时间的停留在荧光屏的一个位置,否则不但会降低荧光物质的发光效率,并可能在屏上形成黑斑,使荧光屏受损。在示波器开启后不使用的时间内,可将"辉度"调暗。

当电子束停止轰击荧光屏时,光点仍能保持一定的时间,这种现象称为"余辉效应"。从电子束移去到光点亮度下降为原始值的 10% 所持续的时间称为余辉时间。不同的荧光材料有不同的余辉时间,一般将余辉时间小于 $10\mu s$ 的称为极短余辉;$10\mu s \sim 1ms$ 为短余辉;$1ms \sim 0.1s$ 为中余辉;$0.1 \sim 1s$ 为长余辉;大于 $1s$ 为极长余辉。正是由于荧光物质的"余辉效应"以及人眼的"视觉残留"效应,尽管电子束每一瞬间只能轰击荧光屏上一个点发光,但电子束在外加电压下连续改变荧光屏上的光点,我们就能看到光点在荧光屏上移动的轨迹,该光点的轨迹即描绘了外加电压的波形。

荧光屏的外形结构有圆形和矩形两种。圆形荧光屏,承受压力性能较好,但屏幕利用率不高,线性度较差。中间比较平稳的部分称为有效面积,例如,屏幕直径为 $13cm$ 的示波管,其有效面积为 $6 \times 6(cm^2)$,而矩形荧光屏比较平整,有效面积较大。使用示波器时应尽量使波形显示在有效面积内,减少测量误差。

为了测量波形的高度或宽度,在荧光屏上还常有一定的刻度线。它可以刻在屏外一块有机玻璃内侧,制成外刻度线,标有垂直和水平方向的刻度,并且易于更换。但是,波形与刻度线不在同一平面上,会造成较大的视差。另一种是内刻度线,分度线在荧光屏玻璃内侧,以消除视差,使测量准确度较高。

6.2.2 波形显示原理

电子束进入偏转系统后,要受 X、Y 两对偏转板静电场力的控制而产生偏转。这是示波器用来显示波形的基础。用示波器显示波形一般有两种类型:一种是显示随时间变化的信号;另一种是显示任意两个变量的关系。

1. 显示随时间变化的图形

电子束进入偏转系统后,要受到 X、Y 两对偏转板间电场的控制,设 X 和 Y 偏转板之间的电压分别为 U_x 和 U_y,它们的控制作用有如下几种情况。

1) U_x 和 U_y 为固定电压的情况

(1) 设 $U_x = U_y = 0$,则光点在垂直和水平方向都不偏转,光点出现在荧光屏的中心位置,如图 6-4(a)所示。

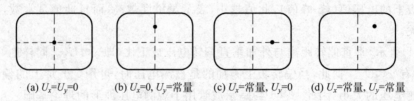

(a) $U_x = U_y = 0$　(b) $U_x = 0, U_y = $常量　(c) $U_x = $常量, $U_y = 0$　(d) $U_x = $常量, $U_y = $常量

图 6-4　水平和垂直偏转板上加固定电压时显示为一个光点

(2) 设 $U_x = 0$, $U_y = $常量,则光点在水平方向不偏移,在垂直方向偏移。设 U_y 为正电压,则光点从荧光屏的中心往垂直方向上移,如图 6-4(b)所示。若 U_y 为负电压,则光点从荧光屏的中心往垂直方向下移。

(3) 设 $U_x = $常量、$U_y = 0$,则光点在垂直方向不偏移,在水平方向偏移。若 U_x 为正电压,则光点从荧光屏的中心往水平方向右移,如图 6-4(c)所示。若 U_x 为负电压,则光点从荧光屏的中心往水平方向左移。

(4) 设 U_x=常量、U_y=常量,当两对偏转板上同时加固定的正电压时,应为两电压的矢量合成,得到光点位置如图 6-4(d)所示。

2) X、Y 偏转板上分别加变化电压

(1) 设 U_x=0,U_y=$U_m\sin\omega t$。垂直偏转板间的电场也随时间作正弦变化。由于 X 偏转板不加电压,光点在水平方向是不偏移的,则光点只在荧光屏的垂直方向来回移动,出现一条垂直线段(并不出现正弦波),如图 6-5(a)所示。

(2) 设 U_x=Kt,U_y=0。由于 Y 偏转板不加电压,光点在垂直方向是不移动的,所加电压加在 X 偏转板上,电子束将在水平方向受锯齿波电场作用,则光点在荧光屏的水平方向上来回移动,出现的也是一条水平线段(并不出现锯齿波),如图 6-5(b)所示。

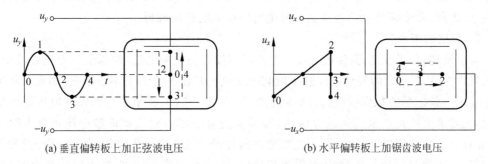

(a) 垂直偏转板上加正弦波电压　　　　　　　　(b) 水平偏转板上加锯齿波电压

图 6-5　水平和垂直偏转板上分别加变化电压

上述两种情况,虽然加上了信号波形,但荧光屏上并未显示与信号波形一致的图形。

(3) Y 偏转板加正弦波信号电压 U_y=$U_m\sin\omega t$,X 偏转板加锯齿波电压 U_x=Kt。即 X、Y 偏转板同时加电压,并假设 T_x=T_y,则电子束在两个电压的同时作用下,在水平方向和垂直方向上同时产生位移,荧光屏上将显示出被测信号随时间变化的一个周期的波形曲线,如图 6-6 所示。

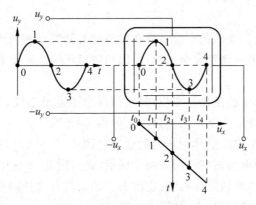

图 6-6　水平和垂直偏转板同时加信号时的显示

显示波形的逐点描迹的过程是:

① 当时间 t=t_0 时,U_x=$-U_{xm}$(锯齿波电压的最大负值),U_y=0。光点出现在荧光屏上最左侧的"0"点,偏离屏幕中心的距离正比于 U_{xm}。

② 当时间 $t=t_1$ 时，$U_y=U_{y1}$、$U_x=-U_{x1}$，光点同时受到水平和垂直偏转板的作用，但此时正弦波电压为正的最大值，即 $U_{y1}=U_{ym}$；光点出现在屏幕第 II 象限的最高点"1"点。

③ 当时间 $t=t_2$ 时，$U_y=0$、$U_x=0$，此时锯齿波电压和正弦波电压均为 0，即 $U_{x2}=U_{y2}=0$，光点将会出现在屏幕中央的"2"点。

④ 当时间 $t=t_3$ 时，$U_y=U_{y3}$、$U_x=U_{x3}$，正弦波的负半周与正半周类似，此时正弦波电压为负半周到负的最大值 $U_{y3}=-U_{ym}$，光点出现在屏幕第 IV 象限的最低点，如图中"3"点所示。

⑤ 当时间 $t=t_4$ 时，$U_y=0$、$U_x=U_{x4}$，此时锯齿波电压和正弦波电压均为零，$U_{x4}=U_{y4}=0$，光点将会出现在屏幕的第"4"点。

此时 Y 轴电压变化一周，X 轴电压立即回零，一个周期结束。第二个周期又进行同样的过程，只需确保每次移动起始点相同，光点在荧光屏上描出的轨迹就重叠在第一次描出的轨迹上，因此，荧光屏显示的是被测信号随时间变化的稳定波形。

2. 扫描的概念

如上所述，如果在 X 偏转板上加一个随时间线性变化的电压，即加上一个锯齿波电压，那么光点在 X 方向上的变化就反映了时间的变化。若在 Y 方向上不加电压，则光点在荧光屏上显示一条水平的扫描线（称为"时间基线"），如图 6-5(b) 所示。当锯齿波电压达到最大值时，荧光屏上的光点也达到最大偏转（即屏幕的最右端），然后锯齿波电压迅速返回起始点，光点也迅速回到屏幕最左端，再重复前面的过程。光点在锯齿波作用下扫动的过程称为"扫描"，能实现扫描的锯齿波电压称为扫描电压，光点自左向右的连续扫动称为"扫描正程"，光点自荧光屏的右端迅速返回左端起扫点的过程称为"扫描回程"。理想锯齿波的扫描回程时间为零。

3. 同步的概念

为了使波形稳定地显示在荧光屏上，就要求每个扫描周期所显示的信号波形在荧光屏上完全重合，即波形形状相同，并且有同一个起点。因此必须使扫描电压周期 T_x 与被测信号周期 T_y 的比值为整数倍，即

$$n = T_x/T_y \tag{6-5}$$

若 n 为整数，则每次扫描的起点都对应在被测信号的同一相位点上，这就使得扫描的后一个周期描绘的波形与前一周期完全一样，每次扫描显示的波形重叠在一起，在荧光屏上可得到清晰而稳定的波形。

若 n 不是整数，相对于被测信号来说，每次扫描起始点就不同，其结果造成波形不断地水平移动而不稳定。保证 n 为整数倍的过程就称为"同步"。

图 6-7 为扫描电压与被测信号同步时的情况。图中 $T_x=2T_y$，在时间 8 扫描电压由最大值返回到零，这时被测电压恰好经历了两个周期，光点沿 8→9→10 移动时，重复上一扫描周期光点沿 0→1→2 的移动轨迹，得到稳定波形。如果没有这种同步关系，则后一扫描周期描绘的图形与前一扫描周期不重合，如图 6-8 所示。

在图 6-8 中，$T_x=\dfrac{5}{4}T_y(T_x>T_y)$。第一个扫描周期开始，光点沿 0→1→2→3→4→5 轨迹移动（实线所示）。当扫描结束时，锯齿波电压回到最小值，光点迅速回到屏幕的最左端，而此时被测电压幅值最大，所以光点从 5 回到 6 点，接着，第二个扫描周期开始，这时光点沿

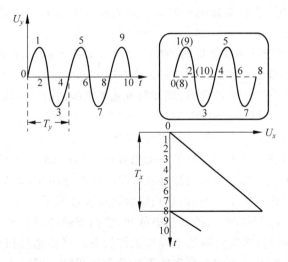

图 6-7　扫描电压与被测信号同步

$6 \rightarrow 7 \rightarrow 8 \rightarrow 9 \rightarrow 10 \rightarrow 11$ 的轨迹移动（虚线所示）。这样，第一次显示的波形为图中实线所示，而第二次显示的波形则为虚线所示，两次扫描的轨迹不重合，看起来波形好像从右向左移动，也就是说，显示的波形不稳定。

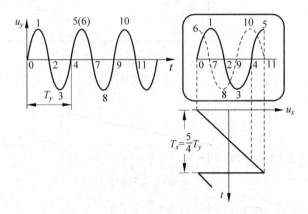

图 6-8　扫描电压与被测电压不同步时显示波形不稳定

归纳起来，示波器实现同步的两个条件如下：

① 施加触发，确定扫描的起始点（在被测信号的同一相位点上）。

② 调节扫描周期，维持 $T_x = nT_y$（n 为正整数）。

但实际上，扫描电压是由示波器本身的时基电路产生的，它与被测信号是不相关的。使用中靠人工调节扫描周期来满足条件②是很麻烦的。因此，常利用被测信号产生一个触发信号，去控制示波器的扫描发生器，迫使扫描电压与被测信号同步，这称为"内同步"。也可以用外加信号产生同步触发信号，但这个外加信号的周期应与被测信号有一定的关系，这称为"外同步"。

4. 连续扫描和触发扫描

以上所述为观察连续信号的情况，这时扫描电压是连续的，即扫描正程紧跟着扫描回程，回程结束后，马上开始新的扫描正程，扫描是不间断的，这种扫描方式称为连续扫描。

当欲观测脉冲信号,尤其是如图 6-9(a)所示的占空比 τ/T_y 很小的脉冲信号时,采用连续扫描存在一些问题。

(1) 若扫描周期等于脉冲重复周期,即 $T_x = T_y$。如图 6-9(b)所示,在屏幕上显示被测信号的一个周期,但屏幕上出现的脉冲波形集中在时间基线的起始部分,即图形在水平方向被压缩,以致难以看清脉冲波形的细节,例如很难观测它的前后沿时间。

(2) 若扫描周期等于脉冲底宽,即 $T_x = \tau$。如图 6-9(c)所示,为了将脉冲波形的一个周期显示在屏幕上,必须扫描一个周期,而此时占空比 τ/T_y 很小,即 T_x 比 T_y 小得多。因此,在一个脉冲周期内,光点在水平方向完成的多次扫描中,只有一次扫描到脉冲图形,其他的扫描信号幅度为零,结果在屏幕上显示的脉冲波形非常暗淡,而时间基线由于反复扫描却很明亮。这样,给观测者同样带来了困难,而且扫描的同步很难实现。

那么,能否在观测此类脉冲时,控制扫描脉冲,使扫描脉冲只在被测脉冲到来时才扫描一次;没有被测脉冲时,扫描发生器处于等待工作状态。只要选择扫描电压的持续时间等于或稍大于脉冲底宽,则脉冲波形就可展宽得几乎布满横轴。同时由于在两个脉冲间隔时间内没有扫描,也不会产生很亮的时间基线,如图 6-9(d)所示。这种由被测信号激发扫描发生器的间断的工作方式称为"触发扫描"方式。

通用示波器的扫描电路一般均可调节在连续扫描或触发扫描两种方式下工作。

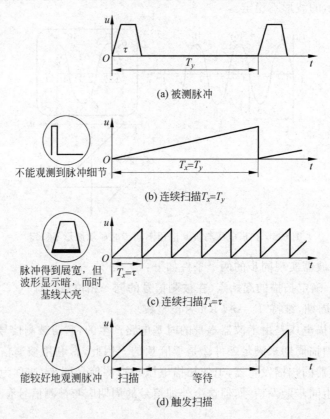

图 6-9   连续扫描和触发扫描方式下对脉冲波形的观测

5. 扫描的正程增辉和回程消隐

上述讨论中,均是假设扫描回程时间为零的理想扫描电压波形,而实际上,回扫总是需要一定时间的。如图 6-10 所示为扫描电压实际波形。T_s 为扫描正程时间,在此期间电子束产生自左至右的移动;T_b 为扫描回程时间,在此期间电子束产生自右至左的移动,以保证下次扫描从起始点开始向右扫描;T_w 为扫描休止时间,以保证下次扫描在荧光屏上起始点能够与本次扫描的起始点重合,为便于分析,通常不予考虑。当扫描回程时间和扫描休止时间均为零时,为理想扫描电压。

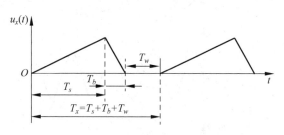

图 6-10　扫描电压波形

扫描正程时显示被测信号的波形,要求在此期间增强波形的亮度,即增辉,可以通过在栅极上叠加正极性脉冲或在阴极上叠加负极性脉冲来实现增辉。假如在 Y 偏转板上加正弦电压,在扫描回程时,电子束在向左移动的过程中会出现亮线,该亮线称为回扫线。在扫描休止时,电子束会在起始点位置出现一条垂直的亮线,该亮线称为休止线。如果不对回扫线和休止线进行消隐,而且扫描回程电压为实际的非线性电压时,在荧光屏上显示的图形如图 6-11 所示,所以应对回归线和休止线进行消隐,可以在栅极上叠加负极性脉冲或在阴极上叠加正极性脉冲来实现消隐。

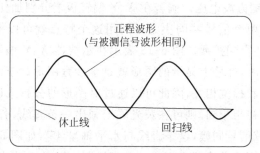

图 6-11　不消隐时显示的图形

在实际扫描电压下,如果要得到稳定的周期性被测信号波形,必须满足以下同步条件

$$T_x = T_s + T_b + T_w = nT_y \quad (n \text{ 为正整数}) \tag{6-6}$$

式中,T_x 为扫描电压周期;T_y 为被测信号周期。这样被测信号和扫描电压对电子束的作用时间总是相等的。所以,扫描电压正程、回程时间等于被测信号的几个周期,就相应地在屏幕上显示被测信号几个周期的波形。其中,扫描回程得到的波形(即回扫线)是紧随扫描正程波形之后的被测信号波形的回折,即以扫描正程结束点所在纵轴为轴线将正程之后的波形向起始方向对折,并且使扫描回程的结束点与扫描起始点重合。如图 6-12 所示,扫描电压周期为被测信号周期的 3 倍,满足式(6-6)的同步条件,可以得到稳定的波形。否则,会产生左移或右移的不稳定波形或亮带。

利用扫描期间的增辉还可以保护荧光屏。因为在被测脉冲出现的扫描期间,由于增辉脉冲的作用,显示波形较亮,便于观测;而在等待扫描期间,即波形为一个光点的情况下,由于没有增辉脉冲,光点很暗,避免了较亮的光点长久集中于荧光屏上一点的现象。

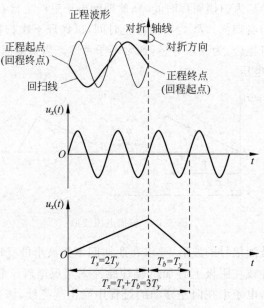

图 6-12　显示波形的取得

6. 显示任意两个变量之间的关系

前面讨论的是在示波器上观测一个随时间变化的信号时,垂直偏转板 Y 上加被测信号,水平偏转板 X 上加锯齿波电压。倘若在 X、Y 偏转板上分别加任意信号时,示波管荧光屏上光点的轨迹将由这两个信号共同决定。利用这个特点就可以把示波器变为一个 X-Y 图示仪,使示波器的功能得到扩展。图 6-13 表示在示波器 X、Y 偏转板上同时加入两个正弦波信号时的情况。此时,屏幕上显示的图形就是李沙育图形。李沙育图形的形状与输入的两个正弦信号的频率和相位相关,因此可以通过对图形的分析来确定信号的频率及两者的相位差。若两信号的初相相同,则可在荧光屏上画出一条直线,若两信号在 X、Y 方向的偏转距离相同,即两正弦信号同幅,这条直线与水平轴呈 $45°$,如图 6-13(a)所示;如果这两个信号初相位相差 $90°$,则在荧光屏上画出一个正椭圆;若 X、Y 方向的偏转距离相同,即两正弦信号同幅,则荧光屏上画出的图形为圆,如图 6-13(b)所示。

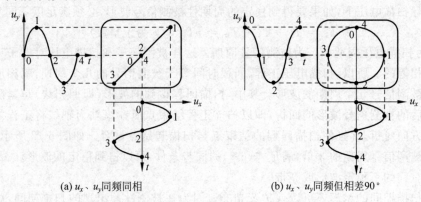

(a) u_x、u_y 同频同相　　　　　　　(b) u_x、u_y 同频但相差 $90°$

图 6-13　两个同频率正弦信号构成的李沙育图形

由此可以看出,如果要观测两个变量之间的关系,只要把两个变量转换成与之成比例的两个电压,分别加到示波器 X、Y 偏转板上,从屏上看到的曲线,就是它们之间的关系。这种 X-Y 图示仪可以在很多领域中得到应用。

6.3 通用示波器

6.3.1 通用示波器的组成

模拟示波器品种繁多,电路形式各异,本节主要讨论通用示波器。通用示波器主要由垂直偏转通道,水平偏转通道和主机三大部分组成。其基本组成如图 6-14 所示。

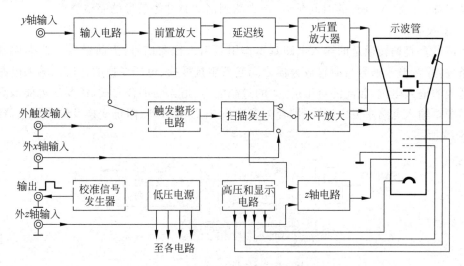

图 6-14 模拟示波器的主要组成框图

(1) 垂直偏转通道(Y 轴系统)。垂直偏转通道由衰减器、前置放大器、延迟级、输出放大器等组成。它的主要作用是:对单端输入的被测信号进行处理变换,成为大小合适、极性相反的对称信号加至 Y 偏转板,以控制电子束的垂直偏转。

(2) 水平偏转通道(X 轴系统)。水平偏转通道由触发电路、扫描电路和 X 放大器组成。它的主要作用是:同步触发电路在内或外触发信号作用下产生触发脉冲,在触发脉冲的作用下,输出大小合适的锯齿波电压,以驱动电子束水平偏转,并保证荧光屏上显示的波形稳定。

(3) 主机部分。主机部分主要包括 Z 轴电路、标准信号源、电源、示波管等部分。

Z 轴电路将 X 轴系统产生的增辉信号放大后加到示波管的栅极,从而实现在扫描正程时使波形加亮,扫描回程或扫描休止期时使回扫线和休止线消隐;或在外加高频信号的作用下,对显示波形进行亮度调制,也就是使波形亮暗变化情况受外加信号的控制,波形由实线变为虚线,由此可测量信号周期或频率。

标准信号源是一个标准方波发生器,用于提供幅度、周期等都很准确的方波信号,例如 $1kHz$、$10mV_{p-p}$(峰峰值为 10mV)的方波,以便随时校准示波器的垂直灵敏度和扫描时间因数。

电源是示波器工作时的能源,它将交流电变换成各种高、低电压电源,以满足示波管及各组成部分的工作需要。低压电源为示波器内部电路提供所需的直流电压,根据需要分成若干组,一般采用串联式稳压电路。高压电源电路主要用于示波器的高、中压供电,属于二次电源,一般采用变换器,将直流低压变换成中频高压,然后再经倍压、整流得到所需的直流电压。

6.3.2　通用示波器的垂直偏转通道

示波器垂直偏转通道主要由输入电路、前置放大器、延迟线和输出放大器等组成。它的主要作用是检测被观察的信号,并把被测信号变换成为大小合适的双极性对称信号,无失真或失真很小地加到 Y 偏转板上,使显示的波形适于观测;并向 X 通道提供内触发信号源,去启动扫描;补偿 X 通道的时间延迟,以观测到诸如脉冲等信号的完整波形。

1. 输入电路

示波器垂直偏转通道的输入电路基本作用是引入被测信号,为前置放大器提供良好的工作条件,并在输入信号与前置放大器之间起着阻抗变换、电压变换的作用。输入电路必须具有适当的输入阻抗、较高的灵敏度、大的过载能力、适当的耦合方式,还要尽可能地靠近被测信号源。输入电路主要由探头、耦合方式变换开关、衰减器、阻抗变换及倒相放大器组成,如图 6-15 所示。

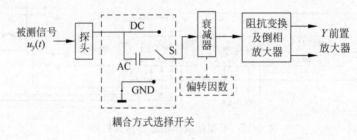

图 6-15　输入电路组成框图

1）探头

探头是用于被测信号与示波器的连接部件,一般使用示波器附带的高频特性良好、抗干扰能力强的高输入阻抗探头(也称为电极)进行连接。它的基本作用是便于直接在被测源上探测信号和提高示波器的输入阻抗,从而展宽示波器的实际使用频带。示波器的探头按电路原理分为无源和有源两种;按功能分,常用的有电压探头和电流探头两种。

(1)无源电压探头。在低频低灵敏度的示波器中,可以用两根普通的导线把被测信号引到示波器的输入端。但当使用高频高灵敏度示波器时,这种简单的连接方法是不行的。首先,未加屏蔽的导线将会感应干扰信号;其次,导线自身的电感、电容可能组成谐振电路,从而大大限制了示波器所能使用的上限频率。这个谐振电路在脉冲信号的作用下还会产生振铃现象,从而使波形产生严重的失真。为了抑制外界干扰信号的影响,可以用同轴屏蔽电缆代替普通导线。普通的同轴电缆虽然有较宽的工作频带,但其特性阻抗一般都比较低,如 50Ω 或 75Ω,无法与示波器的高输入阻抗相匹配。而分压器式无源探头电路可以很好地解决此问题。

无源探头是个低电容、高电阻探头,在带有金属屏蔽层的塑料外壳内部装有一个 RC 并联电路,其一端接探针,另一端通过屏蔽电缆接到示波器的输入端,如图 6-16 所示。如果要正确地测量高频波和方波,需要调节探头补偿电容器 C。补偿电容的位置有的在探针处,如图 6-16(a)所示;有的在探头末端,如图 6-16(b)所示;有的在校准盒内。调准补偿电容时,将示波器标准信号发生器产生的方波加到探头上,用无感螺刀左右旋转补偿电容 C,直到调出如图 6-17(a)所示的方波,此时 $RC=R_iC_i$,称为最佳补偿。否则会出现如图 6-17(b)所示的电容过补偿($RC>R_iC_i$)或如图 6-17(c)所示的电容欠补偿($RC<R_iC_i$)情况。

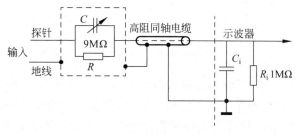

(a) 补偿电容在探针处

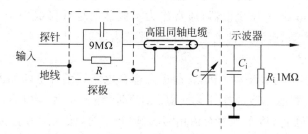

(b) 补偿电容在探头末端

图 6-16 两种无源探头的结构

(a) 最佳补偿   (b) 过补偿   (c) 欠补偿

图 6-17 探头补偿情况

分压器式无源探头不仅可以大大扩展示波器的使用频带宽度,而且由于它的分压作用,还可以扩展示波器的量程上限。它的分压比一般是 10∶1 和 100∶1。另外,它使示波器的输入阻抗也大为提高,如对于如图 6-16 所示的 10∶1 无源探头,它的输入阻抗大约是 10MΩ 和 5~15pF 的并联。

(2) 有源电压探头。无源探头虽然可以工作到较高的频率,有较好的过载性能,但由于它有分压作用,不宜用来探测很小的信号。有源探头可以在无衰减的情况下,获得优良的高频工作性能,特别适用于探测高频小信号。早期的有源探头多采用射极跟随器,现代的有源探头更多的是采用源极跟随器,它的优点是不需要灯丝、轻巧可靠、温升较小。如图 6-18 所示为源极跟随器式有源探头的基本电路,它主要包括 3 个部件,即源极跟随器、电缆和放大器。源极跟随器做成探头形式,可以直接探测被测信号,它一般采用结型场效应管。与绝缘栅场效应管相比较,结型场效应管有较低的噪声和较大的过载能力。为了便于和同轴电缆的低阻抗相匹配,在源极跟随器后还增加了射极跟随器。当被测信号频率高于 600MHz 时,应选用有源探头。

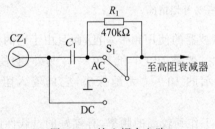

图 6-18　源极跟随器式有源探头的基本电路

（3）电流探头。在线性电路中，电流的波形和幅度可以通过探测电压换算；但在非线性电路中，电流和电压的波形是大不相同的。另外，在某些电路中，直接探测电压是不方便的，甚至是不允许的，例如高频高 Q 谐振回路上的电压就不好直接探测。在这种情况下，就需要直接探测电流。由于示波器基本上也是一个电压探测仪器，因此若用示波器检测电流的波形，就需要一个电流-电压变换器，通常作为示波器的选件做成一个电流探头提供给用户。电流探头也分无源、有源两种类型，具体原理结构这里不再介绍。

2）输入耦合电路

探头经同轴电缆接到示波器主机箱，即进入耦合电路。耦合电路如图 6-19 所示。它有AC（交流）、DC（直接）、地三挡选择开关。置"AC"时，输入信号经电容耦合到后面的衰减器，只有交流分量可通过，适于观察交流信号。置"DC"时，输入信号直接接到衰减器，被测信号的交、直流成分均可通过，用于观测频率很低的信号或带有直流分量的交流信号。置"地"时，用于确定零电平，即不需要断开被测信号，可为示波器提供接地参考电平。

3）衰减器

衰减器用来衰减输入的强信号，使后面各级电路能正常工作，以保证显示在荧光屏上的信号不致因过大而失真。为了使各种频率信号均能得到良好衰减，电路常采用具有频率补偿的阻容衰减器，其原理示意图如图 6-20 所示。

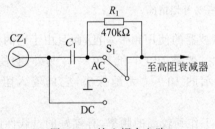

图 6-19　输入耦合电路

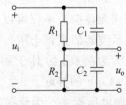

图 6-20　衰减器电路图

衰减器的衰减量为输出电压 U_o 与输入电压 U_i 之比，也等于 $R_1 C_1$ 的并联阻抗 Z_1 与 $R_2 C_2$ 的并联阻抗 Z_2 的分压比，其中

$$Z_1 = \frac{R_1 / j\omega C_1}{R_1 + 1/j\omega C_1} = \frac{R_1}{1 + j\omega R_1 C_1}$$

$$Z_2 = \frac{R_2 / j\omega C_2}{R_2 + 1/j\omega C_2} = \frac{R_2}{1 + j\omega R_2 C_2}$$

当满足 $R_1 C_1 = R_2 C_2$ 时，则衰减分压比

$$\frac{U_o}{U_i} = \frac{Z_2}{Z_1 + Z_2} = \frac{R_2}{R_1 + R_2} \tag{6-7}$$

这时衰减分压比与被测信号频率无关,这种情况称为最佳补偿,实际上示波器的衰减器是由一系列 RC 分压器组成的,改变分压比即可改变示波器的偏转灵敏度。这个改变分压比的开关即为示波器灵敏度粗调开关,在面板上常用 V/cm 作为标记。通常,示波器的灵敏度都是按 1-2-5 步进的,例如,0.05~20V/cm 分为 9 挡步进。

4)阻抗变换及倒相放大器

阻抗变换及倒相放大器的作用是将来自衰减器的单端输入信号变换为前置放大器(差分放大器)所需要的双端输出信号,以克服放大器零点漂移的影响;提高放大器输入阻抗;隔离前后级的影响;提供 Y 偏转板所需要的对称信号。一般可由射极跟随器构成,射极跟随器的高输入阻抗使得示波器对外呈现高输入阻抗,射极跟随器的低输出阻抗容易与后接的低阻延迟线相匹配。

与该电路有关的旋钮有直流"平衡"及偏转因数"微调"等旋钮。"微调"可以连续调节显示波形的幅度;适当调节"平衡",可以避免因为偏转因数的改变而使波形产生位移。

2. 延迟线

当示波器工作在"内"触发状态时,利用垂直通道输入的被测信号去触发水平偏转系统产生扫描电压,而扫描电路需要 Y 通道被测信号要有一定的电平才能触发启动扫描,考虑到被测信号上升到一定的电平和接收触发信号到开始扫描都会有一段延迟时间 t_T,这样就会出现被测信号到达 Y 偏转板而扫描信号尚未到达 X 偏转板的情况,如图 6-21(a)所示。其结果是,脉冲的上升过程无法被完整地显示出来,因为有一段时间扫描尚未开始。延迟线的作用就是把加到垂直偏转板的被测信号也延迟一段时间 t_d,如图 6-21(b)所示,使信号出现的时间滞后于扫描开始时间,从而保证荧光屏上显示被测信号的全过程。

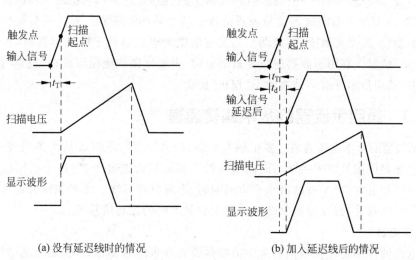

(a) 没有延迟线时的情况　　　　(b) 加入延迟线后的情况

图 6-21 延迟线的作用

对于延迟线的基本要求是在垂直系统的工作频带内,它能够无失真地并有一定的延时地传递信号,在带宽较窄的示波器里,一般采用多节 LC 网络作为延迟线,在带宽较宽(大于

15MHz)时,则采用双芯平衡螺旋线作延迟线,它可等效为多节 LC 网络,延迟时间为 75ns/m;在 $200\sim300$MHz 示波器中,则多采用射频同轴电缆,延迟时间为 5ns/m。为防止信号反射,需注意延迟线前后级的阻抗匹配。

3. Y 放大器

Y 放大器使示波器具有观测微弱信号的能力。Y 放大器应该有稳定的增益、较高的输入阻抗、足够宽的频带和对称输出的输出级。通常,把 Y 放大器分成前置放大器和输出放大器两部分。

(1) Y 前置放大器。Y 前置放大器将信号适当放大,从中取出内触发信号,并具有灵敏度微调、校正、Y 轴移位、极性反转等控制作用。前置放大器的输出信号一方面引至触发电路,作为同步触发信号;另一方面经过延迟线延迟以后,引至输出放大器。这样,可使加在 Y 偏转板上的信号比同步触发信号滞后一定的时间,保证在显示屏上可看到被测脉冲的前沿。

Y 前置放大器大都采用差分放大电路,输出一对平衡的交流电压。若在差分电路的输入端输入不同的直流电位,相应的 Y 偏转板上的直流电位和波形在 Y 方向的位置也会改变,可通过调节"Y 轴位移"旋钮,调节直流电位以改变被测波形在屏幕上的位置。

(2) Y 输出放大器。Y 输出放大器是 Y 通道的主放大器,它的功能是将延迟线传来的被测信号放大到足够的幅度,用以驱动示波管的垂直偏转系统,使电子束获得 Y 方向的满偏转。

Y 输出放大器大都采用推挽式放大器,以使加在偏转板上的电压能够对称,有利于提高共模抑制比。电路中采用一定的频率补偿电路和较强的负反馈,以使得在较宽的频率范围内增益稳定。还可采用改变负反馈的方法变换放大器的增益,例如,很多示波器中一般设有垂直偏转因数"×5"或"×10"的扩展功能(面板上的"倍率"开关),它把放大器的放大量提高5 倍或 10 倍,这有助于观测微弱信号或看清波形某个局部的细节。通过调整负反馈还可进行放大器增益(示波器灵敏度)的微调。当灵敏度微调电位器处于极端位置时,示波器灵敏度处于"校正"位置。在用示波器进行定量测量时,灵敏度微调旋钮应放在"校正"位置,在有些示波器中,还用指示灯指示是否处于"校正"位置。

6.3.3　通用示波器的水平偏转通道

通用示波器的水平偏转通道主要由触发电路、扫描发生器环和 X 放大器组成,如图 6-22 所示。它的主要作用是产生一个与时间呈线性关系的锯齿波电压,当这个扫描电压的正程加到水平偏转板上时,电子束就沿水平方向偏转,形成时间基线。水平偏转通道还给示波器提供增辉和消隐脉冲,并且提供双踪示波器交替显示时的控制信号等。

1. 触发电路

触发电路的作用是为扫描信号发生器提供符合要求的触发脉冲,控制时基的扫描闸门,以实现与被测信号的严格同步。此触发脉冲具有一定的幅度、宽度、陡度和极性,与被测信号有严格的同步关系,以使显示的波形稳定。触发电路包括触发源选择、触发耦合方式选择、扫描触发方式选择、触发极性选择、触发电平选择和触发放大整形等电路。如图 6-23 所示。

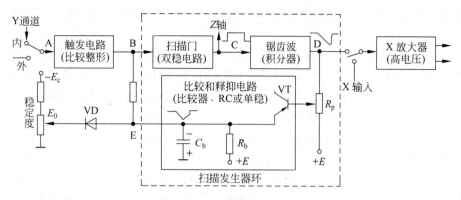

图 6-22 X 通道的组成框图

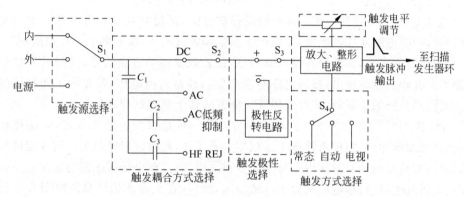

图 6-23 触发电路组成

1) 触发源选择

触发源一般有内触发、外触发和电源触发三种类型(由图 6-23 中开关 S_1 选择)。双踪示波器的内触发源又分为 CH1 和 CH2。触发源的选择应根据被测信号的特点来确定,以保证荧光屏上显示的被测信号波形的稳定。

(1) 内触发(INT):将 Y 前置放大器输出的、位于延迟线之前的被测信号作为触发信号,触发信号与被测信号的频率是完全一致的,适用于观测被测信号。

(2) 外触发(EXT):用外接的、与被测信号有严格同步关系的信号作为触发源,该信号由触发"输入"端接入。这种触发源用于比较两个信号的同步关系,或者当被测信号不适于作为触发信号时使用。例如,观测微分电路输出的尖峰脉冲时,可以用产生此脉冲的矩形波电压进行触发,更利于波形稳定。

(3) 电源触发(LINE):用 50Hz 的工频正弦信号作为触发源,适用于观测与 50Hz 交流有同步关系的信号。例如,观察整流滤波的纹波电压等波形或判断电源干扰时也可以用它。

2) 触发耦合方式选择

选择好触发源后,为了适应不同的触发信号频率,示波器一般设有四种触发耦合方式,可用图 6-23 中开关 S_2 选择。

(1) "DC"直流耦合:是一种直接耦合方式,用于接入直流或缓慢变化的触发信号,或者频率较低并含直流分量的触发信号。

(2) "AC"交流耦合:是一种通过电容耦合的方式,有隔直作用。触发信号经电容 C_1

（约 $0.47\mu F$）接入，用于观察从低频到较高频率的信号。这是一种常用的耦合方式。用"内"、"外"触发均可。

（3）"AC 低频抑制"：是一种通过电容耦合的方式，触发信号经电容 C_1 及 C_2（串联）接入，一般电容 C_2（约 $0.01\mu F$）较小，阻抗较大，用于抑制 2kHz 以下的频率成分。如观察含有低频干扰（50Hz 噪声）的信号时，用这种耦合方式较合适，可以避免波形的晃动。

（4）"HF"高频耦合：触发信号经电容 C_1 及 C_3（串联）接入，因电容 C_3 极小（约 1000pF 或 100pF），只允许通过频率很高的信号，这种方式常用来观测大于 5MHz 的高频信号。

3）扫描触发方式选择（TRIG MODE）

扫描触发方式通常有常态（NORM）、自动（AUTO）、电视（TV）三种方式。可用图 6-23 中的开关 S_4 选择。这三种方式控制触发整形电路，以便产生不同形式的扫描触发信号，由该触发信号去触发扫描电压发生器，形成不同形式的扫描电压。

（1）常态（NORM）触发方式：也称触发扫描方式，是指有触发源信号并产生了有效的触发脉冲时，扫描电路才能被触发，才能产生扫描锯齿波电压，荧光屏上才有扫描线。

在常态触发方式下，如果没有触发源信号，或者触发源为直流信号，或触发源信号幅值过小，都不会有触发脉冲输出，扫描电路不会产生扫描锯齿波电压，荧光屏上无扫描线。此时，不知道扫描基线的位置，示波器会黑屏。该方式适于观测脉冲等信号。

（2）自动（AUTO）触发方式：自动触发方式是一种最常用的触发方式，它是指在一段时间内没有触发脉冲时，扫描系统按连续扫描方式工作，此时整形电路为一射极定时的自激多谐振荡器，振荡器的固有频率由电路时间参数决定，该自激多谐振荡器的输出经变换后去驱动扫描电压发生器，扫描电路则处于自激状态，所以，在无被测信号输入时仍有连续扫描锯齿波电压输出，荧光屏上显示出扫描线。当有触发脉冲信号时，扫描电路能自动返回触发扫描方式工作。

在自动触发方式下，即使没有正常的触发脉冲，荧光屏上也能看到被测信号的波形，只不过波形可能是不稳定的，需要采取必要的措施，并进行正确的触发后才能得到稳定的波形。该方式适于观测低频信号。

（3）电视（TV）触发方式：电视触发方式用于电视触发功能，以便对电视信号（如行、场同步信号）进行监测与电视设备维修。它是在原有放大、整形电路基础上插入电视同步分离电路实现的。

4）触发极性选择和触发电平调节

触发极性和触发电平实际上是一电压比较器，用于决定触发脉冲产生的时刻，以控制扫描电压的起始时刻，即被显示信号的起始点，调节它们可使波形显示稳定，便于对波形观测和比较。

触发极性（SLOPE）是指触发点位于触发源信号的上升沿还是下降沿，可用图 6-23 中开关 S_3 选择。触发点处于触发源信号的上升沿为"＋"极性；触发点位于触发源信号的下降沿为"－"极性。

触发电平（LEVEL）是指触发脉冲到来时所对应的触发放大器输出电压的瞬时值。

用"电平"和"极性"旋钮互相配合，可在被观测波形的任一点触发。图 6-24（a）、（b）、（c）、（d）分别为不同触发极性和触发电平下显示的波形（设被测信号为正弦波），水平虚线表示触发电平，与波形实线的交点为触发点。应当指出，现代示波器中设计了"自动触发电路"，使触发点能自动地保持在最佳的触发电平位置。

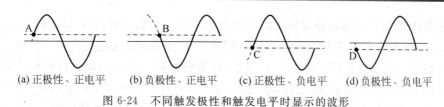

(a) 正极性、正电平　(b) 负极性、正电平　(c) 正极性、负电平　(d) 负极性、负电平

图 6-24　不同触发极性和触发电平时显示的波形

5) 放大整形电路

放大整形电路的作用是对前级输出信号进行放大整形,以产生稳定可靠、前沿陡峭的触发脉冲。前沿陡峭的触发脉冲可以使显示波形的起始点与触发电平和触发极性确定的起始点(触发点)保持一致。

由于输入到触发电路的波形复杂,频率、幅度、极性都可能不同,而扫描信号发生器要稳定工作,对触发信号有一定的要求,如边沿陡峭、极性和幅度适中等。因此,需对触发信号进行放大、整形。整形电路的基本形式是电压比较器,当输入的触发源信号与通过"触发极性"和"触发电平"选择的信号之差达到某一设定值时,比较电路翻转,输出矩形波,然后经过微分整形,变成触发脉冲。

2. 扫描发生器环

扫描发生器环又称为时基电路,其作用是产生线性度良好、频率固定、幅度相等的锯齿波电压。它使示波器实现了既可以连续扫描,又可以触发扫描,且不管哪种扫描都可以与输入信号自动进行同步。扫描发生器环由扫描门、积分器及比较和释抑电路组成一个闭环控制系统。

扫描门产生快速上升或下降的闸门信号,闸门信号启动积分器工作,产生锯齿波电压,同时把闸门信号送到增辉电路,以便在扫描正程加亮扫描的光迹。释抑电路在扫描开始后将闸门封锁,不再让它受到触发,直到扫描电路完成一次扫描且回复到原始状态之后,释抑电路才解除对闸门的封锁,使其准备接受下一次触发。这样,释抑电路起到了稳定扫描锯齿波的形成、防止干扰和误触发的作用,确保每次扫描都在触发源信号的同样的起始电平上开始,以获得稳定的图形。

1) 扫描门

扫描门又叫闸门电路,用来产生门控脉冲信号,脉冲的高电平产生一次扫描。它有 3 个作用:

- 输出时间确定的矩形开关信号,又称闸门信号,控制积分器扫描。
- 由于闸门信号和扫描正程同时开始,同时结束,可利用闸门信号作为增辉脉冲控制示波管,起扫描正程光迹加亮作用。
- 在双踪示波器中,利用闸门信号触发电子开关,使之工作于交替状态。

扫描发生器既能连续扫描又能触发扫描。在连续扫描时,即使没有触发信号,扫描门也应该有门控信号输出,即扫描门应处于自激工作状态。在触发扫描时,只有在触发脉冲作用下才产生门控信号,即扫描应处于他激工作状态。不论是连续扫描还是触发扫描,扫描信号都应该与被测信号同步。用射极耦合双稳触发电路即施密特电路做扫描门,能够巧妙地完成上述要求。

图 6-25(a)为施密特电路构成的闸门电路,它是一种电平控制的触发电路。该电路的最大特点就是滞后特性,上下触发电平不同,它们之间存在回差电压 U_p,如图 6-25(b)所示。

图中假设晶体管 VT_1 的基极静态输入电压介于 E_1 和 E_2 之间,电路处于 VT_1 截止、VT_2 导通的第一稳态,输出电压 u_o 为低电平。当触发信号使 u_{b1} 上升到上触发电平 E_1 时,电路从第一稳态翻转到第二稳态,即 VT_1 导通,VT_2 截止,输出电压 u_o 由低电位跳到高电位。但是即使触发信号消失,u_{b1} 回到 E_1 和 E_2 之间,电路并不翻转,只有当从释抑电路来的信号使 u_{b1} 下降至触发电平 E_2 时,电路才能返回第一稳态,输出电压才从高电位跳回低电位。上、下触发电平之间存在滞后电平 U_p,其数值可达 10V 左右。

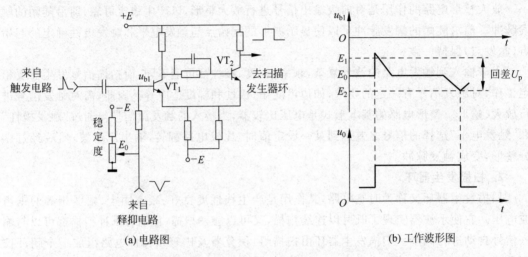

(a) 电路图   (b) 工作波形图

图 6-25 施密特触发器构成的闸门电路

扫描门的输入端接有来自 3 个方面的信号。第一个是"稳定度"旋钮提供的一个直流电位 E_0,第二个是从触发电路来的触发脉冲,第三个是来自于释抑电路的释抑信号,它们共同决定了施密特电路的状态。

从"稳定度"旋钮来的直流电位 E_0 可使扫描门处于三种状态:

① 当 E_0 使 u_{b1} 处于 E_1 和 E_2 之间,扫描门处于它激状态,则只有在触发脉冲作用下才会翻转到 VT_1 导通、VT_2 截止状态,也就是说,只有触发脉冲才能使施密特电路输出高电位,形成一次扫描过程。在没有触发信号时,荧光屏上电子束集中于一点,看不到扫描线。

② 当 E_0 使 u_{b1} 高于 E_1,扫描门处于自激状态,即使没有触发信号,也能使 VT_1 导通、VT_2 截止。u_o 输出高电平,使扫描电路产生锯齿波。这时示波器工作在连续扫描状态,在无信号时荧光屏上也有一条时间基线。

③ 当 E_0 使 u_{b1} 过负,即使加了触发信号 u_{b1} 也达不到 E_1,则不会产生扫描信号,扫描门处于闭锁状态,这种不扫描的状态用于示波器 X 通道直接馈入外加信号的情况。

2) 积分器

扫描电压是锯齿形的,它由积分器产生。密勒(Miller)积分器因具有良好的线性和较宽的扫描速度范围而得到广泛应用,是通用示波器中应用最广的一种积分电路。密勒积分器的原理如图 6-26(a)所示。

当开关 K 断开时,电源电压 E 通过积分器积分,C 充电,在理想的情况下,输出电压 U_o 可写成

$$U_o = -\frac{1}{RC}\int_0^t E\mathrm{d}t = -\frac{E}{RC}t \tag{6-8}$$

可见,积分器向负方向积分,U_o 与时间 t 成线性关系,改变时间常数 RC 或微调 E 都可改变 U_o 的变化速率。当开关 K 闭合时,电容器迅速放电,于是 U_o 迅速上升,这样就形成了一个锯齿波扫描电压。

在实用的密勒积分电路中,开关 K 由晶体管开关担任,如图 6-26(b)所示。当晶体管的基极输入端加高电平时,晶体管 VT 截止,相当于开关 K 断开,电源 E 给电容充电,构成扫描正程。当基极输入端加低电平时,晶体管 VT 导通,相当于开关 K 闭合,电容 C 放电,构成扫描回程。在示波器的扫描环中,积分器的晶体管开关是受扫描门的输出电压控制的,当扫描门输出高电平时,产生扫描正程;当扫描门输出低电平时,产生扫描回程。

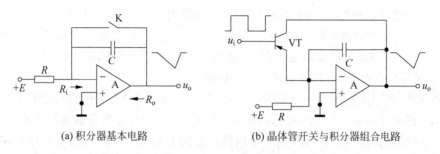

(a) 积分器基本电路   (b) 晶体管开关与积分器组合电路

图 6-26 密勒积分器

在示波器中通常用改变 R 或 C 作为"扫描速度"粗调,用改变 E 作为扫描速度微调。改变 R、C、E 均可改变锯齿波的斜率,进而改变水平偏转距离和扫描速度。

3) 比较和释抑电路

比较和释抑电路如图 6-27 所示,它和扫描门和积分器构成一个闭合的扫描发生器环。由 C_h、R_h 和 VT 组成释抑电路。该电路的作用是控制锯齿波电压的幅度,达到等幅扫描并保证扫描的稳定。

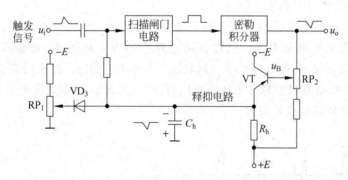

图 6-27 释抑电路原理框图

在扫描过程中,积分器输出一个负的锯齿波电压,它通过电位器 RP_2 加至 PNP 管 VT 的基极,与此同时,直流电源 $+E$ 也通过电位器 RP_2 的另一端加至 VT 管的基极,它们共同影响 VT 管的基极电压 u_B。由 VT 管和 $R_h C_h$ 组成一个射极输出器,当 VT 管导通时 C_h 被充电并跟随 u_B 的变化;当 VT 管截止时 C_h 通过 R_h 缓慢地放电,C_h 两端的电压即为释抑电路的输出电压,它被引至扫描门即施密特电路的输入端。在 C_h 上的电压较负时,二极管 D 截止,这时它把释抑电路的输出与"稳定度"旋钮的直流电位隔离。

(1) "触发扫描"的工作过程。图 6-28 为在"触发扫描"状态下释抑电路的波形图,假设

在 t_1 时刻扫描门被触发,积分器开始扫描正程,参照图 6-27 可见,由于积分器的扫描输出与正电源 E 分别加于电位器 RP_2 的两端,共同影响 VT 管的基极电位。在扫描输出还不够负时 ($t_1 \sim t_p$),正电源影响起主要作用,VT 管截止,比较和释抑电路不起作用。在 t_p 时,扫描电压达到一定的负值 U_p,与正电源 E 的影响相比较,U_p 起主要作用,u_B 值变负,VT 管导通,这时电容 C_h 充电,C_h 上的电压跟随扫描电压向负变化。在时间 t_2,C_h 上的电压达到施密特电路的下触发电平 E_2,施密特电路翻转,正扫描结束。积分器中的积分电容迅速放电,扫描电压经过 $t_2 \sim t_3$ 的时间完成回扫,为了使回扫结束前的扫描门不被可能到来的脉冲 4 触发,造成回扫未完又开始一次新的扫描,选择释抑电容的放电时间常数明显大于积分电容的放电时间常数。这样在释抑电容的放电时间 t_h 内,即使来了触发脉冲,扫描门也不会被触发。由于扫描电压的回扫时间 t_b 明显小于 t_h,从而保证了每次回扫结束后才可能开始下一次扫描。在 $t_2 \sim t_4$ 时间内触发脉冲不起作用,释抑电路处于"抑"的状态,在 t_4 时刻等待 t_w 时间以后,脉冲 5 又可以触发,这时释抑电路处于"释"的状态。

顺便指出,在扫描正程 $t_1 \sim t_2$ 的时间内,图 6-25(a) 中的 VT_1 是导通的,这时即使有触发脉冲 1、2、3 到来也不会改变触发电路的状态,所以只有每次释抑电路放电结束后,触发脉冲才起作用。释抑电路的"释"功能,为启动扫描正程的起始点;"抑"功能为停止扫描正程的终止点。调节图 6-27 中的电位器 RP_2,可以变更扫描电压与电源 E 相比较而起作用的时间,进而改变扫描的结束时间和扫描电压的幅度。

(2)"连续扫描"的工作过程。上述"触发扫描"方式有不足之处,它要求有信号加入并形成触发脉冲后才能产生扫描锯齿波,屏幕上才会显示有时基线和波形。若没有信号加入,则无时基线,屏幕为黑屏,使用者会以为示波器出故障了。而"连续扫描"方式可以很好地解决此问题。当"稳定度"旋钮将 E_0 电平提升到上触发电平 E_1 以上时,扫描环处于自激振荡状态,能产生连续的锯齿波,使屏幕上显示时基线,当有信号加入时又能自动与触发脉冲同步。连续扫描的工作过程如图 6-29 所示。

当图 6-27 中释抑电容 C_h 放电至上触发电平 E_1 时(即 t_1 时刻),扫描门打开,锯齿扫描开始,扫描电压下降至负电压 U_p 时,比较释抑电路中的 VT 导通,C_h 充电,到 E_2 扫描结束,C_h 又放电,这样反复循环,使环路处于自激状态。若有信号加入,扫描门就会有触发脉冲出现,C_h 放电,不到 E_1 就被触发脉冲 1 把扫描门打开了(见图 6-29 中虚线所示),扫描起点从 t_1 被提前到 t_1',这时环路被信号同步。

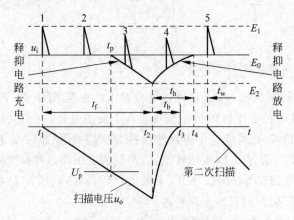

图 6-28　释抑电路的波形图

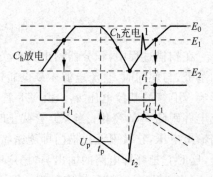

图 6-29　连续扫描工作波形图

由以上讨论可见,当设置 $E_2 < E_0 < E_1$ 时,为触发扫描,扫描环处于他激状态,当触发扫描到来时,环路才被激活,产生一次扫描;当设置 $E_0 > E_1$ 时,为连续扫描,扫描处于自激状态,不论是否有触发脉冲,环路都可以自动进行扫描。不论是触发扫描,还是连续扫描,比较和释抑电路与扫描门及积分器配合,都可以产生稳定的等幅扫描信号,也都可以做到扫描信号与被测信号的同步。同步是自动完成的,而不必由人工调节 $T_X = nT_Y$ 来进行同步。此外,不论是连续扫描还是触发扫描,在扫描正程施密特电路都输出正脉冲作为门控信号。这个正脉冲,或者从施密特电路另一晶体管输出的负脉冲,恰好可以加到示波管 Z 轴作为增辉脉冲,使得只有在扫描正程荧光屏上才显示被测信号波形。

综上所述,对于扫描环的一次扫描过程,在正扫描过程中,要明确 3 个时刻,即:t_1(积分电容 C 充电和扫描开始)、t_p(释抑电路 C_h 充电开始)、t_2(扫描结束,C 和 C_h 放电开始);在回扫过程中,要理解 3 个时间,即 t_b(回扫时间)、t_h(C_h 放电时间)、t_w(等待时间);要保证一个关系,即 $t_h > t_b$,从而保证回扫结束后才开始下一次触发扫描。

3. X 放大器

X 放大器的工作原理与垂直放大器类似,也是线性、宽带放大器,改变 X 放大器的增益可以使光迹在水平方向得到扩展,或对扫描速度进行微调,以校准扫描速度。改变 X 放大器有关的直流电位也可以使光迹产生水平位移。

X 放大器通常由差分级联对称放大器组成。其作用是放大扫描锯齿电压并对称地加至水平偏转板。由于锯齿波频率比被测信号低,故其带宽仅为 Y 通道的 $1/10 \sim 1/5$,但能够以百伏量级电压送往水平偏转板。

示波器面板上备有旋钮可使扫描线在水平(X)方向上左、右"X 位移"。还有按键可使 X 放大器增益为 ×5 或 ×10,称为"X 扩展",可让波形横向扩大 5 或 10 倍。例如,图 6-30 上原来屏幕上波形很多,"×10"后波形 X 方向扩展了 10 倍,移动"X 位移"可以选择查看其中一个波形的细节。

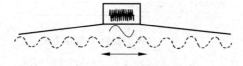

图 6-30 X 扩展示意图

水平放大器的基本作用是选择 X 轴信号,并将其放大到足以使光点在水平方向达到满偏的程度。由于示波器除了显示随时间变化的波形外,还可以作为一个 X-Y 来显示任意两个函数间的关系,例如显示前面提到的李沙育图形。因此 X 放大器的输入端有"内""外"信号的选择。置于"内"时,X 放大器放大扫描信号;置于"外"时,水平放大器放大由面板上 X 输入端直接输入的信号。

由以上讨论的模拟示波器基本组成可以看出,Y 通道主要是一个放大器,通常用来放大被观测的信号。在常见的用示波器观测随时间变化的波形时,X 通道的主要任务是产生一个与被测信号同步的,既可以连续扫描,又可以触发扫描的锯齿波电压。但是 X 放大器亦可直接输入一个任意信号,这个信号与 Y 通道的信号共同决定显示屏上光点的位置,构成一个 X-Y 图示仪,这时触发电路和扫描发生器环不起作用。

6.4 示波器的多波形显示

实际工作中常常需要同时观测两个或两个以上的波形,或者观测一个信号的整体及其某个细节,即多波形显示。例如,需要比较电路中若干点间信号的幅度、相位和时间关系,观测信号通过网络后的相移和失真情况等。有时,需要把一个脉冲序列中的某一部分提取出来,在时间轴上予以展宽,并在显示屏上与脉冲序列同时显示出来,以便在观测脉冲序列的同时能仔细观测其中的某一部分。这些都需要在一个显示屏上能同时显示多个波形。为实现这一目的,常见的方法有多线显示、多踪显示及双扫描示波显示等。

6.4.1 多线显示和多踪显示

1. 多线显示

多线显示是利用由多个电子枪构成的多线示波器来实现的,最典型的是双线示波器,其结构如图 6-31 所示。把两个相互独立的电子枪及偏转系统封装在同一个示波管内,每个电子枪都能同时发出一条电子束,每一电子束都有独立的 Y 偏转板,有的多线示波器还具有两个独立的扫描系统。每个 Y 通道可以接入不同的信号,并可单独调整灵敏度、位移、聚焦、辉度等开关或旋钮。由于 Y 通道之间相互独立,因而可以消除通道之间的干扰现象,显示的波形之间相互独立、互不影响。这种示波器除了观察周期信号外,还可以观测同一瞬间出现的多个瞬变现象,即可以实时看到两个瞬变信号。但这种能产生多个电子束的示波管,工艺要求较高、价格较贵,因而限制了它的普遍应用。

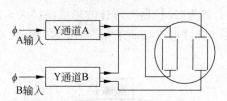

图 6-31 双线示波器工作原理图

2. 多踪显示

多踪示波器的组成与普通示波器类似,是在单线示波的基础上增加了电子开关而形成的,即示波管内只有一个电子枪、一套 Y 偏转板。电子开关按分时复用的原理,分别把多个垂直通道的信号轮流接到 Y 偏转板上,最终实现多个波形的同时显示。多踪示波器实现简单,成本也较低,因而得到了广泛使用。

比较常用的是双踪示波器,双踪示波器的 Y 通道工作原理如图 6-32 所示。为了用单枪示波管同时观察两个信号,电路中设置了两套相同的 Y 输入电路和 Y 前置放大器,即 Y_1、Y_2 通道,两个通道的信号经过各自的前置放大器、门电路,由电子开关控制,使两个被测信号能按要求进入公共通道,进行延迟及后置放大,送示波管的垂直偏转板上。为了使荧光屏能清楚显示两个波形,在前置放大器内设置有位移控制,可分别控制两个图形的上下位置。只要电子开关的切换频率满足人眼视觉残留时间的要求,就能同时观察到两个被测波形而无闪烁感。

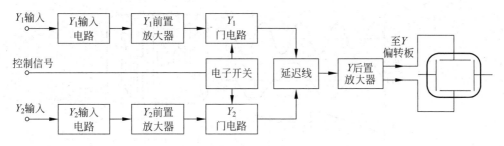

图 6-32　双踪示波器的 Y 通道原理框图

根据电子开关工作方式的不同,双踪示波器有 5 种显示方式。

(1) "Y_1" 通道(CH_1)。

电子开关将 Y_1 通道信号接于 Y 偏转板,形成 Y_1 通道独立工作状态,单踪显示 Y_1 的波形。

(2) "Y_2" 通道(CH_2)。

电子开关将 Y_2 通道信号接于 Y 偏转板,形成 Y_2 通道独立工作状态,单踪显示 Y_2 的波形。

(3) 叠加方式($CH_1 + CH_2$)。

两通道同时工作,Y_1、Y_2 通道的信号在公共通道放大器中进行代数相加后送入垂直偏转板。Y_2 通道的前置放大器内设有极性转换开关,可改变输入信号的极性,从而实现两信号的"和"或"差"的功能。

以上三种显示均为单踪显示,只显示一个波形。

(4) 交替方式(ALT)。

第一次扫描时接通 Y_1 通道,第二次扫描时接通 Y_2 通道,在屏幕上交替地显示 Y_1、Y_2 通道输入的信号,如图 6-33 所示。显然,电子开关的切换频率是扫描频率的一半。由于扫描频率较高,两个信号轮流显示的速度很快,加之荧光屏有余辉时间和人眼的视觉暂留效应的缘故,从而获得两个波形似乎同时显示的效果。扫描频率分挡可调,就要求开关切换频率跟随扫描频率变化。而一旦扫描频率低于 50Hz,开关切换的频率就低于 25Hz,显示的波形内烁,所以交替方式适合于观察高频信号。

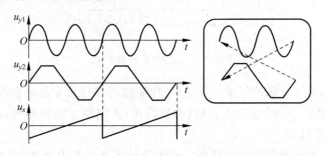

图 6-33　交替显示的波形

(5) 断续方式(CHOP)。

断续方式是在一个扫描周期内,高速地轮流接通两个输入信号,被测波形由许多线段断续地显示出来,如图 6-34 所示。

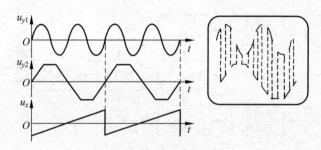

图 6-34　断续显示的波形

断续方式下,电子开关工作于自激震荡状态,开关频率一般在 100～1000kHz 范围内,它不受扫描频率的控制,处于非同步工作方式。只有当转换频率远高于被测信号频率时,人眼看到的波形好像是连续的,否则波形断续现象很明显。因此,断续方式适用于被测信号频率较低的情况。

6.4.2　双扫描示波显示

双时基示波器有两个独立的触发和扫描电路,两个扫描电路的扫描速度可以相差很多倍。这种示波器特别适用于在观察一个脉冲序列的同时,仔细观察其中一个或部分脉冲的细节,既可看全景,又可看局部。下面以自动双扫描示波器为例,说明这种工作方式。其组成原理框图如图 6-35 所示,工作波形如图 6-36 所示。

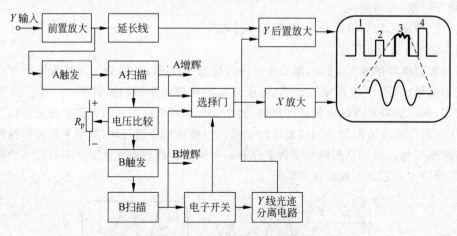

图 6-35　双扫描示波器组成

设输入信号为由 4 个脉冲组成的脉冲串,现欲通过双扫描示波器在同一屏幕上仔细观测其中的第 3 个脉冲。这时可用 A 扫描(称慢扫描)去完整显示脉冲列,而用 B 扫描(称快扫描)去展开第 3 个脉冲。

下面介绍双扫描示波器的工作原理。首先脉冲 1 达到触发电平,产生 A 触发,在它的作用下产生 A 扫描,这个扫描电压将脉冲 1～4 显示在荧光屏上。与此同时,A 扫描电压与图 6-35 中电位器 R_p 提供的直流电位在比较器中进行比较,当电平一致时产生 B 触发,开始 B 扫描。B 扫描比 A 扫描延迟的时间可以通过 R_p 来调节,因此,R_p 提供的直流电平称为"延迟触发电平"。

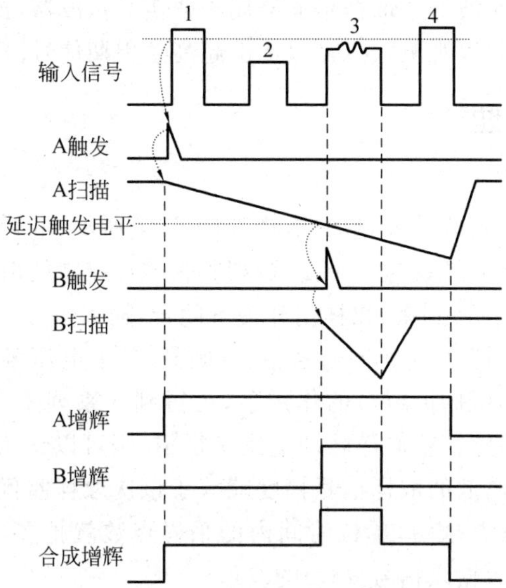

图 6-36 双扫描示波器有关波形

为了能同时观测脉冲列的全貌及其中某一部分的细节,通过电子开关,把两套扫描电路的输出"交替"地接入 X 放大器。电子开关还控制 Y 线光迹分离电路,它实际上是控制 Y 放大器的直流电位,使两种扫描显示的波形上下分开。由于荧光屏的余辉和人眼的暂留效应,就使人感到"同时"显示了两种波形。这称为"A 延迟 B"。

把 A、B 扫描门产生的增辉脉冲叠加起来,形成合成增辉信号(见图 6-36),用它来给 A 通道增辉,使得 A 通道所显示的脉冲列中,对应 B 扫描期间的那个脉冲 3 被加亮(见图 6-35),这称为"B 加亮 A"。用这种方法可以清楚地表明 B 显示的波形在 A 显示中的位置,这在 A 脉冲列中有多个基本相似的波形时是很方便的。显然,通过调节"延迟触发电平"即可在 A 显示的脉冲列中寻找到欲通过 B 扫描仔细观察的单个脉冲。

在有的双扫描示波器的实现中,只有 A 延迟 B 方式,有的只有 B 加亮 A 方式,若两种方式都有的,称为自动双扫描。

6.5 取样示波器

以上介绍的示波器显示波形的过程,无论是连续扫描还是触发扫描,都是在信号经历的实际时间内显示信号波形,即测量时间(一个扫描正程)与被测信号的实际持续时间相等,故称为实时(Real Time)测量方法。相应地,这种示波器称为实时示波器。一般通用示波器都属于实时示波器。

由于受到交流放大器通频带、扫描速度、图像亮度和示波管频率响应特性等各种因素的影响,通用示波器一般难以观测 100MHz 以上的高频或超高频信号以及 ns 级的脉冲信号。

为了观测高频信号,在普通示波器的前面加一个专门的取样(即采样)装置,运用采样技术,把一个高频或超高频的信号经过跨周期的采样,形成一个波形和相位完全相同、幅度相等或成某种严格比例的低频或中频信号,然后在荧光屏上以断续的亮点显示出被测信号的波形,这样就构成了取样示波器。取样示波器属于非实时示波器,把高频信号变成波形与之相似的低频或中频信号,可以观测"GHz"以上的超高频周期信号。

6.5.1 取样原理

1. 取样技术

对一个连续时间的输入信号 $u_i(t)$ 的取样如图 6-37 所示,取样过程在采样保持器中完成。采样保持器在原理上可等效为一个受采样脉冲 $p(t)$ 控制的取样开关(取样门)和保持电容的串联,当取样脉冲 $p(t)$ 到来,取样门开关 S 闭合,输入信号 $u_i(t)$ 经 R 对 C 充电,充到此时输入信号对应的瞬时值。当 $p(t)$ 过去后,S 断开,C 上电压维持不变,此时,输入信号 $u_i(t)$ 被采样,在周期性取样脉冲 $p(t)$ 的作用下,可得到一系列采样点,形成离散输出信号 $u_o(t)$,$u_o(t)$ 称为"取样信号"。若取样脉冲宽度 τ 很窄,则可以认为输入信号幅度在 τ 时间内不变,即每次取样所得离散的取样信号幅度就等于该次取样瞬间输入信号的瞬时值。而且,取样脉冲 $p(t)$ 的周期 T 越短,单位时间内的采样点数就越多,当采样点的数目足够多时,采样信号的包络就是原输入信号 $u_i(t)$ 的波形。

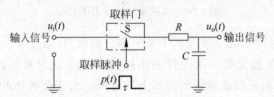

图 6-37　取样保持器的基本模型

2. 实时取样和非实时取样

取样分为实时取样和非实时取样两种。

从信号波形的一个周期中取得大量采样点来表示一个信号波形,并且采样持续的时间等于输入信号的一个周期或多个周期或输入信号实际经历的时间,这种取样方式称为实时取样,如图 6-38 所示。由于实时取样信号的频率比输入信号的频率还要高,所以实时取样不能用于示波器对高频信号的观测,而常用于对非周期信号和单次信号的观测。

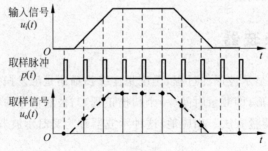

图 6-38　实时取样示意图

从被测信号的许多相邻周期波形上取得采样点的方法称为非实时取样,或称为等效取样,如图 6-39 所示。其实,对于非实时取样的信号间隔是灵活的,可以间隔 10 个、100 个甚至更多个波形取一个样点,这样,就更有利于观测高速信号。

如果输入信号 $u_i(t)$ 的周期为 T,两个取样脉冲的时间间隔为 $T_s = mT + \Delta t (m = 1, 2, 3, \cdots)$,

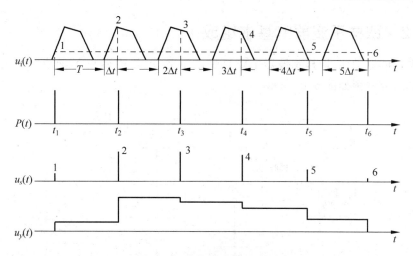

图 6-39　非实时取样示意图

其中，Δt 为步进延迟时间；m 为两个取样脉冲之间被测信号周期的个数（图中 $m=1$）。

非实时取样的工作过程为：在 t_1 时刻，进行第一次取样，对应于波形的点 1；经过 $T+\Delta t$ 后的 t_2 时刻，进行第二次取样，取样点为波形的点 2，该取样点相对于信号周期延迟 Δt；第三次则延迟 $2\Delta t$；⋯依次类推，每间隔 $mT+\Delta t$ 在波形上得到一个采样点。取样信号 $u_s(t)$ 的幅度等于输入信号 $u_i(t)$ 的瞬时值，宽度等于脉冲宽度 τ。$u_s(t)$ 虽然是一串脉冲序列，但 $u_s(t)$ 的包络同样能够重现 $u_i(t)$ 的波形，$u_s(t)$ 经延长（即取样保持）电路展宽后得到阶梯波 $u_y(t)$。当取 $m\gg1$ 时，就可以将超高频信号变成低频信号，然后利用通用示波器进行显示。

3. 取样示波器的波形合成

取样示波器两对偏转板上均加阶梯波，如图 6-40 所示。由于阶梯波 u_y 被加至 Y 偏转板，每取样一次阶梯上升一级，每一级持续时间为 $mT+\Delta t$，阶梯扫描电压 u_x 加至 X 偏转板，从而在荧光屏上得到许多单个的亮点。每个亮点的高度反映出取样信号 u_s 的幅度，众多亮点即构成被测信号的波形。

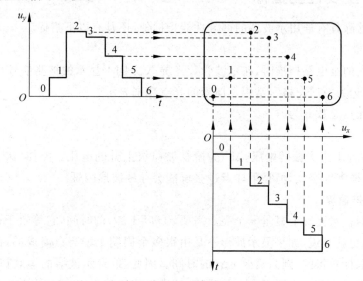

图 6-40　取样示波器的波形合成

6.5.2　取样示波器的基本组成

与模拟示波器类似,取样示波器主要也是由示波管、X 通道和 Y 通道组成的。取样示波器的基本组成框图如图 6-41 所示。

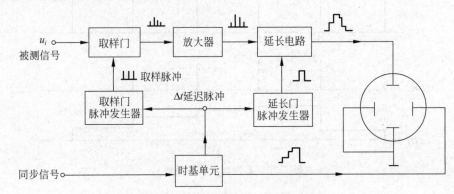

图 6-41　取样示波器的基本组成框图

Y 通道的作用是,在取样脉冲的作用下,把高频信号变为低频信号,它由取样门、放大电路及延长电路组成,取样部分由取样门和取样脉冲发生器组成。延长电路由延长门、延长脉冲发生器组成。取样门平时关闭,只有取样脉冲到来时,才打开并取出样品信号,延长电路起记忆作用,把每个取样信号幅度记录下来并展宽,供最后信号合成用,延长电路的输出端接至模拟示波器 Y 偏转板。

水平系统的主要任务是产生时基扫描信号,同时产生 Δt 步进延迟脉冲送 Y 轴系统,控制取样脉冲发生器和延长门脉冲发生器的工作,即配合整个示波器的工作。利用双扫描系统中产生延迟触发脉冲的方法,可以获得这里所要求的步进延迟脉冲,利用同步分频的方法可以改变 m 的大小,从而扩展测量的频率上限。

6.5.3　主要性能指标

取样示波器除具有通用示波器的部分性能指标外,还具有以下指标。

1. 取样密度

取样密度指的是电路扫描时,在示波管荧光屏 X 方向上显示的被测信号每格(div)所对应的取样点数,记为“点数/格”,常用每厘米的光点数来表示。

屏幕上的光点总数 n 为

$$n = U_s/\Delta U_s \tag{6-9}$$

式中,U_s 为 X 方向上最大偏转电压,ΔU_s 为阶梯波每级上升的电压。要使 ΔU_s 变小,可使总点数增加,即采样密度变大,但是采样点过多可能会导致波形闪烁。

2. 等效扫描速度

取样示波器在荧光屏上显示 n 个亮点需要 $n(mT+\Delta t)$ 的时间,它等效于被测信号经历了 $n\Delta t$ 的时间,也就是说,如果显示波形不是由很多个周期上的亮点凑成的,而是在一个波形上进行实时取样获得的,则只需要 $n\Delta t$ 的时间。因此,取样示波器的等效扫描速度 S_{ES} 定义为单位时间内电子束在水平方向上的位移,可用等效的被测信号经历时间 $n\Delta t$ 与 X 方向

偏转格数 L 之比来表示,即

$$S_{ES} = \frac{n\Delta t}{L} \tag{6-10}$$

式中,L 为扫线长度。由于电子束扫完整个屏幕的时间与显示波形所代表的时间不同,因此用等效来表示区别。S_{ES} 越小,等效扫描速度越高。

3. 频带宽度

因为取样以后信号频率已经变低,故对取样示波器的频率限制主要在取样门,经推导得知,取样示波器的频带宽度为

$$f_{3dB} = \frac{0.44 \sim 0.64}{\tau} \tag{6-11}$$

式中,τ 为取样脉冲宽度。显然,调整取样脉冲宽度即可调整取样示波器频带宽度。

6.6 数字存储示波器

通用示波器能够方便地观测从低频到高频的周期性重复信号,但它很难观测单次瞬变过程和非周期信号,为满足实际应用,数字存储示波器应运而生。

数字存储示波器(Digital Storage Oscilloscope,DSO)采用数字电路,将输入信号先经过A/D 转换器,将模拟波形变换成数字信息,存储于数字存储器中,需要显示时,再从存储器中读出,通过 D/A 转换器,将数字信息变换成模拟波形显示在示波管上。因此,数字存储示波器具有存储时间长,能捕捉触发前的信号,可通过接口与计算机相连接,可分析复杂的单次瞬变信号的特点。

6.6.1 基本结构和工作原理

数字存储示波器的基本结构框图如图 6-42 所示,它有实时和存储两种工作模式。当开关 S_1、S_2 处在位置 1 时,示波器处于实时工作模式,与普通示波器的工作原理相同。当 S_1、S_2 处在位置 2 时,示波器处于数字存储工作模式,它的工作过程一般分为存储和显示两个阶段。在存储阶段,被测信号经过取样和量化,并经 A/D 转换器变成数字信号后,由地址计数脉冲选通存储器的存储地址,并将该数字信号存入取样存储器。存储器中的信息每 256 个单元组成一页,即一个地址页面。在显示阶段,给出页面地址,地址计数器则从该页面的0 号单元开始,读出数字信息,并经 D/A 转换器变换成模拟信号(类似于阶梯波 $u_y(t)$),经垂直放大器放大加到示波管 Y 偏转板。与此同时,逻辑控制电路的读地址信号加至 D/A 转换器,得到一个阶梯波 $u_x(t)$,经水平放大器放大后加到示波管 X 偏转板,从而在荧光屏上以稠密的光点重现被测信号。

数字存储示波器的工作过程如图 6-43 所示。当被测信号输入时,首先对模拟量进行实时取样,如图 6-43(a)中的 $a_0 \sim a_7$ 点即对应于被测信号的 8 个取样点。8 个取样点经量化和A/D 转换得到的数字量(即二进制数字 0、1 数列)$D_0 \sim D_7$ 分别存储于地址号为 00H~07H的 8 个存储单元中,如图 6-43(b)所示。在显示时,取出 $D_0 \sim D_7$ 数据进行 D/A 转换与处理后得到图 6-43(d)所示的波形(实线),该波形加到示波器垂直通道;而存储单元地址号00H~07H 则经过 D/A 转换形成如图 6-43(c)所示的阶梯波,阶梯波加到示波器水平通道,

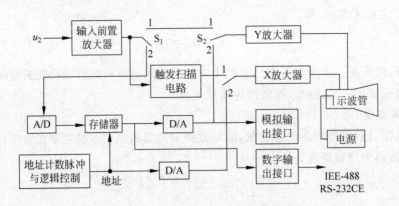

图 6-42 数字存储示波器基本框图

最终使得被测信号以 8 个亮点显示于荧光屏上,如图 6-43(d)(黑点)所示。只要 X 方向和 Y 方向的量化程度足够精细,就能够以多个排列较密的亮点重现被测信号波形。

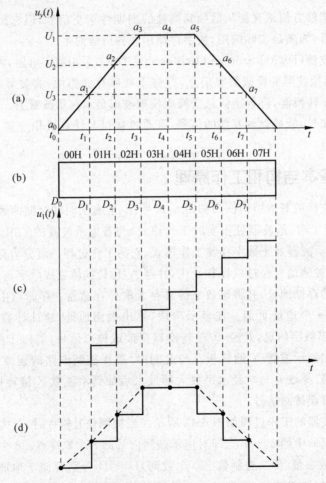

图 6-43 数字存储示波器基本框图工作过程示意图

6.6.2　主要性能指标

数字存储示波器中与波形显示部分有关的技术指标与模拟示波器的相似,下面仅讨论与波形存储部分有关的主要性能指标。

1. 带宽(BW)

若示波器输入不同频率的等幅正弦信号,当屏幕上对应显示的幅度随频率变化而下降3dB时,其频率范围即为频带宽度,单位为 MHz 或 GHz。这实际上是垂直通道放大器等电路的带宽,也称模拟带宽,这与模拟示波器类同。当今微电子技术制作宽带放大器不太困难,而制作超高采样速率的 A/D 转换器有较大的难度,因此在 DSO 中更关注的是数字实时带宽。

在 DSO 中有两种与采样速率相关的带宽。

(1) 等效带宽:是指用 DSO 测量重复信号(周期性信号)时的带宽,也称重复带宽。由于使用了非实时等效采样(随机采样或顺序采样)来重构伪波形,因此等效带宽可以做得很宽,有的达几十吉赫兹。

(2) 单次带宽:也称有效存储带宽(Useful Storage Bandwidth,USB),是指用 DSO 测量单次信号时,能完整地显示被测波形的带宽。实际上,一般 DSO 模拟通道硬件的带宽是足够的,主要受波形上采样点数量的限制。有效存储带宽定义为

$$\text{USB} = \frac{f_\text{smax}}{K} \tag{6-12}$$

式中,f_smax 为最高采样速率,K 为每周期采样点数,也称为波形重建技术因子。

每周期采样点数要依据厂家采用的数据点内插技术而定。通常,纯点显示 $K=25$,矢量内插 $K=10$,正弦内插 $K=2.5$。因此,USB 的宽度与采样速率和波形重组的方法有关。

2. 取样速率

取样速率是指单位时间内取样的次数,也称数字化速率,用每秒完成的 A/D 变换的最高次数来衡量,常以频率 f_s 来表示,单位为 MSa/s 或 GSa/s(千兆次每秒)。采样率越高,采样间隔越密,波形失真越小,甚至信号中的毛刺、尖峰干扰均都能采集到。现代 DSO 的最高采样速率已可达 120GSa/s 以上。

在 DSO 的使用中,实际采样速率是随选用扫速档位变化而变化的。其最高采样速率应当对应于最快的扫速。例如,最快扫速为 1ns/div,按每格 50 个采样点计,50/1ns=50GSa/s,即最高采样速率是 50GSa/s。当每格采样点数 N 确定后,采样速率与扫速成反比

$$f_s = \frac{N}{(\text{s/div})} \tag{6-13}$$

式中,f_s 为实时取样速率,单位为取样点/秒(Sa/s);N 为每格的取样点数;s/div 为时基因数。

采样速率还可以用采样频率来描述,例如:采样频率 20MHz;或者用信息率描述,表示存储多少位(bit)每秒的数据。如存储 160 兆位每秒(160Mb/s)的数据,对于一个 8 位(8bit)的 A/D 转换器来说,就相当于 20MSa/s 的采样率。

采样速率高可以增大 DSO 的带宽,但事实上,DSO 的采样速率还受到采集存储器容量的限制。一般在不同扫速时,要求采样速率是不一样的,以防止采样点过多而溢出采集存

储器。

3. 存储深度

存储深度是指 DSO 的采样存储器容量,是采样存储器能够连续存入样点的最大字节数,单位为 Kpts 或 Mpts(pts 即每秒样点),也称为记录长度,它决定着 DSO 所捕捉信号的持续期或时间分辨率。一个长的记录长度可能为更复杂的波形提供更好的描述,允许用户去捕捉更长持续期内的数据事件。但是,由于高速存储器制造技术上的限制,目前 DSO 的记录长度(采样 RAM 的容量)还不可能无限加长。例如,想要在 100ms/div 的扫速下以 1GSa/s 速率采样,将需要 1000MB 的内存。这就是大多数高采样率示波器不能在所有的扫速下保持最大采样速率的原因。因此,DSO 不能总是以最高采样速率工作,而是与设置的扫速及记录长度有关。当测量周期性重复信号时,DSO 可以工作于随机采样方式,这时采样速率和记录长度不会给测量带来多少影响。可是,当用于捕捉单次信号,或者同时观测高速和低速两种信号(如一行电视信号或一帧数字通信信号)和时间相距较远的事件时,记录长度就显得十分重要了。DSO 的扫速、采样速率和记录长度之间存在如下近似关系

$$L(\text{pts}) \geq f_s(\text{MSa/s}) \times S(\text{s/div}) \times 10(\text{div}) \tag{6-14}$$

式中,L 表示记录长度,单位为 pts;f_s 表示采样速率,单位为 MSa/s;S 表示扫数,单位为 s/div;10 表示屏幕水平方向上为 10 格(div)。目前存储深度已达 800Mpts。

4. 分辨率

在数字存储示波器中,屏幕上的点不是连续的,分辨率是示波器能分辨的最小电压增量,即量化的最小单元。它包括垂直分辨率(电压分辨率)和水平分辨率(时间分辨率)。

垂直分辨率取决于 A/D 转换器取样后量化值进行编码的位数,常以 A/D 转换器的编码位数(n 位)或 $1/2^n$ 或百分数来表示。例如,若 A/D 转换器是 8 位,则分辨率是 8 位或 $1/2^8$ 或 0.391%($=1/2^8$);若示波器满度输出(即量程)为 10V,则其电压分辨率为 39.1mV。

垂直分辨率还可以用分级数(级/div)来表示,若荧光屏垂直方向共有 8div,因为 A/D 转换器是 8 位编码,共有 $2^8 = 256$ 级,则分辨率为 32 级/div($=256/8$)。

水平分辨率由取样速率和存储器容量决定,常以荧光屏每格含多少个取样点或用百分数来表示。例如,若为 10 位编码,则有 $2^{10} = (1024)$ 个单元,将水平扫描长度调至 10.24div,则分辨率为 100Sa/div($=1024/10.24$)。取样速率决定了两个点之间的时间间隔,存储容量决定了一荧光屏内包含的点数。

5. 扫描时间因数

扫描时间因数取决于来自 A/D 转换器的数据写入获取存储器的速度及存储容量。扫描时间因数为相邻两个采样点的时间间隔(采样窗口)与每格采样点数的乘积,即

$$\text{s/div} = \frac{1}{f_s} \cdot N \tag{6-15}$$

式中,f_s 为采样速率,N 为每格的取样点数。

由式(6-15)可以看出,在 A/D 转换速率相同的条件下,存储容量越大,则扫描时间因数也越大。若 A/D 转换器的存储容量为 1KB,则最快扫描时间因数为 $5\mu s/\text{div}$;若存储容量为 10KB,则最快扫描时间因数为 $50\mu s/\text{div}$。

6. 触发能力

触发的概念来自模拟示波器,只有当触发信号出现后才产生扫描锯齿波,显示 Y 通道

的模拟信号。因此,在模拟示波器中,只能观测触发点以后的波形。在 DSO 中也沿用触发的叫法,设置了触发功能。但是,这里的触发信号只是在采样存储器中选取信号的一种标志,以便可以灵活地选取采样存储器中某部分的波形送至显示窗口。通常,DSO 设有延迟调节,可以自由地改变触发点的位置,如图 6-44 所示,延迟触发有正(＋)延迟触发和负(－)延迟触发。

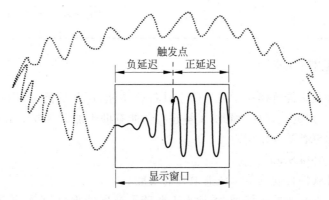

图 6-44 触发功能示意图

所谓正延迟,是指可以观测触发点以后的被测信号;负延迟,是指可以观测触发点之前的信号。距离触发点的延迟时间可由程序设定,给波形分析带来很大的方便。负延迟触发功能在通用模拟示波器中是无法实现的,因为模拟示波器只能在触发点之后产生扫描,显示被测信号,不可能观测到触发前的信号。

另外,DSO 中的触发控制与模拟示波器中的有些类似,例如:

• 触发源选择:内触发(可分别由通道 1 或通道 2 触发)、外触发、交流电源触发等。

• 触发耦合方式:直接耦合、交流耦合、低频抑制、高频抑制。

• 触发模式选择:自动、常态、单次等。

• 触发类型:在模拟示波器中只有边沿触发,而在 DSO 中提供了许多特定的触发设置,能从采样存储器中根据设定的信号波形特征作为触发标志点,然后将这部分波形送至显示窗口,为观测提供方便。

表 6-1 列出了多种触发类型的原理与用途。不同型号的 DSO 提供的触发类型不一定都相同,还有一些触发类型,如压摆率触发、逻辑触发、矮脉冲触发、建立和保持触发、超时触发等,需要时可参阅 DSO 使用说明书。

表 6-1 触发类型的原理与用途

触发类型	原 理	用 途
边沿触发	在输入信号边沿给定方向和电平值上触发	保证周期性信号具有稳定重复的起点
延迟触发	在边沿触发点处增加正/负延迟调节	调节触发点在屏幕上出现的位置
脉宽触发	设定脉冲的宽度来确定触发时刻	捕捉异常脉宽信号
斜率触发	依据信号的上升/下降速率进行触发	捕获上升边沿异常斜率信号
视频触发	对标准视频信号进行任意行或场触发	检测电视信号质量
交替触发	对两路信号采用不同的时基、不同的触发方式,以稳定显示两路信号	当两路信号中有一路信号不稳定时采用

续表

触发类型	原　　理	用　　途
码型触发	以数字信号的特殊码型作为触发判决条件	查看特定并行逻辑码型
持续时间触发	在满足码型条件后的指定时间内触发	查看连续并行逻辑码型
毛刺触发	在设定的时间内判断信号波形有无上升沿与下降沿紧跟变化的情况	捕捉电路中尖峰干扰
串行触发	混合信号示波器的强大功能模式	检测串行接口（SPI、I^2C、USB、CAN）输入的信号

6.6.3　基本功能

数字示波器有很多传统模拟示波器所不具备的功能,这些功能也是目前数字示波器所必须具备的,具有一定的代表性,因此,了解这些功能有助于加深对数字示波器的认识,也有助于掌握其原理和更有效地使用它。

1. 自动刻度（Auto Scan）

这是一种通过软件自动调节示波器设置的功能。

为了显示一个未知的重复信号,无须人工调节示波器的垂直、水平等各项设置,只需按一下自动刻度键,软件就会对输入波形进行计算,使仪器调到合适的扫速、合适的垂直灵敏度、合适的垂直偏转和触发电平,从而得到满意的波形显示。当需要频繁地改变被测信号时,可利用该功能键提高测量速度。

2. 存储/调出（Save/Recall）

这是一种存储或调出前面板设置的功能。

当需要多次重复使用某几套设置,观测几个不同波形或对同一个波形在不同的设置条件下进行测量时,可以预先设置好几套面板参数存储起来。只要顺序按下"Save"键和一个数字键,示波器会自动把当前的设置参数存到非易失存储器中,关机后也不会丢失。根据测试需要,可以随时把它们调出来（顺序按"Recall"键和相应的数字键）,避免了每次测量所需的繁琐设置过程,特别适合于反复进行的测试程序,如生产线上的多种波形的重复测量。有的数字示波器可以存储 10 套面板设置。

3. 光标测量（ΔU、ΔT）

数字示波器具有同时显示两个电压光标和两个时间光标的能力。简单地利用前面板的转轮,调整这些光标,能够测量波形上任何一点的绝对电平、离触发参考点的时间值或者直接读出波形上任意两点的电压差（ΔU）、时间差（ΔT）及电压与时间的相关特性等。如图 6-45 所示为表示测量脉冲上升时间的典型例子。

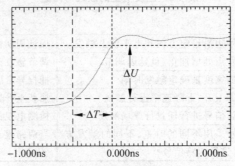

图 6-45　用光标测量脉冲上升时间

4. 自动顶-底（Auto Top-Base）

在"ΔU"菜单下,按"自动顶-底"键,仪器的软件将用统计平均算法自动地把两个电压光标分别放在波形的顶部和底部。通过 ΔU 的读数指示,可以立即准确读出波形幅度值或分别读出顶部或底部的绝对电平值。此外,ΔU 光标也能自动放在波形的 10%～90%、20%～80%、50%～50%（波形的中间）处,以便作为其他特殊测量使用。如图 6-46 所示为一个自动顶-底的例子。

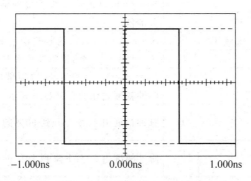

−1.000ns　　　　0.000ns　　　　1.000ns

图 6-46　用"自动顶-底"测脉冲幅度

5. 精密沿寻找（Precise Edge Find）

如果已经把电压光标放在了波形的 50%—50%处,就可以在"ΔT"菜单下按精密沿寻找键,让仪器自动地把两个 ΔT 光标分别放在指定的脉冲沿上。用这个功能可以对不均匀脉冲的脉宽、周期等进行精密测量,也可以进行双通道两个脉冲波形的延迟测量。

6. 自动脉冲参数测量

能进行的自动脉冲参数测量包括:频率 f、周期 T、占空比（脉冲宽度占有率）、上升时间 t_r、下降时间 t_f、正宽度 τ、负宽度、预冲 d、过冲 b、峰-峰电压、有效值电压等 11 种,测量方法符合 IEEE 194-1977 标准的规定。这些参数既可以按一个"ALL"键全部一次测出结果,也可以分别单独测量;可以选择粗测"Coarse",也可以选择精测"Fine"。粗测时,速度快,能立即显示结果,但测量的结果误差较大;精测结果误差较小,但需要较长的时间。测量过程的时间长短,还与所设置的平均次数有关。如图 6-47 所示为自动测量全部脉冲参数的波形示意图,表 6-2 中列出了矩形脉冲常用参数的定义。

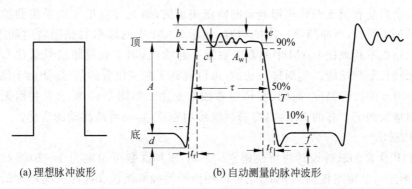

(a) 理想脉冲波形　　　　　　(b) 自动测量的脉冲波形

图 6-47　脉冲参数波形示意图

表 6-2　矩形脉冲常用参数的定义

	参数名称	符号	定　　义
与幅度有关的参数	脉冲幅度	A	脉冲底值和顶值之间的差值
	脉冲的顶冲	S_d	$S_d = d/A \times 100\%$，d 为脉冲上升时间前，波形的下降失真
	脉冲的上冲（或称前过冲）	S_b	$S_b = b/A \times 100\%$，b 为紧接着脉冲上升时间后，超过顶值部分的值
	脉冲的下冲（或称后过冲）	S_f	$S_f = f/A \times 100\%$，f 为紧接着脉冲下降时间后，超过底值部分的值
	衰减振荡（或称阻尼振荡）幅度	S_c	$S_c = c/A \times 100\%$，c 为紧接着上冲后，超过（负向）顶值部分的值
	脉冲平顶倾斜	S_e	$S_e = e/A \times 100\%$，指脉冲顶部倾斜相对于脉冲幅度的比值
	脉冲顶部不平坦度	S_w	$S_w = A_w/A \times 100\%$，脉冲顶部的波形失真，用其峰-峰值与脉冲幅度之比的百分数来表示
与时间有关的参数	脉冲上升时间（或称前过渡时间）	t_r	脉冲幅度由 10% 上升到 90% 的一段过渡时间
	脉冲下降时间（或称后过渡时间）	t_f	脉冲幅度由 90% 下降到 10% 的一段过渡时间
	脉冲宽度	τ	在脉冲幅度为 50% 的两点之间的时间
	脉冲周期	T	指一个脉冲波形上的任意一点到相邻脉冲波形上的对应点之间的时间
	脉冲宽度占有率	S_τ	$S_\tau = \tau/T \times 100\%$，指脉冲宽度与周期之比

7. 可变余辉显示

可变余辉显示是 DSO 一种显示时间的软件控制功能。

传统模拟示波器中，余辉时间是指电子束扫过之后荧光保留的时间。在高扫速时，测量低重复频率信号，显示波形亮度会严重不足；而低扫速时，由于余辉时间不够会使波形严重闪烁，或只表现为光点的慢慢移动，甚至无法观测波形。而数字示波器能够通过软件控制波形在显示器上的保持时间，改变信号显示时间的长短，即所谓的显示更新速率，或称余辉时间。可编程的余辉时间调节范围为 200ms～10s，无论测量高重复速率信号，还是测量低重复速率信号，只要适当调节余辉时间，都能保持显示波形的亮度不变，也没有波形闪烁现象，并且与所设置的扫速快慢也几乎没有关系。

8. 无限长余辉（Infinite）

无限长余辉是利用磁偏转光栅显示的特点实现的，微处理器把每次采集到的波形数据送往波形 RAM 中时，不冲掉前一次的内容，显示 RAM 中的波形数据随着时间不断积累，显示刷新电路也不断地把 RAM 中的新老数据一起读出，加工成视频信号送往 CRT 显示，从而实现无限长余辉功能。利用这一功能，可以观察正在变化着的信号，如由于漂移、抖动、干扰等因素引起的波形幅度、时间、相位等参数的变化。如图 6-48 所示为利用无限长余辉进行抖动测量的例子。有的 DSO 具有彩色显示功能，更容易看清抖动的变化。

9. 平均显示

DSO 利用优良的软件设计进行快速连续平均，平均次数可设定为 1～2048 次。利用平均，能使波形显示分辨率提高到 8bit，也可以利用平均提取淹没在非相关噪声中的信号。

10. 波形存储和像素存储

有的数字示波器设有 4 个波形存储器和 1 个像素存储器。波形存储器的作用是用来存

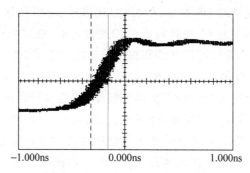

−1.000ns　　　　0.000ns　　　　1.000ns

图 6-48　用无限长余辉测量抖动

储作为单值函数的波形，一个波形存储器只能存一个波形，如果存储一个波形到已有内容的存储器中，存储器中原来的内容将被覆盖。4 个波形存储器是非易失性存储器，即关机后，存储内容不会丢失。

像素存储器是为存储复杂波形而设的，它是在显示 RAM 中开辟的一个空间，这个 RAM 空间中的每个比特（每 1 位）都对应着显示屏上波形区域的一个像素点，利用像素存储器可以把在无限长余辉方式下波形的变化积累（多值的）结果存储起来，也可以利用"Add to Memory"键把每次测量的波形累加写入像素存储器中。像素存储器中的内容，关机后将消失。

11. 延迟调节（Delay）

延迟调节的目的是改变触发参考点的位置，以便观察触发前或触发后的波形情况，负的延迟值表示触发前的时间，正的延迟值表示触发后的时间。触发参考点也可以简单地通过按下 Delay Ref 菜单软键，使之在屏幕右边、左边、中间 3 者之间进行转换。该功能虽然在测量重复信号时与传统示波器的水平位移类似，但是在测量单次信号时所起的作用大不相同。

12. 单次捕捉（Single）

相对于示波器正常工作方式来说，单次捕捉实际上只是其中的一个采集周期对信号进行取样的结果，因此，所得到的样品点之间的间隔等于采样频率的倒数，在最高采样速率为 40MSa/s 时，样点间隔为 25ns。如果认为 4 个样点能够表示 1 个窄脉冲，那么，可以捕捉的最窄脉冲宽度为 100ns。

13. 逻辑组合触发

DSO 除了一般示波器所具有的沿触发方式之外，还有逻辑组合触发方式，类似逻辑分析仪，规定每个触发源的触发条件为 H、L 或 X，确定各通道信号符合特定逻辑关系时才产生触发。这一触发功能在测量数字逻辑电路时是很有用的。

14. 捕捉尖峰干扰

对于如图 6-49 所示的尖峰干扰，正常模式下的 DSO 是难以发现的，例如，用 2GSa/s 示波器在正常模式下捕捉 2.5ns 的尖峰干扰。当选择时基为 5ns/div 时，示波器采样速率为 2GSa/s，采样间隔为 1/(2GSa/s)=0.5ns，小于尖峰宽度，2.5ns 的尖峰能被捕捉到，但当选时基为 $100\mu s/div$ 以扩展视野看清整个波形时，采样速率要降为 500kSa/s，采样间隔增至 $2\mu s$，远大于 2.5ns，捕捉干扰的可能性仅为 2.5/2000＝0.125%，基本上捕捉不到尖峰干扰。

对于具有峰值检测模式的DSO,可以利用扫速采样、峰值存储技术捕捉尖峰干扰。一方面为了显示完整的长周期波形,选择较大的扫速设定值,这时采样区间变宽;另一方面,为了捕捉尖峰干扰,采用不受扫速设定值和相关采样区间影响的独立的高速采样时钟,一个采样区间对应很多时钟,将很多点数字化,但只检出其中的最大值和最小值作为有效采样点,并由存储器存储。这样,无论尖峰干扰位于何处,宽范围的高速采样保证了尖峰总能被数字化,而且尖峰上的采样点必然是本区间的最大值或最小值,故能被可靠地检出、存储并显示出来,原理如图 6-50 所示。该模式非常适合在较慢扫速设定范围下,捕捉重复的尖峰干扰或单脉冲干扰,注意,峰值检测式捕捉尖峰干扰与前面讲到的毛刺触发方式捕捉尖峰干扰的工作原理是不同的。

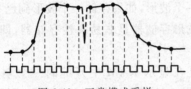

图 6-49　正常模式采样　　　　　图 6-50　峰值检测模式采样

15. 多种显示方式

由于显示信号波形是取自采样存储器的数据,因此 DSO 可以通过软件设计实现存储显示、抹迹显示、滚动显示、放大显示、点显示和插值显示等多种显示方式,对信号的观测分析更加便利。

(1) 存储显示。存储显示方式是数字存储示波器的基本显示方式,指的是从取样存储器中读出已有的数据进行显示。存储显示适于对一般信号的观测。

(2) 抹迹显示。抹迹显示即刷新显示,抹迹显示时不断地从存储器中读取当前采集存储的数据,使得荧光屏显示不断更新,如图 6-51 所示,抹迹显示适于观测一长串波形中在一定条件下才会发生的瞬态信号。

(3) 滚动显示。滚动显示即卷动显示,指的是信号波形在荧光屏上从右向左滚动,相当于对信号观察的窗口从左至右移动,实际上是在荧光屏显示过程中新的数据不断从荧光屏右端输入,原有数据则从左端退出,如图 6-52 所示,滚动显示适于观测缓变信号中随机出现的突发信号。

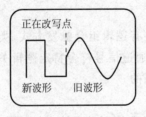

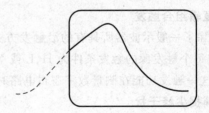

图 6-51　刷新显示方式　　　　　图 6-52　滚动显示方式

(4) 放大显示。图 6-53 为延迟扫描放大显示方式,显示时荧光屏一分为二,上半部分显示原波形,下半部分显示放大了的部分,其放大区域、放大比例均可调节,还可以测量放大部分的参数,放大显示适于观测信号波形细节。

（5）点显示与插值显示。数字存储示波器荧光屏显示的波形一般是由一些密集的点构成的,称之为点显示。在点显示情况下,当被测信号在一周期内取样点数较少时会产生视觉上的混淆,使观察者难以辨认,如图 6-54 所示。插值显示指的是在显示波形的两个数据点间插入一个估值,以克服点显示存在的上述缺点,如图 6-55 所示。插值显示有正弦插值法和矢量插值法两种方式,前者指的是以正弦规律的曲线连接各数据点的显示方式,适于对正弦波等信号的观测;后者指的是用斜率不同的直线段来连接相邻的点,适于对脉冲信号等的观测。

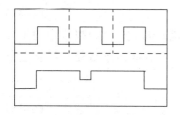

图 6-53　放大显示方式

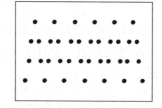

图 6-54　点显示

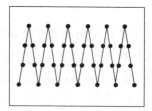

图 6-55　插值显示

以上说明的仅仅是数字存储示波器的部分功能特点,此外还有很多,如开机自动测试、自诊断、自校准、探头过压保护、垂直放大、ECL 或 TTL 预设置、可编程的时间释抑或事件释抑、波形运算、绘图、打印、GP-IB 接口等,这里不再一一叙述。

6.7　示波器的应用

由于示波器可以将被测信号显示在屏幕上,因此可以定性观察信号波形,定量测量信号的很多参量。例如测量信号的幅度、周期、相位,脉冲信号的前后沿、上冲,通信信号的调幅、调频系统等时域特性。示波器种类繁多,要获得满意的测量结果,应该合理选择和正确使用示波器。

6.7.1　示波器的使用

1. 示波器的选用

根据测量任务来选择示波器。要使荧光屏能不失真地显示被测信号的波形,基本条件是足够的频宽和扫描速度。

（1）根据要显示的信号数量选择。观测一路信号可选用单踪示波器;同时观测两个信号可选用双踪示波器;同时观测更多个信号时,可是用多踪或多束示波器。

（2）根据被测信号的频率特点选择。观察和测量低频缓慢变化的信号可选用长余辉慢扫描示波器。如果要观测频率很高的周期性信号,当普通示波器频宽不能满足要求时,可考虑采用取样示波器。

那如何判断示波器的带宽是否满足测量要求呢?示波器 Y 通道的上升时间和带宽存在如下关系

$$t_r = 0.35/\mathrm{BW} \qquad\qquad (6\text{-}16)$$

式中,BW 是带宽,单位为 MHz,t_r 是上升时间,单位为 $\mu\mathrm{s}$。

假设输入一个阶跃信号,即上升时间 $t_x = 0$。由于示波器本身带宽是有限的,例如 BW = 100MHz,屏幕上看到的信号上升时间不是零,按式(6-16)可得上升时间 $t_r = 0.35/100 = 3.5$ns,这是示波器本身引起的上升时间。若输入一个上升时间 $t_x = 10$ns 的脉冲信号,这时屏幕上看到的上升时间应是 t_x 与 t_r 之和,由于这属于两个各自独立的随机参数,应按平方相加,即屏幕上看到的上升时间

$$t_{rx} = \sqrt{t_x^2 + t_r^2}$$

则被测信号的上升时间为

$$t_x = \sqrt{t_{rx}^2 - t_r^2} \tag{6-17}$$

若每次测试都要这样计算才求得结果,不仅麻烦也不精确。若式(6-17)根号中的第二项忽略不计,这样屏幕读出值就是被测信号值。但什么条件下才能这样忽略呢?经误差分析,可得出屏幕读出值的误差公式

$$\frac{\Delta t_{rx}}{t_x} = \frac{t_{rx} - t_x}{t_x} = \sqrt{1 + \frac{1}{(t_x/t_r)^2}} - 1 \tag{6-18}$$

由式(6-18)分析,当 $t_x/t_r = 3$ 时,误差为 5%;当 $t_x/t_r = 5$,误差为 2%。因此,通常要求选用的示波器上升时间要小于被测脉冲信号上升时间 3～5 倍,即

$$\frac{t_x}{t_r} = 3 \sim 5 \tag{6-19}$$

对于一般连续信号,根据式(6-16),可以得到相应的关系

$$\frac{BW}{f_h} = 3 \sim 5 \tag{6-20}$$

式中,f_h 是被测信号中的最高频率分量。

通过上述分析,式(6-19)和式(6-20)就是选择示波器的主要依据,即示波器的带宽必须比被测信号中最高频率分量大 3～5 倍。这从物理概念上也容易理解,只有让被测信号的各频率分量都能很好地进入示波器,屏幕上的信号才不会有明显的失真。

为加深印象便于记忆,实用中人们提出了选用示波器的经验准则,即 **5 倍准则**:

示波器所需带宽＝被测信号的最高频率成分×5

使用 5 倍准则选定的示波器的测量误差将不会超过±2%,通常能满足一般实用要求。

(3) 根据被测信号的重现方式选择。若需观察和测量的信号为一次性过程,或复杂的非周期性波形,则应选用带有单次触发扫描的示波器或记忆示波器;若需将被测信号存储起来,以便进一步分析、研究,可选用存储示波器。

(4) 根据被测信号是否含有交直流成分选择。若需观察和测量的信号含有直流成分,应选用垂直通道中设置有直流耦合的示波器。

(5) 根据被测信号的测试重点选择。若需观察和测量整个信号波形,又需对波形的局部进行突出显示时,应选用双扫描示波器。

2. 示波器使用注意事项

(1) 使用前必须检查电网电压是否与示波器要求的电源电压一致。

(2) 通电后需预热几分钟再调整各旋钮。注意:各旋钮不要马上旋到极限位置,应先大致旋在中间位置,以便找到被测信号波形。

(3) 注意示波器的亮度不宜开得过高,且亮点不宜长期停留在固定位置,特别是暂时不

观测波形时,更应该将辉度调暗,否则将缩短示波管的使用寿命。

（4）输入信号电压的幅度应控制在示波器的最大允许输入电压范围内。

（5）探头在使用中必须注意两点。一是探头和示波器是配套使用的,不能互换,否则将导致分压比误差增加或高频补偿不当。特别是无源探头,如果因示波器垂直通道的输入级放大管更换而引起输入阻抗的改变,就有可能造成高频补偿不当而产生波形失真。二是无源探头可进行定期校正,具体方法是:以良好的方波电压通过探头加到示波器,若高频补偿良好,应显示边沿陡峭且规则的方波;若补偿不足或过补偿,则分别会出现边沿上升缓慢或虽然陡峭但有过冲的波形,这时可微调电容 C,直至出现良好的方波。在没有方波发生器时,可利用示波器本身的校准信号。

6.7.2　用示波器测量电压

利用示波器测量电压有它独特的特点,除了可以测量各种波形的瞬时值外(如电压幅度,包括测量脉冲和各种非正弦波电压的幅度),还可以直接测量非正弦波形。这是其他电压测量仪表无法做到的。如利用示波器,可以测量一个脉冲电压波形的各部分的电压幅值,如上冲量和顶部下降量等。利用示波器测量电压的基本方法以下几种。

1. 直流电压的测量

1）测量原理

示波器测量直流电压的原理是利用被测电压在屏幕上呈现一条直线,该直线偏离时间基线（零电平线）的高度与被测电压的大小成正比的关系进行的。被测直流电压值 U_{DC} 为

$$U_{DC} = h \times D_y \tag{6-21}$$

式中,h 为被测直流信号线的电压偏离零电平线的高度;D_y 为示波器的垂直偏转因数。

若使用带衰减器的探头,应考虑探头衰减系数 k。此时,被测直流电压值为

$$U_{DC} = h \times D_y \times k \tag{6-22}$$

2）测量方法

对直流电压的测量应采取如下步骤:

① 应将示波器的垂直偏转灵敏度微调旋钮置于校准位置(CAL),否则电压读数不准确。

② 将待测信号送至示波器的垂直输入端。

③ 确定零电平线。将示波器的输入耦合开关置于"GND"位置,调节垂直位移旋钮,将荧光屏上的扫描基线（零电平线）移到荧光屏的中央位置,即水平坐标轴上。此后,不能再调节垂直位移旋钮。

④ 确定直流电压的极性。调整垂直灵敏度开关到适当位置,将示波器的输入耦合开关拨向"DC"挡,观察此时水平亮线的偏移方向,若位于前面确定的零电平线之上,则被测直流电压为正极性;若向下偏移,则为负极性。

⑤ 读出被测直流电压偏离零电平线的距离 h。

⑥ 根据式(6-21)或式(6-22)计算被测直流电压值。

【**例 6-1**】 示波器测直流电压如图 6-56 所示,$h=4$cm,$D_y=0.5$V/cm,若 $k=10:1$,求被测直流电压值。

解:根据式(6-22)可得

$$U_{DC} = h \times D_y \times k = 4 \times 0.5 \times 10 = 20V$$

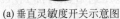

(a) 垂直灵敏度开关示意图

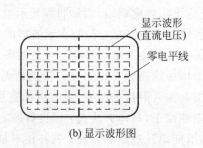

显示波形
(直流电压)

零电平线

(b) 显示波形图

图 6-56　示波器测直流电压

2. 交流电压的测量

1）测量原理

使用示波器测量交流电压的最大优点是可以直接观测到波形的形状,可看到波形是否失真,还可显示其频率和相位。但是,使用示波器只能测量交流电压的峰-峰值,或任意两点之间的电位差值,其有效值或平均值是无法直接读数求得的。被测交流电压峰-峰值 $U_{p\text{-}p}$ 为

$$U_{p\text{-}p} = h \times D_y \tag{6-23}$$

式中,h 为被测交流电压波峰和波谷的高度,也可是欲观测的任意两点信号电平间的高度;D_y 为示波器的垂直偏转因数。

若使用带衰减器的探头,应考虑探头衰减系数 k。此时,被测交流电压的峰-峰值为

$$U_{p\text{-}p} = h \times D_y \times k \tag{6-24}$$

2）测量方法

对交流电压的测量应采取如下步骤:

① 首先应将示波器的垂直偏转灵敏度微调旋钮置于校准位置(CAL),否则电压读数不准确。

② 将待测信号送至示波器的垂直输入端。

③ 将示波器的输入耦合开关置于"AC"位置。

④ 调节扫描速度,使显示的波形稳定。

⑤ 调节垂直灵敏度开关,使荧光屏上显示的波形适当,记录 D_y 值。

⑥ 读出被测交流电压波峰和波谷的高度或任意两点间的高度 h。

⑦ 根据式(6-23)或式(6-24)计算被测交流电压的峰-峰值。

【例 6-2】 示波器显示的正弦电压如图 6-57 所示,$h=8$cm,$D_y=1$V/cm,若 $k=1:1$,求被测正弦信号的峰-峰值和有效值。

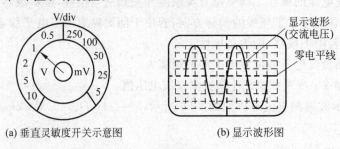

(a) 垂直灵敏度开关示意图　　　　　(b) 显示波形图

图 6-57　示波器测交流电压

解：根据式(6-24)可得正弦信号的峰-峰值为

$$U_{\text{pp}} = h \times D_y \times k = 8 \times 1 \times 1 = 8\text{V}$$

通过计算,也可得到其有效值为

$$U = \frac{U_{\text{p}}}{\sqrt{2}} = \frac{U_{\text{pp}}}{2\sqrt{2}} = \frac{8}{2\sqrt{2}} = 2.3\text{V}$$

6.7.3　用示波器测量周期和时间间隔

线性扫描时,若扫描电压线性变化的速率和 X 放大器的电压增益一定,那么扫描速度也为定值,荧光屏的水平轴就是时间轴,这样,可用示波器直接测量整个波形(或波形任何部分)持续的时间。

1. 测量周期

1) 测量原理

对于周期性信号,周期和频率互为倒数,只要测出其中一个量,另一个参量可通过公式 $f = 1/T$ 求出。

用示波器测量时间与用示波器测量电压的原理相同,它们的区别在于测量时间要着眼于 X 轴系统。被测交流信号的周期 T 为

$$T = xD_x \tag{6-25}$$

式中,x 为被测交流信号的一个周期在荧光屏水平方向所占距离;D_x 为示波器的扫描速度。

若使用了 x 轴扩展倍率开关,应考虑扩展倍率 k_x 的使用。此时,被测交流信号的周期为

$$T = xD_x/k_x \tag{6-26}$$

2) 测量方法

对时间和周期的测量应采取如下步骤:

① 首先将示波器的扫描速度微调旋钮置于"校准"(CAL)位置,否则时间读数不准确。

② 将待测信号送至示波器的垂直输入端,调节垂直灵敏度开关,使荧光屏上显示的波形适当。

③ 将示波器的输入耦合开关置于"AC"位置。

④ 调节扫描速度开关,使显示的波形稳定,并记录 D_x 值。

⑤ 读出被测交流信号的一个周期在荧光屏水平方向所占的距离 x。

⑥ 根据式(6-25)或式(6-26)计算被测交流信号的周期。

【例 6-3】　荧光屏上的波形如图 6-58 所示,信号一周期的 $x = 7\text{cm}$,扫描速度开关置于"10ms/cm"位置,扫描扩展置于"拉出×10"位置,求被测信号的周期。

解：根据式(6-26)可得被测交流信号的周期为

$$T = xD_x/k_x = \frac{7 \times 10}{10}\text{ms} = 7\text{ms}$$

由上例可见,用示波器测量信号周期是比较方便的。但由于示波器的分辨率较低,所以测量误差较大。有时为了提高测量准确度,可采用"多周期测量法",即测量周期时,取 N 个信号周期,读出 N 个信号周期波形在荧光屏水平方向所占距离 x_N,则被测信号的周期 T 为

$$T = x_N D_x/N \tag{6-27}$$

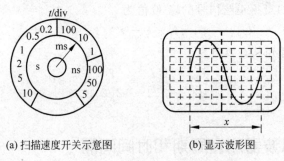

(a) 扫描速度开关示意图 (b) 显示波形图

图 6-58 示波器测量信号周期

2. 测量时间间隔

(1) 用示波器测量同一信号中任意两点 A 与 B 的时间间隔的测量方法与周期的测量方法相同。如图 6-59(a)所示,A 与 B 的时间间隔 $T_{A\text{-}B}$ 为

$$T_{A\text{-}B} = x_{A\text{-}B} D_x \tag{6-28}$$

式中,$x_{A\text{-}B}$ 为 A 与 B 的时间间隔在荧光屏水平方向所占距离。

(2) 若 A、B 两点分别为脉冲波前后沿的中点,则所测时间间隔为脉冲宽度,如图 6-59(b)所示。

(3) 若采用双踪示波器,可测量两个信号的时间差。将两个被测信号分别输入示波器的两个通道,采用双踪显示方式,调节相关旋钮,使波形稳定且有合适的长度,然后选择合适的起始点,即将波形移到某一刻度线上,如图 6-59(c)所示,最后由式(6-28)可得时间差 T_{A-B}。

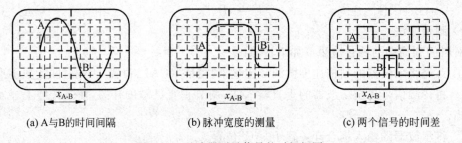

(a) A与B的时间间隔 (b) 脉冲宽度的测量 (c) 两个信号的时间差

图 6-59 示波器测量信号的时间间隔

6.7.4 用示波器测量频率

把被测信号和一个已知信号分别接入示波器 X 和 Y 通道,示波器工作于 X-Y 图示仪状态,调节已知信号的频率使屏幕上出现稳定的图形,这个图形称为李沙育图形,根据已知信号的频率(或相位)便可求得被测信号的频率(或相位)。李沙育图形既可以测量频率也可以测量相位。相位的测量详见 8.2 节,这里主要介绍李沙育图形法测量频率。

示波器工作于 X-Y 方式时,X 和 Y 两信号对电子束的使用时间总是相等的,而且 X 和 Y 信号分别确定的是电子束水平、垂直方向的位移,所以信号频率越高,波形经过垂直线和水平线的次数越多(如正弦波每个周期经过两次),即垂直线、水平线与李沙育图形的交点数分别与 X 和 Y 信号频率成正比。因此,李沙育图形存在关系:$\dfrac{f_y}{f_x} = \dfrac{N_H}{N_V}$,式中,$N_H$ 和 N_V 分别为水平线、垂直线与李沙育图形的交点数；f_x 和 f_y 分别为示波器 X 和 Y 信号的频率。表 6-3 列出了常用的几种不同频率、不同相位的李沙育图形。

表 6-3　常用的李沙育图形

φ	0°	45°	90°	135°	180°
$\dfrac{f_y}{f_x}=1$	/	⬭	◯	⬭	\
$\dfrac{f_y}{f_x}=\dfrac{2}{1}$	∞	∞	∩∪	∞	∞
$\dfrac{f_y}{f_x}=\dfrac{3}{1}$	〰	⬭⬭	〜	⬭⬭	〰
$\dfrac{f_y}{f_x}=\dfrac{3}{2}$	✕	✕	✕	✕	✕

事实上，垂直线（或水平线）与李沙育图形的切点数 N_V'（或 N_H'）也与 X（或 Y）信号频率成正比，即

$$\frac{f_y}{f_x}=\frac{N_H'}{N_V'}=\frac{N_H}{N_V} \qquad (6\text{-}29)$$

【例 6-4】　如图 6-60 所示的李沙育图形，已知 X 信号频率为 6MHz，问 Y 信号的频率是多少？

解：分别在李沙育图形上画出垂直线和水平线，则 $N_H=2$，$N_V=6$，或 $N_H'=1$，$N_V'=3$。注意必须在交点数最多的位置画线。由式（6-29）得

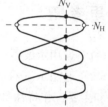

图 6-60　例 6-4 李沙育图形

$$f_y=f_x\frac{N_H}{N_V}=6\text{MHz}\times\frac{2}{6}=2\text{MHz}$$

或　　$$f_y=f_x\frac{N_H'}{N_V'}=6\text{MHz}\times\frac{1}{3}=2\text{MHz}$$

李沙育图形法适合测量频率比在 1∶10 至 10∶1 之间的信号，否则波形显示复杂，难以确定交点数或切点数，给调整和测量带来困难。

本章小结

（1）示波器是时域分析的典型仪器，是当前电子测量领域中最常用的仪器。示波器从技术原理上可分为：模拟式示波器（通用示波器）和数字式示波器（数字存储示波器）。

（2）示波器中的显示屏多采用示波管（CRT），示波管主要由电子枪、偏转系统和荧光屏这三部分组成。

（3）光点扫描显示原理：屏幕上光点的位置决定于 X、Y 两对偏转板上电场的合力。荧光屏上光点的 y 和 x 坐标分别与这一瞬间的信号电压和扫描电压成正比。由于扫描电压与时间成比例，所以荧光屏上所描绘的就是被测信号随时间变化的波形。

（4）通用示波器主要由垂直(Y)通道、水平(X)通道和显示屏这三部分组成。垂直(Y)通道通常包括探头、输入衰减器、Y前置放大器、延迟线和Y输出放大器等部分。水平(X)通道主要由触发电路、扫描发生器环和X放大器组成。扫描发生器环用来产生扫描锯齿波信号。扫描发生器环又叫时基电路,常由积分器、扫描门及比较和释抑电路组成,它使示波器实现了既可连续扫描,又可触发扫描,且不管哪种扫描都可以与外加信号自动同步。

（5）示波器双踪显示时,在Y通道中加入电子开关轮流接通A通道或B通道。交替方式适合观测两路高频信号,断续方式适合观测两路低频信号。双时基扫描示波器在X通道中有两个独立的触发和扫描电路,两个扫描电路的扫描速度可以相差很多倍,这种示波器可以在观察一个脉冲序列的同时,仔细观察其中一个或部分脉冲的细节。

（6）采集存储器容量常称为记录长度或存储深度,用能够连续存入的最大字节数或采样点数数目表示,单位以KB(千字节)或Kpts(千样点)。公式 $L(\text{pts}) = f_s(\text{MSa/s}) \times S(\text{s/div}) \times 10(\text{div})$ 是早期DSO为保证显示屏幕水平时间分辨率而设计的。现代DSO都把增加记录长度(即提高存储深度)作为一项重要改进措施,设计超快、超长的采集存储器。每次采集存储的样点多,一次就能记录下一个复杂的波形,可以同时观测快慢信号,而且扫速在较大范围内变化时,采样速率可以保持不变。

（7）DSO的主要技术性能指标有带宽(重复带宽和单次带宽)、采样速率、存储深度、触发能力等。DSO的基本功能有自动刻度、存储/调出、自动顶-底、自动脉冲参数测量、可变余辉、无限长余辉、平均显示、波形存储和像素存储、延迟调节、单次捕捉、逻辑组合触发、尖峰干扰捕捉、多种显示方式等。

思考题

第6章思考题答案

6-1　通用示波器由哪些主要部分组成? 各部分的作用是什么?

6-2　通用示波器垂直(Y)通道包括哪些主要电路? 它们的主要作用和主要工作特性是什么?

6-3　简述通用示波器扫描发生器环的各个组成部分及其作用。

6-4　在通用示波器中,欲让示波器显示稳定的被测信号波形,对扫描电压有何要求?

6-5　触发扫描和连续扫描有何区别?

6-6　什么是"交替"显示? 什么是"断续"显示? 对频率有何要求?

6-7　现用示波器观测一正弦信号。假设扫描周期(T_x)为信号周期的两倍、扫描电压的幅度 $V_x = V_m$ 时为屏幕X方向满偏转值。当扫描电压的波形如图6-61的a、b、c、d所示时,试画出屏幕上相应的显示图形。

6-8　一示波器的荧光屏的水平长度为10cm,现要求在上面最多显示10MHz正弦信号两个周期(幅度适当),问该示波器的扫描速度应该为多少?

6-9　示波器观测周期为8ms,宽度为1ms,上升时间为0.5ms的矩形正脉冲。试问用示波器分别测量该脉冲的周期、脉宽和上升时间,时基开关(t/cm)应在什么位置(示波器时基因数为 $0.05\mu s \sim 0.5s$,按1—2—5顺序控制)。

6-10　有一正弦信号,使用垂直偏转因数为10mV/div的示波器进行测量,测量时信号经过10∶1的衰减探头加到示波器上,测得荧光屏上波形高度为5.5div,问该信号的峰值和有效值各为多少？

6-11　什么是非实时取样？取样示波器由哪些部分组成？各组成部分有何作用？说明取样示波器观察重复周期信号的过程。

6-12　已知示波器的偏转因数 $D_y = 0.2\text{V/cm}$，荧光屏有效宽度为10cm。

（1）若时基因数为0.05ms/cm，所观察的波形如图6-62所示，求被测信号的峰-峰值及频率。

（2）若要在屏幕上显示该信号的10个周期的波形，时基因数应该取多大？

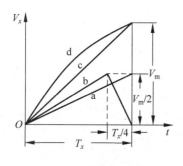

图 6-61　题 6-7 图

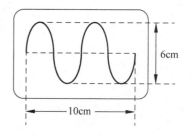

图 6-62　题 6-12 图

6-13　欲观察上升时间 t_r 为50ns的脉冲波形，现有下列四种技术指标的示波器，试问选择哪一种示波器最好？为什么？

（1）$BW = 10\text{MHz}, t_r \leqslant 40\text{ns}$；（2）$BW = 30\text{MHz}, t_r \leqslant 12\text{ns}$；（3）$BW = 15\text{MHz}, t_r \leqslant 24\text{ns}$；（4）$BW = 100\text{MHz}, t_r \leqslant 3.5\text{ns}$。

6-14　根据李沙育图形法测量相位的原理，试用作图法画出相位差为0°和180°时的图形，并说明图形为什么是一条直线？

6-15　简述数字存储示波器的工作原理。

6-16　数字存储示波器，设水平分辨力 $N = 100$ 点/div，当扫描速度为 $5\mu\text{s/div}$、5ms/div、5s/div 时，其对应的采样频率为多少？有何启示？

6-17　有 A、B 两台数字示波器，最高采样率均为200Ms/s，但存储深度 A 为 1K，B 为 1M，问当扫速从10ns/div变到1000ms/div时，试计算其采样率相应变化的情况，这对选用 DSO 有何启示？

扩展阅读

示波器的发展与应用

安捷伦示波器

普源示波器

泰克示波器

随身课堂

第 6 章课件

第 7 章

CHAPTER 7

阻抗测量技术

学习要点

- 了解阻抗测量技术的发展方向，熟悉阻抗元件的特性；
- 掌握电桥法实现阻抗测量原理；
- 掌握谐振法实现阻抗测量原理；
- 掌握阻抗的数字化测量技术。

7.1 阻抗元件的特性

7.1.1 阻抗定义及其表示方法

阻抗是描述电路元件和系统特性的重要参数。对于无源端口网络，阻抗定义为

$$Z=\frac{\dot{U}}{\dot{I}} \tag{7-1}$$

式中，$\dot{U}$为端口电压向量；$\dot{I}$为端口电流向量。

一般情况下，阻抗为复数，它可用直角坐标和极坐标表示，即

$$Z=\frac{\dot{U}}{\dot{I}}=R+\mathrm{j}X=|Z|\mathrm{e}^{\mathrm{j}\varphi}=|Z|(\cos\varphi+\mathrm{j}\sin\varphi) \tag{7-2}$$

式中，R 和 X 分别为阻抗的电阻分量（复数阻抗实部）和电抗分量（复数阻抗虚部），$|Z|$为阻抗模，即幅值。φ 为阻抗角，即电压和电流间的相位差。阻抗矢量图如图 7-1 所示。

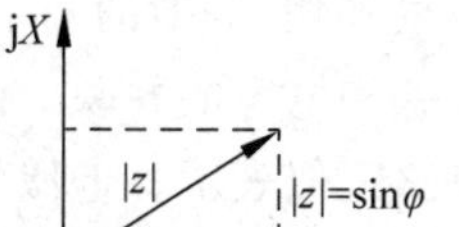

图 7-1 阻抗的矢量图

阻抗两种坐标形式的转换关系为

$$\begin{cases}|Z|=\sqrt{R^2+X^2}\\ \varphi=\operatorname{arctg}\dfrac{X}{R}\end{cases}\qquad\begin{cases}R=|Z|\cos\varphi\\ X=|Z|\sin\varphi\end{cases} \tag{7-3}$$

导纳 Y 是阻抗 Z 的倒数，即

$$Y=\frac{1}{Z}=\frac{R}{R^2+X^2}+\mathrm{j}\frac{-X}{R^2+X^2}=G+\mathrm{j}B \tag{7-4}$$

其中 $$G=\frac{R}{R^2+X^2}$$

$$B = \frac{-X}{R^2 + X^2}$$

G 和 B 分别为导纳 Y 的电导分量和电纳分量。导纳的极坐标形式为

$$Y = G + jB = |Y| e^{j\theta} \tag{7-5}$$

式中，$|Y|$ 为导纳模；θ 为导纳角。在并联电路模型中，用导纳表示元件参数可简化用加法求得结果。

7.1.2　阻抗元件的电路模型

在集中参数系统中，电阻元件 R 是表明能量损耗的参量，电感元件 L 是表明系统储存磁能量及其变化的参量，电容元件 C 是表明系统储存电场能量及其变化的参量。严格地分析这些元件内的电磁现象是非常复杂的，因而在某些特定情况下，把它们当作不变的常量来进行测量。但需要指出的是：在阻抗测量中，测量环境的变化、信号电压的大小及其工作频率的变化等，都将直接影响测量的结果。例如，不同的温度和湿度，将使阻抗表现为不同的值，过大的信号可能使阻抗元件表现为非线性，特别是在不同的工作频率下，阻抗表现出的性质会截然相反。因此，在阻抗测量中，必须按实际工作条件（尤其是工作频率）进行。

一个实际的元件，如电阻器、电容器和电感器，都不可能是理想的，存在着寄生电容、寄生电感和损耗。也就是说，一个实际的 R、L、C 元件都含有 3 个参量：电阻、电感和电容。下面分析电阻器、电感线圈和电容器随频率而变化的情况。

1. 电阻器

电阻器的等效电路如图 7-2 所示，其中，除理想电阻 R 外，还有串联剩余电感 L_R 及并联分布电容 C_f。

令 $f_{OR} = \dfrac{1}{2\pi \sqrt{L_R C_f}}$ 为其固有谐振频率，当 $f < f_{OR}$ 时，等效电路呈感性，电阻与电感皆随频率的升高而增大；当 $f > f_{OR}$ 时，等效电路呈容性。

2. 电感线圈

电感线圈的主要特性为电感 L，但不可避免地还包含有损耗电阻 r_L 和分布电容 C_f。在一般情况下，r_L 和 C_f 的影响较小。将电感线圈接于直流电源并达到稳态后，可将电感线圈看作电阻。当接于频率不高的交流电源时，可看作理想电感 L 和损耗电阻 r_L 的串联。但因 C_f 的作用，等效的 r_L 和 L 将随着频率的变化而变化；当频率很高时，C_f 的作用显著，可看作电感和电容的并联。由此可见，在某一频率范围内，电感线圈可由若干理想元件组成的等效电路近似表示。近似的准确度越高，适应的频率范围越宽，电路的形式也越复杂。当研究某一频率范围内的元件特性时，在满足准确度要求的前提下，可用简单的等效电路表示。图 7-3 为电感线圈的高频等效电路，损耗电阻和电感串联后与分布电容并联。

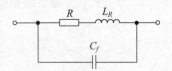

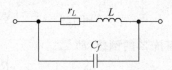

图 7-2　电阻器的等效电路　　　　　　图 7-3　电感线圈高频等效电路

由图可知电感线圈的等效阻抗由等效电阻和等效电感两部分构成。

$$Z_{dx} = \frac{(r_L + j\omega L)\frac{1}{j\omega C_f}}{r_L + j\left(\omega L - \frac{1}{\omega C_f}\right)} = \frac{r_L + j\omega L}{j\omega C_f r_L + (1 - \omega^2 L C_f)}$$

$$\approx \frac{r_L}{(\omega C_f r_L)^2 + (1 - \omega^2 L C_f)^2} + j\omega \frac{L(1 - \omega^2 L C_f)}{(\omega C_f r_L)^2 + (1 - \omega^2 L C_f)^2}$$

$$= R_{dx} + j\omega L_{dx} \tag{7-6}$$

式中，R_{dx} 为等效电阻；L_{dx} 为等效电感。

令等效电路固有谐振角频率为

$$\omega_{oL} = \frac{1}{\sqrt{LC_f}}$$

并设 $r_L \ll \omega L \ll \frac{1}{\omega C_f}$，则上式可简化为

$$Z_{dx} = R_{dx} + j\omega L_{dx} \approx \frac{r_L}{\left[1 - \left(\frac{\omega}{\omega_{oL}}\right)^2\right]^2} + j\omega \frac{L}{1 - \left(\frac{\omega}{\omega_{oL}}\right)^2} \tag{7-7}$$

可以看出，电感的等效阻抗与工作频率有如下关系：

- 当 $f < f_{oL} = \frac{\omega_{oL}}{2\pi} = \frac{1}{2\pi}\frac{1}{\sqrt{LC_f}}$ 时，L_{dx} 为正值，这时电感线圈呈感抗。

- 当 $f > f_{oL} = \frac{\omega_{oL}}{2\pi} = \frac{1}{2\pi}\frac{1}{\sqrt{LC_f}}$ 时，L_{dx} 为负值，这时呈容抗。

- 当 $f = f_{oL} = \frac{\omega_{oL}}{2\pi} = \frac{1}{2\pi}\frac{1}{\sqrt{LC_f}}$ 时，严格地说，$f \approx f_{oL}$ 时，$L_{dx} = 0$，这时为一纯电阻 $\frac{L}{C_f r_L}$。

  由于 C_f 及 r_L 均很小，故为一高阻。

- 当 $f \ll f_{oL}$ 时，由式(7-7)可知，R_{dx} 及 L_{dx} 均随频率的增高而增高。

3. 电容器

电容器的等效电路如图 7-4(a)所示，其中，除理想电容 C 外，还包含有介质损耗电阻 R_j，由引线、接头、高频趋肤效应等产生的损耗电阻 R，以及在电流作用下因磁通引起的电感 L_0。当频率较低时，R 和 L_0 的影响可以忽略，等效电路可以简化为如图 7-4(b)所示电路。当频率很高时，R_j 的影响比 R 的影响小很多，L_0 的影响不可忽略，这时的等效电路如图 7-4(c)所示，相当于 LC 串联谐振电路。

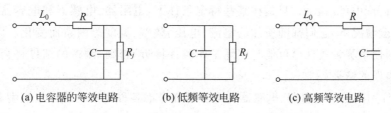

(a) 电容器的等效电路　　(b) 低频等效电路　　(c) 高频等效电路

图 7-4　电容器的等效电路

若令 $f_{oc} = \dfrac{1}{2\pi\sqrt{L_0 C}}$ 为固有串联谐振频率,当 $f < f_{oc}$ 时,电容器呈容抗,其等效电容随频率的升高而增大;当 $f > f_{oc}$ 时,电容器呈感抗;当 $f = f_{oc}$ 时,电容器呈纯电阻。

4. Q 值

通常用品质因数 Q 来衡量电感、电容以及谐振电路的质量,其定义为

$$Q = 2\pi\frac{\text{磁能或电能的最大值}}{\text{一周期内消耗的能量}}$$

对于电感可以导出

$$Q_L = \frac{2\pi f L}{r_L} = \frac{\omega L}{r_L} \tag{7-8}$$

对于电容器,串联谐振电路中,品质因数为

$$Q_C = \frac{1}{\bar{\omega} C R} \tag{7-9}$$

并联谐振电路中,品质因数为

$$Q_C = \bar{\omega} C R \tag{7-10}$$

在实际应用中,常用损耗角 δ 和损耗因数 D 来衡量电容器的质量。损耗因数定义为 Q 的倒数,即

$$D = \frac{1}{Q} = \bar{\omega} C R = \tan\delta \approx \delta \tag{7-11}$$

式中,损耗角 δ 的含义如图 7-5 所示。对于无损耗理想电容器,$\dot{U}$ 与 $\dot{I}$ 的相位差 $\theta = 90°$,而有损耗时则 $\theta < 90°$。损耗角 $\delta = 90° - \theta$,电容器的损耗愈大,则 δ 也愈大,其值由介质的特性所决定,一般 $\delta < 1°$,故 $\tan\delta \approx \delta$。

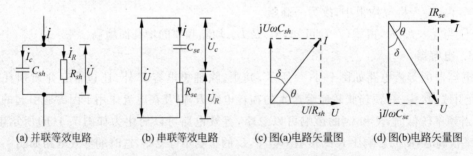

(a) 并联等效电路 (b) 串联等效电路 (c) 图(a)电路矢量图 (d) 图(b)电路矢量图

图 7-5 有损耗电容器的等效电路及矢量图

从上述讨论中可以看出,只是在某些特定条件下,电阻器、电感器和电容器才能看成理想元件。一般情况下,它们都随所加的电流、电压、频率、温度等因素而变化。因此,在测量阻抗时,必须使得测量条件尽可能与实际工作条件接近,否则,测得的结果将会有很大的误差,甚至是错误的结果。

表 7-1 分别画出了电阻器、电感器和电容器在考虑各种因素时的等效模型和等效阻抗。其中 R_0、L_0 和 C_0 均表示等效分布参量。

表 7-1 电阻器、电感器和电容器的等效模型和等效阻抗

元件类型		组成	等效模型	等效阻抗
电阻器	1-1	理想电阻	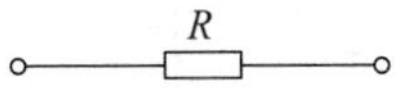	$Z_e = R$
	1-2	考虑引线电感	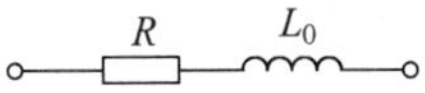	$Z_e = R + j\omega L_0$
	1-3	考虑引线电感和分布电容	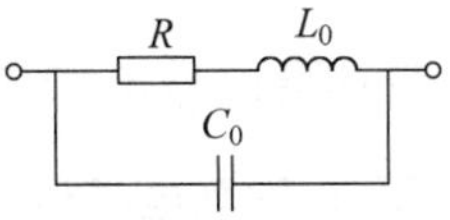	$Z_e = \dfrac{R + j\omega L_0 \left[1 - \dfrac{C_0}{L_0}(R^2 + \omega^2 L_0^2) \right]}{(1 - \omega^2 L_0 C_0)^2 + \omega^2 C_0^2 R^2}$
电感器	2-1	理想电感		$Z_e = j\omega L$
	2-2	考虑导线损耗	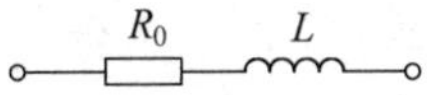	$Z_e = R_0 + j\omega L$
	2-3	考虑导线损耗和分布电容	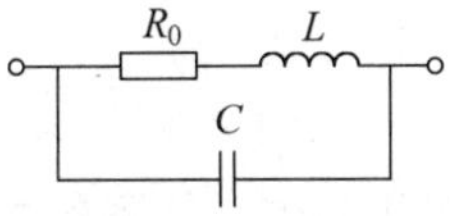	$Z_e = \dfrac{R_0 + j\omega L \left[1 - \dfrac{C_0}{L}(R_0^2 + \omega^2 L^2) \right]}{(1 - \omega^2 L C_0)^2 + \omega^2 C_0^2 R_0^2}$
电容器	3-1	理想电容		$Z_e = \dfrac{1}{j\omega C}$
	3-2	考虑泄漏、介质损耗等	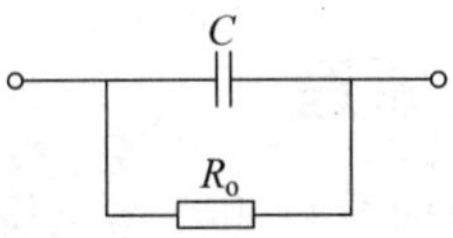	$Z_e = \dfrac{R_0}{1 + \omega^2 C^2 R_0^2} - j \dfrac{\omega C R_0^2}{1 + \omega^2 C^2 R_0^2}$
	3-3	考虑泄漏、引线电阻和电感	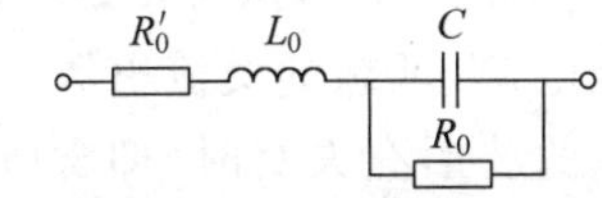	$Z_e = \left(R_0' + \dfrac{R_0}{1 + \omega^2 C^2 R_0^2} \right) + j \left(\omega L - \dfrac{\omega C R_0^2}{1 + \omega^2 C^2 R_0^2} \right)$

7.1.3 阻抗的测量方法

测量阻抗参数最常用的方法有伏安法、电桥法、谐振法(Q表法)和现代数字化测量法。

在实际测量中应根据具体情况和要求选择测量方法。例如,在直流或低频时使用的元件,用伏安法和电桥法;在音频范围内,选用电桥法准确度高;在高频范围内,通常利用谐振法,这种方法准确度并不高,但比较接近元件的实际使用条件,所以,测量值比较符合实际情况。现代数字化、智能化的 LCR 测试仪器采用阻抗变换的原理,将阻抗变换为时间间隔、电压等参数,实现阻抗自动测量,使阻抗测量更加快捷和方便。

伏安法是根据欧姆定律,即 $R = U/I$。把电阻器、电感器和电容器看成理想元件。利用电压表和电流表分别测出元件的电压和电流值,从而计算出元件值。用伏安法测量阻抗的线路有内接法和外接法两种,如图 7-6 所示。这两种测量方法都存在着误差。在图 7-6(a)的内接法测量中,测得的电压包含了电流表上的压降,它一般用于测量阻抗值较大的元件。在图 7-6(b)的外接法测量中,测得的电流包含了流过电压表的电流,它一般用于测量阻抗

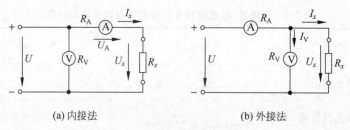

(a) 内接法　　　　　　　　　(b) 外接法

图 7-6　伏安法测量直流电阻

值较小的元件。伏安法一般只能用于频率较低的情况,若被测元件为电阻器,则其阻值为 $R=\dfrac{U}{I}$;若被测元件为电感器,由于 $\omega L = U/I$,则其电感值为 $L=\dfrac{U}{2\pi f I}$;若被测元件为电容器,由于 $1/\omega C = U/I$,则电容值为 $C=\dfrac{I}{2\pi f U}$。由于电压、电流表本身还存在有内阻及其他误差,因此,伏安法一般用于测量阻抗精度要求不高的场合。

7.2　电桥法测量阻抗

在阻抗参数测量中,应用最广泛的是电桥法。这不仅由于电桥法测量阻抗参数有较高的精度,而且电桥线路也比较简单。若利用传感器把某些非电量(如压力、温度等)变化为元件参数(如电阻、电容等),也可用电桥间接测量非电量。

7.2.1　电桥法测量阻抗的原理

电桥的基本形式由 4 个桥臂、1 个激励源 U_s 和 1 个电桥平衡零电位指示器 G 组成。原理图如图 7-7 所示。图中 Z_1、Z_2、Z_3、Z_4 为四个桥臂阻抗,Z_s 和 R_g 分别为激励源和指示器的内阻。交流电桥的信号源应该是交流电源,理想的交流电源应该是频率稳定的正弦波。当信号源的波形有失真时(即含有谐波),电桥的平衡将非常困难。这是因为在一般情况下,电桥平衡仅仅是对基波而言。若谐波分量较大,那么当通过指示器的基波电流为零时,谐波电流却使指示器不为零,这样势必导致测量误差。因此,为了消除谐波电流的影响,除了要求信号源有良好的波形外,往往还在指示器电路中加装选择性回路,以便消除谐波成分。交流电桥中的指示器通常为耳机、放大器和示波器。频率较高时,常用交流放大器或示波器作为零电位指示器。

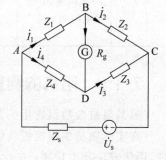

图 7-7　电桥电路

当指示器两端电压相量 $\dot{U}_{BD}=0$ 时,流过指示器的电流相量 $\dot{I}=0$,这时称电桥达到平衡。由图可知,此时

$$Z_1 \dot{I}_1 = Z_4 \dot{I}_4 \quad \text{和} \quad Z_2 \dot{I}_2 = Z_3 \dot{I}_3$$

而且 $\dot{I}_1 = \dot{I}_2$ 和 $\dot{I}_3 = \dot{I}_4$。

由以上两式解得

$$Z_1 Z_3 = Z_2 Z_4 \qquad (7\text{-}12)$$

式(7-12)即为电桥平衡条件,它表明:一对相对桥臂阻抗的乘积必须等于另一对相对桥臂阻抗的乘积。若式(7-12)中的阻抗用指数型表示,得

$$|Z_1| e^{j\theta_1} \cdot |Z_3| e^{j\theta_3} = |Z_2| e^{j\theta_2} \cdot |Z_4| e^{j\theta_4}$$

根据复数相等的定义,上式必须同时满足

$$|Z_1| \cdot |Z_3| = |Z_2| \cdot |Z_4| \qquad (7\text{-}13)$$

$$\theta_1 + \theta_3 = \theta_2 + \theta_4 \qquad (7\text{-}14)$$

即电桥平衡必须同时满足两个条件:模平衡条件和相位平衡条件,即相对臂的阻抗模乘积必须相等,且相对臂阻抗角之和必须相等。

为使交流电桥满足平衡条件,至少要有两个可调元件。一般情况下,任意一个元件参数的变化会同时影响模平衡条件和相位平衡条件,因此,要使电桥趋于平衡需要反复进行调节。

表 7-2 列出阻抗测量中广泛应用的基本电桥形式。表中还对各种电桥的特点作了扼要说明,并给出了平衡条件。

表 7-2 常用基本电桥形式

编号	名称	特点	基本线路	平衡条件
(1)	直流电桥	适用于 1Ω 到几兆欧姆范围内电阻的精密测量		$R_x = \dfrac{R_2}{R_3} R_4$
(2)	串联电容比较电桥	适用于测量小损耗电容,便于分别读数,若调节 R_2 和 R_4,可直接读出 C_x 和 $\tan\delta$		$C_x = \dfrac{R_3}{R_2} C_4$ $R_x = \dfrac{R_2}{R_3} R_4$ $\tan\delta_x = \omega C_4 R_4$
(3)	并联电容比较电桥	适用于测量较大损耗电容,便于分别读数		$C_x = \dfrac{R_3}{R_2} C_4$ $R_x = \dfrac{R_2}{R_3} R_4$ $\tan\delta_x = \dfrac{1}{\omega C_4 R_4}$
(4)	高压电桥（西林电桥）	用于测量高压下电容或绝缘材料的介质损耗,便于分别读数,调节 R_2 和 C_3 可直接读出 C_x 和 $\tan\delta_x$		$C_x = \dfrac{R_3}{R_2} C_N$ $R_x = \dfrac{C_3}{C_N} R_2$ $\tan\delta_x = \omega C_3 R_3$ （C_N 为高压电容）

续表

编号	名 称	特 点	基本线路	平 衡 条 件
(5)	麦克斯韦—文氏电桥	用于测 Q 值不高的电感。若选 R_3，R_4 为可调元件，则可直接读出 L_x 和 Q_x	基本线路	$L_x = R_2 R_4 C_3$ $R_x = \dfrac{R_2 R_4}{R_3}$ $Q_x = \omega C_3 R_3$
(6)	麦克斯韦电感比较电桥	用于测 Q 值较低的电感，电阻 R_0 通过开关 S 可串接于 L_x 或 L_4，以便于调节平衡	基本线路	$L_x = \dfrac{R_2}{R_3} L_4$ S 置"1" $\begin{cases} R_x = \dfrac{R_2}{R_3}(R_4 + R_0) \\ Q_x = \dfrac{\omega L_4}{(R_4 + R_0)} \end{cases}$ S 置"2" $\begin{cases} R_x = \dfrac{R_2}{R_3}R_4 - R_0 \\ Q_x = \dfrac{\omega L_4}{R_4 - \dfrac{R_3}{R_2}R_0} \end{cases}$
(7)	串联 RC 电桥（海氏电桥）	用于测量 Q 值较高的电感	基本线路	$L_x = \dfrac{R_2 R_4 C_3}{1 + (\omega C_3 R_3)^2}$ $R_x = \dfrac{R_2 R_4 R_3 (\omega C_3)^2}{1 + (\omega C_3 R_3)^2}$ $Q_x = \dfrac{1}{\omega C_3 R_3}$
(8)	欧文电桥	用于高精度的测量电感	基本线路	$L_x = R_2 R_4 C_3$ $R_x = \dfrac{C_3}{C_4} R_2$ $Q_x = \omega C_4 R_4$

通过与已知电容或电感比较来测定未知电容或电感，称为比较电桥，其特点是相邻两臂采用纯电阻。表 7-2 中的(2)和(3)为电容比较电桥，而(6)为电感比较电桥。

7.2.2 电桥法测量电阻

直流电桥用于精确地测量电阻的阻值，如图 7-8 所示。

当电桥平衡时，有

$$R_x = \frac{R_2}{R_3} R_4 = K R_4$$

式中，$K = \dfrac{R_2}{R_3}$。

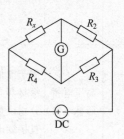

图 7-8 直流电桥

通常，R_2 与 R_3 的比值做成一比率臂，K 称为比率臂的倍率，R_4 为标准电阻，称为标称臂。只要适当地选择倍率 K 和 R_4 的阻值，就可以精确地测得 R_x 的阻值。

7.2.3 电桥法测量电容

串联电容比较电桥电路如图 7-9 所示。设

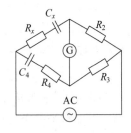

$$Z_1 = R_x + \frac{1}{j\omega C_x}, \quad Z_2 = R_2, Z_3 = R_3, \quad Z_4 = R_4 + \frac{1}{j\omega C_4}$$

根据电桥平衡条件，得

$$\left(R_x + \frac{1}{j\omega C_x}\right) \cdot R_3 = R_2 \cdot \left(R_4 + \frac{1}{j\omega C_4}\right) \tag{7-15}$$

式(7-15)为复数方程，方程两边必须同时满足实部相等和虚部相等，即

图 7-9 串联电容比较电桥

$$\begin{cases} R_x \cdot R_3 = R_2 \cdot R_4 & \text{(实部相等)} \\ \dfrac{R_3}{\omega C_x} = \dfrac{R_2}{\omega C_4} & \text{(虚部相等)} \end{cases} \tag{7-16}$$

由式(7-16)解得

$$\begin{cases} R_x = \dfrac{R_2}{R_3} R_4 \\ C_x = \dfrac{R_3}{R_2} C_4 \end{cases} \tag{7-17}$$

$$\tan\delta = \frac{1}{Q} = \omega C_4 R_4 \tag{7-18}$$

此电路适宜测量小损耗电容，便于分别读数。若调节 R_4 和 C_4，可分别读出 C_x 和 R_x。

7.2.4 电桥法测量电感

如图 7-10 所示为麦克斯韦-文氏电桥，可用于测量电感线圈。

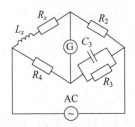

设

$$\left.\begin{array}{ll} Z_1 = R_x + j\omega L_x & Z_2 = R_2 \\ Y_3 = \dfrac{1}{Z_3} = \dfrac{1}{R_3} + j\omega C_3 & Z_4 = R_4 \end{array}\right\} \tag{7-19}$$

电桥平衡方程可改写为

$$Z_1 = Z_2 Z_4 Y_3 \tag{7-20}$$

把式(7-19)代入式(7-20)，得

图 7-10 麦克斯韦-文氏电桥

$$(R_x + j\omega L_x) = R_2 R_4 \left(\frac{1}{R_3} + j\omega C_3\right)$$

根据平衡时实部和虚部应分别相等，解得

$$\left.\begin{array}{l} R_x = \dfrac{R_2}{R_3} R_4 \\ L_x = R_2 R_4 C_3 \end{array}\right\} \tag{7-21}$$

$$Q = \omega C_3 R_4$$

电桥的平衡是通过反复调节电阻 R_3 和 R_4 来实现的。

电桥设计要注意以下几点：

（1）为使结构简单，通常设计两臂为电阻。

（2）为使电桥易于平衡，通常若相邻两臂为电阻，另两臂为同性阻抗；若相对两臂为电阻，另两臂则为异性阻抗。

（3）多采用标准电容作标准电抗，这样比采用标准电感精度要高。

下面例题用来进行电桥阻抗参数测量结果的计算。

【例 7-1】 某交流电桥如图 7-11 所示。当电桥平衡时，$C_1 = 0.5\mu F$，$R_2 = 2k\Omega$，$C_2 = 0.047\mu F$，$R_3 = 1k\Omega$，$C_3 = 0.47\mu F$，信号源 $\dot{U}_s$ 的频率为 1 kHz，求阻抗 Z_4 的元件。

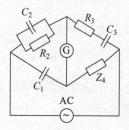

图 7-11 交流电桥

解：由电桥平衡条件可得

$$Z_2 Z_4 = Z_1 Z_3$$
$$Z_4 = Z_1 Z_3 Y_2 \tag{7-22}$$

根据图 7-11，得

$$\left.\begin{array}{l} Z_1 = \dfrac{1}{j\omega C_1}, \quad Y_2 = \dfrac{1}{R_2} + j\omega C_2 \\[3mm] Z_3 = R_3 + \dfrac{1}{j\omega C_3} \end{array}\right\} \tag{7-23}$$

将式（7-23）代入式（7-22）得

$$Z_4 = \frac{1}{j\omega C_1}\left(R_3 + \frac{1}{j\omega C_3}\right)\left(\frac{1}{R_2} + j\omega C_2\right)$$

整理化简后得

$$Z_4 = \left(\frac{R_3 C_2}{C_1} - \frac{1}{\omega^2 C_1 C_3 R_2}\right) - j\left(\frac{R_3}{\omega R_2 C_1} + \frac{C_2}{\omega C_1 C_3}\right)$$

把元件参数及角频率 $\omega = 2\pi f$ 代入上式，解得

$$Z_4 = 40.2 - j190.8 = R_4 - jX_{C_4}$$

故

$$R_4 = 40.2\Omega$$

$$C_4 = \frac{1}{\omega X_{C_4}} = \frac{1}{190.8 \times 2\pi \times 10^3} = 0.83\mu F$$

7.2.5 自动平衡电桥（手持数字电桥）

MT-4080 手持式电桥同时具有交直流阻抗测量的能力，可以进行阻抗绝对值、直流电阻值、串并联模式的电感、电容、等效串联电阻、损耗、品质因数、相位角等参数测量。

MT4080D 手持 LCR 表的测试频率范围能够达到 10kHz（MT4080D）或 100kHz（MT4080A）。可以进行阻抗绝对值、电感、电容、直接电流电阻、等效串联电阻、损耗、品质因数、相位角等参数测量。它们可用在生产线上进行元器件质量评估以及基本阻抗测量。其内置直接固定接头可以方便进行管脚测试。4 线测试夹方便较大元件的测试连接，保证测试精度。其性能特点为：

- 测试参数：阻抗绝对值(Z)、电感(L)、电容(C)、直接电流电阻(DCR)、等效串联电

阻(ESR)、损耗因数(D)、品质因数(Q)、相位角(Ω);

- 测试条件:100Hz、120Hz、1kHz、10kHz、100kHz(仅限 MT4080A)、1Vrms、0.25Vrms、0.05Vrms;

- 基本测试精度:0.2%;

- 双液晶显示;

- 快速响应;

- 全自动/手动选择。

MT4080D 面板示意图如图 7-12 所示。

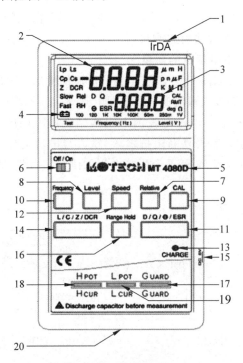

图 7-12　面板示意图

1—IrDA 窗口;2—主参数显示 LCD;3—副参数显示 LCD;4—低电压显示;5—机型;6—电源开关

7—相对值功能键;8—电位切换键;9—开路/短路校正切换键;10—频率切换键;11—显示速度切换键

12—D/Q/θ/ESR 切换键;13—手动跳挡切换键;14—L/C/Z/DCR 切换键;15—充电指示灯

16—电源转换器插头;17—Guard 端;18—HPOT/HCUR 端;19—LPOT/LCUR 端;20—电池室

　　自动平衡电桥可在其前面面板上配有 4 个同轴的输入端点(H_{POT}、H_{CUR}、L_{POT} 和 L_{CUR})。可有多种将被测阻抗元件(DUT)连接到输入端的方法,每种方法都有其优缺点。所以最恰当的方法是根据 DUT 的阻抗和所需的测量精度而定。

　　常用的连接方法有两线(端)法和四线(端)法。两端法是最简单的方法。但是这种接法包含许多的误差干扰源,引线电阻、引线电感及其分布电容都会包括在测量结果中。

1. 两线(端)法

　　两线法测量电阻的方法如图 7-13 所示。数字多用表内部提供的测试电流 I 通过高低端 H、L 和测试线输送到被测电阻 R_x 上。电压测量端 H_P、L_P 通过短路片分别接到 H、L 端。在两线电阻测量中,测量端 H_P、L_P 两端的电压包含测试电流在两根测试线上的压降。电阻

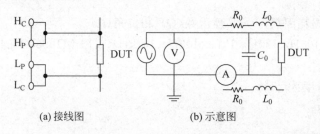

图 7-13　两线(端)接法示意图

检测结果的示值为被测电阻与测试线电阻之和,即 $R_x + R_{11} + R_{12}$。当测量低值电阻时,测试线电阻引起的误差不可忽视(典型值为 $0.5 \sim 2\Omega$)。为了克服微小电阻测量中引线电阻和接触电阻带来的误差,采用四线法模式测量。

2. 四线(端)法——微小电阻值的测量

四线法测量电阻的方法如图 7-14 所示。测试电流的输送与电压测量是分开的,分别用两对测试线完成。第一对线提供恒流源,引线电阻 R_{11} 和 R_{12} 不影响恒流源输出;第二对测试线加到电压测量端 S_1、S_2 上的电压是被测电阻两端的压降(IR_x),恒流输送线电阻 R_{11}、R_{12} 不包含在内。由于数字多用表是高阻抗输入,输入线电流近似为零。这样,测试线电阻上没有压降,测试线电阻 R_{13} 和 R_{14} 就不会影响电压的测量。由此,消除了引线电阻和接触电阻对测量结果的影响。

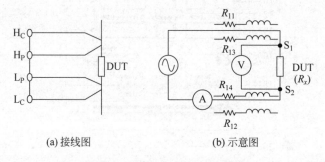

图 7-14　四线(端)接法示意图

7.3　谐振法测量阻抗

7.3.1　谐振法测量阻抗的原理

谐振法是测量阻抗的另一种基本方法。是利用 LC 串联电路和并联电路的谐振特性而建立起来的测量方法。谐振法测量电路原理图如图 7-15 所示。由信号源、被测元件组成的谐振回路和谐振指示器(电压表或电流表)组成。

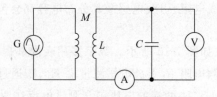

图 7-15　谐振电路原理图

当信号源的角频率 ω 等于回路的固有角频率 ω_0 时,谐振电路发生谐振,这时,回路的感抗和容抗相等,由此可以得到式(7-25)和式(7-26),总电抗为零。根据已知的回路关系和已知元件的数值,就可以得到未知元件的参量。

$$\omega = \omega_0 = \frac{1}{\sqrt{LC}} \tag{7-24}$$

$$X = \omega_0 L - \frac{1}{\omega_0 C} = 0$$

$$L = \frac{1}{\omega_0^2 C} \tag{7-25}$$

$$C = \frac{1}{\omega_0^2 L} \tag{7-26}$$

测量回路与振荡源之间采用弱耦合,可使振荡源对测量回路的影响小到忽略不计。电路中并联电压表或串联电流表用做谐振指示器。调节振荡源频率或电容值,使回路达到谐振状态,电压表或电流表指示值最大。

谐振法是利用调谐回路的谐振特性而建立的测量方法。它的测量精度虽然不如交流电桥法高,但是由于测量线路简单方便,在技术实现上的困难要比高频电桥少。此外高频电路元件大多用于调谐回路中,所以,用谐振法进行测量也比较符合元件工作的实际情况。因此,在高频电路参数(如电容、电感、品质因数、有效阻抗等)测量中,谐振法是一种重要的手段。

7.3.2　谐振法测量电感

1. 直接测量法

谐振法测量元件参数的简单方法是将被测元件直接跨接到测试接线端,称为直接测量法。

通过调节信号源的频率或调节回路的标准可变电容,使回路发生谐振,利用式(7-24),可以求得电感量 L 值。调节信号源频率使电路谐振的方法,称为变频率法;调节标准可调电容使电路谐振的方法,称为变电容法。由于测量回路本身的寄生参量及其他不完善性对测量结果所产生的影响,因此一般采用替代法进行测量。替代法又分为串联替代法和并联替代法,串联替代法适用于低阻抗的测量,并联替代法适用于高阻抗的测量。

2. 替代法测量电感

1) 串联替代法

当电感线圈的电感量较小时,属于低阻抗测量,需要采用串联替代法测量。测量电路如图 7-16 所示。

测量时,首先用一短路线将1、2两端短路,调节电容 C 至较大值位置,调节信号源频率,使回路谐振。设此时的电容量为 C_1,这时有

$$L = \frac{1}{4\pi^2 f^2 C_1} \tag{7-27}$$

然后去掉1、2间的短路线,将 L_x 接入回路,保持信号源频率不变,调节电容器 C,使回路再次谐振。设

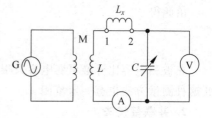

图 7-16　串联替代法测电感

此时的电容量为 C_2，此时

$$L_x + L = \frac{1}{4\pi^2 f^2 C_2} \tag{7-28}$$

将两式相减整理得

$$L_x = \frac{C_1 - C_2}{4\pi^2 f^2 C_1 C_2} \tag{7-29}$$

2）并联替代法

测量电感量较大的电感器需要采用并联替代法，测量原理图如图 7-17 所示。

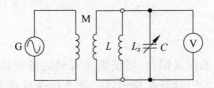

图 7-17　并联替代法测电感

测量过程为：首先不接被测元件 L_x，调节可变电容 C 到小电容值位置，设此时电容量为 C_1。调节信号源频率，使电路谐振。由谐振回路特性，此时有

$$\frac{1}{L} = 4\pi^2 f^2 C_1 \tag{7-30}$$

然后将被测电感 L_x 并接在可变电容 C 的两端。保持信号源频率不变，调节电容 C，使回路再次发生谐振。设此时的电容量为 C_2，则

$$\frac{1}{L} + \frac{1}{L_x} = 4\pi^2 f^2 C_2 \tag{7-31}$$

两式相减再取倒数，得

$$L_x = \frac{1}{4\pi^2 f^2 (C_2 - C_1)} \tag{7-32}$$

7.3.3　谐振法测量电容

1．串联替代法

当被测电容量较大时，需用串联替代法，如图 7-18 所示。

先将图中 1、2 两端短路，调节电容 C 至较小值位置，调节信号源频率，使回路谐振。设此时的电容量为 C_1。然后去掉 1、2 间的短路线，将 C_x 接入回路，保持信号源频率不变，调节可调电容器 C，使回路再次谐振。设此时的可变电容量为 C_2，显然 C_1 等于 C_2 与 C_x 的串联值，即

$$C_1 = \frac{C_2 C_x}{C_2 - C_1} \tag{7-33}$$

由此得

$$C_x = \frac{C_1 C_2}{C_2 - C_1} \tag{7-34}$$

在被测电容比标准可变电容大很多的情况下，C_1 和 C_2 的值非常接近，测量误差增大，因此这种测量方法也有一定范围。

2．并联替代法

测量小电容量的电容时，用并联替代法，如图 7-19 所示。在不接 C_x 的情况下，将可变

电容 C 调到某一容量较大的位置,设其容量为 C_1,调节信号源频率,使回路谐振。然后并联接入被测电容 C_x,信号源频率保持不变,此时回路失谐,重新调节 C 使回路再次谐振,这时 C 为 C_2,那么被测电容 $C_x = C_1 - C_2$。

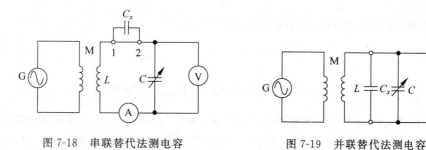

图 7-18　串联替代法测电容　　　　　　图 7-19　并联替代法测电容

7.3.4　Q 表的工作原理

典型的谐振法测量仪器是 Q 表,所以谐振法又称 Q 表法,其工作频率范围相当宽。Q 表是基于 LC 串联回路谐振特性基础上的测量仪器,基本原理电路如图 7-20 所示。采用电阻耦合法和电感耦合法的 Q 表原理图如图 7-21 和图 7-22 所示,在高频 Q 表中还有采用电容耦合法,各种耦合方法都是为减小信号源内阻对测量结果的影响。

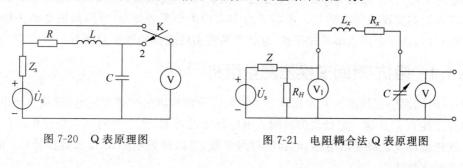

图 7-20　Q 表原理图　　　　　　图 7-21　电阻耦合法 Q 表原理图

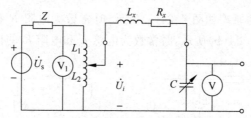

图 7-22　电感耦合法 Q 表原理图

Q 表通常由可调频率信号源、可调标准电容、被测元件组成的谐振回路和谐振指示器(电压表或电流表)组成。如图 7-23 所示。

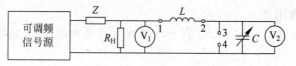

图 7-23　Q 表组成原理图

当电路发生谐振、感抗和容抗相等时，回路电流达到最大值，为信号源幅值 U_s 和电阻 R 的比值。

$$I = \frac{U_s}{R}$$

此时电容器上的电压为容抗和谐振电流的乘积，即

$$U_{\dot{C}} = U_{C0} = \frac{1}{\omega_0 C} I = \frac{1}{\omega_0 C} \frac{U_s}{R} = Q U_s \qquad (7\text{-}35)$$

式中，$Q = \frac{1}{\omega_0 CR} = \frac{\omega_0 L}{R}$，这里的 Q 值为 LC 串联谐振回路的品质因数。

如果保持回路的输入电压 U_i 大小不变，那么接在电容 C 两端的电压表就可以直接用 Q 表值来标度。如果输入电压 U_i 减少一半，由式(7-35)可知，同样大小的电容电压 U_{C0} 所对应的 Q 值比原来增加一倍，故接在输入端的电压表可用作 Q 值的倍乘指示。实际的 Q 表，输入电压 U_i 和电容电压 U_C 的测量是通过一个转换开关而用同一表头来完成的，如图 7-20 所示。

7.4　阻抗的数字化测量方法

阻抗的数字化测量方法是先将被测阻抗转换为中间量，然后再对其进行测量。按转换成中间量的不同，分为阻抗-时间间隔变换法和阻抗-电压变换法。然后，再用电子计数器或数字电压表对其实现数字化测量。手持式数字多用表中采用阻抗-时间间隔变换法测量电容和电感，台式数字多用表多采用阻抗-电压变换法实现阻抗的数字化测量。

7.4.1　阻抗-时间变换法测量阻抗

阻抗-时间间隔变换法的基本原理是采用恒流源对被测阻抗进行充电，测量被测电感 L 和电容 C 上电压上升到一定量值的时间。由电路特性可知，此上升时间与电路的时间常数相关。这样就可以先测量出电感、电容的时间常数，进而得到电感量 L 和电容量 C。因此，也被称为时常数法。

时常数法测量电容的原理如图 7-24(a)所示，时常数为电阻 R 和电容 C 的积。时常数法测量电感的原理如图 7-24(b)所示，时常数为电感 L 和电阻 R 的比值。

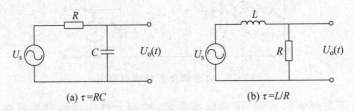

图 7-24　时常数法测 L、C 的原理

1. 时常数法测量电容

当电路中加入阶跃电压 U_s 时，电容上电压即电路输出电压 U_o 是随着充电时间 t 变化的。其输出电压为

$$U_o(t) = U_s(1 - e^{-\frac{t}{\tau}})$$

式中,U_s 为阶跃电压幅值,τ 为时常数,t 为电容充电时间。

由输出电压表达式可以推出输出电压 U_o 达到输入电压 U_s 的 2/3 大小时的时间 t,即

$$t = \tau \ln 3 = RC\ln 3 = (R\ln 3)C$$

电路中选择 R 为已知的标准电阻,这样时间间隔 t 与电容 C 成正比。由图 7-25 可见,只要测出 $U_o = 2/3 U_s$ 大小时的时间间隔 t 值,就可求得电容 C 的值。可以采用电子计数器对时间间隔 t 进行测量。

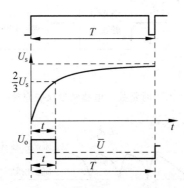

图 7-25 时常数法测量电容的时间关系图

2. 时常数法测量电感

一般电感含有线圈电阻 R 和寄生电容 C_0,在工频情况下 C_0 很小,可以忽略。所以实际电感可以等效为电感 L 和电阻 R 的串联模式。时常数为 $\tau = L/R$,测量电感的原理图如图 7-26(a)所示。在 $t=0$ 时合上开关,电感 L 中电流 i 将按指数规律上升,其最大值为 I。从图 7-26(b)中可见,在开始阶段曲线变化与 $t=0$ 时刻的切线基本重合。令 $I' \ll I$,电流 i 达到 I' 的时间为 ΔT,从图中可知

$$\frac{\Delta T}{\tau} = \frac{I'}{I}$$

即

$$\tau = \frac{I}{I'}\Delta T$$

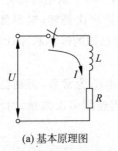 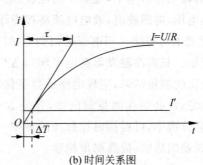

(a) 基本原理图   (b) 时间关系图

图 7-26 时常数法测量电感的基本原理

只要先测出电感线圈的直流电阻 R,并已知电压 U,就可以计算得到电流 I,或者保证每次测量回路的直流电阻相等,使得到的 I 为定值,则由测定的 ΔT 即可求得时常数 τ,从而得到 $L = \tau R$。为了提高充电电流初始阶段的线性度,实际测量电感的原理图如图 7-27 所示,

时间关系图如图 7-28 所示。

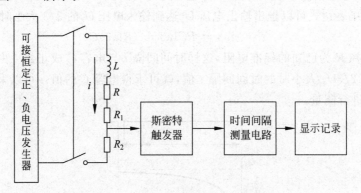

图 7-27　时常数法电感测量仪的原理框图

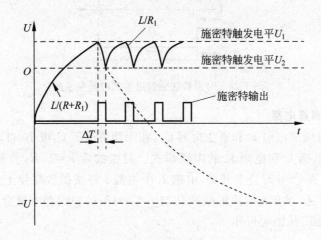

图 7-28　时常数法测量电感的时间关系图

在被测电感电路中串入 R_1 和 R_2 是为了使总电阻 $R_总 = R + R_1 + R_2$ 为常数。设施密特触发器的触发高电平为 U_1,返回后的触发低电平为 U_2。令 $t = 0$ 时刻接通正电压,开始测量,施密特触发器输出为低电平,电感中的电流、电压开始上升,当电压上升到 U_1 时,施密特触发器翻转接负电压,电感放电,放电电流将按虚线返回。由于放电时压差大,所以从 U_1 到 U_2 段放电曲线比充电时要陡。当电压返回到 U_2 时触发器再次翻转,输出低电平,接通正电源。如此周而复始。只需在触发器高电平期间 ΔT 内对已知的时标脉冲计数,就能得到 ΔT 与时间常数成正比的测量结果,实现电感的数字化测量。

需要指出的是,R 必须在测量前已知,并使 $R + R_1 + R_2$ 为常数,否则会引入方法误差。另外,为提高测量分辨率,可提高时标脉冲的频率。采用连续多次测量,对测量结果取平均值,可消除随机误差的影响,提高测量精度。

7.4.2　阻抗-电压变换法测量阻抗

1. 电阻-电压变换法

电阻的数字化测量是利用已知恒流源在电阻上产生压降,测出电压值,应用欧姆定律,求得被测电阻大小。图 7-29 是数字万用表中测量电阻的原理电路图,利用运放组成一个多值恒流源,实现多量程电阻测量,各量程的电流、电压值如表 7-3 所示。当恒流 I 通过被测电阻 R_x 时,在被测电阻上产生电压。实现电阻-电压转换。用数字电压表测出电阻端电压 U_x,那么,被测电阻值由电压和电流的比值确定。在微小电阻测量时,为消除引线电阻及接触电阻对测量结果的影响,适合采用四线接法。在不含有微处理器的手持式多用表中,要选择好各量程电压值直接对应的被测电阻的欧姆值。这种数字多用表位数只有三位半到四位半,因此,测量精度不太高。

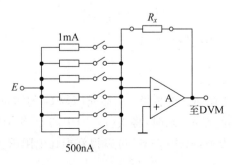

图 7-29 电阻的数字化测量

表 7-3 图 7-28 中各量程电流、电压值

量 程	测 试 电 流	满 度 电 压
200Ω	1mA	0.2V
2kΩ	1mA	2.0V
20kΩ	100μA	2.0V
200kΩ	10μA	2.0V
2000kΩ	5μA	10.0V
20MΩ	500nA	10.0V

2. 电感、电容-电压变换法

电感、电容的测量方法是:首先利用正弦信号在被测阻抗两端产生交流电压,实现阻抗-电压变换,然后利用实部和虚部的分离,将交流变成直流,最后利用电压的数字化测量来实现。

1) 电感—电压(L-V)变换器

电感-电压变换器的原理如图 7-30 所示,图中运放 A 为阻抗-电压变换部分,两个同步检波器实现虚、实部分离,完成交直流电压转换,峰值检波器输出信号源幅值 U_r,作为基准电压。

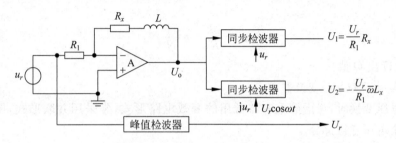

图 7-30 电感-电压变换器

设标准正弦信号为 $u_r = U_r \sin\omega t$，运放输出电压 u_o 可表示为

$$u_o = \frac{U_r R_x}{R_1}\sin\bar{\omega}t - j\frac{U_r\bar{\omega}L_x}{R_1}\sin\bar{\omega}t \tag{7-36}$$

u_o 经同步检波后，输出实部、虚部的幅值分别为 U_1、U_2，大小可表示为

$$U_1 = -\frac{U_r}{R_1}R_x \tag{7-37}$$

$$U_2 = -\frac{U_r}{R_1}\bar{\omega}L_x \tag{7-38}$$

利用双积分数字电压表中的测量公式

$$U_x = \frac{U_r}{N_1}N_2 \tag{7-39}$$

可以实现电感线圈的损耗电阻 R_x、电感量 L_x、品质因数 Q_x 的测量。

（1）R_x 的测量。在测量损耗电阻时，将式(7-37)中的 U_1 作为被测电压 U_x，U_r 作为基准电压接入双积分数字电压表中，由式(7-39)可以得到损耗电阻 R_x 值为

$$U_1 = \frac{U_r}{R_1}R_x = \frac{U_r}{N_1}N_2 \tag{7-40}$$

$$R_x = \frac{R_1}{N_1}N_2 \tag{7-41}$$

利用式(7-41)选择合适的标准电阻 R_1，可以直接读出损耗电阻 R_x 的值。

（2）L_x 的测量。在测量电感量时，将式(7-38)中的 U_2 作为被测电压 U_x 代入式(7-39)中，可以测得电感值为

$$U_2 = \frac{U_r\bar{\omega}L_x}{R_1} = \frac{U_r}{N_1}N_2 \tag{7-}$$

$$L_x = \frac{R_1}{N_1\bar{\omega}}N_2 \tag{7-42}$$

选择合适的标准电阻 R_1 和工作频率 $\bar{\omega}$ 值，就可以直接读出电感量的值。

（3）Q 值的测量。在 Q 值的测量中，将 U_2 作为被测电压，将经过极性转换后的 U_1 作为基准电压接入数字电压表中，由式(7-39)得

$$U_2 N_1 = U_1 N_2 \tag{7-43}$$

将式(7-37)和式(7-38)代入式(7-43)，可得品质因数 Q 为

$$\frac{U_r}{R_1}\bar{\omega}L_x N_1 = \frac{U_r}{R_1}R_x N_2$$

即

$$Q = \frac{\bar{\omega}L_x}{R_x} = \frac{1}{N_1}N_2 \tag{7-44}$$

即可以直接读出 Q 值。

2) 电容-电压(C-V)变换器

电容-电压变换时，考虑到电容器常用的等效电路形式，常采用并联形式，图 7-31 为电容阻抗-交流电压变换部分。

利用前面电感测量分析方法，设标准正弦信号为 $u_r = U_r \sin\omega t$，运放输出电压 u_o 可表示为

$$u_o = -G_x R_1 U_r \sin\omega t - j\omega C_x R_1 U_r \sin\omega t \tag{7-45}$$

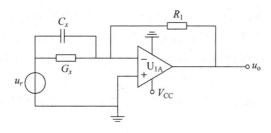

图 7-31 电容阻抗-交流电压变换

可得

$$U_1 = G_x R_1 U_r$$

$$U_2 = -\bar{\omega} C_x R_1 U_r$$

则利用双积分式数字电压表,可以得到电容的电容量、并联导纳及损耗角正切测量结果表达式

$$C_x = \frac{1}{\bar{\omega} R_1 N_1} N_2$$

$$G_x = \frac{1}{R_1 N_1} N_2$$

$$D_x = \tan\delta = \frac{1}{N_1} N_2 \tag{7-46}$$

选取适当的参数,电容的电容量、并联导纳及损耗角正切都可以直接用数字显示。

3. 智能化 LCR 测量仪

智能化 LCR 测量仪是内含微处理器的各种 LCR 参数测量仪。这种专用的 LCR 测量仪具有多功能、多参量、多频率、高速度、高精度、大屏幕、菜单方式显示等优点,不过价格较昂贵。

带微处理器的智能化 LCR 测量仪都是根据欧姆定律,采用矢量电压-电流法,即将阻抗看成正弦交流电压与电流的复数比值,如式(7-47)所示

$$\dot{Z} = \frac{\dot{U}}{\dot{I}} = R + jX \tag{7-47}$$

测量思路是先将矢量电压电流比转换成两个矢量电压比,再将两个矢量电压比转换成两标量电压比。

基本原理与前面台式数字万用表中阻抗测量类似。但是实现对矢量电压-电流的测量比较困难,这里是将一个标准阻抗 $\dot{Z}_s$ 与被测阻抗 $\dot{Z}_x$ 相串联,如图 7-32 所示,可以得到被测阻抗 $\dot{Z}_x$ 的测量结果表达式,如式(7-48)所示。这样,对阻抗 Z_x 的测量变成了两个矢量电压比的测量。

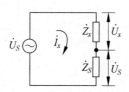

图 7-32 引入标准阻抗测试原理

$$\dot{Z}_x = \frac{\dot{U}_x}{\dot{U}_s} \times \dot{Z}_s \tag{7-48}$$

完成两个矢量电压的测量方法通常是用一台电压表通过开关转换分时测量 $\dot{U}_s$ 和 $\dot{U}_x$。实现两个矢量除法运算有固定轴法和自由轴法,将矢量除法转换成标量除法。早期产品中

采用的固定轴法如图 7-33(a)所示,因难以保证两个矢量相位严格保持一致,使硬件电路相当复杂,调试困难,可靠性低。现代产品中大多采用了自由轴法,如图 7-33(b)所示。自由轴法不是把复数阻抗坐标固定在某一指定的矢量电压的方向上,坐标轴的选择可以是任意的,参考电压可以不与任何一个被测电压的方向相同,但应与被测电压之一保持固定的相位关系,如相差 α,且在整个测量过程中保持不变。由图 7-33(b)可得矢量电压用坐标轴投影的标量电压表示为

$$\dot{U}_x = U_{xx} + jU_{xy} \tag{7-49}$$

$$\dot{U}_s = U_{sx} + jU_{sy} \tag{7-50}$$

由此可将被测阻抗测量表达式中的矢量电压,用标量电压表示为

$$\dot{Z} = R_s \frac{\dot{U}_x}{\dot{U}_s} = R_s \frac{U_{xx} + jU_{xy}}{U_{sx} + jU_{sy}}$$

$$= R_s \left(\frac{U_{xx}U_{sx} + U_{xy}U_{sy}}{U_{sx}^2 + U_{sy}^2} + j \frac{U_{xy}U_{sx} - U_{xx}U_{sy}}{U_{sx}^2 + U_{sy}^2} \right) \tag{7-51}$$

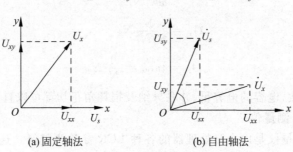

(a) 固定轴法　　　　　(b) 自由轴法

图 7-33　固定轴与自由轴矢量关系图

测量中,为方便调试用标准电阻 R_s 代替 Z_s,显然,只要知道每个矢量在直角坐标轴上的两个投影值,(可以用相敏检波器实现),将矢量比变为标量比,经过四则运算,即可求出结果。

自由轴法的测量原理方框图如图 7-34 所示,图中相敏检波器的参考电压是受微处理器控制的自由轴坐标发生器提供,它是任意方向的精确的正交基准信号。

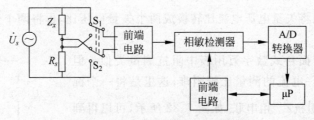

图 7-34　自由轴法测量原理方框图

自由轴法的工作过程为:相敏检波器通过开关 S_1、S_2 选择矢量电压 $\dot{U}_x$ 和 $\dot{U}_s$,便可得到它们的投影分量,然后由 A/D 转换成数字量,经接口电路送到微处理器系统中存储,最后,计算机对测量结果进行计算,得到被测量值。交流电压 $\dot{U}_x$ 和 $\dot{U}_s$ 的测量包括幅度和相位,方法是采用相敏检波器对每个电压进行两次测量。在两次测量中,相敏检波器参考电压是正交的,应有精确的 $90°$ 的相位差关系。而对于参考电压与被测信号电压之间的相互关系只

要相对稳定,而不要求精确确定。

自由轴法虽然采用矢量电流-电压法的基本原理,但由于其精确的正交坐标系主要靠软件来产生和保证,硬件电路大大简化,还消除了固定轴法难于克服的同相误差,提高了精确度。同时,被测参数是通过计算机获得的,因而除了可以得到常用的电容、电感、电阻、损耗角正切值 D、品质因数 Q、等效串联电阻 ESR 等参数以外,还可方便地计算出其他多种阻抗参量,如阻抗模值等。

目前智能化 LCR 测量仪在向宽量程、高准确度、智能化和兼有测量与分选两种功能方向发展,也出现了许多阻抗测量的集成芯片,如 AD5933 等。

本章小结

(1) 由于电阻器、电感器和电容器受到所加电压、电流、频率、温度及其他物理和电气环境的影响而改变阻抗值,因此在不同条件下其电路模型不同。阻抗测量有多种方法,必须首先考虑测量的要求和条件,然后选择最合适的方法,首先考虑的因素包括频率覆盖范围、测量量程、测量精度和操作的方便性。没有一种方法能包括所有的测量能力,因此在选择测量方法时需折中考虑。

(2) 集总参数元件的测量主要采用电压-电流法、电桥法和谐振法。依据电桥法制成的测量仪总称为电桥,同时具有测量 L、R、C 功能的电桥称为万用电桥。电桥主要用来测量低频元件。

(3) Q 表是依据谐振法制成的测量仪器。测量元件采用直接测量法和替代法,替代法又因被测阻抗大小不同分别采用并联替代法和串联替代法。用替代法测量可以削弱甚至消除某些分布参数的影响,提高测量精度,Q 表主要用来测量高频元件。

(4) 阻抗的数字测量法有自动平衡电桥法、射频电压电流法、网络分析法等。在智能化 L、R、C 测量仪中采用运算放大器将被测元件的参数变成相应的电压,由相敏检波器通过开关选择 $\dot{U}_x$ 和 $\dot{U}_z$,便可得到它们的投影分量,然后由 A/D 转换器变成数字量经接口电路送到微处理器系统中存储,CPU 对其进行计算得到测量结果。

思考题

第 7 章思考题答案

7-1 测量电阻、电容、电感的主要方式有哪些? 它们各有什么特点?

7-2 用如图 7-35 所示的直流电桥测量电阻 R_x,当电桥平衡时,三个桥臂电阻分别为 $R_1=100\Omega$,$R_2=50\Omega$,$R_3=25\Omega$。求电阻 R_x 等于多少?

7-3 如图 7-36 所示的交流电桥平衡时有下列参数:Z_1 为 $R_1=2000\Omega$ 与 $C_1=0.5\mu$F 相串联,Z_2 为 $R_2=1000\Omega$ 与 $C_2=1\mu$F 相串联,Z_4 为 $C_4=0.5\mu$F,信号源角频率 $\omega=10^2$ rad/s,求阻抗 Z_3 的元件值。

7-4 判断如图 7-37 所示交流电桥中哪些接法是正确的? 哪些是错误的? 并说明理由。

7-5 试推导如图 7-38 所示的交流电桥平衡时计算 R_x 和 L_x 的公式。

7-6 简述 Q 表测量 L、C、Q 的原理。

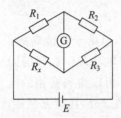

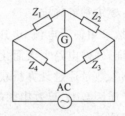

图 7-35　题 7-2 图　　　　　　　图 7-36　题 7-3 图

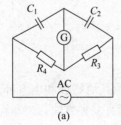

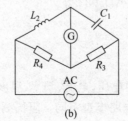

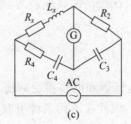

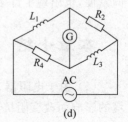

(a)　　　　　　　(b)　　　　　　　(c)　　　　　　　(d)

图 7-37　题 7-4 图

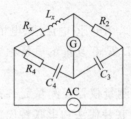

图 7-38　题 7-5 图

扩展阅读

日置 LCR 表　　　　是德 LCR 表　　　　同惠 LC 表　　　AD5933 中文说明

随身课堂

第 7 章课件

相位差测量技术

学习要点

- 了解相位差的含义,掌握示波器直接测量法测相位差的工作原理;
- 掌握椭圆法测量相位差的工作原理及过程;
- 掌握相位差-时间变换测量方法;
- 掌握相位差-电压变换测量方法。

8.1 概述

在实际工作中,经常需要研究诸如放大器、滤波器、各种器件等的频率特性,即输出输入信号间幅度比随频率的变化关系(幅频特性)和输出输入信号间相位差随频率的变化关系(相频特性)。尤其在图像信号传输与处理、多元信号的相干接收等学科领域,研究网络(或系统)的相频特性显得尤为重要。

描述正弦交流电的三个"要素"是振幅、频率和相位。以电压为例,其函数关系为

$$u = U_m \sin(\omega t + \varphi_0) \tag{8-1}$$

式中,U_m 为电压的振幅,ω 为角频率,φ_0 为初相位。设

$$\varphi = \omega t + \varphi_0 \tag{8-2}$$

式中,φ 为瞬时相位,它随时间改变;φ_0 是 $t=0$ 时刻的瞬时相位值。两个角频率为 ω_1、ω_2 的正弦电压分别写为

$$\left.\begin{array}{l} u_1 = U_{m1} \sin(\omega_1 t + \varphi_1) \\ u_2 = U_{m2} \sin(\omega_2 t + \varphi_2) \end{array}\right\} \tag{8-3}$$

它们的瞬时相位差

$$\begin{aligned} \theta &= (\omega_1 t + \varphi_1) - (\omega_2 t + \varphi_2) \\ &= (\omega_1 - \omega_2)t + (\varphi_1 - \varphi_2) \end{aligned} \tag{8-4}$$

显然,两个角频率不相等的正弦电压(或电流)之间的瞬时相位差是时间 t 的函数,它随时间改变而改变。当两正弦电压的角频率 $\omega_1 = \omega_2 = \omega$ 时,则有

$$\theta = \varphi_1 - \varphi_2 \tag{8-5}$$

由此可见,两个频率相同的正弦量间的相位差是常数,并等于两正弦量的初相之差。

测量相位差的方法很多,主要有用示波器测量以及用电子计数器和数字电压表实现相

位的数字化测量等。

8.2 用示波器测量相位差

应用示波器测量两个同频正弦电压之间相位差的方法很多,本节仅介绍具有实用意义的直接比较法和椭圆法。

8.2.1 直接比较法

直接比较法测量相位的原理是把一个完整的信号周期定为 360°,然后将两个信号在 X 轴上的时间差转换成角度值。

设同频率信号电压为

$$\left.\begin{array}{l} u_1(t) = U_{m1}\sin(\omega t + \varphi) \\ u_2(t) = U_{m2}\sin\omega t \end{array}\right\} \tag{8-6}$$

为了叙述问题方便,设式(8-6)中 $u_2(t)$ 的初相位为零。

将 u_1、u_2 分别接到双踪示波器的 Y_1 通道和 Y_2 通道,示波器设置为双踪显示方式,适当调节扫描旋钮和 Y 增益旋钮,使在荧光屏上显示出如图 8-1 所示的上下对称的波形。

设 u_1 过零点分别为 A、C 点,对应的时间为 t_A、t_C,u_2 过零点分别为 B、D 点,对应的时间为 t_B、t_D。正弦信号变化一周是 360°,u_1 过零点 A 比 u_2 过零点 B 提前 $t_B - t_A$ 出现,所以 u_1 超前 u_2 的相位,即 u_1 与 u_2 的相位差为

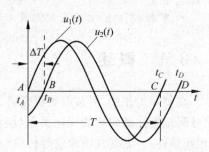

图 8-1 比较法测量相位差

$$\theta = \varphi = 360° \times \frac{t_B - t_A}{t_C - t_A} = 360° \times \frac{\Delta T}{T} \tag{8-7}$$

式中,T 为两同频正弦波的周期,ΔT 为两正弦波过零点的时间差。

若示波器水平扫描的线性度很好,则可将线段 AB 写为 $AB \approx k(t_B - t_A)$,线段 AC 写为 $AC \approx k(t_C - t_A)$,其中 k 为比例常数,则式(8-7)可改写为

$$\theta = \varphi \approx 360° \times \frac{AB}{AC} \tag{8-8}$$

测得波形过零点之间的长度 AB 和 AC,即可由式(8-8)计算出相位差。

8.2.2 椭圆法

用李沙育图形法测量信号频率,若频率相同的两个正弦量信号分别接到示波器的 X 通道与 Y 通道,一般情况下,示波器荧光屏上显示的李沙育图形为椭圆,而椭圆的形状和两信号的相位差相关,用这种示波器显示来测量相位差的方法,称为椭圆法。

一般情况下,示波器的 X、Y 两个通道可看作为线性系统,所以荧光屏上光点的位移量正比于输入信号的瞬时值。如图 8-2 所示。

u_1 加于 Y 通道，u_2 加于 X 通道，则光点沿垂直及水平的瞬时位移量 y 和 x 分别为

$$\begin{cases} y = K_Y u_1 \\ x = K_X u_2 \end{cases} \quad (8\text{-}9)$$

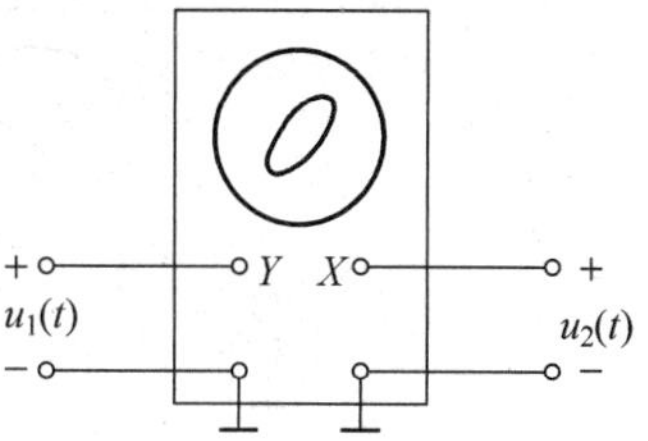

式中，K_Y、K_X 为比例常数。设 u_1、u_2 分别为

$$\begin{cases} u_1 = U_{m1} \sin(\omega t + \varphi) \\ u_2 = U_{m2} \sin\omega t \end{cases} \quad (8\text{-}10)$$

图 8-2　椭圆法示意图

将式(8-10)代入式(8-9)中得

$$y = K_Y U_{m1} \sin(\omega t + \varphi) = Y_m \sin(\omega t + \varphi)$$
$$= Y_m \sin\omega t \cos\varphi + Y_m \cos\omega t \sin\varphi \quad (8\text{-}11)$$
$$x = K_X U_{m2} \sin\omega t = X_m \sin\omega t \quad (8\text{-}12)$$

式中，Y_m、X_m 分别为光点沿垂直及水平方向的最大位移。由式(8-12)得

$$\sin\omega t = x/X_m$$

代入式(8-11)得

$$y = \frac{Y_m}{X_m}\left(x\cos\varphi + \sqrt{X_m^2 - x^2}\sin\varphi\right) \quad (8\text{-}13)$$

式(8-13)是一个广义的椭圆方程，其椭圆图形如图 8-3 所示，令式(8-13)中 $y=0$，$x=0$，求出椭圆与垂直、水平轴的交点 y_0、x_0 分别等于

$$\begin{cases} y_0 = \pm Y_m \sin\varphi \\ x_0 = \pm X_m \sin\varphi \end{cases} \quad (8\text{-}14)$$

可解得相位差为

$$\varphi = \arcsin\left(\pm\frac{y_0}{Y_m}\right) = \arcsin\left(\pm\frac{x_0}{X_m}\right) \quad (8\text{-}15)$$

设椭圆的长轴为 A，短轴为 B，可以证明相位差为

$$\varphi = 2\arctan\frac{B}{A} \quad (8\text{-}16)$$

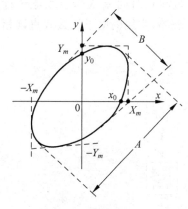

图 8-3　椭圆示意图

还应提及的是，示波器 Y 通道、X 通道的相频特性一般不会是完全一样的，这要引起附加相位差，又称系统的固有相位差。为消除系统固有相位差的影响，通常在一个通道前接一移相器(如 Y 通道前)，在测量前先把一个信号，如 $u_1(t)$，接入 X 通道和经移相器接入 Y 通道，如图 8-4(a)所示。调节移相器使荧光屏上显示的图形为一条直线，然后把一个信号经移相器接入 Y 通道，另一个信号接入 X 通道进行相位差测量，如图 8-4(b)所示。采用双踪示波器测量时，将两个信号分别从垂直通道 y_1 和 y_2 输入，将示波器工作模式调节到 X-Y 位置，即可以通过荧光屏上显示的李沙育椭圆图形，得到相位差。

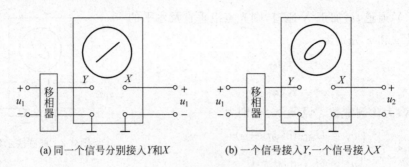

(a) 同一个信号分别接入 Y 和 X   (b) 一个信号接入 Y，一个信号接入 X

图 8-4　校正系统固有相位差

8.3　相位差的数字化测量

相位差的数字化测量的方法原理是：先把相位差转换为时间间隔，用电子计数器测量出时间间隔再换算为相位差；或先把相位差转换为电压，用数字电压表测量出电压再换算为相位差。

8.3.1　相位-时间变换式数字相位差计

这种方法就是将两同频正弦波信号的相位差转换为其过零点时间差 ΔT，应用电子计数器来测量 ΔT 和周期 T，根据式(8-7)得到相位差 φ。依此思路，实用的电子计数式直读相位差计的框图如图 8-5 所示。各点转换波形如图 8-6 所示。

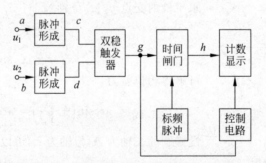

图 8-5　计数式直读相位差计原理框图

u_1 和 u_2 为频率相同、相位差为 φ 的两个被测正弦信号；u_c、u_d 分别为经各自脉冲形成电路输出的尖脉冲信号，对应两个被测信号从负向到正向过零瞬间的尖脉冲；u_e 为 u_c 尖脉冲信号经触发电路形成宽度等于待测两信号周期 T 的闸门信号，用它来控制时间闸门；u_f 为标准频率脉冲，频率为 f_c，在闸门时间控制信号 u_e 控制下通过闸门加到计数器计数，设计数值为 N；u_g 为用 u_c、u_d 去触发一个双稳态触发器形成的反映 u_1 和 u_2 过零点时间差宽度为 ΔT 的另一闸门信号；u_h 为标准频率脉冲(f_c)在 u_g 闸门时间控制下通过另一闸门加到计数器计数的脉冲，设计数值为 n。则

$$f_c = \frac{N}{T} = \frac{n}{\Delta T} \tag{8-17}$$

将式(8-17)代入式(8-7)，得到被测两信号相位差

$$\varphi = 360° \cdot \frac{\Delta T}{T} = 360° \frac{n}{N} \qquad (8\text{-}18)$$

如果采用十进制计数器计数,而且时标脉冲的频率 f_c 与被测信号频率 f 满足一定关系,为使电路简单、测量操作简便,一般取

$$f_c = 360° \cdot 10^b \cdot f \qquad (8\text{-}19)$$

式中,b 为整数。把式(8-19)代入式(8-17),则在 T 时间内的计数值为

$$N = f_c T = 360° \cdot 10^b \cdot f \cdot T = 360° \cdot 10^b$$
$$(8\text{-}20)$$

将式(8-20)代入式(8-18)得相位差

$$\varphi = n \cdot 10^{-b} \qquad (8\text{-}21)$$

由式(8-21)可以看出,只要使晶振标准频率满足式(8-19),数值 n 就代表相位差,只是小数点位置不同。它可经译码显示电路以数字显示出来,并自动指示小数点位置,测量者可直接读出相位差。这种相位差计可以测量两个信号的"瞬时相位",即可以测出两同频率正弦信号每一周期的相位差。测量迅速,读数直观清晰。

应注意到:当被测信号频率 f 改变时,时标脉冲频率 f_c 也必须按式(8-19)相应改变。f_c 可调时,其频率准确度也难以提高,不利于测量误差的减小。

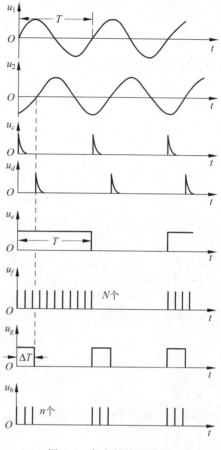

图 8-6 各点转换波形图

测量误差来源与电子计数器测周期或测时间间隔相同,主要有标准频率误差、触发误差、量化误差。其提高测量精度,减小误差的方法也可以用于相位差测量。例如,在相位-时间变换测量中,可以采用多周期测量,取平均值的方法减小触发误差、量化误差的影响。

8.3.2 相位-电压变换式数字相位计

相位-电压变换式数字相位计的原理框图如图 8-7(a)所示,其各点波形如图 8-7(b)所示。E_1 和 E_2 为频率相同、相位差为 φ_x 的两个被测正弦信号,经限幅放大和脉冲整形后变成两个方波,再经微分得到两个对于被测信号负向过零瞬间的尖脉冲,鉴相器为非饱和型高速双稳态电路,被这两组负脉冲所触发,输出周期为 T,宽度为 T_x 的方波,若方波幅度为 U_g,用低通滤波器将方波中的基波和谐波分量全部滤除后,输出电压即为直流电压 U_o。则此方波的平均值,即直流分量为

$$U_o = U_g \frac{T_x}{T} \qquad (8\text{-}22)$$

式中,T 为被测信号的周期,T_x 由两信号的相位差 φ_x 决定。其中

$$\frac{T_x}{T} = \frac{\varphi_x}{360°} \qquad (8\text{-}23)$$

代入上式得

$$U_{\text{o}} = U_g \frac{\varphi_x}{360°} \qquad (8\text{-}24)$$

若 A/D 的量化单位取为 $U_g/360$,则 A/D 转换结果即为 φ_x 的度数。

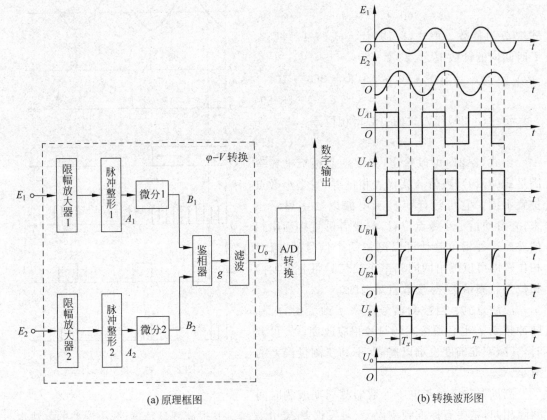

(a) 原理框图   (b) 转换波形图

图 8-7 相位-电压转换式数字相位差计原理图

数字式相位差计测相位差除了存在前面述及的标准频率误差、触发误差、量化误差之外,还存在由于两个通道的不一致性而引入的附加误差。为消除这一误差,可以采取校正措施,在测量之前把待测两信号的任一信号(例如 u_1)同时加在相位差计的两通道的输入端,显示的数值 A_1 即系统两通道间的固有相位差;然后再把待测的两信号分别加在两通道的输入端,显示数值 A_2,则两信号的相位差为 $\varphi = A_2 - A_1$。

8.4 相位差测量系统的性能指标

评价一个相位检测系统的优劣,主要由以下几个性能指标决定。

(1) 相位量程。相位测量系统的测量结果在测量精度内的被测信号的相位范围,典型的有 $0° \sim 180°$、$-180° \sim 0°$、$0° \sim 360°$ 等。

(2) 频率范围。相位测量系统的测量结果在测量精度内的被测量信号的频率范围,典型的有 $10\text{Hz} \sim 10\text{kHz}$、$20\text{kHz} \sim 20\text{MHz}$ 等。

（3）幅值-相位误差。由于被测量信号和参考信号的幅值不同所产生的相位测量误差。

（4）电平范围。相位检测系统的幅值-相位误差在规定范围内时，被测量信号的最大电平范围，如 0～5V、0～10V 等。

（5）相位-频率特性。相位检测系统的测量误差与输入信号频率之间的关系。

（6）精度。相位测量值与实际值的误差大小。

（7）相位模糊范围。当被测量的相位值接近相位量程的边界时（如 0°或者 180°时），会出现测量误差显著增加的现象，于是把这个相位范围称为相位模糊范围，如 0°～5°、175°～180°。

（8）相位极性。所谓的相位极性就是指被测量信号相对于参考信号的相位是超前还是滞后，一般用正数表示超前，负数表示滞后，如＋90°就是被测量信号超前于参考信号 90°、－90°就是被测量信号滞后于参考信号 90°。

（9）相位灵敏度（也称相位分辨率）。相位测量系统的显示结果所能够分辨的最小相位单位。一般情况下，相位灵敏度就是相位测量系统的显示结果的最后一位数字所表示的相位值，如 1°、0.1°、0.001°等。

8.5　相位计的分类

按照不同的分类标准相位计有不同的分类，目前主要有以下几种分法。

根据工作频率范围主要分为四种，工作频率为 50Hz（或 60Hz）的工频相位计；工作频率范围为 1μHz～1kHz 的超低频相位计，也称为点频式相位计；工作频率范围为 10Hz～1MHz 的低频相位计；工作频率范围在 1MHz 以上的射频相位计。

根据测量信号的相位变化与否可分为静态相位计和动态相位计。静态相位计用于测量相位不随时间改变的信号；而动态相位计用于测量相位随时间变化的信号。

前面分析的几种测量相位差的方法，大多只能在低频范围应用，有的还只能工作于固定的频率。为提高测量信号相位差的频率范围，测量高频信号相位差，或在宽频率范围测量信号的相位差，可以用频率变换法把被测高频信号变换为低频或某一固定频率的信号进行测量。随着电子技术的发展，目前多采用取样技术和锁相技术相结合的方法使取样脉冲重复频率（相当于本振频率）能自动跟踪被测频率，再把频率恒定的低频输出信号送至低频相位计进行测量。集成芯片可完成电压增益和相位差转换成直流电压输出，可与单片机一起，构成相位差测量系统。如 AD8302 就具有相量电压和相位差转换测量功能。

本章小结

（1）两个频率相同的正弦量间的相位差是常数，并等于两正弦量的初相之差。两个角频率不相等的正弦电压（或电流）之间的瞬时相位差是时间的函数，它随时间改变而改变。

（2）测量相位差的方法主要有：用示波器测量，用电子计数器和数字电压表实现相位的数字化测量等。

（3）相位差的数字化测量的方法：先把相位差转换为时间间隔，用电子计数器测量出时间间隔再换算为相位差；或先把相位差转换为电压，用数字电压表测量出电压再换算为相位差。

（4）测量误差来源与电子计数器测周期或测时间间隔时相同，主要有标准频率误差、触发误差、量化误差。因此，可以采用多周期测量，取平均值的方法减小触发误差、量化误差的影响。

思考题

第 8 章思考题答案

8-1 举例说明测量相位差的重要意义。

8-2 测量相位差的方法主要有哪些？简述它们各自的优缺点。

8-3 用椭圆法测量两正弦量的相位差，在示波器上显示李沙育椭圆图形，测得椭圆中心横轴到图形最高点的高度 $Y_m = 5cm$，椭圆与 Y 轴交点 $y_0 = 4cm$，求相位差。

8-4 为什么"瞬时"式数字相位差计只适用于测量固定频率的相位差？如何扩展测量的频率范围？

8-5 用示波器测量两个同频正弦信号的相位差，示波器上呈现椭圆的长轴 A 为 100m，短轴 B 为 4cm，试计算两信号的相位差。

扩展阅读

AD8302 芯片

SYN5607 型相位计

随身课堂

第 8 章课件

频域测量技术

学习要点

- 了解线性系统频率特性,理解扫频信号产生方法和频标产生原理,重点掌握静态频率特性和动态频率特性测量原理和特点;
- 了解频谱仪的用途,理解不同类型频谱仪的工作原理及特点,重点掌握扫频式频谱分析仪组成及工作原理;
- 了解频谱仪的应用,理解并掌握频谱仪的主要性能指标。

9.1 线性系统幅频特性的测量

频率特性的基本测量方法取决于加到被测系统的测试信号,被测电路的频率特性曲线即幅频特性曲线,其测量方法包括点频测量法和扫频测量法。

在线性电路系统中,当输入正弦波激励信号后,其输出响应仍是正弦信号,但与输入正弦信号相比,其幅度和相位都发生了变化,这些变化都与信号的频率有关,即输出信号的幅度和相位都是频率的函数。我们已经知道,正弦稳态下的系统传递函数 $H(\mathrm{j}\omega)$ 反映该系统激励与响应的关系

$$H(\mathrm{j}\omega) = \frac{U_\mathrm{o}(\mathrm{j}\omega)}{U_\mathrm{i}(\mathrm{j}\omega)} = H(\omega)\mathrm{e}^{\mathrm{j}\varphi(\omega)} \tag{9-1}$$

式中,$H(\omega)$ 也可写成 $H(f)$,就是要测量的幅频特性。$\varphi(\omega)$ 是相频特性,这里不讨论。

1. 静态频率特性测量

频率测量的经典方法是以正弦波点频法为基础的,是一种静态频率特性测量方法,通过人为逐次改变输入信号的频率,逐点记录对应频率的输出信号幅度,从而得到幅频特性曲线。如图 9-1(a)所示为点频法测量方法,在输入信号电压不超过被测电路的线性工作范围前提下,将正弦激励信号接于被测电路输入端,由低到高逐次改变激励信号频率,测量并记录各个频率点上输出信号与输入信号的幅度比即可得到幅频特性。以 f 为横坐标,以幅度比为纵坐标,就可逐点描绘出类似如图 9-1(b)所示的频率特性曲线。

点频法测量原理简单,需要的仪器也不复杂,所测出的幅频特性是电路系统在稳态情况下的静态特性曲线。但由于需要逐点测量,就会造成测量数据离散、不连续,可能遗漏掉某些特性突变点;而且操作烦琐、测量时间长,工作量大,得出的静态曲线与实际工作的动态特性曲线有一定误差。因此,这种方法一般只用于实验室测试研究,若用于生产线,则效率太低。为了克服上述缺点,人们常常采用扫频法来测量线性系统的频率特性。

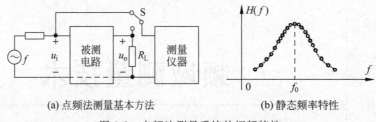

(a) 点频法测量基本方法 (b) 静态频率特性

图 9-1 点频法测量系统的幅频特性

2. 动态频率特性测量

扫频测量法是将等幅扫频信号加到被测电路输入端,然后用示波管来显示信号通过被测电路后的幅度变化情况,由于扫频信号的频率是连续变化的,在示波管上可以直接显示被测信号的幅频特性,因此又称为动态测量法,其测量原理如图 9-2 所示。在图 9-2(a) 的原理框图中,除被测电路外,其余部分为频率特性测试仪(扫频仪)。扫描电压发生器产生锯齿波电压 u_1 和 u_2,u_1 经 X 放大器加到示波管的 X 偏转板上,使示波管的电子束从左至右水平扫描。u_2 输入扫频信号发生器,使其振荡器频率随 u_2 增大而按比例增加,输出幅度不变且频率在一定范围内连续变化的正弦波 u_3。这时屏幕上光点的水平扫描距离是与扫频信号的频率成正比的,所以示波器的水平基线就变成了频率基线,水平轴就变成了频率轴。一般将扫频信号的频率随时间的变化率称为扫频速度。

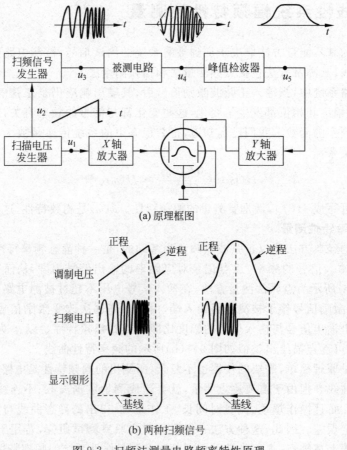

(a) 原理框图

(b) 两种扫频信号

图 9-2 扫频法测量电路频率特性原理

等幅扫频信号 u_3 输入被测电路,其输出信号 u_4 的幅度随频率变化,u_4 的包络即是被测电路的幅频特性,再经峰值检波器取出其包络 u_5 送入 Y 放大器至示波管显示,在荧光屏上就会直接显示出该调谐放大器的幅频特性。图 9-2(b)给出了两种扫频显示的方式。

从上述原理可知,扫频法显示的幅频特性是在一定的扫频速度下被测电路的实际幅频特性,称为动态频率特性,不但可以实现频率特性的自动测绘,而且比较符合被测电路的实际应用情况,与点频法测量的静态幅频特性曲线不同,不会遗漏某些细节。

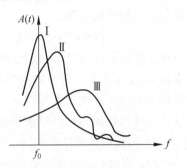

图 9-3　动态特性曲线

随着扫频速度的提高,频率特性将向扫频方向偏移,如图 9-3 所示,图中,Ⅰ 为静态特性,Ⅱ、Ⅲ 为依次提高扫速时的动态特性曲线。可以看出动态频率特性有以下特点:

① 特性曲线被展宽,频率分辨力下降;

② 顶部最大值下降,灵敏度降低;

③ 扫频速度越高,偏移越严重,频率误差越大;

④ 动态特性曲线可能存在波动,出现寄生谱线。其原因是与频率特性有关的电路,实际上都含有动态元件 L、C 等(如调谐电路),信号在动态元件上建立或消失都需要一定的时间,扫频速度太快时,信号来不及建立或消失,故谐振曲线出现滞后且展宽,称为"失敏"或"钝化"。

点频法和扫频法两种测量方法的对比如下:

(1)扫频法所得的动态特性曲线峰值低于点频法所得的静态特性曲线。扫频法测量速度越快,幅频特性曲线下降越多。

(2)扫频法得到的动态特性曲线峰值出现的位置相比于静态特性曲线有所偏离,且向频率变化的方向偏移,扫频速度越快,偏移越大。

(3)当静态特性曲线呈对称状时,随着扫频速度加快,动态特性曲线出现明显的不对称现象,且向频率变化的方向倾斜。

(4)动态特性曲线相比于静态特性曲线较平缓,其 3dB 带宽大于静态特性曲线的 3dB 带宽。

综上所述,测量系统的动态特性必须采用扫频法,而为了得到静态特性,必须选择极慢的扫频速度以得到近似的静态特性曲线,或直接采用点频法。

3. 扫频信号

1)扫频信号的产生方法

在扫频法测量中,扫频信号的产生是关键。扫频信号的产生原理主要是通过自动调谐方式改变振荡器的频率,使之连续地变化,实现扫频。其产生方法有很多,有磁调电感法、YIG 电调谐振法、变容二极管法、合成扫频源法。

(1)磁调电感法:通过改变低频磁心的导磁系数改变振荡回路中高频线圈的电感量,从而实现振荡频率的改变。其特点是电路简单,能在寄生调幅较小的条件下获得较大的扫频宽度,适用于几十到几百兆赫兹的频段。

(2)YIG(钇铁石榴石,Yttrium Iron Garnet)电调谐振法:将具有铁磁谐振特性的 YIG 材料做成小球形状,适当定向后置于直流磁场内。利用单晶铁氧体内电子的自旋产生磁矩,在外加偏置磁场的作用下运动并由此产生铁磁谐振。这种方法常用于产生吉赫兹以上频段的信号,利用下变频可实现宽带扫频,由于其可以覆盖高达 10 倍频程的频率范围,且扫频线性好,因而得到广泛应用。其缺点在于建立外加偏置磁场的速度不能过快,否则会引起磁场强度的滞后,从而影响扫频线性。

(3) 变容二极管法:变容二极管是 PN 结电容随外加偏置电压高低变化而变化的二极管。利用其产生扫频信号的方法常用于射频段到微波段,优点是实现简单、输出功率适中、扫频速度较快等。缺点在于扫频宽度小于一个频程,特别在快速扫频时线性较差,需要增加额外的线性补偿电路。

(4) 合成扫频源法:合成扫频源通过软件使扫频源按照一定的频率间隔和停留时间,将输出频率依次锁定在一定范围内的一系列频点上,达到扫频效果。合成扫频的输出频率准确,但实际上是一种自动跳频的连续波工作方式,频率不是真正连续变化的,只不过合成扫频源的频率连续步进可以做得非常小,甚至远小于整机频率输出分辨力,所以可以近似地认为这种扫频源的输出频率是连续变化的。

2) 扫频信号的技术特性

(1) 有效扫频宽度:是指在扫频线性和振幅平稳性能符合要求的前提下,一次扫频能达到的最大频率覆盖范围,即 $\Delta f = f_2 - f_1$,表示扫频起点 f_1 与终点 f_2 之间的频率范围。

扫频信号中心频率是指扫频信号从低频到高频之间中心位置的频率,即 $f_0 = (f_1 + f_2)/2$。

相对扫频宽度定义为有效扫频宽度与中心频率之比,即

$$\frac{\Delta f}{f_0} = \frac{f_2 - f_1}{(f_1 + f_2)/2} \tag{9-2}$$

通常,把 Δf 远小于中心频率的扫频信号称为窄带扫频;Δf 远大于中心频率的扫频信号称为宽带扫频。

(2) 扫频线性:是指扫频信号的瞬时频率和调制电压瞬时值之间的吻合程度,保持良好的扫频线性,可以使幅频特性曲线上的频率标尺均匀分布,便于观察,否则将产生畸变。

扫频线性可以用线性系数表征,定义为

$$线性系数 = \frac{(k_0)_{max}}{(k_0)_{min}} \tag{9-3}$$

式中,$(k_0)_{max}$ 为压控振荡器 VCO 的最大控制灵敏度,即 $f\text{-}U$ 曲线的最大斜率(df/dU);$(k_0)_{min}$ 为 VCO 最小控制灵敏度,对应 $f\text{-}U$ 曲线的最小斜率。当线性系数越接近 1 时,压控特性曲线的线性就越好,说明扫频信号的频率变化规律与控制电压的变化规律越一致。

(3) 振荡平稳性:在幅频特性曲线测试中,必须保证扫频信号的幅度维持恒定不变,被测电路输出信号的包络才能表征该电路的幅频特性曲线,否者将导致错误结论。扫频信号的振幅平稳性通常用它的寄生调幅表示,寄生调幅越小,其振幅平稳性越好。

4. 频率标记

为了在显示输出的水平轴上有更精确的频率计数,通常在扫频信号中附带输出两个或多个可移动的频率标记脉冲,以便准确地标读扫描区间内任一点的信号频率值。这样的频率标记脉冲就是"频标"。

由于频率标记是频率测量的标尺,因此要求频率标记具有较高的频率稳定度和频率精确度。在屏幕上显示的频标,要求其标记清晰,幅度大致相等。频率标记的产生是靠差频的

方法获得的,利用差频的方法可以获得一个或多个频率标记,频标的数目取决于和扫频信号混频的基准频率的成分,如果和扫频信号直接进行差频的是一个固定频率的正弦波,则只能产生一个频标,如果和扫频信号进行差频的是一个谐波丰富的窄脉冲,则能产生多个频标。

1) 单一频标产生的工作原理

单一频标产生的工作原理如图 9-4 所示,在混频器的两个输入端分别加入扫频信号 f_s 和一个频率固定的正弦波信号 f_g,在混频器里两个信号进行差频。其中扫频信号 f_s 在一定的频率范围内做线性变化,且其中必然含有一个与正弦波固定频率 f_g 相等的瞬时值频率 f_{sh}。

混频时,当 f_{sh} 逐渐接近于 f_g 时,扫频信号的幅值逐渐减小(差频越来越小);当 f_{sh} 等于 f_g 时,扫频信号的幅值为零,即零拍(零差频);当 f_{sh} 逐渐离开 f_g 时,扫频信号的幅值逐渐增大(差频越来越大)。混频器的输出经低通滤波器滤波后,差频中频标较高的部分被过滤了,只有以零拍为对称点的一部分极低频率的差频信号被保留下来,经频标放大器放大后得到了所谓的菱形频标标记,如图 9-5 所示。

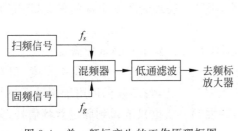

图 9-4　单一频标产生的工作原理框图

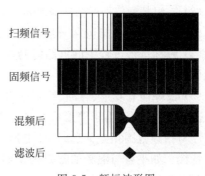

图 9-5　频标波形图

2) 产生多个频标的工作原理

利用固定频率的正弦波与扫频信号混频,只能得到一个菱形频率标记,若要获得多个等频率间隔的频标,上述方法显然是不行的。下面以 10MHz 通用频标为例来说明获得多个频标的工作原理,如图 9-6 所示。

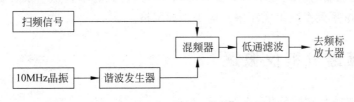

图 9-6　10MHz 频标工作原理框图

从图中可以看出,与单一频标产生的框图相比较,多了一个谐波发生器,正是这个谐波发生器使频标产生的个数发生了重大变化。当 10MHz 正弦波加到谐波发生器后,谐波发生器输出信号除含有 10Hz 基波以外,还含有丰富的高次谐波分量(20MHz,30MHz,40MHz,…),这些频率分量和扫频信号中各自对应的频率瞬时值相混频,从而完成了频率变换。混频器的输出经过低通滤波器滤波、频率标记放大器放大后得出了多个菱形频率标记,波形如图 9-7 所示。

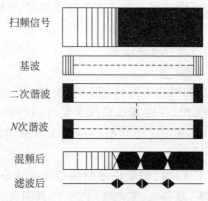

图 9-7　多个菱形频标波形

频率标记是扫频测量中的频率定度,必须符合下列要求:

(1) 频标所用的基准频率必须具有较高的频率稳定度和准确度,一般采用晶体振荡器;

(2) 一组频标信号的幅度应基本一致、显示整齐,不会因频标幅度差异而导致读数误差;

(3) 频标信号不能包含杂频和泄漏进来的扫频信号;

(4) 频标产生过程中的电路时延应尽可能小,否则将表现为频率定度的偏差,因而增加系统误差;

(5) 最好能有菱形、脉冲、线形等多种形式,以满足各种显示和测量的需要。

需要指出的是,由于菱形频标是利用差频法得到的,其本身有一定的频率宽度,只有当其宽度与扫频范围相差甚远时,才能形成很细的标记。因此,菱形频标适用于测量高频段的频率特性。如果参与混频的都是固定频率信号,则混频之后也只能得到固定差频信号,无法产生菱形频标。

脉冲频标是由菱形频标变换而来的。将经过混频、滤波的菱形频标信号送到单稳电路中,用每个频标去触发单稳电路产生输出,整形之后形成极窄的矩形脉冲信号,这就是脉冲频标,也叫针形频标。这种频标的宽度较菱形频标窄,它在测量低频电路时比菱形频标有更高的分辨力。

线形频标是光栅增辉式显示器所特有的频标形式。它的形状是一条条极细的垂直方向的亮线,可以和电平刻度线组成频率—电平坐标网格。

9.2　频谱分析仪概述

1. 信号的时域与频域分析

根据傅里叶理论,任何时域中周期信号都可以表达为不同频率和振幅的正弦和余弦信号的和。因此,可以把时域的波形分解成若干个正弦波或余弦波,分别进行分析或测量,即得出信号的频域表象,用频谱分析仪来测量。也就是说,一个电信号的特性可以用一个随时间变化的函数 $f(t)$ 表示,同时也可用一个频率 f 或角频率 ω 的函数 $F(\omega)$ 表示。从时域 t 方向描述的电信号就是在示波器上显示的波形,从频域 f 方向描述的就是在频谱分析仪上看到的频谱,是指信号按频率顺序排列起来的各种成分,当只考虑其幅值时,称为幅度频谱,简称频谱。一个信号的时域描述和频域描述的关系可用图 9-8 表示。

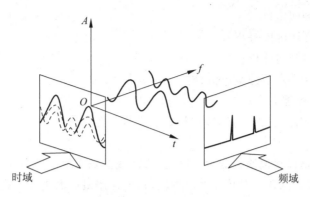

图 9-8 时域与频域观测之间的关系

示波器和频谱仪从不同角度观测同一个电信号,各有不同的特点。如果用示波器测量,显示的是信号的幅度随时间连续变化的一条曲线,通过这条曲线可以得到信号的波形、幅度和重复周期;如果用频谱仪测量,显示的是不同频率点上的功率幅度的分布。如图 9-9(a)所示为基波与二次谐波起始峰值对齐的合成波形(线性相加),如图 9-9(b)所示为基波与二次谐波起始相位相同合成的波形。两者合成波形相差很大,在示波器上可以明显地看出来,而在频谱仪上仍是两个频率分量,看不出差异。但是,如果合成电路(如放大器)有非线性失真,即基波和二次谐波信号不能线性相加,两者则有交互作用,像混频器一样会产生新的频率分量,这在示波器上难以觉察,而在频谱仪上则会明显看到由于非线性失真带来的新的频谱分量。

(a) 基波与二次谐波起始峰值对齐的合成波形　　(b) 基波与二次谐波起始相位相同的合成波形

图 9-9 不同相位合成的波形

可见,示波器和频谱仪有各自的特点,当测量数据传输抖动、脉冲参数时,需要用示波器;想要确定信号的谐波时,需要使用频谱仪。信号的频谱分析是非常重要的,它能获得时域测量中所得不到的独特信息,例如谐波分量、寄生、交调、噪声边带等。频谱分析仪是信号频域分析的重要工具,被誉为频域示波器。

2. 频谱仪的主要用途

现代频谱仪有着极宽的测量范围,观测信号频率可高达几十吉赫兹,幅度跨度超过140dB,故有着相当广泛的应用场合,以至被称为射频万用表,成为一种基本的测量工具。目前,频谱仪主要用来解决以下测试问题。

(1) 定量分析放大器失真;

(2) 测量 A/D 转换器的信噪比;

(3) 定性分析和比较滤波器的特性;

(4) 分析天线辐射方向图;

（5）电磁干扰的测定；

（6）正弦信号频谱纯度分析；

（7）非正弦信号频谱分析；

（8）找出淹没在噪声中的微弱信号。

3. 频谱仪工作原理

频谱仪从工作原理上可分为模拟式与数字式两大类。

1）模拟式频谱仪

模拟式频谱仪是以模拟滤波器为基础的，用滤波器来实现信号中各频率成分的分离，使用频率很宽，可以覆盖低频至射频及微波频段，目前使用最广的是外差式频谱分析仪。

一个标准正弦调幅信号的频谱图如图 9-10 所示，若采用滤波器设计一个频谱仪，将这 3 根频谱选出来。

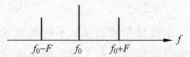

图 9-10　标准正弦调幅信号的频谱图

① 并联滤波法。设计一组带通滤波器（BPF），如图 9-11 所示。这些滤波器的中心频率是固定的，并按分辨率的要求依次增大，在这些滤波器的输出端分别接有检波器和相应的检测指示仪器。这种方案的优点就是能实时地选出各频谱分量，缺点是结构复杂、成本高。

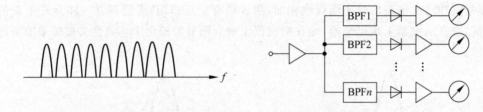

图 9-11　带通滤波器频谱及并联滤波法频谱仪方案

② 可调滤波法。设计一个中心频率可调的滤波器，如图 9-12 所示。看来电路得到大大简化，然而可调滤波器的通带难以做得很窄，其可调范围也难以做得很宽，而且在调谐范围内难以保持恒定不变的滤波特性，因此只适用于窄带频谱分析。

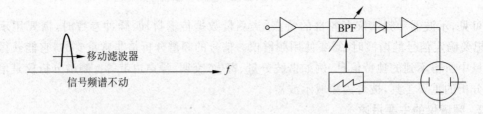

移动滤波器

信号频谱不动

图 9-12　中心频率可调滤波器频谱及可调滤波法频谱仪方案

以上两个方案都通过改变滤波器来找频谱，是以百变应对万变，难度自然很大。能否改变思维方法，采用逆向思维，以不变应万变呢？

③ 扫频外差法。这个方案是滤波器不变，让频谱依次移入滤波器，如图 9-13 所示。图中窄带滤波器的中心频率是不变的，被测信号与扫频的本振混频，将被测信号的频谱分量逐个移进窄带滤波器中，然后与扫频锯齿波信号同步地加在示波管上显示出来。

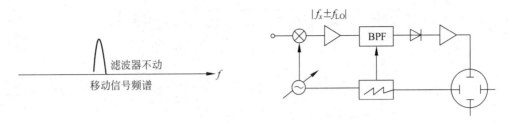

图 9-13　扫频外差法频谱仪方案

2）数字式频谱仪

数字式频谱仪是以数字滤波器或快速傅里叶变换为基础的。高速数字信号处理器和快速傅里叶 FFT 分析法的应用，大大改进了频谱分析技术。

数字式频谱分析仪精度高、体积小、重量轻、使用方便灵活、结果存储输出方便，便于大规模生产等优点。但由于模数转换及数字信号处理器性能的限制，纯数字式的频谱分析仪工作频率还不是很高，在使用上还存在局限性。

快速傅里叶（FFT）分析法是一种软件计算法。若知道被测信号 $f(t)$ 的取样值 f_k，则可用计算机按快速傅里叶变换的计算方法求出 $f(t)$ 的频谱。在速度上明显超过传统的模拟式扫描频谱仪，能够进行实时分析。但当前受 A/D 转换器等器件性能限制，工作频段还较低。但是，现代频谱仪将外差式扫描频谱分析技术与 FFT 数字信号处理结合起来，通过混合型结构集成了两种技术优点。

应当指出的是，应用最多是扫频外差式模拟频谱仪。较好的现代频谱仪则采用模拟与数字混合的方案。采用"数字中频"技术，在中频上进行 A/D 转换，然后进行 FFT 分析。纯数字式 FFT 频谱仪目前主要用于低频段，但随着数字技术的进步，数字式频谱仪有着很好的发展前景。

9.3　扫频式频谱分析仪

1. 工作原理

扫频外差式频谱仪的工作原理如图 9-14 所示，可以近似看成是由"外差接收机＋示波器"两部分组成的。被测信号经衰减器进入频谱仪后与扫频信号混频，得到中频信号。中频信号经中频放大、峰值检波、视频滤波，以及 Y 放大器放大等，送至示波管 Y 偏转板以显示对应频率分量的频谱幅度。该分量的频率为

$$f_X = f_s - f_I \tag{9-4}$$

式中，f_s 为扫频信号频率，f_I 为中频信号频率。

由于扫频信号的频率是连续变化的，所以被测信号中所有符合 $f_X = f_s - f_I$ 关系的频率分量均可显示在荧光屏上，显示幅度则与该频率分量的大小成正比。例如，假设中频频率为 6MHz，本振频率为 9～13MHz，则输入信号中 3MHz、4MHz、5MHz、6MHz、7MHz 的频率分量均可得以显示。由于加至 X 偏转板的锯齿波扫描电压也是扫频振荡器的调制电压，所以荧光屏上亮点相对起始点的水平距离与频率成正比，从而使被测信号的频谱图显示在荧光屏上。

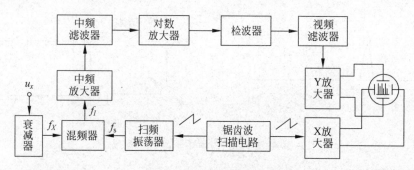

图 9-14　扫频外差式频谱仪原理框图

扫频外差式频谱仪工作的实质是将扫频信号与被测信号差频得到固定的中频信号,即所谓的"扫频""外差"。扫频外差式频谱仪的原理可以简述为:扫频的本振与信号混频后,使信号的各频谱分量依次地移入窄带滤波器中,检波放大后与扫描时基线同步显示出来。其要点是移频滤波。

1) 输入衰减器

输入衰减器对输入信号幅度进行衰减,以保护混频器和其他电路;与输入设备阻抗匹配,以实现功率测量;与中频放大器等配合使用,从而实现频谱幅度的调节。

2) 混频器

混频器将对被测信号与扫频信号混频,以实现信号的频谱搬移得到频谱分量。

3) 中频滤波器

中频滤波器可以分辨不同频率的信号,其带宽和形状将影响频谱仪的许多关键指标,如测量分辨率、测量灵敏度、测量速度与测量精度等。

4) 检波器

检波器负责将输入信号转换为电压值与频率分量大小相对应的视频电压。

5) 视频滤波器

视频滤波器对检波器的输出进行低通滤波。减小视频滤波器的带宽可对频谱显示中的噪声抖动进行平滑,从而减小显示噪声的抖动范围,有利于频谱仪在测试过程中发现被噪声淹没的小功率连续信号,还可以提高测量的可重复性。

6) 对数放大器

为了扩大频谱仪测量信号大小的动态范围,要对幅值坐标进行"对数化",以压缩谱线幅度。对数放大器则用于放大"对数化"后输出信号的幅度以提高测量灵敏度。

2. 实例:BP-1 型频谱仪

如图 9-15 所示为 BP-1 频谱仪的原理框图,其测试频率范围为 $100\,\mathrm{Hz}\sim30\,\mathrm{MHz}$。

1) 多级变频

从图 9-14 可以看出,频谱仪的主要电路是一台超外差接收机。为了提高分辨频谱能力,就要提高接收机的选择性,而决定选择性的通频带为 Δf,即

$$\Delta f = \frac{f}{Q} \tag{9-5}$$

谐振回路的 Q 值提高较困难,若想减小 Δf,只能降低信号频率 f,因此要通过多次变频将被测信号的频谱搬移到较低的中频上,这样窄带滤波器才容易实现。

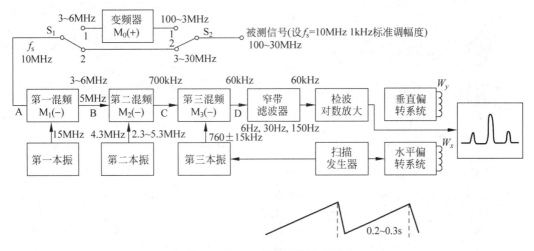

图 9-15 BP-1 型频谱仪原理框图

现以被测信号为 10MHz 的标准调幅波为例说明其工作过程。这时应将图 9-15 中开关 S_1、S_2 均置于 2 处(当被测信号在 3MHz 以下时,置于 1 处,让变频器将信号频率提升到 3~6MHz),信号经第一变频器(通常把本振和混频合在一起时称变频器)变至第一中频 5MHz(第一本振有 10 个波段,这时选 15－10＝5MHz);再送第二变频器,调谐第二本振至 4.3MHz,与第一中频 5MHz 在第二混频器混频后得第二中频 700kHz,再送至第三变频器变到第三中频 60kHz。

此时,第三本振是扫频的,它将三根谱线依次地移入窄带滤波器中,假设扫频本振输出频率为 759kHz 时,与被测信号的第 1 根谱线对应的频率 699kHz 混频,得差频 60kHz,正好落入窄带滤波器中,输出一个 60kHz 的信号波形,然后经检波器,再经放大加到示波管 Y 偏转板上,与扫描时基线,同步显示出第一根谱线;当扫频本振输出频率为 760kHz 时,与被测信号第二根谱频混频,也得差频 60kHz 落入窄带滤波器中,又输出一个 60kHz 的信号波形,检波放大后与时基线同步在屏幕上显示出第二根谱频;同理,显示出第三根谱线。

图 9-15 中,窄带滤波器实际上就是第三中频放大器,它的带宽有 6Hz、30Hz、150Hz 三挡可选。上述工作过程在图 9-15 中 A、B、C、D 各点的时域波形图及对应的频谱图如图 9-16 所示。

2) 多级放大

在多级变频的同时,实际上信号也是经各级中频放大的,其主要目的是要提高频谱仪的灵敏度,以便能测量微弱信号的频谱。BP-1 型频谱仪的灵敏度为 1~20mV。

3) 对数放大

检波后的视频放大器通常串入对数放大器,其目的是防止被测信号较强时使放大器饱和,提高抗过载能力,使频谱仪输入信号具有较大的动态范围,可以同时显示大小信号的频谱。

以上通过 BP-1 型频谱仪介绍了频谱仪的组成原理,它与现代频谱仪相比,在组成原理上类似,只不过现代频谱仪在具体电路技术上更先进一些。例如,本振电路都采用了锁相技术或频率合成技术,大大提高了本振频率稳定度指标,同时中频滤波器的通频带也可以做得很窄,使频谱仪的性能大为改善。

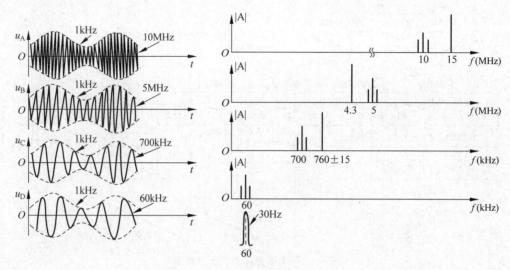

图 9-16 BP-1 型频谱仪各点波形图

9.4 频谱仪的主要性能指标

1. 频率范围

频率范围是指频谱仪能调谐的最低频率到最高频率范围,它取决于扫频振荡器的频率范围。频谱仪最高频率应能覆盖信号是基本要求,同时,在频率高端还应考虑高次谐波信号和虚假信号,在低端不要忘记基带信号和中频信号。在使用中主要考虑两种情况:一是频率范围设置是否足够窄,具有足够的频率分辨力,也就是窄的扫频宽度;二是频率范围是否有足够的宽度,是否可测到二次、三次谐波。

2. 扫频宽度

扫频宽度又称为分析谱宽,其含义是频谱仪在一次测量过程(即一个扫描正程)中显示的频率范围。为了观测被测信号频谱的全貌,需要较宽的扫频宽度;而为了分析频谱图中的细节,又需要窄带扫描。因此,频谱仪的扫频宽度应是可调的。每厘米相对应的扫频宽度,称为频宽因数。扫频宽度很宽的频谱仪称为全景频谱仪,可以观测到信号频谱的全貌。

每完成一次频谱分析所需要的时间称为分析时间,即扫描正程时间,指的是扫频振荡器扫描完整个扫频宽度所需要的时间。扫频宽度与分析时间之比称为扫频速度。

3. 频率分辨力

频率分辨力即频率分辨率,是指频谱仪能够分辨的最小谱线间隔,它反映了频谱仪分辨两个频率间隔信号的能力,是频谱分析仪最重要的性能指标之一。频率分辨力取决于频谱仪的分辨率带宽,它所能达到的最窄带宽反映了频谱仪的最高分辨率。分辨率带宽即中频带宽,它与频谱仪内部中频滤波器、扫频振荡器等的性能有关,中频带宽越窄,分辨率越高,中频带宽越宽,分辨率越低。显然分辨率带宽直接影响到小信号的识别能力和测量结果。

频率分辨率就是指分辨率带宽(Resolution Bandwidth,RBW),一般以中频滤波器的3dB 带宽来表示,它决定了区别两个等幅信号的最小间隔。一般两个等幅信号的间隔大于或等于所选择的分辨率带宽时才可以分辨出来。对于不等幅信号,尤其是一个大信号与一个相隔很近的小信号时,若两信号的间隔只大于或等于所选用分辨力滤波器的宽度,小信号有可能被掩没在大信号的"裙边"中。两个信号的幅度相差越大,较小信号淹没的可能性就越大,这种情况由中频滤波器的形状因子来描述。

形状因子定义为中频滤波器的60dB带宽与3dB带宽之比,也称矩形系数,表示滤波器的分布边缘的陡峭程度,如图9-17所示。形状因子越小,滤波器的响应曲线就越陡峭,越接近于矩形,分辨能力就越强。形状因子决定了频谱分析仪分辨不同幅值信号的能力。模拟滤波器的形状因子一般为15∶1或11∶1,数字滤波器可以达到5∶1,因此数字滤波器较模拟滤波器有着更陡峭的波形和更清晰的分辨能力。

由于中频窄带滤波器的幅频特性曲线形状与频率变化速度有关,故分辨力亦与扫频速度有关,当扫频速度为零(或扫频速度很慢)时,滤波器幅频特性曲线的3dB带宽称为静态分辨力;当扫频速度不为零,且相对较快时,滤波器幅频特性曲线的3dB带宽称为动态分辨力,如图9-18所示为动态频率特性。其谐振峰值向扫频方向偏移,峰值下降,3dB带宽被展宽,特性曲线不对称,扫速越大,偏离越大。中频窄带滤波器带宽越窄,频谱仪的分辨率就越高,但是滤波器的响应时间就越长,从而增加了频谱仪的扫描时间。虽然可以对扫描时间进行人为的设置,增大扫描速度,提高测量速度,但是由于扫描时间的加快会造成测量误差,引起频率偏移、幅度降低。其原因是,中频滤波器实际是由惰性元件 L、C 组成的谐振电路,信号在其上的建立和消失都需要一定时间,扫频速度太快时,信号在其上还来不及建立或消失,故谐振曲线出现滞后和展宽,出现失敏和钝化现象。

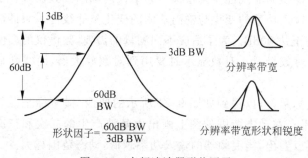

图 9-17 中频滤波器形状因子

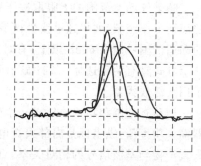

图 9-18 动态频率特性

为避免由于扫描时间不足造成的误差,在现代频谱仪中设置自动连锁功能,根据选取的扫频宽度和分辨率带宽自动地选择最快可允许的扫描时间,从而达到功能的最佳配合。在技术说明书中给出的一般是静态分辨力。显然,动态分辨力低于静态分辨力,而且速度越快,动态分辨力越低。

频谱仪的分辨力反应出频谱仪的档次高低,经济型的为 1kHz~3MHz,多功能中档型的为 30Hz~3MHz,高档型的为 1Hz~3MHz。

影响频谱仪频率分辨力的因素除了上述的中频窄带滤波器之外,还有剩余调频和噪声边带。

剩余调频(Residual FM)是指本振固有的短期频率不稳定度和本振扫频不稳定度,通常用峰-峰值表示。剩余调频的影响只有当分辨率带宽接近调频峰-峰值时才变得明显,在显示屏上看到的中频滤波器的响应,边沿粗糙而不规则,使显示频谱图像模糊,导致分辨率降低,如图9-19所示,图中三种情况的剩余调频均为1kHz。因此剩余调频决定了最小可允许的分辨率带宽,从而决定了测量等幅信号的最小间隔。在低档的频谱分析仪中,由于没有改善本振剩余调频的措施,其最小分辨率带宽一般为 1kHz。现代高性能的频谱分析仪采用了锁相环技术和频率合成技术,大大消除了剩余调频的影响,提高了本振的频率稳定性,使最小分辨率带宽达到了 1Hz。

噪声边带也称为相位噪声,是由于本振被随机噪声调频或调相造成的短期不稳定性,在频域上表现为载波附近的频谱分量,如图 9-20 所示,这个噪声可能掩盖靠近载波的低电平信号,小信号被相位噪声掩盖,从而影响靠近载波的低电平信号的分辨率,即影响了大信号附近小信号的分辨率。

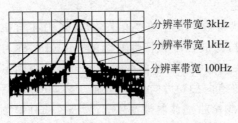

图 9-19　剩余调频对分辨率带宽的关系

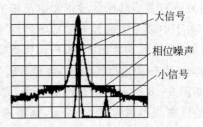

图 9-20　相位噪声对分辨率带宽的影响

4. 动态范围

动态范围是测量同时存在的两个信号幅度差的能力,其定义为频谱仪能以规定精度测量频谱仪输入端存在的两个信号之间的最大功率比。

频谱仪动态范围的上限取决于频谱仪的非线性失真指标。频谱仪内部的混频器有一定的线性工作区域,如果超过线性区域,输入功率的变化与输出功率的变化呈非线性。频谱仪的动态范围一般在 60dB 以上,有时甚至达 90dB。为了适应不同测量的需要,频谱仪的幅值显示方式具有两种选择:线性显示和对数显示。对数显示时要用到对数放大器,而线性显示用线性放大器。

用动态范围和功率值建立一个坐标系,可以得到如图 9-21 所示的曲线,横坐标是混频器输入功率值,纵坐标是内部失真电平。在动态范围的图上画出由基波产生的二次和三次失真产物与基波信号的相对关系。可以看出,当混频器的输入功率越低,动态范围越大。

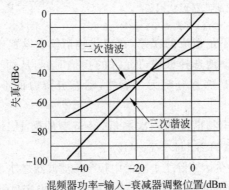

图 9-21　动态范围和频谱仪内部失真的关系

频谱仪动态范围的下限是由噪声电平决定的。一个被测信号在仪器本身的失真范围之下是不可测的,若隐含在仪器本身的噪声之下也是无法检测的。噪声电平对动态范围的影响,如图 9-22 所示。可见分辨率带宽越窄,噪声电平越低,最大的信噪比出现在最大的信号输入电平处。

综合考虑失真与噪声对频谱仪动态范围的影响,可将信号对噪声和信号对失真的曲线置于同一坐标系中,横坐标是输入功率,纵坐标是动态范围,如图9-23所示。

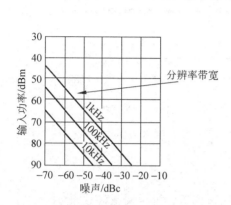

图9-22 噪声电平与动态范围的关系

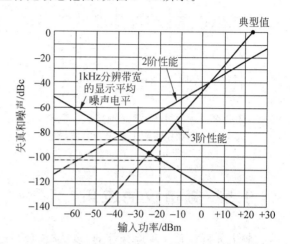

图9-23 动态范围与噪声电平和失真的关系

从图中可看出,在最大的输入信号电平处,噪声的影响最小,而最小的失真与信号之比却出现在最小的输入信号电平处。因此,最大的动态范围在这些曲线的交叉点处,该点的内部失真等于显示平均噪声电平,最优的混频器输入电平是最大动态范围点上对应的输入电平。现代频谱分析仪允许用户调整混频器输入电平,而微处理器会根据该输入电平自动调节输入衰减器,以使仪器达到最好的动态范围。

5. 灵敏度

灵敏度表征频谱仪测量微弱信号的能力。简单地说,灵敏度就是最小可检测信号,定义为在一定的分辨带宽下的显示平均噪声电平(Displayed Average NoiseLevel,DANL),所以,灵敏度主要由本机内部噪声电平决定。频谱仪在不加任何信号时也会显示噪声电平,通常称为本底噪声(Noise Floor),本底噪声是频谱仪自身产生的噪声,其大部分来自中频放大器第一级前的器件与电路的热噪声,且是宽带白噪声。本底噪声在频谱图中表现为接近显示器底部的噪声基线。因此,被测信号若小于本底噪声就测不出来了。

如果信号的功率电平与噪声电平相等,这两个功率叠加将会在噪声电平上产生3dB响应结果,如图9-24所示,这一信号被认为是最小的可检测信号电平。

综上所述,可以得到两个重要结论:

① 降低内部噪声电平可以提高频谱仪灵敏度,即降低最小可测信号。

② 减小分辨力带宽,可以降低内部噪声电平。如图9-25所示为分辨率带宽减小10倍时,噪声电平下降10dB的示意图,因此,减小分辨率带宽,可以提高灵敏度。

但是最好的灵敏度可能与其他测量设置有矛盾,如测量时间增加,0dB的衰减会增加输入驻波比,降低测量精度。

总之,频谱分析仪的最佳工作状态是由诸多因素、参数决定的,不能片面追求某一指标的完美,需统筹考虑,如对小信号测量,要提高灵敏度;对失真测量要调节衰减,同时要会判段频谱仪的工作状态,等等。

信号与噪声相同

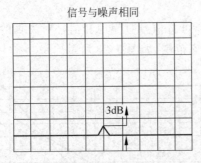

3dB

减小带宽=减小噪声

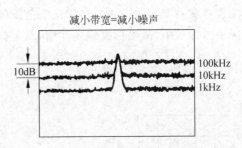

10dB

100kHz
10kHz
1kHz

图 9-24　信号与噪声相同时两个功率
叠加在噪声中形成 3dB 波峰

图 9-25　分辨力带宽与噪声电平的关系

9.5　频谱仪的应用

频谱分析仪是一种综合性的、多功能的信号特性测试仪器。可对调制信号、脉冲信号及其他信号的频率、电平、调制度、调制失真、频偏、互调失真、谐波失真、增益、衰减等多种参数进行测量,几乎对微波领域的所有参数都可快速定量、直观测量。

现代频谱分析仪具有覆盖频带宽(数赫兹至上百吉赫兹)、测量范围宽($-156\sim+30$dBm)、灵敏度极高、频率稳定度高(可达 10^{-8})、频率分辨率高、具有射频跟踪信号发生器和数字解调能力的优点,因而在微波通信线路、雷达、电信设备、有线电视系统以及广播设备、移动通信系统、电磁干扰的诊断测试、元件测试、光波测量和信号监视等生产和维护中得到了广泛应用。除电子测量领域外,频谱分析仪在生物学、水声、振动、医学、雷达、导航、电子对抗、通信、核科等方面都有广泛的用途。如果配上跟踪发生器,频谱仪不但能进行信号分析,还能测试各种线性和非线性电路。因此,频谱仪被称为射频万用表。

1. 信号参数的测量

根据前述频谱仪的工作原理可知,用频谱仪可以测量信号本身(即基波)及各次谐波的频率、幅度、功率谱以及各频率分量之间的间隔,具体包括:

① 直接测量信号及各次谐波的频率、幅值,用以判断失真的性质及大小。

② 可以作为选频电压表,用于测量工频干扰的大小。

③ 根据谱线的抖动情况,可以测量信号频率的稳定度。

④ 测试调幅、调频、脉冲调制等调制信号的功率谱及边带辐射。

⑤ 测量脉冲噪声,测试瞬变信号。

对于非电信号的测量,如机械振动等,通过转换器转换后均可用频谱仪进行测量。

2. 信号仿真测量

对于声音信号来说,通常说的"音色"是对频谱而言的,音色如何是由其谐波成分决定的。各种乐器或歌唱家的音色均可用频谱来鉴别。

通过频谱仪可对各种乐器的频谱进行精确的测量,由电子电路制作的电子琴是典型的仿真乐器,在电子琴的制作和调试过程中,通过与被仿乐器的频谱进行精确的比对,可提高电子琴的仿真效果。同理,可通过频谱分析仪的协助来实现语言的仿真。

3. 电子设备生产调测

频谱分析仪可显示信号的各种频率成分及幅度，在生产、检测中常用于调测分频器、倍频器、混频器、频率合成器、放大器及各种电子设备整机等，测量其增益、谐波失真、相位噪声、杂波辐射等，如频谱分析仪是无线电通信设备整机检测的重要仪器。发射机杂波辐射测量的示意图如图9-26所示。

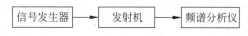

图 9-26　发射机杂波辐射测量的示意图

一般来说，杂波测量步骤是：发射机在未调制状态下工作，频谱仪调整在发射机载频频率上，载波峰值电平在屏幕上显示于0dB线上。调节频谱仪的频率旋钮在4倍载频的范围内变化，记下各杂波辐射电平；在发射机上加调制信号，重复以上测量过程。

减小发射机的杂散辐射有助于减小对其他无线电通信设备的干扰，净化无线电磁环境。一般情况下，当发射机额定载波功率大于25W时，离散频率的杂波辐射功率应比载波功率电平小70dB；当载波功率小于或等于25W时，离散频率的杂波辐射功率电平应不大于2.5μW。

利用许多频谱分析仪内置的跟踪信号发生器，还可构成扫频仪，用于测量器件或网络的频率特性，如无线通信设备中的双工器、收/发滤波器、天线的调整测试等。

4. 电磁干扰（EMI）的测量

频谱分析仪是电磁干扰的测试、诊断和故障检修中用途最广的一种工具。频谱分析仪对于电磁兼容（Electro Magnetic Compatibility，EMC）工程师来说，就像一位数字电路设计工程师手中的逻辑分析仪一样重要。

如在诊断电磁干扰源并指出辐射发射区域时，采用便携式频谱分析仪是很方便的。测试人员可在室内对被测产品进行连续观察和测试，还可以用电场或磁场探头探测被测设备的泄漏区域，通常这些区域包括箱体接缝、CRT前面板、接口线缆、键盘线缆、键盘、电源线和箱体开口部位等，探头也可深入被测设备的箱体内进行探测。

由于频谱分析仪覆盖频带宽，EMC工程师可以观察到比典型的EMI测试接收机更宽的频谱范围。另外，包括所有校正因子在内的频谱图及测量数值也同时被显示在频谱分析仪的CRT上，这样，测试人员可在CRT上监测发射电平，一旦超过限值，就会立刻被发现，这在故障检修中极为有用。另外，频谱分析仪的最大保持波形存储以及双重跟踪特性也可用于观察操作前后的EMI电平的变化。

频谱分析仪也广泛应用于无线电通信空间电磁环境的监测和军事电子对抗中，对无线电通信电磁环境中的噪声电平、干扰大小与分布、占用带宽等进行监测，或在电子战中对敌方电台发射的信号进行有效的侦察、搜索和监视。

5. 相位噪声的测量

频谱分析仪还广泛用于信号源、振荡器、频率合成器输出信号相位噪声的测量。相位噪声常用偏离载频一定频偏处的噪声的功率电平来表示，将被测信号加到相应频带的频谱分析仪的输入端，显示出该测信号的频谱，纵轴采用对数刻度，测出信号中心频率的功率幅度为C dBm，适当选择扫频宽度和尽量小的分辨带宽，使其能显示出所需宽度的两个或一个噪声边带,利用可移动的光标读出一个边带中指定偏移频率处噪声的平均电平为 N dBm,求出其差值 $N-C$ dBm,再加上必要的修正,便可得出相位噪声的测量结果。

本章小结

(1) 在线性系统频域分析中的频域测量技术,有两个基本测量问题,即:线性系统频率特性的测量和信号的频谱分析。

(2) 线性系统幅频特性的基本测量方法,取决于加到被测系统的测试信号。

- 点频法,是一种静态测量方法,还可测相频特性,但效率低。
- 扫频法,是一种动态测量方法,并被制造成扫频仪,广泛应用于低频、高频线性系统的幅频特性测量中。

(3) 动态频率特性:随着扫描速度的提高,频率特性将向扫频方向偏移,幅度下降,宽度加大。在设计使用扫频仪、频谱仪时,要注意扫频信号的扫描速度。

(4) 频谱仪分为模拟式和数字式两大类。模拟式频谱仪是以模拟滤波器为基础的,其中扫频外差式频谱仪应用最为广泛,但不能进行实时频谱分析;数字式频谱仪是以数字滤波器或快速傅里叶变换为基础的,其中 FFT 分析仪特性较好,可以进行实时频谱分析。扫频外差式频谱分析仪属于非实时频谱仪,不能满足动态信号频谱的测量。

(5) 频谱仪的主要性能指标包括:频率范围、扫频宽度、频率分辨率、动态范围、灵敏度。

(6) 频谱仪是一种综合性的、多功能的信号特性测试仪器,应用广泛,被称为射频万用表。可用于信号参数、信号仿真、电磁干扰、相位噪声测量,以及电子设备生产调测等。

思 考 题

9-1 动态频率特性与静态频率特性相比有何不同?

9-2 简述频谱分析的各种方法的原理和特点。

9-3 什么是实时频谱分析?扫频外差式频谱仪为什么只能进行

第 9 章思考题答案

非实时分析?FFT 分析仪为什么能够进行实时分析?

9-4 为何说扫频外差式频谱分析仪是属非实时频谱仪?

9-5 如果已将外差式频谱仪调谐到某一输入信号频率上,且信号带宽小于调谐回路带宽,此时停止本振扫描,屏幕将显示什么?

9-6 要想较完整地观测频率为 20kHz 的方波,频谱仪的扫描宽度至少应达到多少?

扩 展 阅 读

频谱仪发展与应用　　　　　普源频谱分析仪　　　　　是德频谱分析仪

随身课堂

第 9 章课件

数据域测量技术

学习要点

- 了解数据域测量的特点、方法及常用仪器设备,掌握数据域测量的目的及故障模型;
- 了解逻辑分析仪分类和特点,理解逻辑分析仪组成、触发方式、数据捕获和存储及显示,掌握逻辑分析仪应用;
- 了解测量新技术智能仪表、虚拟仪器、自动测试系统的特点和组成。

10.1 概述

随着数字集成电路和计算机技术的日益普及和发展,大规模集成电路广泛应用于电子信息和通信产业的半导体、元器件、模块和网络设备中,电子系统软、硬件越来越庞大和复杂,为确保数字电路与系统的性能和可靠性,必须借助于高性能仪器进行针对性测试,因此,迫切需要对数字系统测试技术进行研究,进而开拓出一个新的测量领域,即数据域测量。目前,数据域测量与传统的时域测量和频域测量已成鼎足之势。

1. 数据域测量的特点

在时域测量中,是以时间为自变量,以被观测信号(如电压、电流、功率等)为因变量进行分析。例如,示波器就常用来观察信号电压随时间的变化,它是典型的时域分析仪器。与此类似,频域测量是在频域内描述信号的特征。例如,频谱仪是以频率为自变量,以各频率分量的信号值为因变量进行分析。而数据域测量研究的是以离散时间或事件为自变量的数据流。

数字系统以二进制数字的方式来表示信息。在每一时刻,多为 0、1 数字组合的二进制码称为一个数据字,数据字随时间的变化按一定的时序关系形成了数字系统的数据流。

图 10-1 是时域、频域和数据域波形的比较。其中图 10-1(c)表示一个简单的十进制计数器,自变量为计数时钟的作用序列,其输出值是计数器的状态。这个计数器的输出是由 4 位二进制码组成的数据流。对于这种数据流有两种表示方法:可以用各有关位在不同时钟作用下的高低电平表示(①图);也可用在时钟作用下的"数据字"表示(②图),这个数据字是由各信号状态的二进制码组成的。两种表示方法形式虽然不同,但表示的数据流内容却是一致的。

运行正常的数字系统或设备,其数据流是正确的;若系统的数据流发生错误,则说明该

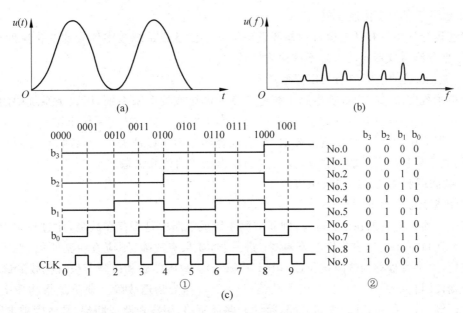

图 10-1 时域、频域、数据域比较

系统发生了故障。这种专门用来检测、处理和分析数据流的仪器称为数据域测量仪器。目前,数据域测量仪器设备有逻辑分析仪、特征分析和激励仪器、微机及数字系统故障诊断仪、在线仿真器、数据图形产生器、微型计算机开发系统、印刷电路板测试系统等。

2. 数字系统的特点

数字系统以数据字作为时间或时序的函数,具有以下特点。

1)数字信号是非周期性的

数字系统或设备按一定的时序工作。在执行一个程序时,许多信号只出现一次,或仅在关键时刻出现一次(如中断事件);某些信号虽然可能会重复出现,但并不是时域内的周期信号。因此,数据域测量应能捕获单次信号和非周期信号。

2)数字信号是按时序传输的

数字系统或设备具有一定的逻辑功能,系统中的信号是有序的数据流,各信号之间具有严格的时序关系。因此,数据域测量应能分析各种信号的时序和逻辑关系,并能捕获单次信号和非周期信号。

3)数字信号是多通道传输的

一个字符、一个数据、一个指令或地址是由多位(bit)数据组成的。因此,数据域测量仪器应具有多个输入通道,每个器件都与总线相接,如同"悬挂"在总线上(即"挂"在总线上),每个器件按照一定的时序脉冲工作。

4)数字信息的传输方式多种多样

数字信号是脉冲信号,数字信息则用高低电平的组合来表示。数字信息可以以串行方式(bit)或并行方式(byte)传输,也可以同步传输或异步传输。并行传输比串行传输的信息传输速度快,但所需的硬件较多。串行传输一般应用于远距离数据传输。由于总线是复用的,因此,数据域测试应能进行电平判别,确定信号在电路中的建立时间和保持时间,并注意设备结构、数据格式和数据的选择,应能够从大量的数据流中捕获有分析意义的数据。

5）数字信号的变化速度较快

高速运行的主机和低速运行的外部设备等数字设备或系统数字信号的变化速度很大，因此，数据域测量仪器应能采集不同速度的数据。

6）数字系统的故障判别与模拟系统不同

模拟系统的故障主要根据电路中某些节点的电压或波形来判别，而数字系统中的故障判别往往依据信号间的时序和逻辑关系是否正常来判别。造成数字系统出错的数据常混在正确的数据流中，有时等到发现故障时，产生故障的原因早已消失了。因此，在检测与判别故障时，既要分析出错后的信息状态，又要捕获出错前的信息状态。

3. 数据域测试的目的与故障模型

1）数据域测试目的

数据域测试的目的在于：首先，判断被测系统或电路中是否存在故障，此过程称为故障侦查（Fault Detection），也称作故障检测；进一步，如果有故障，则应查明其原因、性质和产生的位置，这个过程称为故障定位（Fault Location）。故障侦查和故障定位合称故障诊断。

被测件因构造特性的改变而产生缺陷（Defect），称为物理故障。缺陷是指物质上的不完善性。例如，在制造期间，焊点开路，接线开路或短路，引脚短路或断裂，晶体管被击穿等。缺陷将导致系统或电路产生错误的运作，称为失效（Failure）。缺陷所引起的电路异常操作称为故障（Fault），故障是缺陷的逻辑表现。例如，电路中某与门的一个输入端开路，这一缺陷可等效于该输入端固定为 1 的故障。但缺陷和故障两者之间并不是一一对应的，有时一个缺陷可等效于多个故障。

由于故障而导致电路输出不正常，称为出错或错误（Error）。电路中出现故障并不一定立即引起错误，例如，其电路中某引线发生固定为 1 的故障，而该引线的正确逻辑值也为 1，则电路虽发生故障，却未表现出错误。

2）故障模型

在一个系统中，故障的种类是各种各样的，而在各种系统中，故障数目的差异是很大的，多种故障组合的方式则更多，因此，为了便于研究故障，需要对故障进行分类，归纳出典型的故障，这个过程叫做故障的模型化。下面介绍几种常用的模型化故障。

（1）固定型故障：固定型故障（Stuck Faults）模型主要反映电路或系统中某一信号线的不可控性，即在系统运行过程中总是固定在某一逻辑值上。如果该线（或该点）固定在逻辑高电平上，则称为固定 1 故障（Stuck-a-1），简记为 s-a-1；如果该线固定在逻辑低电平上，则称为固定 0 故障（Stuck-a-0），简记为 s-a-0。

电路中，元件的损坏、连线的开路及相当一部分的短路故障都可以用固定型故障模型描述，它对这类故障的描述简单，处理也较方便。需注意的是，故障模型 s-a-1 和 s-a-0 是就故障对电路的逻辑功能的影响而言的，而同具体的物理故障（缺陷）没有直接对应关系，因此 s-a-1 故障决不能简单地认为是节点与电源的短路故障，s-a-0 故障也不单纯指节点与地之间的短路故障，而是指节点不可控，使节点上的逻辑电平始终停留在逻辑高电平或逻辑低电平上的各种物理故障的集合。

（2）桥接故障：桥接故障可以表达两根或多根信号线之间的短接故障，这是一种 MOS 工艺中常出现的缺陷。按桥接故障发生的物理位置分为两大类，一类是元件输入端间的桥接故障，另一类是元件输入端和输出端之间的桥接故障，后者常称为反馈式桥接故障。

一个电路中发生的短路故障完全有可能改变电路的拓扑结构,甚至使电路的基本功能发生根本性的变化,这将使自动测试与故障诊断变得十分困难。

(3) 延迟故障:在工程实际中往往遇到这种情况,一个电路的逻辑是正确的,但却不能正常工作,究其原因,是电路的定时关系上出现了故障。所谓延迟故障,是指因电路延迟超过允许值而引起的故障。

电路中的传输延迟一直是限制数字系统时钟频率提高的关键因素,对于高频工作的电路,任何细小的制造缺陷都可能引入不正确的延时,导致电路无法在给定的工作频率下正常工作。时延测试需要验证电路中任何通路的传输延迟,均不能超过系统时钟周期。

(4) 暂态故障:暂态故障是相对固定型故障而言的,它有瞬态故障和间歇性故障两种类型。

瞬态故障往往不是由电路或系统中硬件引起的,而是由电源干扰和 α 粒子的辐射等原因造成的,因此这一类故障无法人为地复现。这种故障在计算机内存芯片中经常出现,一般来说,这一类故障不属于故障诊断的范畴,但在研究系统的可靠性时应予充分考虑。

间歇性故障是可复现的非固定型故障。产生这类故障的原因有:元件参数的变化,接插件的不可靠,焊点的虚焊和松动及温度、湿度和机械振动等其他环境原因等,这些时隐时现、取值非固定的故障,其侦查和定位通常是十分困难的。

对故障模型的认识和研究,是集成电路测试领域的基础性工作之一。随着集成电路工艺的发展,还需不断改进已有的故障模型和研究新的故障模型。

4. 数据域测试方法

数据域测试的方法包括穷举测试法、伪穷举测试法和随机测试法。

1) 穷举测试法

一个组合电路全部输入值的集合,构成了该电路的一个完备测试集。对于 n 路输入的被测电路,用 2^n 个不同的测试矢量去测试该电路的方法就叫穷举测试法。如图 10-2 所示为穷举测试法示意图,图中穷举测试矢量产生电路用来产生被测电路所需的所有可能的组合信号。穷举测试法的实质是对被测电路输入所有可能的组合信号,然后测试与每一种输入组合信号相对应的全部输出是否正确。如果所有输入信号、输出信号的逻辑关系是正确的,则被测电路就是正确的;反之,被测电路就是错误的。最后根据比较结果给出"合格/失效"的指示。

图 10-2 穷举测试法示意图

穷举测试法的突出优点是它对于非冗余的组合电路中的故障覆盖率为 100%,而且测试生成极其简单,只要用一个测试矢量发生器,给出所有可能的 2^n 个测试矢量就可以了。它的缺点在于当 n 较大时,2^n 呈指数递增,因而必然使测试时间过长。以一个 64 位加法器为例,它要完成两个 64 位数相加,就需要 128 个输入和 1 个进位输入,在穷举测试中需要输入 2^{129} 个测试矢量,这么多的测试矢量即使用 1GHz 的测试时钟速率进行测试,所需的测试时间长达 2.15×10^{22} 年,这显然是不行的。故穷举测试法一般用于主输入数不超过 20 的逻辑电路。

2）伪穷举测试法

为使穷举测试法对大型复杂电路仍具有实用价值，许多学者进行了有益的研究，其中伪穷举测试实用性较强。伪穷举测试的基本思想是设法将电路分成若干子电路，再对每一个子电路进行穷举测试，使所需的测试矢量数 N 大幅度减少，即 $N \ll 2^n$（n 为电路主输入数），从而节省了大量的测试时间。

3）随机测试法

随机测试是一种非确定性的故障诊断技术，它是以随机的输入矢量作为激励，把实测的响应输出信号与逻辑仿真方法计算得到的正常电路输出相比较，以确定被测电路是否有故障。由于要产生一个完全随机的测试矢量序列十分困难，且随机测试中的实时逻辑仿真也存在诸多不便，所以，通常使用的方法是以已知序列的伪随机矢量作为激励，此时正常电路的输出预先是知道的，因此在测试中不必进行实时的逻辑仿真。

随机测试的关键问题是，确定为达到给定的故障覆盖所要求的测试长度，或反之，对于所给定的测试长度估计出能得到的故障覆盖。如果一个故障的完备测试集中包含有多个测试矢量，则称为易测故障。如果一个故障的完备测试集中仅包含很少几个测试矢量，则称该故障为难测故障。显然，侦查易测故障的随机矢量的序列可以较短，而侦查难测故障的随机矢量的序列一般较长。因此，为保证整个电路的故障覆盖率，随机序列的长度主要取决于难测故障。

随机测试的优点是不需要预先生成相应故障的测试矢量，这是很有意义的，但它毕竟是一种非确定性测试，一般难以保证 100% 的故障覆盖率。此外，由于测试序列通常都较长，因此测试的时间也较长。

5. 数据域测试仪器设备

常用的数据域测试仪器设备包括以下几种。

1）逻辑笔

逻辑笔是数据域测试中方便实用的工具。它与电工用的试电笔相似，能方便地探测数字电路中各点的逻辑状态。例如，逻辑笔上的红色指示灯亮为高电平，绿色指示灯亮为低电平，红灯、绿灯交替闪烁表示该点是时钟信号。

2）数字信号发生器

数字信号发生器又称为数字信号源，是数据域测试中的一种重要仪器，可编程产生多种形式的并行和串行数据，也可产生输出电平和数据速率可编程的任意波形，以及一个可由选通信号和时钟信号来控制的预先规定的数据流。

数字信号发生器为数字系统的功能测试和参数测试提供输入激励信号。功能测试需获得被测器件在规定电平和正确定时激励下的输出，从而判断被测功能是否正常；参数测试通过测量电平值、脉冲边缘特性等参数来判断系统设计是否符合规范。

数字信号发生器由主机和多个功能模块组成，其原理图如图 10-3 所示。主机包括机箱、中央处理单元、电源、信号处理单元和人机接口。功能模块包括序列、数据产生部件及通道放大器。数字信号源具有一个由压控振荡器控制的中央时钟发生器作为内部标准时钟，它通过可编程的二进制分频器产生低频数字信号，在高性能数字信号源中还使用锁相环来控制压控振荡器，以获得稳定性好、精确度高的时钟。通常，还有一个外部时钟输入端，可以接收被测系统的时钟信号进行同步驱动。

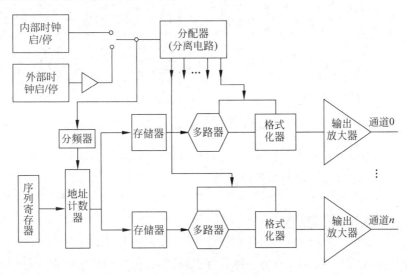

图 10-3 数字信号发生器原理图

时钟分离电路可提供多个不同的时钟,分别送到各数据模块的时钟输入端。为了减小抖动和降低噪声,可用同轴电缆或微带线来传输时钟信号。信号处理单元为各时钟同时提供一个启动/停止信号,该信号使数字信号源中各模块的工作同步地启动或停止。通常,简单的数字信号发生器就用时钟的开关来启动和停止各数据通道。

3)逻辑分析仪

逻辑分析仪是多线示波器与数字存储技术发展的产物,故又称为逻辑示波器。它具有通道数量多、存储容量大、信号触发功能丰富、数据显示功能强大等特点,能够对逻辑电路、数字系统等逻辑状态进行记录、显示和分析,能够有效地解决复杂数字系统的检测和故障诊断问题。

4)误码率测试仪

在数字通信系统中,数字传输、数字复接、数字交换等数字处理过程中都可能使传输的数字信号产生误码。特别是传输系统中,信号的传输速率、传输波形、信噪比及外界的电磁干扰等因素都可能引起误码现象。误码率是衡量信息传输质量的一个重要指标,数字通信系统必须满足误码率的最低要求。因此,误码率的测试和分析是很重要的。

误码率定义为二进制比特流经过系统传输后产生差错的概率。误码率测试原理如图 10-4 所示。误码仪由发送和接收两部分组成,发送部分的测试图形发生器产生一个已知的测试数字序列,编码后送入被测系统的输入端,经过被测系统传输后输出,进入误码仪的接收部分解码,并从接收信号中得到同步时钟。接收部分的测试图形发生器产生与发送部分相同并且同步的数字序列,与接收到的信号进行比较,如果不一致,便是误码,用计数器对误码的位数进行计数,然后存储、分析后显示测试结果。发生差错的位数和传输的总位数之比即是误码率。

实际系统工作时,由于通信系统无线电和信道传播、电磁干扰的影响,误码率会随时间而变化。如果一个系统在足够长的时间内都具有比预期还低的误码率,则可认为该系统能长期正常工作;如果系统在数秒周期内误码率较高,则认为该系统不符合使用要求。因此,

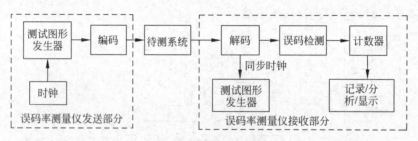

图 10-4　误码率测试原理

误码仪除检测出误码并计算误码率外,还应对测量数据进行分析,如根据不同的误码率占测量时间的百分比确定被测系统的工作状况等。

10.2　逻辑分析仪

逻辑分析仪(Logic Analyzer)是一种具有多路输入,能存储数字数据并将测量结果以多种方式显示的测试仪器,它是数据域测试最典型的仪器。自 1973 年美国首先推出逻辑分析仪以来,这种仪器迅速发展,正如示波器是调试模拟电路的重要工具一样,逻辑分析仪是研究测量数字电路的重要工具,是数据域测试仪器中最有用、最有代表性的仪器,已经成为调试与研制复杂数字系统,尤其是微型计算机系统强有力的工具。

10.2.1　逻辑分析仪的分类与特点

1. 分类

按照其工作特点,逻辑分析仪可以分为逻辑定时分析仪和逻辑状态分析仪两类,它们的组成原理基本相同,主要区别是数据的采集方式及显示方式。

1) 逻辑定时分析仪

逻辑定时分析仪主要用于信号逻辑时间关系分析,一般用于硬件测试,它在内部高速时钟的作用下,对输入信号进行异步数据采样,采样的数据用方波的形式显示,以分辨相关信号间的时序关系。逻辑定时分析仪主要用于数字设备硬件的分析、调试和维修。

逻辑定时分析仪考察两个系统时钟之间数字信号的传输状态和时间关系。因此,逻辑定时分析仪内部有时钟发生器,在内部时钟控制下记录数据与被测系统异步工作,这是逻辑定时分析仪的主要特点。为了提高测量准确度和分辨率,要求内部时钟频率远高于被测系统的时钟频率。通常要求用于数据采集的内部时钟要高于被测系统时钟频率的 5～10 倍。目前,部分逻辑分析仪最高定时采样频率可达 5GHz,定时分辨率达 200ps。也就是说,在每个单位时间内采集的信息要增加,这要求内存容量相应增大,为捕捉各种不正常的"毛刺"脉冲提供新的手段。因此,这类分析仪都具备锁定功能,从而可方便地对微处理器和计算机系统进行调试和维修,提供了新的测试方法。因此,逻辑定时分析仪对硬件的检测较为方便。

2) 逻辑状态分析仪

逻辑状态分析仪用于系统的软件分析。它在外部同步时钟(一般为被测系统的时钟)的控制下对输入信号进行同步数据采样,检测被测信号的状态,并用二进制数、映射图或反汇编为助记符的方式进行数据显示。由于它与被测系统同步工作,采集到的状态数据与被测信号数据流是完全一致的,借助于反汇编等方法可以直接观察程序的源代码,还可以对系统进行实时状态分析,是跟踪、调试程序、分析软件故障的有力工具。

逻辑状态分析仪的特点是显示直观,显示的每一位与各通道输入数据一一对应。逻辑状态分析仪对系统进行实时状态分析时,即检查在系统时钟作用下总线上的信息状态。因此,它是用被测系统的时钟来控制记录速度的,与被测系统同步工作,这是逻辑状态分析仪的主要特点。逻辑状态分析仪的另一个特点是,它能有效地进行程序的动态调试,这对于中、大规模逻辑电路,以微处理器为中心的数字系统,以及软件的测试提供了方便。

随着微机的广泛应用,对分析仪的需求更为迫切。在微机系统调试和故障诊断过程中,往往既有软件故障也有硬件故障,因此近年来出现了把"状态"和"定时"组合在一起的分析仪。在计算机迅速发展的情况下,分析仪也采用了更多的微机技术,使分析仪功能更加完善,增强了判断能力。因此,这类分析仪也称为智能逻辑分析仪。

表 10-1 为逻辑定时分析仪与逻辑状态分析仪的比较。

表 10-1　逻辑定时分析仪与逻辑状态分析仪的比较

仪　器	逻辑定时分析仪	逻辑状态分析仪
使用目的	(1) 观察信号线之间的时间关系,检查数据脉冲的有无,检测毛刺; (2) 常用做对硬件的分析	观察母线数据的值及迁移状态,进行程序检测,常用于软件分析
取样方式	(1) 测试仪器内部备有数种基准时钟,为提高测试能力,尽量用高速时钟观察(同步或非同步); (2) 采用异步方式采样	在被测系统的时钟控制下进行取样(外同步方式)
显示方式		

2. 特点

逻辑分析仪对电压的具体值和被测信号的一些模拟特性都不进行测量,而是专门针对信号的电平进行测量,具有以下特点。

1）同时监测多路输入信号

逻辑分析仪一般具有 16 路、32 路甚至上百路输入通道，可以同时检测各通道输入信号，轻松查看各输入信号间的时序关系。如果要检测一个具有 16 位地址的微机系统，逻辑分析仪至少应有 16 个输入通道。若需要同时监视数据总线、控制信号和 I/O 接口信号，则一般应有 32 个或更多的输入通道。通道数是逻辑分析仪的一个重要技术指标。通道数越多，所能检测的数据信息量越大，逻辑分析仪的功能就越强。

2）完善的触发功能

逻辑分析仪具有灵活准确的触发能力，它可以在很长的数据流中，对所观察分析的那部分信息做出准确定位，从而捕获对分析有意义的信息。现代逻辑分析仪具有边沿触发、电平触发、定时触发、码型触发、组合触发、协议触发及功能强大的高级触发方式，可以确保观察窗口在被测数据流中的准确定位。触发能力是评价逻辑分析仪的最重要指标之一。

3）具有负的延迟能力

模拟示波器只能观察触发之后的信号波形，而逻辑分析仪的内部存储器可以存储触发前的信息，这样便可显示出相对于触发点为负延迟的数据。这种能力有利于分析故障产生的原因。

4）具有记忆能力

逻辑分析仪内部具有高速存储器，因此它能快速地记录数据。存储器的容量大小是逻辑分析仪的另一个重要指标，它决定了获取数据的多少。这种记忆能力使逻辑分析仪能够观察单次现象和诊断随机性故障。

5）具有多种显示方式

逻辑分析仪可同时显示多通道输入信号的方波波形，并可用二进制数、八进制数、十进制数、十六进制数或 ASCII 码方式显示数据，而且还可用反汇编等功能进行程序源代码显示。

6）强大的分析功能

逻辑分析仪通过对多个通道信号的高速采样，可轻松获取各个输入信号之间的时序关系，捕捉毛刺信号。通过选择功能强大的不同触发方式，可轻松地对输入信号进行分析，从而完成数字信号时序检测、故障分析与定位。

10.2.2　逻辑分析仪的工作原理

1. 逻辑分析仪的基本组成

逻辑分析仪的原理结构如图 10-5 所示，它主要包括数据捕获和数据显示两大部分。数据捕获部分用来捕获并存储要观察的数据，其中数据输入部分将各通道的输入变换成相应的数据流；而触发产生部分则根据数据捕获方式，在数据流中搜索特定的数据字，当搜索到特定的数据字时，就产生触发信号去控制数据存储器开始存储有效数据或停止存储数据，以便将数据流进行分块（数据窗口）。数据显示部分则将存储在存储器中的有效数据以多种显示方式（波形或字符列表等）显示出来，以便对捕获的数据进行观察分析。整个系统的运行，都是在外时钟（同步时钟）或内时钟（异步时钟）的作用下实现的。

由于逻辑分析仪的数据处理、数据显示都可以方便地由微机来实现，因此整个仪器的控制、管理和系统硬件的设计主要集中在高速数据捕获及与微机的接口上，而软件设计主要在系统管理、数据处理及数据显示上。

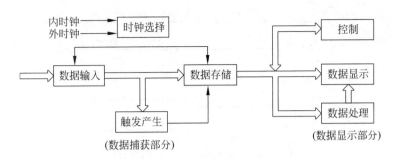

图 10-5　逻辑分析仪原理结构图

2. 逻辑分析仪的触发方式

触发的概念最初来自模拟示波器,在模拟示波器中仅当触发信号到来后,X 通道才产生扫描信号,Y 通道信号才能被显示,即从触发点打开了一个显示窗口。在逻辑分析仪中,触发是指由一个事件来控制数据获取,即选择观察窗口的位置。这个事件可以是数据流中出现一个数据字、数据字序列或其组合、某一个通道信号出现的某种状态、毛刺等。也就是说,逻辑分析仪既可以显示触发事件后的数据,也可以显示触发事件前的数据。触发事件提供了采集数据的一个参考点。

因为逻辑分析仪中存储器的容量是有限的,不可能将所有的数据都放进去。用逻辑分析仪观察大量数据的方法是,设置特定的观察起点、终点或与被分析数据有一定关系的某一个参考点,这个特定的点在数据流中一旦出现,便形成一次触发事件,相应地把数据存入存储器,这个过程称为触发。参考点是一个数据字,也可能是字或事件的序列,称为触发字,触发字是一个用于选择数据窗口(或存储窗口)的数据字。

逻辑分析仪设有组合触发、延迟触发、序列触发、限定触发、毛刺触发、计数触发等多种触发方式。在使用时,必须正确选择触发方式,才能达到预期的测试目的。

1) 组合触发

逻辑分析仪具有多通道信号组合触发(即"字识别"触发)功能。当输入数据与设定触发字一致时,产生触发脉冲。每一个输入通道都有一个触发字选择设置开关,每个开关有三种触发条件:高电平"1"、低电平"0"、任意值"X"。

如图 10-6 所示为四通道组合触发逻辑波形图,CH0("1")和 CH3("1")表示通道 0 和 3 组合触发条件为高电平;CH1("0")表示通道 1 触发条件为低电平,CH2("X")表示通道 2 触发条件"任意值",在 CH0、CH1、CH3 相与条件下产生触发信号,即触发字为 1001 或 1101。

采用何种触发跟踪方式控制数据的采集过程将影响到窗口的定位。通常把采集并显示数据的一次过程称为跟踪。最基本的触发跟踪方式有触发起始跟踪和触发终止跟踪,其原理如图 10-7 所示。触发起始跟踪是指当识别出触发字时,就开始存储有效数据,直到存储器存满为止。这时存储器中所存入的信息就是从触发字开始的一组数据,直到存储器满为止,所以触发字位于窗口的开始位置,如图 10-7(a)所示。触发终止跟踪是指当判定存储器已存满新数据之后,才开始在数据流中搜索触发字。一旦识别触发字,便停止存储数据。这时存储器中所存入的信息就是以触发字为终点的一组数据,触发时即停止数据的采集,触发前一直采集并存储数据,如果存储器满时仍未触发,则在存入最新数据的同时,清除最早存

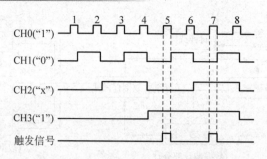

图 10-6　四通道组合触发逻辑波形图

储的数据,即存储器采用先进先出(First In First Out,FIFO)的形式,如图 10-7(b)所示。

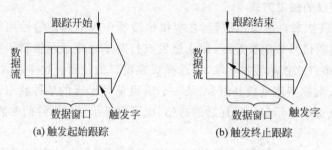

(a) 触发起始跟踪　　　　　　　　　　(b) 触发终止跟踪

图 10-7　逻辑分析仪的基本触发跟踪方式

这种功能对故障诊断是很有价值的。如果触发字选择的是某一出错的数据字,逻辑分析仪就可捕获并显示被测系统中出现这一出错数据字前一段时间各通道状态的变化情况,即被测系统故障发生前的工作状况,它为数字系统的故障诊断提供了相当方便的方法。

2) 延迟触发

在故障诊断中,常希望既能观察触发点前的信息,又能观察触发点后的信息,可设置一个延迟门,当捕获到触发字后,延迟一段时间后再停止数据的采集,则存储器中存储的数据包括了触发点前、后的数据。

延迟触发是在数据流中搜索数据字时,并不立即跟踪,而是延迟一定量的数据后,才开始或停止存储数据,它可以改变触发字与数据窗口的相对位置,如图 10-8 所示,图 10-8(a)为触发开始跟踪加延迟方式,图 10-8(b)为触发终止跟踪加延迟方式。

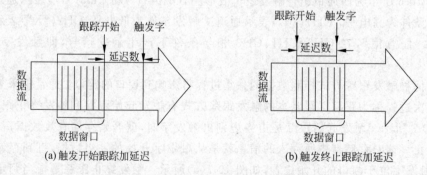

(a) 触发开始跟踪加延迟　　　　　　　(b) 触发终止跟踪加延迟

图 10-8　逻辑分析仪的延迟触发跟踪方式

当延迟后关闭数据采集时,存储器中数据的第一个字刚好是原设定的触发字码,则存储器中存储的数据全部是捕获触发字后的数据,这种情况称为始端触发。一般若控制延迟数刚好等于存储容量的一半,可使触发字位于中间,这种特殊情况称为中心触发。

延迟触发常用于分析循环、嵌套循环等程序,也常用于观察偶发故障,因其能观察到突变前后的有关信息。

3）序列触发

序列触发是为检测复杂子程序而设计的一种重要触发方式。这是一种多级触发,由多个触发字按预定的次序排列,只有当被观察的程序按同样的顺序先后满足所有触发条件时才能触发,从而进入跟踪状态。序列触发在软件调试的过程中特别有用。

如图10-9所示的两级序列触发,图10-9(a)中,在导引条件未满足前,出现第二级触发字并不触发,只有在满足第一级的触发条件(导引条件)下,第二级触发才有效;图10-9(b)中将子程序入口作为导引条件(第一级触发字),子程序返回主程序作为触发条件(第二级触发字),这样可以把窗口准确定位在经过子程序的通路上。

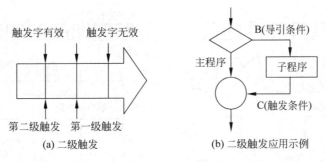

图 10-9 逻辑分析仪的序列触发示意图

4）限定触发

限定触发是对设置的触发字加限定条件的触发方式。有时设定的触发字在数据流中出现较为频繁,为了有选择地存储和显示特定的数据流,逻辑分析仪中增加一些附加通道作为约束或选择所设置的触发条件。例如,对前述四通道触发字的选择再加入第5个通道Q,设定当$Q=0$时,触发字有效,$Q=1$时,触发字无效,第5个通道Q只作为触发字的约束条件,并不对它进行数据采集、存储、显示,仅仅用它筛选去掉一部分触发字,这就是限定触发方式。

5）毛刺触发

毛刺触发利用滤波器从输入信号中取出一定宽度的脉冲作为触发信号,可以在存储器中存储毛刺出现前后的数据流,有利于观察和寻找由于外界干扰而引起的数字电路误动作的现象和原因,它是定时分析仪的重要触发方式。

6）计数触发

较复杂的数字系统中常常有嵌套循环的情况存在,在逻辑分析仪的触发逻辑中设立一个"遍数计数器",仅针对需要观察的循环进行跟踪计数,当计数达到预置的计数值时才产生触发,而对其他循环不予处理。

3. 逻辑分析仪的数据捕获和存储

1）数据捕获

逻辑分析仪的数据输入通道数一般为8～64个,有的甚至更多。为了不影响被测点的电位,每个通道都由高阻抗的探头接入被测点。每个通道的输入信号,经过门限电平比较电路,将被测信号整形成高、低电平信号。从数据探头得到的信号,经电平转换后,在采样时钟的作用下,经采样电路采样并存入高速存储器,这种将被测信号进行采样并存入存储器的过程称为数据的捕获。

逻辑分析仪的取样时钟有同步时钟和异步时钟两种。

① 同步时钟:如果取样时钟由被测系统提供,则称为外时钟或同步时钟。同步时钟可以保证逻辑分析仪按照被测系统的节拍工作。同步时钟常用于状态图的显示。

② 异步时钟:如果取样时钟由逻辑分析仪内部产生,与被测系统的时钟无关,则称为内时钟或异步时钟。通常异步时钟的频率至少是被测系统最高信号频率的两倍以上,否则有可能产生严重失真。如图 10-10(a)所示时钟频率过低,以致不足以检测到窄脉冲;如图 10-10(b)所示时钟频率较高就可以捕捉到此窄脉冲。一般为了得到较合适的信号,所选用的取样时钟的频率都在被测信号频率的 5~10 倍以上。异步时钟常用于波形图的显示。

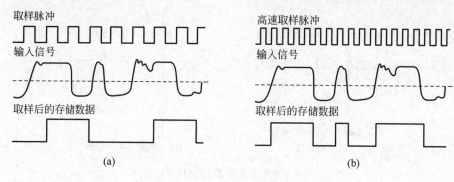

图 10-10　异步时钟取样

2) 数据存储

逻辑分析仪主要采用高速随机存储器(RAM)作为数据存储器,按先入先出的方式存储数据,即把存储器构成环形存储器,在存储器存满以后,新的数据将覆盖旧的数据。

尽管现代逻辑分析仪具有较大的存储深度,还是无法实现实时观测和分析高速的数字系统数据传输过程。因此,逻辑分析仪只能将数据先暂存在存储器中,然后再完成数据分析。如果需要不间断地捕捉数据流,则要求有足够大容量的存储器以便记录整个过程。在传统模式下,存储深度×采样分辨率=采样时间。这意味着在保证采样分辨率的前提下,大的存储深度可提高单次采样时间,观察到更多的波形数据;而在保证采样时间的前提下,可提高采样频率,观察到更真实的信号,但需要更大的存储深度。

4. 逻辑分析仪的显示

逻辑分析仪将被测数据信号以数据的形式不断写入存储器,在触发信号到来之前,不断捕获和存储数据,一旦触发信号到来,逻辑分析仪立即停止数据采集和存储,转入显示阶段,把已存入存储器中的数据处理成便于观察分析的格式显示在 CRT 屏幕上。逻辑分析仪最常见的显示方式有以下几种。

1) 波形显示

波形显示是将存入存储器的数据信息,按逻辑电平和时间关系显示在 CRT 上,即显示各通道波形的时序关系。由于受时钟频率的限制,取样点不可能无限密,因此定时显示在 CRT 上的波形不是实际波形,不含有被测信号的前、后沿等参数信息,而是采样点上信号的

逻辑电平随时间变化的伪时域波形,称为"伪波形"或
"伪时域波形"。这种方式可以将存储器中的全部内容
按通道顺序显示出来,也可以改变通道顺序显示,以便
进行分析和比较,波形显示如图 10-11 所示。

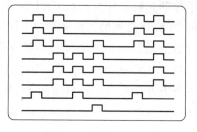

采用此种定时显示方式,便于检查出被测波形中各
种不正常的毛刺脉冲,以利于逻辑硬件工作状态的
检测。

图 10-11　波形显示图

2) 数据列表显示

数据列表显示是以各种数制,如二进制、八进制、十进制或十六进制的形式将存储器中
的内容显示在 CRT 屏幕上,如表 10-2 所示,状态表的每一行,表示一个时钟脉冲对多通道
数据捕获的结果,并代表一个数据字。表 10-2 将每个探头的数据按照采样顺序以十六进制
数方式显示出来,移动光标可以观察捕获的所有数据,方便地观测分析被测系统的数据流。

表 10-2　数据列表显示方式

	探头 A1	探头 A2	探头 B1	探头 B2
0	08	08	00	00
1	08	08	00	00
2	09	07	00	00
3	07	07	00	00
4	06	03	00	00
5	06	06	00	00
6	07	06	00	00
7	05	05	00	00
8	04	04	00	00
…	…	…	…	…

3) 反汇编显示

反汇编显示方式是指将采集到的总线数据(指令的机器码)按照被测的微处理器的指令
系统进行反汇编,然后将得到的汇编程序显示出来,从而更方便地观察指令数据流,分析程
序运行情况。表 10-3 是某微机系统总线采集数据后的反汇编结果显示。

表 10-3　反汇编显示方式

地址(HEX)	数据(HEX)	操作码	操作数(HEX)
2000	214 220	LD	HL,2042H
2003	0604	LD	B,04H
2005	97	SUB	A
2006	23	INC	HL
…	…	…	…

4) 图像显示

图像显示是将 CRT 屏幕的 X 方向作为时间轴,将 Y 方向作为数据轴进行显示的一种
方式。将欲显示的数字量通过 D/A 转换器转变成模拟量,将此模拟量按照存储器中取出数

字量的先后顺序显示在 CRT 屏幕上,形成一个图像的点阵。如图 10-12 所示的是一个简单的 BCD 计数器的工作图形,BCD 计数器的工作由全零状态(000B)开始,每一个时钟脉冲使计数值增 1,计数状态变化的数字序列为:0000→0001→0010→0011→0100→0101→0110→0111→1000→1001→0000,周而复始地循环。经 D/A 转换后的亮点每次增加 1,就形成由左下方开始向右上方移动的 10 个亮点,当由 1001 变为 0000 时,亮点回到显示器底部,如此循环。这种显示方式可用于数字信号处理、观察程序的运行情况。

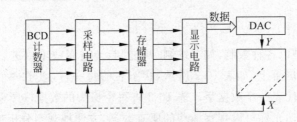

图 10-12 BCD 计算器图像显示工作图

5) 数据比较显示

逻辑分析仪中有两组存储器,一组存储标准数据或正常操作数,另一组存储被测数据。数据比较显示时,把被观测的数据不断地与标准数据进行比较,并同时显示在 CRT 屏幕上,从而迅速地发现错误数据。这种显示方式主要用于生产测试和故障查找。

10.2.3 逻辑分析仪的应用

逻辑分析仪对被测系统的检测,是借助逻辑探头检测被测系统的数据流,通过对特定数据流的观察和分析,实现软件和硬件的故障诊断。

1. 硬件测试及故障诊断

逻辑定时分析仪和状态分析仪均可用于硬件电路的测试及故障诊断。给一个数字系统加入激励信号,用逻辑分析仪检测其输出或内部各部分电路的状态,即可测试其功能。通过分析各部分信号的状态,信号间的时序关系就可以进行故障诊断。

1) ROM 的指标测试

逻辑分析仪可通过测试器件在不同条件下的工作状态来测试它的极限参数。如图 10-13 所示为 ROM 最高工作频率的测试方案。数据发生器以计数方式产生 ROM 的地址,逻辑分析仪工作在状态分析方式下,将数据发生器的计数时钟送入逻辑分析仪作为数据采集时钟,ROM 的数据输出送至逻辑分析仪探头,同时,用频率计检测数据发生器的计数时钟频率。首先,让数据发生器低速工作,逻辑分析仪进行一次数据采集,并将采集到的 ROM 各单元数据存入参考存储器作为标准数据,然后逐步提高数据发生器的计数时钟频率,逻辑分析仪将每次采集到的数据与标准数据相比较,直到出现不一致为止。此时,数据发生器的计数时钟频率为 ROM 的最高工作频率。

ROM 的寿命可通过改变其工作电压和温度的方法间接测试。首先,在正常温度和工作电压下,由逻辑分析仪采集数据作为标准数据,然后改变工作电压和温度,逻辑分析使采集数据并与标准数据比较,直到两者不一致时,停止测试并记录当时的工作电压和温度等测试条件,进而计算出 ROM 的工作寿命。

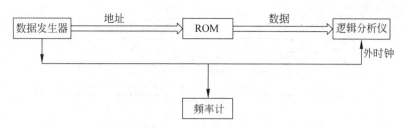

图 10-13　ROM 最高工作频率测试连接示意图

2) 译码器输出信号及毛刺观察

计算机系统中要用到大量的译码电路,译码器输出的片选信号的正确与否直接影响到系统的正常工作。译码器的测试电路如图 10-14(a)所示。分频电路由三个 D 触发器组成,输出端在时钟作用下得到 0~7(000B~111B)的状态信号送入 74LS138 的 A、B、C 三个输入端口,用工作在定时分析方式的逻辑分析仪检测 74LS138 的输出 $\overline{Y}_0$~$\overline{Y}_7$,选择适当的分析频率,当 74LS138 的 G、$\overline{G}_{2A}$、$\overline{G}_{2B}$ 满足要求时,即可在逻辑分析仪的波形显示窗口看到如图 10-14(b)所示的译码输出信号时序图。

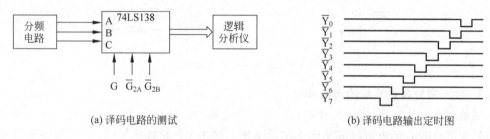

(a) 译码电路的测试　　　　　　　　　　　　(b) 译码电路输出定时图

图 10-14　逻辑定时分析仪测试译码电路

当分频电路中的 D 触发器速度较慢时,74LS138 的 A、B、C 三个输入信号间延时不一致,有可能在输出端出现引起错误动作的窄脉冲,而逻辑分析仪的正常采样方式观察不到窄脉冲。这时,要使用毛刺检测功能。使逻辑分析仪工作在毛刺锁定方式下,在波形窗口中开启毛刺显示,调节数据发生器的输出信号延时,即可观察到译码器输出端的毛刺,如图 10-15 所示,波形中显示了可能引起电路工作不正常的毛刺信号。

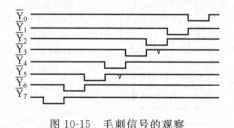

图 10-15　毛刺信号的观察

2. 软件测试及故障诊断

逻辑分析仪也可用于软件的跟踪调试,查找软件故障,通过对软件各模块的监测与分析查找软件的不足之处并加以改进。在软件测试中必须正确跟踪指令流,逻辑分析仪一般采用状态分析方式来跟踪软件运行。如图 10-16 所示为对 8051 单片机系统取指令周期的时序图。逻辑分析仪的探头连接到 8051 的地址线、数据线和控制线上。

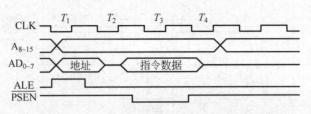

图 10-16   8051 单片机取指令周期信号时序关系

如果程序比较复杂,其中包含多个子程序及分支程序,可以将分支条件或子程序入口作为触发字,采用多级序列触发的方式,跟踪不同条件下程序的运行情况,如图 10-17 所示。

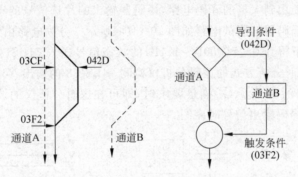

图 10-17   分支程序的跟踪测试

3. 检测微处理器系统的运行情况

微处理器系统工作过程中,经常会发生硬件故障和软件故障,图 10-18 提供了用逻辑分析仪检测微处理器系统运行情况的连接示意图。图中 CP 是提供 CPU 工作和逻辑分析仪工作的时钟脉冲,微处理器系统的多路并行地址信号和数据信号分别接到逻辑分析仪的输入探头,用读写控制线作为逻辑分析仪的触发信号。这样,正在运行的微处理器系统的地址线和数据线上的内容就可通过逻辑分析仪显示出来。显示方式可以选用状态表方式,也可使用图像显示和映像图显示法。当发现故障时,还可以利用不同的显示方式,显示出故障前后的信息情况,从而迅速排除故障,提高测试效率。

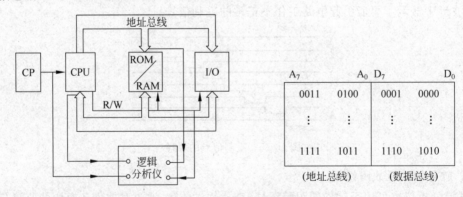

图 10-18   检测微处理器系统

除了故障检测外,还可监视微处理器的一些特定事件,例如:

(1) 监视微处理器的加电功能。各种微处理器系统加电后,复位电路将特定的地址送到地址总线上,如 FFFEH 和 FFFFH,这两个地址单元的内容进入程序计数器 PC,总控程序就从这里开始。为了监视微处理器的加电功能,应设置地址总线上的信息 FFFEH 为触发字,由该触发字开始采集并显示地址信息,如果地址信息正确,说明微处理器加电功能正常。

(2)监视中断功能。中断事件在微处理器系统中是随机的偶发事件,微处理器唯一能知道的地址是中断矢量地址。在监视中断功能时,将某一中断源的中断矢量地址作为触发字,触发方式采用中心触发方式,以便存储和显示中断前后堆栈的内容及中断服务程序的执行情况。

(3)监视数据传送。微处理器可以通过异步通信接口与其他数字系统进行数据传送。为了监视数据传送功能,可将存储器缓冲区的首地址作为触发字进行跟踪触发,检测发出或接收到的数据的正确性,以便监视异步通信功能的正确性。

4. 数字电路的自动测试系统

由微型计算机(带 GPIB 总线控制功能)、逻辑分析仪和逻辑发生器以及相应的软件可组成数字电路的自动测试系统。使用不同的应用程序,该系统能够完成中小规模数字集成芯片的功能测试、某些大规模数字集成电路逻辑功能的测试、程序自动跟踪、在线仿真以及数字系统的自动分析功能,自动测试系统的硬件组成如图 10-19 所示。图中 LG 是逻辑发生器,它是可编程的比特图形发生器,可用微处理机对它编程,发出测试中所需的激励信号。这样一个自动测试系统,要求使用者了解微型计算机工作原理,GPIB 总线工作原理及控、听、讲功能,并且能够针对不同的测试对象编制不同的应用程序。

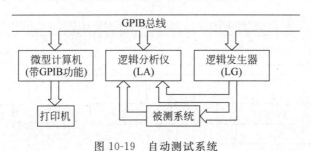

图 10-19 自动测试系统

10.3 测量新技术简介

10.3.1 智能仪器

随着大规模、超大规模集成电路以及计算机技术的飞速发展,传统电子测量仪器在原理、功能、精度及自动化水平等方面都发生了巨大的变化,逐渐形成了新一代测试仪器——智能仪器。电子测量仪器是指采用电子技术测量电量或非电量的测量仪器。而智能仪器是指将计算机技术应用于电子测量仪器之中,即仪器内部含有微处理器系统。

1. 智能仪器的特点

在程序的支持下智能仪器具有以下一些突出的特点:

(1)功能较多,应用极其广泛。多功能的特点主要是通过间接测量来实现的,配置各种传感器或转换器可以进一步扩展测量功能。

（2）面板控制采用数量有限的单触点功能键和数字键输入各种数据及控制信息，按键亦可以多次复用（一键多用），甚至通过一定的键序编程，从而使得仪器的使用非常方便，极其灵活而多样化。

（3）面板显示可以采用各种数码显示器件，如液晶数码显示器、发光二极管显示器、荧光和辉光数码显示器等。

（4）常带有 GPIB 通用接口，有完善的远程输入和输出能力。有些仪器也配置 BCD 码并行接口或 RS-232C 串行接口，均可纳入自动测试系统中工作。

（5）除了能通过接口电路接入自动测试系统中之外，仪器本身具备一定的自动化能力，如自动量程转换、自动调零、自动校准、自动检查及自动诊断、自动调整测试点等。

（6）利用微处理器执行适当或精密的测量算法，常可克服或弥补仪器硬件电路的缺陷和弱点，从而获得较高的性价比。

智能仪器完全可以理解为以微处理器为基础而设计制造的，具有上述特点的新型仪器，如智能型的稳压器、电桥、数字电压表、数字频率计、逻辑分析仪、频谱分析仪，网络分析仪等。

2. 智能仪器的组成

智能仪器由硬件和软件两部分组成。

1）硬件

硬件主要包括主机电路、模拟量输入/输出通道、人机接口和标准通信接口电路等，如图 10-20 所示。

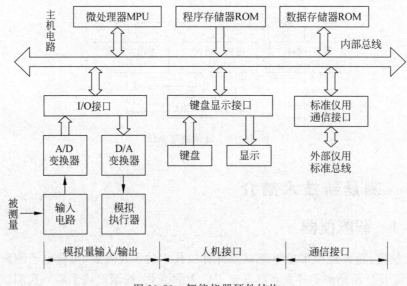

图 10-20　智能仪器硬件结构

（1）主机电路用来存储程序与数据，并进行一系列的运算和处理，并参与各种功能控制。主机由微处理器、程序存储器、输入/输出（I/O）接口电路等组成，或者本身就是一个单片微型计算机。

（2）模拟量输入/输出通道用于输入/输出模拟信号，实现模拟量与数字量之间的变换。主要由 A/D 变换器、D/A 变换器和有关的模拟信号处理电路等组成。

（3）人机接口用于沟通操作者与仪器之间的联系，主要由仪器面板上的键盘和显示器等组成。

（4）标准通信接口用于实现仪器与计算机的联系，使仪器可以接收计算机的程控命令，一般情况下，智能仪器都配有 GPIB（或 RS232）等标准通信接口。

2）软件

软件即程序，主要包括监控程序和接口管理程序。

监控程序面向仪器面板和显示器，负责完成如下工作：通过键盘操作，输入并存储所设置的功能、操作方式和工作参数，通过控制 I/O 接口电路进行数据采集，对仪器进行预定的设置；对数据存储器所记录的数据和状态进行各种处理；以数字、字符、图形等形式显示各种状态信息以及测量数据的处理结果。

接口管理程序主要面向通信接口，负责接收并分析来自通信接口总线的各种有关功能、操作方式和工作参数的程控操作码，并根据通信接口输出仪器的现行工作状态及测量数据处理结果以响应计算机的远程控制命令。

10.3.2　虚拟仪器

随着计算机技术和网络技术的高速发展及其在电子测量技术与仪器领域中的应用，新的测试理论、新的测试方法、新的测试领域不断出现，使电子测量仪器的结构、概念发生了质的变化，从而产生了集多种功能于一体的虚拟仪器。

1. 虚拟仪器的概念及特点

20 世纪 80 年代末，美国成功研制了虚拟仪器。虚拟仪器的发展标志着自动测试与电子测量仪器领域技术发展的一个崭新方向。虚拟仪器（Virtual Instrument，VI）是在以通用计算机为核心的硬件平台上，由用户设计定义的、具有虚拟面板的、测试功能由测试软件实现的一种计算机仪器系统。

在虚拟仪器系统中，硬件仅仅用于解决信号的输入/输出，软件才是整个仪器系统的关键。任何一个使用者都可以通过修改软件的方法，很方便地改变、增减仪器系统的功能与规模，所以有"软件就是仪器"之说。

虚拟仪器的出现和兴起，改变了传统仪器的概念、模式和结构，并以其特有的优势显示出强大的生命力。

虚拟仪器与传统仪器相比，其特点可归纳为：

（1）在通用硬件平台确定后，由软件取代传统仪器中的硬件来完成和扩展仪器的功能。

（2）仪器的功能是用户根据需要由软件来设计和定义的，而不是事先由厂家定义好的，因此可以灵活方便地定制仪器，满足用户的特殊要求。

（3）可以通过更新相关的软件设计来改进仪器的性能和扩展功能。

（4）研制周期比传统仪器研制周期短。

（5）虚拟仪器开放、灵活，可与计算机同步发展，可与网络及其他周边设备互联。

决定虚拟仪器具有传统仪器不可能具备的特点的根本原因在于："虚拟仪器的关键是软件"。

虚拟仪器与传统仪器相比较，如表 10-4 所示。

表 10-4 虚拟仪器与传统仪器的比较

	传 统 仪 器	虚 拟 仪 器
功能定义	仪器厂家	用户
技术关键	硬件	软件
功能升级	固定	通过修改软件进行增减
开放性	封闭	基于计算机开放系统
技术更新	较慢	较方便,快
开发周期	较长	相对快
工作频率	可达较高	受限于 A/D 或 D/A 转换器的速度
应用领域	通用测量、计量	大多为测控系统
价格	较高	价格较低且可重复利用

2. 虚拟仪器的组成

虚拟仪器由通用仪器硬件平台和应用软件两大部分构成。

1) 硬件平台

虚拟仪器是基于计算机的测量设备,其硬件由计算机及 I/O 接口设备组成。计算机一般为一台 PC 或者工作站,它是硬件平台的核心。I/O 接口设备主要完成被测输入信号的采集、放大、模/数转换、数/模转换和信号输出控制等,可根据实际情况来用不同的 I/O 接口硬件设备,如数据采集卡/板 DAQ(Data Acquisition)、GPIB 总线仪器、VXI 总线仪器模块、串口仪器等。虚拟仪器的构成方式主要有 5 种类型,如图 10-21 所示。

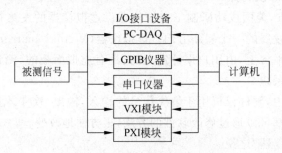

图 10-21 虚拟仪器的构成方式

① PC-DAQ 系统:是以数据采集板、信号调理电路和计算机为仪器硬件平台组成的插卡式虚拟仪器系统。采用 PCI 或 ISA 计算机本身的总线,故将数据采集卡/板(DAQ)插入计算机的空槽中即可。

② GPIB 系统:由 GPIB 标准总线仪器与计算机组成。

③ VXI 系统:由 VXI 标准总线仪器模块与计算机组成。

④ PXI 系统:由 PXI 标准总线仪器模块与计算机组成。

⑤ 串口系统:由 Serial 标准总线仪器与计算机组成。

无论上述哪种 VI 系统,都是通过应用软件将仪器硬件与通用计算机结合起来的。其中,PC-DAQ 测量系统是构成 VI 的最基本的方式,也是最廉价的方式。

一个典型的数据采集卡的功能有模拟输入、模拟输出、数字 I/O、计数器/定时器等,这些功能分别由相应的电路来实现。

2）应用软件

虚拟仪器软件包含应用程序和I/O接口仪器驱动程序两部分。

应用程序包含实现虚拟面板功能的前面板软件程序和定义测试功能的流程图软件程序两个方面。

I/O接口仪器驱动程序用来完成特定外部硬件设备的扩展、驱动与通信。开发虚拟仪器必须有合适的软件工具。目前已有多种虚拟仪器的软件开发工具，如文本式编程语言（C、Visual C++、Visual Basic、Labwindows/CVI等），图形化编程语言（LabVIEW、HPVEE等）。这些软件开发工具为用户设计虚拟仪器应用软件提供了最大限度的方便条件与良好的开发环境。

10.3.3 自动测试系统

通常将能自动进行测量、数据处理、传输，并以适当方式显示或输出测试结果的系统称为自动测试系统（Automatic Test System，ATS）。自动测试系统是计算机技术和测试技术相结合的产物，是以通用计算机为核心，以标准接口总线为基础，由可程控电子仪器（智能仪器）等构成的现代测试系统。在自动测试系统中，整个测试工作都是由计算机在预先编制好的测试程序统一指挥下自动完成的。因此，自动测试系统有时也称为计算机辅助测试（Computer Aided Test，CAT）系统。典型自动测试系统如图10-22所示。

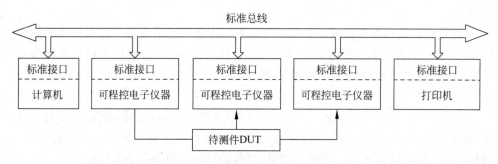

图10-22 典型自动测试系统组成

一个自动测试系统通常由控制器、程控仪器设备、总线接口、测试软件和被测对象五部分组成。

（1）控制器主要是计算机，如小型机、个人计算机（PC）、微处理器、单片机等，是系统的指挥、控制中心，通过执行测试软件，实现对测量全过程的控制及处理。

（2）程控仪器设备是测试系统的执行单元，包括各种程控仪器、激励源、程控开关、伺服系统、执行元件，以及显示、打印、存储记录等器件，能完成一定的具体的测试、控制任务。实际上，当今的程控仪器都是有内置微处理器、能独立工作的智能仪器。

（3）总线接口是连接控制器与各程控仪器、设备的通路，完成消息、命令、数据的传输与交换，包括机械接插件、插槽、电缆等。

（4）测试软件是为了完成系统测试任务而编制的各种应用软件。例如，测试主程序、驱动程序、I/O软件等。

（5）被测对象随测试任务不同，往往是各不相同的，由操作人员采用非标准方式通过电缆、接插件、开关等与控制仪器和设备相连。

自动测试系统具有极强的通用性和多功能性,对于不同的测试任务,只需增减或更换"挂"在它上面的仪器设备,编制相应的测试软件,而系统本身不变。

本章小结

(1) 数据域测试是指对数字电路或系统进行故障侦查、定位和诊断,或者检验某数字系统是否具有或保持设计赋予的期望功能。常见数据域测试仪器有:逻辑笔、数字信号发生器、逻辑分析仪、误码率测试仪等。

(2) 逻辑分析仪按照其工作特点,可以分为逻辑定时分析仪和逻辑状态分析仪。逻辑分析仪内部结构可划分为两大部分——数据捕获和数据显示。

(3) 要在数据流中找到对分析有意义的数据,就必须将观察窗口在数据流中适当定位。而定位是通过触发与跟踪来实现的,因此触发方式的多寡及灵活程度就决定了逻辑分析仪的数据捕获能力。常见的触发方式一般有:组合触发、延迟触发、序列触发、限定触发、毛刺触发、计数触发等。

(4) 逻辑分析仪将被测数据信号以数据的形式不断写入存储器,当触发信号到来时,逻辑分析仪立即停止数据采集和存储,转入显示阶段,把已存入存储器中的数据显示在 CRT 屏幕上。常见的显示方式一般有:波形显示、数据列表显示、反汇编显示、图像显示、数据比较显示等。

(5) 智能仪器是指含有微处理器和 GPIB 接口的电子测量仪器。它由硬件和软件两大部分组成。硬件主要包括主机电路、模拟量输入/输出通道、人机接口和标准通信接口电路等。软件主要包括监控程序和接口管理程序。

(6) 虚拟仪器是指在通用计算机为核心的硬件平台上,由用户设计定义的、具有虚拟面板的、测试功能由测试软件实现的一种计算机仪器系统。在虚拟仪器系统中,硬件仅仅解决信号的输入/输出,软件才是整个仪器系统的关键。任何一个使用者都可以通过修改软件,很方便地改变、增减仪器系统的功能与规模。所以有"软件就是仪器"之说。

(7) 自动测试系统主要由控制器(计算机)、程控仪器(智能仪器及设备)、接口总线、测试软件和被测对象 5 部分组成。

思考题

10-1 什么是数据域测试?它与频域测试和时域测试有何不同?

10-2 数据域测试的基本原理和方法是什么?

10-3 试述逻辑分析仪的组成及各部分的作用。

10-4 试述逻辑分析仪检测毛刺的原理。

10-5 逻辑分析仪的触发起什么作用?触发方式主要有哪些?

10-6 逻辑分析仪在哪些领域得到了应用?

10-7 何谓智能仪器?它具有哪些特点?

10-8 何谓虚拟仪器?它有哪些结构形式?

10-9 自动测试系统主要由哪几部分组成?

第 10 章思考题答案

扩展阅读

逻辑分析仪的发展与应用　　　　泰克逻辑分析仪　　　　　是德逻辑分析仪

随身课堂

第 10 章课件

正态分布在对称区间的积分表

$$P(\mid Z \mid \leqslant k) = \int_{-k}^{k} \frac{1}{\sqrt{2\pi}} e^{-\frac{z^2}{2}} \mathrm{d}z$$

$$= P[E(x) - k\sigma(x) \leqslant x \leqslant E(x) + k\sigma(x)]$$

$$Z = \frac{\sigma}{\sigma(x)} = \frac{x - E(x)}{\sigma(x)}$$

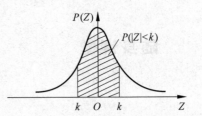

表 A-1   根据 k 值查置信概率 P

k	$P(\mid Z \mid < k)$	k	$P(\mid Z \mid < k)$	k	$P(\mid Z \mid < k)$	k	$P(\mid Z \mid < k)$
00.0	0.000 000	1.00	682 689	2.00	954 500	3.0	(2)973 002
0.05	039 878	1.05	706 282	2.05	959 636	3.5	(2)995 347
0.10	079 656	1.10	728 668	2.10	964 271	4.0	(4)9 366 575
0.15	119 235	1.15	749 856	2.15	968 445	4.5	(4)9 932 047
0.20	158 519	1.20	769 861	2.20	972 193	5.0	(6)9 426 697
0.25	197 413	1.25	788 700	2.25	975 551	5.5	(6)9 962 021
0.30	235 823	1.30	806 399	2.30	978 552	6.0	(8)9 802 683
0.35	273 661	1.35	822 984	2.35	981 227	6.5	(8)9 984 462
0.40	310 843	1.40	838 487	2.40	983 605	7.0	(10)997 440
0.45	347 290	1.45	852 941	2.45	985 714	7.5	(10)999 936
0.50	382 925	1.50	866 836	2.50	987 581	8.0	(10)999 999
0.55	417 681	1.55	878 858	2.55	989 228		
0.60	451 494	1.60	890 401	2.60	990 678		
0.65	484 303	1.65	901 057	2.65	991 951		
0.70	516 073	1.70	910 869	2.70	993 066		
0.75	546 745	1.75	919 882	2.75	994 040		
0.80	576 289	1.80	928 139	2.80	994 890		
0.85	604 675	1.85	935 686	2.85	995 628		
0.90	631 880	1.90	942 569	2.90	996 268		
0.95	657 888	1.95	948 824	2.95	996 882		

表 A-2   与置信概率 P 对应的包含因子 k

$P(\mid Z \mid < k)$	0.50	0.70	0.80	0.90	0.95	0.99	0.995	0.999
k	0.6745	1.036	1.282	1.645	1.960	2.576	2.807	3.291

t 分布在对称区间的积分表

$$P = (\mid t \mid \leqslant t_a) = \int_{-t_a}^{t_a} \frac{\Gamma\left(\dfrac{\nu+1}{2}\right)}{\sqrt{\nu\pi}\,\Gamma\left(\dfrac{\nu}{2}\right)} \left(1 + \frac{t^2}{\nu}\right)^{-\frac{\nu+1}{2}} \mathrm{d}t$$

$$= P[\mid \bar{x} - E(x) \mid \leqslant t_a(\bar{x})]$$

$$= P[\mid \bar{x} - E(x) \mid \leqslant t_a(\bar{x})/\sqrt{n}]$$

$$t = \frac{\delta}{\sigma(\bar{x})} = \frac{\bar{x} - E(x)}{\sigma(x)/\sqrt{n}}$$

$$\nu = n - 1$$

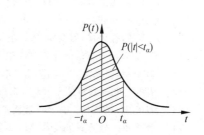

表 B t_a 值表

ν \ P	0.5	0.6	0.7	0.8	0.9	0.95	0.98	0.99	0.999
1	1.000	1.376	1.963	3.078	6.314	12.706	31.821	63.657	636.619
2	0.816	1.061	1.386	1.886	2.920	4.303	6.965	9.925	31.598
3	0.765	0.978	1.250	1.638	2.353	3.182	4.541	5.841	12.924
4	0.741	0.941	1.190	1.553	2.132	2.776	3.747	4.604	8.610
5	0.727	0.920	1.156	1.476	2.015	2.571	3.365	4.032	6.859
6	0.718	0.906	1.134	1.440	1.943	2.447	3.143	3.707	5.959
7	0.711	0.896	1.119	1.415	1.895	2.365	2.998	3.499	5.405
8	0.706	0.889	1.108	1.397	1.860	2.306	2.896	3.355	5.041
9	0.703	0.883	1.100	1.383	1.833	2.262	2.821	3.250	4.781
10	0.700	0.879	1.093	1.372	1.812	2.228	2.764	3.169	4.587
15	0.691	0.866	1.074	1.341	1.753	2.131	2.602	2.947	4.073
20	0.687	0.830	1.064	1.325	1.725	2.086	2.528	2.845	3.850
25	0.684	0.856	1.058	1.316	1.708	2.060	2.485	2.787	3.725
30	0.683	0.854	1.055	1.310	1.697	2.042	2.457	2.750	3.646
40	0.681	0.851	1.050	1.303	1.684	2.021	2.123	2.701	3.551
60	0.679	0.848	1.046	1.296	1.671	2.000	2.390	2.600	3.460
120	0.677	0.845	1.041	1.289	1.658	1.980	2.358	2.617	3.373
$+\infty$	0.674	0.842	1.036	1.282	1.645	1.960	2.326	2.576	3.291

参 考 文 献

[1]　费业泰. 误差理论与数据处理[M]. 7版. 北京：机械工业出版社，2015.

[2]　钱政，贾果欣，吉小军，等. 误差理论与数据处理[M]. 北京：科学出版社，2013.

[3]　丁振良. 误差理论与数据处理[M]. 哈尔滨：哈尔滨工业大学出版社，2015.

[4]　陈尚松，郭庆，黄新. 电子测量与仪器[M]. 3版. 北京：电子工业出版社，2012.

[5]　林占江. 电子测量技术[M]. 3版. 北京：电子工业出版社，2012.

[6]　杜宇人. 现代电子测量技术[M]. 2版. 北京：机械工业出版社，2015.

[7]　蒋萍，赵建玉，魏军. 误差理论与数据处理[M]. 北京：国防工业出版社，2014.

[8]　张永瑞，刘联会，姜晖，等. 电子测量技术简明教程[M]. 西安：西安电子科技大学出版社，2016.

[9]　詹惠琴，谷天祥，习友宝，等. 电子测量原理[M]. 北京：机械工业出版社，2014.

[10]　宋悦孝，王俊杰，徐连肖，等. 电子测量与仪器[M]. 3版. 北京：电子工业出版社，2016.

[11]　陆绮荣，张永生，吴有恩，等. 电子测量技术[M]. 4版. 北京：电子工业出版社，2016.

[12]　胡枚. 电子测量技术[M]. 北京：北京邮电大学出版社，2015.

[13]　高礼忠，杨吉祥. 电子测量技术基础[M]. 2版. 南京：东南大学出版社，2015.

[14]　孟凤果. 电子测量技术[M]. 2版. 北京：机械工业出版社，2015.

[15]　储飞黄，黄发文，钱宇红，等. 电子测量实用教程[M]. 合肥：合肥工业大学出版社，2014.

[16]　赵会兵，朱云. 电子测量技术[M]. 北京：高等教育出版社，2011.

[17]　张学庄，廖翊希. 电子测量与仪器[M]. 长沙：湖南科学技术出版社，1997.

[18]　李明生，刘伟. 电子测量仪器与应用[M]. 北京：电子工业出版社，2000.

[19]　田华，袁振东，赵明忠，等. 电子测量技术[M]. 西安：西安电子科技大学出版社，2005.

[20]　黄纪军，戴晴，李高升，等. 电子测量技术[M]. 北京：电子工业出版社，2009.

[21]　杨龙麟. 电子测量技术[M]. 3版. 北京：人民邮电出版社，2009.

[22]　李希文，赵建. 电子测量技术[M]. 西安：西安电子科技大学出版社，2008.

[23]　刘世安，田瑞利. 电子测量技术[M]. 北京：电子工业出版社，2010.

[24]　邓显林，肖晓萍. 电子测量仪器[M]. 4版. 北京：电子工业出版社，2013.

[25]　王成安. 电子测量与常用仪器的使用[M]. 北京：人民邮电出版社，2010.

[26]　彭克发，林红. 电子技能与训练[M]. 北京：中国电力出版社，2007.

[27]　郭江，孔祥荣，葛亮. 实用电工电子实训教程[M]. 成都：西南交通大学出版社，2008.

[28]　朱锡仁. 电路与设备测试检修技术及仪器[M]. 北京：清华大学出版社，1997.

[29]　宋启峰，王靖. 电子测量技术[M]. 2版. 重庆：重庆大学出版社，2000.

[30]　林春芳. 电子测量与虚拟仪器技术教程[M]. 合肥：安徽大学出版社，2008.

[31]　彭妙颜，黄岚. 常用电子仪器仪表使用与维修[M]. 广州：广东科技出版社，1998.